本书为国家社会科学基金项目
"建立健全政府、企业、公众共治的环境治理体系研究"
（项目编号:18BJY092）研究成果

建立健全政府、企业、公众共治的环境治理体系研究

董利民 / 著

上海社会科学院出版社

导 论

在资源、环境同社会经济发展相互交织的影响下,当前中国面临着环境污染与生态破坏叠加的困境,排污量激增、生态破坏急剧扩展,资源供需紧张。这些日益严重的问题已对国家可持续发展的根基构成威胁。为了应对这一系列环境挑战,我们必须建立健全环境和资源保护调控体制机制。因此,笔者以生态文明建设背景下政府、企业、公众共治的环境治理体系构建与完善为研究对象,并针对这一庞大且复杂的系统工程开展集成与应用研究。

众所周知,环境治理与生态文明建设是社会经济发展到一定阶段后对发展提出的新要求。环境治理与生态文明建设具有依存关系,将生态文明纳入环境治理的视野,是我国社会经济发展到一定阶段后的产物。生态文明建设背景下环境治理体系构建研究,从五个方面展开了论述,包括:(1)前提研究:生态文明取向的环境治理体系构建前瞻。本研究总结了我国生态文明建设赋予环境治理的新内涵,在此基础上确立我国生态文明取向的环境治理模式、体系及其综合功能实现。(2)基础研究:综合管理取向的环境治理体制机制研究。本研究构筑了我国环境治理体制机制、组织机构、法律规划体系,以及跨行政区、跨部门协同机制和社会公众参与机制等,形成了我国环境治理体系之构筑基石。(3)动力研究:公平与效率取向的环境治理市场化改革。我国环境治理的市场化改革强调市场配置资源的决定性作用。本研究试图就我国环境保护市场体系、评价考核和责任追究制度展开理论与应用研究,探寻我国环境治理体系构建、完善与实施之运行动力。(4)发展研究:可持续发展取向的环境治理技术体系创新。本研究开展的主体功能区和生态安全屏障建立、环境预防与突发性污染事故应急机制、环保督察巡视与环境监测机制、监管体系构建等管理技术的研发、集成与应用,实为我国环境治理理念之提升、事业之发展。(5)保障研究:市场友好取向的环境治理新政策研究。本研究集成提出了我国政府、企业、公众共治的环境治理体系政策的框架和实施战略,无疑成为环境治理体系构建之强有力的政策保障,成为我国环境治理体系的有机组成部分。

本研究形成了如下主要观点和重要结论。

一、主要观点

（1）目前,我国生态文明建设赋予了环境治理新的内涵和新的要求:一方面,环境治理需要在政府、企业和公众的共同参与下进行,确定权益和责任分担。另一方面,我国环境治理需要建立一套生态文明取向的政府、企业、公众共治的环境治理体系,包括:如何设立协调组织机构、如何推进绿色消费革命、如何保证环境市场体系建立和有效运行、如何优化空间布局和产业结构及完善环境财税和生态补偿机制、如何全面推进信息公开、如何加强资源环境的国情和生态价值观教育,以及如何充分发挥环境非政府组织（NGO）在环境多元主体治理中的作用等。

（2）我国现如今面对着环境问题多元交织的现状,既有环境污染,也有生态系统破坏。相较于 20 年前,这些问题无论是在种类、层次还是地域分布上均经历了深度演变。同时在经济增长较慢的时期,我们也遭遇到了转型升级期间的"多元型"资源环境困境。这种状况不仅体现在污染物排放的增多、生态破坏面的扩张及资源供应紧缺,更重要的是这些问题之间以及与社会经济发展之间的交互作用,已对我国可持续发展的根基构成威胁。鉴于此,我们必须创新环保措施并建立完善的治理机制以应对这一多重环境挑战,以此达成可持续发展的宏大目标。

（3）我国环保史历经基础设施处理、源头与过程控制及环境综合管理（点、线、面）三大战略阶段,这一历程反映出对环境问题认知及解决策略思路的质变提升。具体而言,增量发展至整体推进,预示着我国正逐步实现对环境状况及经济社会发展规律的深入理解和全局掌控。

（4）我国环境治理体系构建,应引入生态文明建设和可持续发展理念,确立保护环境的基本国策和基本原则。在新环境背景下,有必要对发展策略及环保战略进行适时调整,从源头解决资源环境问题。制度、体制与策略的创新,能推动多元化决策来实现可持续的社会经济系统。应进一步强化治理结构,吸引多方利益相关者参与,增强民间环保组织的实力,深化国际环境协作,全面推进可持续发展的实施进度。

(5) 我国生态文明取向的环境治理需要坚持以提高环境质量为核心,从改革环境治理制度入手,实行最严格的环境保护制度,构建政府、企业、公众共治的环境治理体系,不断提高环境管理系统化、科学化、法治化、市场化和信息化水平。

(6) 为了有效应对国内环保挑战,我们应摒弃过去单纯依赖政府及各部委的传统模式,转而采纳多元化共治以及公众广泛参与的现代化环保理念。这意味着,政府需全面负责地方环境质量并切实履行监管职责;企业应承担主要责任;各类社会团体应在法律框架内积极参与,并利用媒体与舆论进行监督。总之,无论是政府、企业抑或社会团体,其在环保治理中的角色都是相辅相成且缺一不可的,任何环节的疏漏都将影响到环保问题的妥善处理。

(7) 我国环境综合治理体系由中央及地方政府、企业、公众及环境非政府组织协同构建,各方综合协调作业,目标由政府宏观调控与企业、公众及环境非政府组织微观行动共同达成。中央政府制定基于国情的宏观发展规划及战略导向,为环境治理提供明确指引及法律支撑。地方政府立足实际,制定具体实施方案,利用公众、企业以及环保组织等社会资源,为环境治理营造有利的社会氛围和政策支持体系。企业遵循宪法及地方环境治理相关法令,接受公众与环保组织监督,积极开展环境保护,严格管控环境污染。公众既可以加入各类环保组织,也可直接将建议反馈至当地政府,支持决策科学性,减少偏差与失误。

二、重要结论

(一) 构建了生态文明取向的环境治理体系

首先,阐述了生态文明建设赋予环境治理的新内涵。具体包括:(1)环境治理是多元主体的共治。生态文明建设的对象主要是生态系统。生态系统具有开放性和互动性,能够与其他生态系统和非生态系统产生互动。在生态系统中,各组成部分相互联系并相互斗争,为彼此的生存提供了机会和约束。作为生态系统中的消费者,人们依赖于相关生态系统的产出,而政府、市场主体和社会都离不开人,因此都与生态系统密切相关,生态系统的质量与每一个体相关。上述主体都应参与维护和建设良好的生态系统。生态系统具有开放性,与不同的生态系统相互联系,并与主体发生关联,这使得不同主体在生态文明建设过程中密切相关。因此,我们正在讨论的环境治理是多个主体的共同治理。(2)环境治理是过程的共治。生态系统具有时间结构,随着时间的变化,生态文明建设对象发生变化,建设重点也不同。此外,生态系统具有可持续性,这意味着需持续投入资源,以保持生态文明建设系统的平衡,从而持续产出维持人类生存。一旦资源投入减少,将会导致生态系统的无序,无法满足人类的需求,这意味着生态文明建设过程是不间断的。因此,我们正在讨论的环境治理是过程的共同治理。(3)生态文明建设赋予环境治理的新内涵。生态文明取向的环境治理新内涵表现为"五位一体"的发展要求,即生态平衡、经济效率、代际公平、政治联合和文化融合。

其次,创建了我国政府、企业、公众共治的环境治理体系。具体包括:(1)政府主导:多元主体共治环境的主体支撑。环境治理类似于公共产品,因而应该由政府进行"提供",尤其是责任主体不清晰时,容易出现"踢皮球"现象,因此,政府必须发挥主导作用。首先应坚持以下治理理念:确保"每个人都履行自己的职责";强调"机制创新";提供"基本保障"。(2)明确界定政府环境治理职能范围。主要有:加强法律保护,因地制宜地制定环境污染防治及处罚等相关法律规定;提供合理的资金支持;有效实施市场监管,搭建环境治理信息交流平台,构建监督反馈机制。(3)多元治理:环境治理的多维合力。充分发挥各方优势,利用市场机制和公众参与机制,调动各方积极性,形成多中心决策模式。主要有:利用市场机制发挥企业作用,大力发展环保产业,发展环境保护的科学技术;提高社会组织能力,提高环境治理能力,建立有效合理的表达机制;动员公民参与环境保护,发展公民社会,完善公民参与制度,倡导环境文化。

最后,构建了我国多元主体的环境治理体系。具体包括:(1)明确多元主体的定位。在生态文明建设过程中,需进一步明晰各参与方如政府、企业、社会组织及公众等的角色定位及其所发挥的作用。主要有:政府在环境治理中起主导作用;企业不仅是市场经济的主体,还是环境治理的主体;社会组织和公众是环境治理中不可或缺的参与者。(2)重建了环境治理体系主体之间的关系。确定环境整治主体的权利与责任,政府应致力于构建高效的整治体制,创新调配模式以增强监管力度,把机构投资放在重要位置;企业应在遵守环保法规前提下全面履行环境治理责任。包括商业运营、管理机制、生产制造与消费行为在内,都需纳入环境治理考量范畴;社会组织及公众则应该重视环境宣教,培养和提升大众环保意识;为了实现更高效的环保治理,需构建一个包含政府、企业、社会组织及公众在内的协作体系,发挥各方力量,加强主体之间的积极制约与竞争,切实提高环境治理水平。(3)实现"多元主体"的综合功能。在多主体协同共治的环保模式中,需靠微观与宏观双管齐下来促进"多元主体"的整体协同效应。其中,中央部门、地方各级行政机关、产业界、民众及环保非政府组织等各方面都须密切配合,共同推进可持续发展。

(二) 构建了综合管理取向的环境治理体制机制

首先,提出了我国环境治理体制改革方向。具体包括:(1)加强环境管理组织法治建设。生态文明建设相关立法顶层设计;协调相关立法的修订;建立科学的行政运行规范。(2)推动促进资源环境大部门制改革。中央部委大部门系统重组的核心是缩减职能重叠,节省行政协调费用,加强权力制衡;加快设立国家公园管理机构的步伐。(3)建立环境行政管理绩效导向。将环保问题作为评价指标之一,实行"一票否决"制度。(4)推进区域和流域体制改革。针对环境治理中出现的跨区域问题,我国应该探索区域性、流域性立法的可行性;根据我国的实际情况,在现行的行政管理制度下,也可以建立一种适用于不同类型的行政区划之间的协作机制。(5)完善环境与发展综合决策机制和责任机制。(6)完善环境和社会治理体系。实行生态环境信息的全面公开制度,在政策法规、项目审批、案件处理、环境质量、重点污染源监测信息、环境管理等方面都要进行公开。通过构建完善的社会参与渠道和制度来推动其发展。对信息公开进行全方位的推动,提倡让所有人都能有序地参与进来,进行多元的治理,从而提升人们的环保意识,使每个人都能在法律的框架下,成为环境的参与者、建设者和监督者。

其次,构建了面向未来的环境治理法规体系。具体包括:(1)完善环境法律体系。秉持环境与经济协同战略,彰显环境法规民主价值,以确保法案兼具完整性及可行性。健全地方环境立法和程序性立法,以确保各项环境治理工作有法可依、有章可循。(2)环境基本法的定位回归与功能发挥。遵循环境法治建设的四大原则;建设环境法律体系的七个组成部分,即生态文明建设基本法、自然环境保护法、自然资源保护法、生态保护法、污染控制法、气候监测法和特别环境管理法;建立相关配套法律制度。(3)理顺环境法律体系内部关系。注意填补环境法的空白;明确具体和可量化的实施标准,以增强法律的可操作性;明确当地环境法律法规的制定过程,确保质量。(4)法典化:整合环境法律体系的未来可选路径。设立环境法典起草委员会;明确我国环境法典的调整范围;做好与其他部门法律的衔接;完善环境行政管理和监督体系;整合污染防治法和资源利用法;重视农村环境保护。

最后,建立了我国环境治理协同机制。具体包括:(1)确立环境治理协同主体。在环境管理中,地方政府有着无可取代的权力,它是环境管理的主体,也是社会公众利益的重要代表,在社会生活中起着举足轻重的作用;企业在环境保护方面,以自身的努力和强烈的社会责任感,为环境保护做出了自己的贡献,从而提高了企业的核心竞争力,加快了企业的成长。在环境治理过程中,多个行为体之间的相互配合,不但可以提升地方政府的管理能力,也彰显了国家社会道德的高度。(2)环境治理协同的过程与实现。在政府的管理中,也要有社会力量的参与。在此基础上,政府与企业等多个子系统的相互影响,形成了政府与企业共同参与的政府与企业合作的机制。

(三) 提出了公平与效率取向的环境治理市场化改革建议

首先,提出完善我国环境市场体系的对策建议。具体包括:(1)新时期我国环保产业发展的对策与建议。完善政策法规和市场机制;创新驱动发展促进成果转化;优化投资结构,加强政府引导;把握战略红利,加快"走出去"。(2)新时期创新环保市场投融资机制的对策与建议。转变政府职能,营造政策环境,促进环保产业发展;增加政府对环境保护的投资,提高政府投资引导能力;大力发展环保市场,推进环境污染第三方治理;持续推进绿色金融创新,丰富环保产业投融资工具。(3)新时期推进环境污染第三方治理的对策建议。提供特许经营协议范本;明确各方责任;完善市场准入和退出机制。

其次,提出我国环境治理社会化资金投入对策建议。具体包括:(1)积极拓宽融资渠道,增加全社会对环保领域的投资。增加对环境保护的财政投入;加快设立环境保护基金;积极探索发行环保彩票;实现环保投资主体多元化。(2)调整投资重点,构建高效环保投资架构。适时调整环保资金投向;整合现有环保投资项目,提高环保资金使用效率。(3)完善环保市场化机制,提高环保投资效率。积极引入市场化竞争机制;增加环保技术投资;建立环保投资服务市场体系。(4)强化环保基础研究,健全环保投融资体系,完善相关法律法规。建立资源环境价格体系;加强环境监督管理。

最后,提出我国环境治理引入公私合作模式(PPP模式)的对策建议。具体包括:(1)建立健全相关法律法规体系。(2)建立严格的监督和绩效评估机制。(3)完善社会资本回报机制。(4)建立有效的风险分担和信用约束机制。(5)加大金融创新力度,拓宽融资渠道。

(四)创新了我国可持续发展取向的环境治理技术体系

首先,建立了针对重点生态区生态屏障建设的实现机制。针对西部地区的重点区域生态环境保护工作要通过制度体系的优化制定并严格执行一系列环保及建设法规,全面推动生态环境提升及其相关体系建设。具体包括:(1)树立科学的生态文明理念。(2)优化环境保护与建设的制度体系。(3)转变重点生态区的经济发展方式。(4)深化东西部地区经济社会发展及环保合作互动机制。(5)推进环境法律法规完备化,为环境保护和生态屏障建设提供法治导向。(6)建立环保投资保障机制,注重重点生态保护区的环境保护与生态屏障构建。(7)强化对关键生态地区环保及国家生态安全保障系统建立所需的科技协助。(8)因地制宜、有重点、有区别地分步推进生态屏障建设。

其次,完善了我国环境污染事故预警和应急机制。具体包括:(1)确定各方的责任范围。主要有:地方政府管理职责;政府职能部门的监管职责;企业主要职责;公众监督责任。(2)应急能力综合提升。可以从以下几个方面入手:积极提升规范的环境应急能力;强化环保应急队伍的专业化建设;加强环境应急体系和联动机制建设。(3)加强环境风险管理。认真执行建设项目风险评估制度;加强日常环境管理。(4)完善突发环境事件的预警系统。

再次,构建了我国环境保护的监督体系。具体包括:(1)加强法治引导。(2)统一和完善"企业监督"和"政府监督"制度。(3)完善环境监理责任制。落实环境监察制度,明确党和政府的权力和责任;打造高效的评估体系是推动环境管治的硬性标尺;建立环境保护监督的权力体系。

最后,进行了我国环境监测与预警体系的系统设计。具体包括:(1)服务层建设具体内容构建。其中,政府决策支持系统有四大子系统:①中长期规划决策支持子系统,包括方案评估模块、方案筛选模块和专家交互模块;②内部层次式的信息交流子系统,它由各部门之间的信息交流和各部门之间的信息交流两个部分组成;③环境污染突发事件的紧急处理决策支撑子系统;④警报检查、验证及对外解除子系统。公众参与制度有三大子系统:①公共信息查询子系统;②公共线索报告子系统;③公众参与环境决策平台。(2)咨询层建设具体内容设计。具体有：现状评价体系；风险评估体系；短期预测预警系统；中长期趋势预测系统；控制方案设计和仿真系统。(3)监测层建设具体内容设计。具体有：环境质量监测系统；污染源监测系统；应急监控系统。(4)支撑层建设具体内容设计。具体有：制度机制建设；法规和标准的构建；信息系统建设；设备能力建设；人才队伍建设。

(五) 提出了市场友好取向的环境治理新政策

首先，完善了我国环境财税体系的设计。具体包括：(1)我国环境税收政策的体系设计。具体有：建立环境税收制度；推动制定环境税收政策；提高现有税种的绿化程度；完善增值税、营业税、关税、出口退税等环保优惠政策；取消不利于生态文明建设的税收优惠。(2)我国环境财政政策的体系设计。具体有：政策性财政权力与环境权力的模式相匹配；落实和完善"211 环保"预算科目；提高环保专项资金使用效率；建立环境财政转移支付制度；规范和完善政府绿色采购体系。

其次，构建了我国横向生态补偿保障体系与政策框架。具体包括：(1)我国流域水资源产权的确权。具体有：确定我国水资源使用权和利润；确定我国水资源转让权。(2)我国流域生态补偿资金筹集和管理。具体有：筹集我国流域生态补偿资金；配置我国流域生态补偿资金。(3)建立并完善我国流域生态补偿的组织管理体系。具体有：我国区域之间流域分工的制度设计；我国区域之间的流域分工的财政体制设计。(4)建立并完善我国流域生态补偿保障体系。具体有：建立健全监督机制；建立健全处罚立法机制。

最后，提出了我国环境治理交易政策框架与实施战略。具体包括：(1)基于市场的水权交易政策与实施策略。具体有：明确水权的所有权；扩大可交易水权；有效搭建水权交易平台；建立市场规则体系。(2)基于市场的森林碳汇交易机制与实施策略。具体有：改进碳汇计量和多元化融资机制；建立完整的法律体系；降低森林碳汇市场交易成本；加强森林碳汇信息平台建设；建立森林碳汇市场交易中介服务机制。

/ 目 录 /

001 | 导论

子课题一　生态文明取向的环境治理体系构建前瞻

第一部分　我国生态文明建设赋予环境治理的新内涵

004 | 第一章　国内外相关研究的学术史梳理及研究动态
008 | 第二章　我国环境治理发展概述
015 | 第三章　我国生态文明建设赋能环境治理

第二部分　我国政府、企业、公众共治的环境治理模式的建立

022 | 第一章　国内生态环境治理的模式研究
025 | 第二章　国外环境治理中多元主体共治的经验与启示
035 | 第三章　我国政府、企业、公众共治的环境治理模式的创建

第三部分　我国多元主体的环境治理体系构建与综合功能实现

042 | 第一章　我国环境治理体系概述

046 | 第二章　我国多元主体环境治理体系的困境及应对策略

子课题二　综合管理取向的环境治理体制机制研究

第一部分　我国环境治理体制与组织机构研究

068 | 第一章　我国环境治理体制研究及问题探析
090 | 第二章　我国环境治理体制改革方向

第二部分　我国环境治理法规体系构建研究

104 | 第一章　我国环境治理法规构建进程及问题探析
123 | 第二章　面向未来的环境治理法规体系构建

第三部分　我国环境治理协同、参与机制研究

134 | 第一章　环境治理机制及发达国家经验借鉴
150 | 第二章　协同机制案例分析：贵阳市的环境治理机制变迁

子课题三　公平与效率取向的环境治理市场化改革

第一部分　我国环境保护市场体系研究

168 | 第一章　我国环境治理的市场化
184 | 第二章　我国环境治理的市场化改革

第二部分　我国环境治理社会化资金投入研究

204 | 第一章　我国环境治理的社会化资金投入现状

212 | 第二章　环境治理投融资模式和问题分析

221 | 第三章　我国环境治理社会化资金投入对策建议

第三部分　我国环境治理PPP模式推进研究

228 | 第一章　国内外环境治理PPP模式实践

237 | 第二章　我国环境治理引入PPP模式存在问题与对策建议

子课题四　可持续发展取向的环境治理技术体系创新

第一部分　空间布局：主体功能区布局和生态安全屏障建立研究

248 | 第一章　我国主体功能区划概述

263 | 第二章　生态安全屏障的建立

277 | 第三章　重点生态区域保护和生态安全屏障的建设

第二部分　应急管理：环境预防与突发性环境污染事故应急机制研究

290 | 第一章　我国突发性环境污染事故应急机制

298 | 第二章　我国环境防治与应急管理机制

304 | 第三章　国外环境应急管理的经验借鉴

308 | 第四章　我国环境预防和应急管理机制的反思

第三部分　监测监管：环保督察巡视与环境监测机制研究

330 | 第一章　我国生态环境保护督察巡视的建设

347 | 第二章　我国环境监测的现状与特点分析

354 | 第三章　我国环境监测与预警体系的系统设计

子课题五　市场友好取向的环境治理新政策研究

第一部分　我国生态文明建设的环境财税架构研究

366 | 第一章　我国环境财税政策概述
384 | 第二章　我国生态建设的财税政策的案例分析
405 | 第三章　我国环境财税体系的设计

第二部分　我国流域横向生态补偿制度框架的构建与实践

410 | 第一章　我国流域横向生态补偿的设计
420 | 第二章　我国横向生态补偿保障体系与政策框架构建

第三部分　基于市场的我国环境治理交易政策研究

436 | 第一章　我国环境治理现状及其政策需求
461 | 第二章　我国环境治理交易的市场化体系
470 | 第三章　我国环境治理交易政策框架与实施战略

477 | 主要参考文献
493 | 后记

子课题一
生态文明取向的环境治理体系构建前瞻

本子课题研究总结我国生态文明建设赋予环境治理的新内涵,在此基础上试图确立我国生态文明取向的环境治理模式、体系及其综合功能实现。

第一部分　我国生态文明建设赋予环境治理的新内涵

　　环境治理和生态文明建设都是社会经济发展到一定阶段后对发展提出的新要求。同时,这两者又是相辅相成、互为推进的。一方面,建设生态文明社会,包含了加强环境治理、维护生态安全的基本内容,生态文明理念的提出必将突出生态治理的重要性;另一方面,加强环境治理也将成为生态文明社会实现的必要条件和基本保障。然而,环境治理并不是从一开始就认识到了这两者之间的依存关系。将生态文明纳入环境治理的视野,是环境治理演变到一定阶段后的产物,而且目前尚未对生态文明赋予环境治理哪些新的内涵达成共识。因此,本部分在进行国内外相关研究的学术梳理基础上,首先回顾中国环境治理的发展历程,分析生态文明取向的环境治理的背景;其次讨论生态文明与环境治理的本质;再次分析生态文明与环境治理的相关性;最后总结生态文明建设赋予环境治理的新内涵。

第一章 国内外相关研究的学术史梳理及研究动态

环境是人类社会生存与发展的自然物质基础,也是社会生产资料和人们生活资料的基本来源。自近代以来,由于环境污染、生产和消费的外部性、污染主体责任缺位等引发的各种问题,吸引了国内外有关专家学者的极大关注。

第一节 国外环境治理研究进展

国外环境治理研究主要是围绕"国际环境机制研究"而展开的。在20世纪90年代初期,研究者主要关注环境协定的形成,分析其形成的条件(Peter Haas, Robert Keonane & Levy Miles, 1993)。20世纪90年代后期,欧美研究者开始关注这些协定的实施和各国的遵守情况,不少学者集中研究国际环境机制的有效性问题(Olav Stokke, 2001; Kal Raustiala & David Victor, 2004)。其中环境机制互动理论是一个新的视角(Margerum R D, 1999)。21世纪初期,合作型环境治理成为环境治理的一种新模式(蒂姆·佛西,谢蕾,2004)。主要从两个方面入手,一是寻求解决政策问题的科学方案;二是强调公众及利益相关者的参与(Felix Rauschmayer, Jouni Paavola and Heidi Wittmer, 2009)。跨部门合作是带来更好决策和结果、带来方法创新以实现整个社会可持续发展的基本工具(Derek Thompson, James Mc-Cuaig, Brian Wilkes, 2007)。"合作型环境治理是利益相关者和公众共同参与,在当前社会面临的众多棘手的环境治理问题上达成一致的过程"(Margerum R D, 2008)。尽管目前尚未形成统一的成功的合作型环境治理的概念,但里德指出,有证据表明利益相关者的参与能提高环境问题决策的质量,因为能接收更全面综合的信息(Reed M S, 2008)。此外,美、日、英三国的生态环保发展历程,也经历了由工业污染控制到生活污染控制,最后转向生态环境保护的历程(宋海鸥,毛应淮,2011)。其中,日本的环境治理效果十分显著(卢洪友,祁毓,2013)。除了环境治理模式的研究,西方学者也关注了环境治理与经济效益之间的联系问题(Schaltegger S, Synnestvedt T, 2002)。因此,从国外的环境治理研究可以看出,尽管关于环境保护机制和合作型环境治理模式的研究不断丰富、深化,目前依然没有确切的合作型环境治理模式的定义和具体的实施框架。但是,国外研究的前沿理念和丰富实践值得在本课题研究中充分借鉴。

第二节 国内环境治理研究进展

国内关于环境治理的研究大致可以分为如下两个阶段。第一阶段:自改革开放至20世纪末。这一阶段的代表作包括:曲格平(1984)的《中国环境问题及对策》,国家计划委员会、国家科学技术委员会、国家经济贸易委员会与国家环保局(1994)合编的《中国21世纪议程——中国21世纪人口、环境与发展白皮书》,厉以宁、章铮(1995)的《环境经济学》。第二个阶段:21世纪初至今。这一阶段的代表作包括:钱箭星(2008)的《生态环境治理之道》,杨启乐(2015)的《当代中国生态文明建设中政府生态环境治理研究》,李永峰、陈红、徐春霞(2012)的《环境管理学》,施从美、沈承城、金太军(2011)的《区域生态治理中的府际关系研究》,陶传进(2001)的《环境治理:以社区为基础》,宋国君(2008)的《环境政策分析》,中国科学院可持续发展战略研究组(2015)主编的《2015中国可持续发展报告——重塑生态环境治理体系》等。另外,国内学者在环境治理的专题研究方面,也卓有成就。杜辉(2013)、郭秀清(2014)、吴惟予、肖萍(2015)、王蔚(2011)、顾华详(2012)、曹树青(2014)、蔡收秋(2015)、李伟伟(2014)、李文炜、李强(2012)、刘桂春、张春红(2012)、涂正革、谌仁俊(2013)、毛万磊(2014)、刘超(2015)、葛察忠、程翠云、董战峰(2014)、郑晓、黄涛珍、冯云飞(2014)、董锁成(2014)、俞海、张永亮、任勇、周国梅、陈刚、王勇(2015)、何劲玥(2017)、胡王云(2015)、朱海伦(2014)、秦天宝、段帷帷(2016)、董亮、张海滨(2016)、解振华(2016)、陈健鹏、高世楫、李佐军、陈健鹏、高世楫、李佐军(2016)等代表性学者,分别围绕环境治理结构与体制机制研究、环境治理市场化改革研究、环境治理规划与管理技术研究、环境治理政策体系研究、环境治理多主体合作研究、环境治理与生态文明建设等六个方面展开研究。不难发现,国内相关研究的理论系统性和现实针对性不足。比如,将环境治理与生态文明结合起来的研究,也仅限于生态文明建设对环境治理必要性和重要性的讨论,且多偏重经验性研究和单要素分析,未能有效地从生态文明建设的高度对环境治理进行深入研究。可见,国内研究的广度和深度有待在本课题研究中进一步拓展。

第三节　智慧城市试点政策环境效应研究进展

自1978年改革开放以来,我国经济总体上呈持续高速增长的发展态势,经济总量跃居世界第二,2021年我国国内生产总值(GDP)已达到美国的76%,创造了瞩目的经济增长奇迹,居民生活水平显著提升。但是多年来经济高速增长所带来的负效应逐渐显现,以高投入高污染为特征的粗放型经济增长方式和以GDP为核心的政绩考核方式相对忽视了生态环境的重要性,导致我国工业污染排放问题日益严峻。近年来,国家日益重视生态环境保护与绿色发展,并多次出台了一系列生态保护与环境治理的政策文件。国家"十四五"规划指出,我国要协同推进减污降碳,不断改善空气、水环境质量。党的二十大又一次提出,要加强对环境污染的治理,坚持"精准治理、科学治理、依法治理",继续打好"蓝天碧水保卫战""净土保卫战"。2022年我国城市化率已经超过65%,因此厘清造成城市污染的影响因素,探寻降低城市污染的影响机制,切实找到有效降低城市污染排放的改革路径至关重要。2008年国际商业机器公司(IBM)首次提出"智慧地球"概念,随后该概念逐渐成为国内外学者研究的焦点,学术界掀起了以智慧城市为研究主题的探讨热潮。国外诸多发达国家以及发展中国家纷纷出台智慧城市相关政策,加速推进智慧城市的应用发展。发达国家除了对智慧城市的信息化建设给予了极大的重视,同时对节能减排、环保效益等方面给予了高度的重视。在欧洲,33%的智慧城市都将"绿色发展"作为建筑主题,这大大超过了注重"经济发展"的智慧城市(Beretta,2018)。由此可见,智慧城市不仅能够有效提升经济发展质量,还具有促进城市绿色可持续发展的生态效应。近年来,我国也高度重视智慧城市发展及其在生态环境保护中的重要作用。2019年《智慧城市时空大数据平台建设技术大纲》指出要鼓励智慧城市试点在生态文明建设中的智能化应用,以促进城市可持续发展。

自2012年我国正式设立智慧城市试点名单后,国内学者们主要关注其对经济发展和技术进步的影响,对生态环境效应重视不足。学者们发现智慧城市建设对高质量发展(赵华平,2022;刘伟丽,2022)、技术创新(武力超,2022)、产业结构升级(蒋选,2021)、城市创新(田秀林,赵华平等,2022;张龙鹏,钟易霖,2020)等影响显著,具有正向的促进作用。但针对智慧城市试点政策的环境效应的研究成果偏少。石大千(2018)以首批智慧城市试点政策为研究对象,研究发现智慧城市建设可以显著降低城市环境污染水平的9%—24%。而且,学术界对智慧城市试点政策环境效应的研究多集中于首批智慧城市试点政策,忽略了后续政策影响(2013年和2014年新增了试点城市名单),并不能全面刻画中国智慧城市建设的整体效果,具有一定局限性。此外,目前文献并未考虑空间关联性,缺乏对智慧城市试点政策空间溢出效应的研究分析。因此,本课题研究基于国家智慧城市试点这一准自然实验,选取三个批次的试点城市,利用多期双重差分模型,选取2005—2019年279个地级及以上城市的面板数据,着重探讨智慧城市试点政策的工业污染减排效应,并对其作用机制、异质性和稳健性进行实证分析。此外,本课题研究将考虑智慧城市建设的空间关联性,将视角拓展到空间层面,构建双重差分空间杜宾模型,研究智慧城市试点政策对工业污染排放的空间溢出效应。

第二章　我国环境治理发展概述

纵观我国环境治理发展,其体系大致分为三个阶段(如图1-1所示)。以改革开放为时间节点,随着环境保护法律法规的不断完善和行政体制整体改革的推进,我国环境治理体系结构取得了长足进步。

```
起步阶段                形成阶段                发展变革阶段
·环保认识从无到有  →   ·环保思想深化      →   ·治理体系逐步形成
·管理职能存在局限      ·部门分管格局形成      ·法律体系日趋完善
·法律依据欠缺          ·法律体系基本形成      ·市场、信息化工具引入

1971—1979年           1979—1989年            1989年至今
```

图1-1　我国环境治理发展阶段

第一节　起步阶段的概况及特点

一、概况(1971—1979年)

从中华人民共和国成立之初到20世纪50年代,国内对环境保护的认识仅限于以清洁和垃圾清除为重点的爱国卫生运动。在工业发展之初,环境问题主要集中表现为局部生态破坏和小规模环境污染。此阶段我国尚未制定与环境相关的法律法规。从那时起到改革开放之前,国家对环境的忽视和轻视导致工业发展走上了严重生态破坏、高污染和浪费的道路。环境治理被忽视,环境保护仍处于起步阶段。虽然环境保护没有得到足够的重视,但环境保护工作已经慢慢开始。1971年,"环境保护"首次在国家机构层面被提出,随后通过了其他关于环境保护相关文件(见表1-1)。

表1-1　我国环境治理起步阶段的环境保护相关文件

时间	相关文件或举措
1971	国家机构层面首次提出"环境保护"
1973	《保护和改善环境的若干规定(试行草案)》
1978	《中华人民共和国宪法》明确规定环境保护

资料来源:作者整理。

二、阶段特点

(一)环境保护意识从零开始,建立基本的环境保护目标

从公众层面来看,环保意识经历了从无到有的过程;从国家层面而言,治理目标也比较明确。上述情况反映了当时国家控制污染的决心。然而,从客观上讲,控制环境污染具有很高的难度及复杂性,且环境问题的有效解决非一日之功,但当时未能正确认识到这一现实。此外,由于当时我国制定了重工业优先的发展战略,重工业污染较严重,在尚未解决温饱的情况下,国家对环境保护的重视程度远不及经济发展。

(二)管理机构不独立,管理职能有限

作为当时的环境管理机构,国务院环境保护领导小组没有独立的地位,所起到的作用不充分,其管理职能尚不完善。直到1982年,国家对环境保护机构进行了改革,它才成为一个相对独立的管理体系。此后,类似的地方环保监督管理机构也相继成立。

(三)缺乏法律依据,主要是行政法规和命令

环境保护法律体系刚刚起步,一些标准文件已经出台,例如,《工业"三废"排放试行标准》。此时,大部分环境保护措施都是通过行政命令实施的。整体而言,虽然从理性认识上是治理先于污染,但受限于经济发展,加之工业优先发展战略,环境治理收效甚微。尽管如此,我国后续制定的环境管理指导原则、建立的组织体系等与这一时期密不可分。

第二节 形成阶段的概况及特点

一、概况(1979—1989年)

这一阶段我国出台了一系列环保类法律法规,丰富了环境保护的法律体系,我国环境保护管理步入法治轨道(见表1-2)。此外,环境治理机构日趋完善,成立了中华人民共和国城乡建设环境保护部,到1988年环境保护局从城乡建设和环境部分离出来,具有依法实施环境保护的监督管理职能。在环境管理理念上,已经转变为"预防为主,防治结合"。环境管理手段呈多元化趋势,出现经济、法律、技术等多种手段。

表1-2 我国环境治理形成阶段的环境保护相关文件

时间	相关文件或举措
1979	首部综合性环境保护法《中华人民共和国环境保护法(试行)》
1982	明确国家具有"保护和改善生活环境和生态环境、防治污染等"的职能
1978	《中华人民共和国宪法》明确规定环境保护
其他	出台了森林、矿产、水、大气、海洋污染等方面的法律法规

资料来源:作者整理。

二、阶段特点

(一)深化从"治"到"防"的环保思想,把环保目标从"质"改为"量"

在此期间,环境保护被确立为我国基本国策。具体来看,实施了三大政策:"预防为主、防控结合""谁污染、谁治理""加强环境管理"。同时,环境保护被写入政府工作报告。与前一阶段相比,更加重视环境保护,强调了预防在污染控制中的重要作用。

(二)环境治理机构独立,部门责任格局形成

环境保护局脱离城乡建设和环境部后,独立行使环境管理权,形成了由环

境保护机构和职能部门负责的环境治理格局,环保机构建设迈上新台阶。

(三) 一大批环境法律法规出台,法律体系基本形成

我国颁布了大量的环境保护法律、法规和规章,环境立法发展迅速,这表明国家对环境保护法律工作的高度重视,标志着中国环境保护法律体系的基本形成。

(四) 行政和法律手段相结合,以指挥控制为主要政策特征

随着法律体系的逐步形成,开始使用行政和法律手段的治理模式。为实现对环境污染的治理,采用了由政府发起并以行政处罚为后盾的典型指挥控制政策工具。

总之,这一时期的环保思想已经从单纯的污染控制转变为污染防治与污染控制相结合的理念,环境保护的战略思路也发生了重大变化,环境法律制度呈蓬勃发展态势。环保机构在此期间进行了改革,逐渐具有独立性,环境治理权限也得到了极大的确立。然而,分区管理的问题依然存在,这在一定程度上促进了后续统一和分散治理格局的形成。

第三节 发展变革阶段的概况及特点

一、概况(1989 年至今)

1992 年,可持续发展战略被提出,环境治理体系不仅得到国家高度重视,而且其地位得到极大的提升,环境治理意识取得显著进步。党和国家在生态环境治理理论方面也取得很多成果(见表 1-3)。

表 1-3 党和国家生态环境治理理论成果

会议	理论成果内容
党的十六届三中全会	提出科学发展观
党的十七大	提出生态文明建设

(续表)

会议	理论成果内容
党的十八大	强调生态文明建设,提出"必须树立尊重自然、顺应自然、保护自然的生态文明理念,把生态文明建设摆在突出位置"
党的十九大	指出"建设生态文明是中华民族永续发展的千年大计",明确要求"着力解决突出环境问题""着力加强生态系统保护"
党的十九届四中全会	提出"坚持和完善生态文明体系,促进人与自然和谐共生"的战略部署
党的十九届六中全会	在生态文明建设中,党中央在把中国生态环境保护提升到新高度、建设美丽中国方面迈出了新的一步

资料来源:作者整理。

2013年以来,政府多次提到生态文明在全社会发展中的重要作用,强调生态环境保护是一项有利于当前、造福未来的事业,生态文明建设在制度层面得到极大的保障。从1998年将国家环境保护总局升格为部级国家环境保护总局,到2008年成立环境保护部,再到2018年成立中华人民共和国生态环境部,乃至2020年通过的《中华人民共和国长江保护法》,标志着我国环境保护体系建设进入新阶段。在此阶段,从中央到地方,环保机构更加完备、独立,其权力逐渐增强,并建立了中央和地方双重领导的环境管理体制,还探索实施了区域环境保护督察制度。虽然取得了一些成果,但在理念、身份、环境保护等方面仍有许多问题需要进一步改革、完善和创新。

二、阶段特点

(一)强调发展和保护,逐步形成了绿色治理理念体系

随着经济快速发展,尽管中国在环境保护方面投入了大量资金,但在环境的影响下,经济发展的不可持续性愈发凸显,两者呈现不可调和之势,我国逐步提出了可持续发展。具体表现在:从1992年提出可持续发展的战略构想,到"九五"规划提出可持续发展战略目标;再到党的十六大进一步强调可持续发展的重要性。可持续发展已正式成为国家发展战略,建设社会主义和谐社会的主要目标是显著提高资源利用效率和生态环境;2007年,生态文明被提出;"十三

五"规划提出"五大发展理念",标志着我国绿色治理理念体系的形成。

(二)形成了统一和分散的一体化体系,初步尝试了垂直管理

根据这一阶段的环保法,我国环境管理体制以行政区域管理为核心、国家和地方政府双重领导。地方环境保护部门直接隶属于地方各级政府,人民政府有权管理环保部门的人员和财政资金。然而,也产生了诸如"多头管理、难以协调、目标冲突、效率低下"等问题。事实上,国家一直在进行有益的尝试,以解决统一分散的治理体系结构带来的一系列问题。对此我国尝试了一些新做法。如《国务院关于印发全国生态环境建设规划的通知》提出:"国家计划委员会将会同相关部门,成立中央和地方政府间的部际联席会议,加强领导,共同推进。"此外,鉴于垂直分级管理的弊端,中国已尝试对基层环保组织进行垂直管理。"十三五"规划也明确提出要建立"省级以下环保机构监测、监督和执法的垂直管理体系"。

(三)系列法律法规修订颁布,法律体系日趋完善

涌现出大量法律修正案和新的法律文件。除2014年新的《中华人民共和国环境保护法》外,这一时期的法律还包括引入和修订一系列其他单独的法律(见表1-4)。鉴于21世纪初重大污染事件频发,我国又针对性地出台了相关文件。

表1-4 我国环境治理发展变革阶段相关法律法规文件

时间	相关文件或举措
1994	《国家环境保护方案》(1993—1998年)强调需要加快环境保护立法的步伐,建立和完善适应当前社会和经济法律发展的环境法律体系
1998	《国家生态环境建设规划》启动了一系列重大生态保护工程
2000	《全国生态环境保护纲要》
2002	《全国生态环境保护"十五"计划》
2003	《生态县、生态市、生态省建设指标》(试行)
2005	《国家突发环境事件应急预案》《国务院关于贯彻落实科学发展观加强环境保护的决定》
2011	《国家环境保护"十二五"规划》

资料来源:作者整理。

(四）引入市场和信息工具，以多种和混合工具为特点

由于指挥控制政策在某些情况下成本高、效率低，我国制定了市场的环境政策。最初的排污收费制度税率低，实际上没有达到环境标准的边际治理成本。在2003年《排污费征收使用管理条例》施行之前，针对所有的污染排放都采取更高税率的方式征税。该制度存在争议，但其确立的"污染者付费"概念在当时是有价值的，它在一定程度上促进了污染控制，提供了资金来源，并平衡了减少污染目标与社会经济发展之间的冲突和矛盾。同时，不同地区的排污费制度的执行在地区上存在异质性，排放交易和环境容量有偿使用等市场机制在不同地区不断被尝试。信息披露和鼓励企业自愿参与等政策创新是这一阶段的主要做法。

2007年，国家环境保护局提出系统的环境政策框架，包括产品环境税；适度提高环境收费标准；"绿色信贷"；实施企业审计监督制度；实施生态补偿政策等。此外，2015年，国务院提出了一种新模式，即污染者委托环境服务公司按照合同约定支付或支付费用来控制污染，逐步形成了具有中国特色的绿色治理理念体系。随着经济的发展和新的污染问题的出现，法治建设和发展进一步加快。同时，由于政府治理模式存在问题，很多政策未得以有效实施。因此，在当前阶段，很有必要对环境治理模式进行更加深入的研究，以更加精准的方式来解决这些弊端，以期实现环境治理目标。另外，从2020年开始，国务院出台了《关于构建现代环境治理体系的指导意见》《关于深入打好污染防治攻坚战的意见》等，旨在建立"党委领导，政府主导，企业主体，社会组织和公众共同参与的现代环境治理体系"。

第三章 我国生态文明建设赋能环境治理

第一节 生态文明与环境治理关系

从我国环境治理演变的背景变化与过程看,环境治理与生态文明建设是在社会经济发展到一定阶段后对发展提出的新要求。正因为是新要求,目前生态文明与环境治理本身存在多种不同理解,而且生态文明取向的环境治理是一个探索中的全新课题。

一、生态文明的本质

(一)生态文明的内涵及本质

生态文明指人类实现人与自然和谐的一切努力和成果,也就是由有序的生态运作机制与良好的生态图景所包含的物质、精神和制度成就的汇集。生态文明是对传统发展理念和经济发展模式的反思。在经济社会发展中要考虑资源消耗率、环境自清洁能力和生态承受能力,形成"人类造福自然,保护自然,维护人与自然和谐统一的关系",实现经济与自然的协调互动,形成"绿色文明"形态。生态文明的实质在于人与自然的协调发展,进而实现社会、经济与自然的协调发展。

20世纪80年代中期,我国生态学家叶谦吉和刘思华首先提出了"生态文明"的概念,并提出了"人与自然、社会与自然和谐"的核心概念。党的十七大提出生态文明建设,党的十八大将其写入党章。党的十八届三中全会提出要加速建设生态文明体系,提出了全方位、综合性的生态文明体系。从2015年开始,生态文明建设进入了一个快速发展的阶段。"十三五"规划编制了《生态文明体制改革总体方案》《关于加快推进生态文明建设的意见》《环境保护公众参与办法》《党政领导干部生态环境损害责任追究办法(试行)》等制度性文件。党的十九大报告指出,要"将生态文明建设成为中华民族的千秋伟业",强调要着力解决目前存在的各种环境问题,实现"以人为本"。党的二十大报告明确指出,"中国式现代化是人与自然和谐共生的现代化"。这一表述,为新时代的生态文明建设提供了明确的战略方向,并将推动绿色发展列为总基调,推动人与自然的和谐共生。生态文明的构建使环境管理有了新的内涵。生态文明的概念与生态文明建设是不同的。生态文明建设首先应理顺人与自然的关系,再理顺人与人的关系。生态文明是指一种文明状态,生态文明建设是达到这种状态的过程。

(二) 生态文明的特征

1. 人与自然和谐统一,人与社会全面发展

首先,大自然为人类提供了原材料,如人类所需要的食物,人类离不开大自然;其次,自然生物也有发展的权利,人类发展将促进或阻碍自然发展,应尊重自然发展。

2. 自然生产力的可持续发展

人类对自然资源的保护不能因为追求人工资本增长而被忽视。生态文明强调自然生产力的基础性作用,一方面提高了劳动生产率水平,另一方面创造了物质财富。

3. 经济、社会、自然协调发展

生态文明突出了资源的稀缺性、环境的友好性和生态的平衡性。它以"减少"和"再循环"理念推动清洁生产,以"适度"理念促进消费。

二、环境治理的内涵

环境治理研究领域的领军人物奥兰·R.杨(Oran R. Young)强调,治理是为涉及多个主题的复杂问题找到集体行动计划,这些问题无法由单个主题解决,确定人类社会设计和使用的一系列机制来解决治理问题,并分析在什么情况下特定机制会成功或失败。自然、经济和社会组成一个综合系统,而环境治理的目的是使其效益最大化。在探索自然规律的基础上,发挥自然资源的巨大作用使其转化为有效社会生产力,从而满足人口增长需求。通过调整和改变传统的生活方式,使生态系统自我调节能力逐步恢复,资源和环境的承载能力得

到提高,从而增强生态环境的稳定性。

第二节　生态文明与环境治理的相关性研究

我国改革开放以来,自然环境遭到了相对严重的破坏,虽然党和国家近年来十分重视环境保护,但从全局来看,环境保护形势依然严峻,整体状况依然持续恶化,推进生态文明建设成为党和人民面对生态环境危机的必然选择。生态文明与生态治理相辅相成、互为推进。

一、生态文明涵盖环境治理的内容

(一) 生态文明包含环境治理的理念

生态文明建设要统筹和协调好人与自然的关系,加强生态建设与环境治理。用生态文明来调节人与自然之间的关系,调节人的行为规范,要加强对生态环境关怀,使环境治理成为生态文明建设的重要部分。

(二) 生态文明凸显生态治理的重要性

生态文明强调人与自然的和谐,反思工业文明背景下传统社会发展模式对自然资源的过度消耗,对生态环境的严重破坏。加强生态治理,给予自然生态以关怀,对生态环境进行修复与维护就成为生态文明建设的重要内容。较之农业文明、工业文明而言,生态文明对于生态环境及其治理的关注将更为迫切,生态文明以关注自然生态、缓解人与自然关系为主旨,突出和彰显生态治理的重要性,将进一步系统地推进生态治理理念的传播与生态治理行为的深化。

二、环境治理推进生态文明的实现

(一) 环境治理是生态文明实现的必要条件

加强环境治理,有利于生态环境危机的缓解,是生态文明实现的必要条件。

自然环境良好是自然生态功能的维护、保持，也是人类生存、发展的基础。加强环境治理，对于生态环境的改善、生态危机的缓解具有极为重要的意义。环境治理力度不够，生态文明社会也就无法实现。立足于生态环境治理的现实需要，在推进社会经济长期稳定发展的同时，把保护好生态环境当成头等要务，协调生态保护与经济社会发展之间的矛盾，监管社会不文明的生态行为，通过行政强制和行政调控等手段发挥治理职能，减少破坏生态行为的发生，实施有效的生态环境治理，对于化解人与自然矛盾、缓解生态危机具有重要意义。

（二）环境治理是生态文明实现的重要保障

加强环境治理是生态文明建设的迫切要求，而环境治理的成效也将影响和推动生态文明建设的进程。加强环境治理在为我国经济社会提供良好环境的同时，也提供了生态保障。

第三节　生态文明建设赋予环境治理的新内涵

一、环境治理是多元主体的共治

生态文明建设的对象主要是生态系统。生态系统具有开放性和互动性，能够与其他生态系统和非生态系统产生互动。在生态系统中，各组成部分相互联系并相互斗争，为彼此的生存提供了机会和约束。作为生态系统中的消费者，人们依赖于相关生态系统的产出，而政府、市场主体和社会都离不开人，因此都与生态系统密切相关，生态系统的质量与每一个体相关。上述主体都应参与维护和建设良好的生态系统。生态系统具有开放性，与不同的生态系统相互联系，并与主体发生关联，这使得不同主体在生态文明建设过程中密切相关。因此，我们正在讨论的环境治理是多个主体的共同治理。

二、环境治理是全过程的共治

生态系统具有时间结构，随着时间的变化，生态文明建设对象亦在发生变化，建设重点也不同。此外，生态系统具有可持续性，这意味着需持续投入资源,以保持生态文明建设系统的平衡,从而持续产出维持人类生存。一旦资源投入减少,将会导致生态系统的无序,无法满足人类的需求,这意味着生态文明建设过程是不间断的。因此,我们正在讨论的环境治理是全过程的共同治理。

三、生态文明建设赋予环境治理的新内涵

基于前文分析,笔者阐述了以生态文明建设为导向的环境治理的新内涵,总结了环境治理"五位一体"的新内涵,即生态平衡、经济效率、代际公平、政治联合和文化融合。

(一)生态平衡

生态平衡旨在人与自然要和谐相处、天人合一、道法自然,探索先进的、适用的、可操作的、科学的环境治理技术和策略。环境治理必须在此基础上去创新和发展,保护自然资源,共享自然资源,为人类谋福祉。

(二)经济效率

环境治理过程中仍然注重经济效率的提高,经济发展仍然占据重要地位,提高生产力水平和科技创新依然是关键。这是从生产力发展的角度体现环境治理目标的要求,是环境治理的基础。

(三)代际公平

代际公平是指保障当代人和后代人都能享有同等的发展机遇,具体体现在社会资源、政治资源和自然资源等方面。在环境治理中,应确立跨代环境正义的理念,以解决代际正义为核心,兼顾当代人对后代人的道德义务。

(四)政治联合

政府在环境治理中占据重要的地位,我国的行政区进行了严格的划分,这就要求在环境治理方面,中央和地方政府责任明确、共同治理,加强公共管理的制度创新,并推动其成功实现。

(五) 文化融合

与此同时,各地区的环境治理存在差异,不同地区的文化融合与发展也会对环境治理产生巨大的促进作用,在环境治理过程中要尊重当地的文化,保护特色的文化资源。因此,政治和文化因素不是外生变量,政治联合和文化融合将始终在环境治理的整个过程中发挥作用。

第二部分　我国政府、企业、公众共治的环境治理模式的建立

环境治理与生态文明建设具有依存关系。本部分在我国生态文明建设赋予环境治理的新内涵的基础上,回顾了我国实施的各类生态环境治理模式的得与失,总结了国外典型国家或流域环境治理中多元主体共治的经验及其启示,探讨了如何建立我国政府、企业、公众共治的环境治理模式。

第一章 国内生态环境治理的模式研究

第一节 政府主导模式的失效

我国在环境治理方面采取了政府主导的模式,该模式强调"政治领导",这意味着所有环境治理工作均在政府的领导下组织实施,而系统的生态文明建设尚未实现。"一票否决""环境保护"是此种模式的典型观点。观念上的不统一导致了一些重要的政府决策失误,给生态文明带来了不可估量的损失,如钢铁冶炼运动,该运动采用了当地和外国相结合的方法。同时,在无形中政府也做了一些有益于生态的事情。如在当时农业生产以有机肥料使用为主,减少了化肥对土壤带来的污染。

我国的政府主导环境治理模式主要时期是从改革开放到20世纪末,其间我国采取了一些措施,如专门设立环境保护部门,负责生态文明建设。尽管如此,这一时期我国自然生态环境仍遭受破坏,如雾霾天气的频发。在科学发展观引领下,我国陆续提出了深化生态文明建设体制改革的方针,成立了环境保护部,继续实行政府主导的建设模式。然而,这一时期的生态文明建设效果并不理想。如为实现节能减排目标,浙江、江苏等地采取"停电"的方式,而不是从根本上去降污减排。一些地区甚至采取"不分青红皂白地停电"的方式来限制居民家庭、医院、学校和交通信号灯的用电量。这一节能减排措施未被纳入生态文明的范畴,却强迫部分企业采用能源密集型的独立发电方式,适得其反。

造成上述不理想结果的原因集中在以下几个方面:一是认知不足,对生态文明建设的地位未能正确认识,忽视了其重要性;二是存在地方保护主义,突出表现在地方政府层面,尽管国家制定了一些生态方面的政策,但出于某些原因,地方政府对中央的生态环境政策缺乏有效落实;三是经济效益与生态效益存在矛盾,生态文明建设与经济建设可能存在冲突和错位。通过对"癌症村"经济发展实证研究,指出"经济越发达,'癌症村'越多,出现时间越早";四是利益因素,地方政府、相关部门及其工作人员出于自身利益考虑，作为生态文明建设的执行者，更在意"政治锦标赛"的结果，而生态文明建设政策未落地，政府并没有在这方面起到应有的作用。

第二节 市场主导模式的失灵

市场主导模式采取市场化手段，发挥市场机制的作用开展环境治理，主要包括私有化、环境服务购买、生态文明建设项目承包等。根据相关学者研究，在现实中，许多人认为环境治理是市场驱动的。事实上，自改革开放以来，中国政府从计划经济逐步走向市场化，因而市场对我国环境治理产生了实际影响。在环境治理的一些微观领域，市场导向是我国环境管理的一个重要发展方向。

市场主导模式倡导建立生态资源私有产权，但我国有些现象与此观点相违背。比如，在内蒙古草原实行"两权一制"，然而草原的生态环境没有明显改善。而且，内蒙古的草原在20世纪90年代退化更快，荒漠化更为严重。再分析排污收费制度，从企业角度来看，与控制污染相比，他们更倾向于支付污染费；从地区分析，大多数地区没有征收固体废物排放费，且排污费很大一部分用于支付环保部门的工资，真正在环境治理方面发挥作用的部分偏少。综上分析，我国一些地区实行的市场主导的环境治理模式在理论上没有产生十分积极的效果。

造成上述不理想结果的原因有：一方面，在实际中很难利用实证模型来精确计算庇古税应该达到什么比例。另一方面，科斯认为，"没有办法收集实施庇古税制所需的信息"。当市场道德不完善，政府监管机制不健全时，利用市场主导模式建设生态文明的效果会更差。

第三节 社会主导模式的滞后

"社会主导"的环境治理模式，是指公民或个人主动维护生态环境，主动推动、参与环境治理。宋健明确提出："各种关注环保的社会团体，应积极地扶持、指导环保团体的健康发展。"我们国家有培育生态文明的社会主体的强烈愿望。

《社会蓝皮书:2013年中国社会形势分析与预测》指出,全球范围内因环境问题而发生的群体性事件,平均每年增长29%。这反映了中国民众通过一种非制度化的方式来维护自身的权利。究其原因:随着经济发展水平的提高,社会主体对其生活环境的关注度不断增加,自身具有更强的动力来参与环境治理。

然而,目前来看该模式实施起来还存在诸多困难,如社会志愿组织发展滞后,尤其是我国环境非政府组织发展还远未成熟;社会公共精神发展不足的精神困境;基层民主发展不足的路径困境和自愿失败的结果困境。由于上述困难,环境非政府组织在中国环境治理中远未发挥主导作用。一些学者甚至认为,环境非政府组织虽然可以在一定程度上改变公众的态度,但无法实现现有经济和社会系统的绿色转型和重建。

另外,根据中华人民共和国生态环境部官网公布的生态环境统计年报可以看到,虽然近年来我国环境污染治理投资总额总体呈上升趋势,但是环境污染治理投资占GDP的比例却逐年递减(见表1-5)。在此种困窘的环境下,若想在根源层面改善目前国内生态环境,我们还有很长的路要走。

表1-5 我国环境治理投入占GDP比重

年份	我国环境治理投入总额/亿元	环境基础设施投入额/亿元	工业污染整治投入额/亿元	我国已完工环保项目年投入额/亿元	占GDP比重/%
2015	8 835.5	4 950.5	769.6	3 115.4	1.29
2016	9 109.6	5 392.2	818.9	2 898.6	1.23
2017	9 589.1	6 115.7	690.9	2 782.5	1.21
2018	8 987.7	5 893.2	697.5	2 397.0	1.10
2019	9 152.0	5 786.7	615.2	2 750.1	0.90

资料来源:中华人民共和国生态环境部官网公布的生态环境统计年报。

第二章　国外环境治理中多元主体共治的经验与启示

第一节　国外一些国家在环境治理中多元主体共治的经验与启示

一、英国的经验与启示

1948—1962 年,英国首都伦敦曾多次出现严重的雾霾,包括一起长达 9 天的严重雾霾,给城市的交通和人民的生活带来了极大的冲击,造成了许多市民罹患呼吸道疾病,同期死亡率也有所上升。伦敦政府为解决这一问题花费了大量的财政和物质资源。与此同时,英国也相继颁布了相应的法规及政策,如《清洁空气法》(1956 年)[①]和《环境法》(1995 年)[②]。另外,政府还运用了经济措施来调节市场运作,对那些达到排放标准的公司给予奖励,同时对伦敦人提供了税收和补助,以降低污染。基于此,英国的雾霾污染问题得到了很大程度的改善(如图 1-2 所示)。

图 1-2　英国伦敦环境治理前后成效对比

---

① 《清洁空气法》是世界上第一部全面控制大气雾霾的法律。
② 《环境法》将空气质量管理纳入法律。

英国政府除了执行法律、税务和公共环保奖励制度,也十分注重大众及环境团体的参与。随着社会治理的良好传导,企业也加入了环保队伍,形成了政府、企业、环境非政府组织和公民环境治理团队。此外,政府亦设立了一套公共参与机制,让市民享有环保权利,也让非政府组织有充分成长的空间。英国在多元主体环境治理中的经验与启示如下。

(一) 完善法律法规

首先,英国在制度保障和权利规范方面发力,扩大了公民的权限,特别是对环境的知情权、参与权和起诉权的规定,对我国的环境保护具有一定的借鉴意义。例如,为使公民有权知晓环境的权利,制定了《环境信息条例》,《信息自由法》进一步保证了这项权利。在参与环境公诉的权利方面,1982年的改革增强了公民权利的充分性。完善的法律法规对多主体参与环境治理提供了有效的保障,既提高了权益,也增强了主动性。

(二) 加强多主体的自主性和互动性

在英国的网络化多元智能体合作系统中,各个角色都有各自的职责,并且组成了一个完善的网络运作机制。以环保组织为例,一方面它可以与公众进行良好沟通,发挥其普及环保知识的作用,而不会导致公众过于反感。另一方面,其可以与政府进行有效互动,如世界自然基金会(WWF)英国办事处就在此方面发挥了巨大作用。此外,其借助聚集的社会资源,吸引了大批优秀人士加入。例如,国际地球之友(FOEI)组织积极参与收集和分析当地地理信息,将水质污染的详细资料提供给政府。另外,非营利机构还起到了一个辅助的角色,即一定程度上避免了政府管制滞后的弊端,以及强化了企业对环境污染的不断监控。

二、美国的经验与启示

伴随着工业化进程的迅速推进,美国芝加哥等一些大城市的生态环境遭到了严重的破坏,促使各国政府对其进行了全面的环保工作。最初,美国对此采取的措施是哪里有污染,政府就在此地出台相应的法规。虽然这种行政指挥治理模式在短期内是有效的,但这种模式侧重于对环境污染的短期监管,并不是解决环境问题的有效方法。随着问题未有效解决从而暴露出更多的问题，一些公司和机构也参与环境治理。20世纪90年代后，美国各州加强和完善了原有环境保护法的规定。政府的管理模式已经从"统治治理"模式转变为"现代治理"模式，从单一的政府主导模式转变为政府、企业和众多公共主体参与的模式。权力分散和组织扁平化的特征越来越明显。在环境管理中，公民陪审团和公民咨询委员会也在持续创新，形成了"综合网络协调组织"治理模式，最重要的是部署一个领导机构，为包括政府、媒体、非政府组织、企业和个人在内的环境治理主体提供科学和先进的指导。形成了由公共机构、非营利组织和私营企业组成的国家和地方环境网络协调结构，该网络包括美国联邦环境管理局（BOEM）及其在州和地方两级的相应机构。

通过不同的环境治理手段和多元主体的共治，美国环境治理取得较好效果（如图1-3所示）。通过对美国多元主体参与的环境治理实践的分析，可以将美国的经验与启示归纳如下。

图1-3　美国纽约环境治理前后成效对比

（一）建立环境治理网络协调组织

美国建立了多元合作的环境管理体系，并建立了一个网络型的协调机构。这一多职能组织对网络运行体系的整体治理、任务分配、管理与协调进行了全面的协调。所以，在网络治理的全过程中，应充分发挥网络协调机构的领导作用，制定多主体治理方案与行动规范，并对其进行监测与评价。可以为在这个网络上的所有人物提供反馈信息，并做出汇总和更新。在此基础上，通过对不同主体在环境治理中的作用进行合理界定，对不同利益主体的投资配置进行适当的调节,以防止在不同类型的环境治理中出现问题。

(二) 有效整合网络资源

在网络环境下,各智能体所承担的职能不尽相同,其所掌握的资源也不尽相同,因此,通过网络协同治理,能够将各主体的优势资源进行有效的整合与聚合,从而达到最大的治理效益。对广大群众而言,可采取宣传、教育等措施,提高群众的环保意识,调动群众参与环保的积极性;对于企业与环保团体而言,引入第三方的力量,不仅能够最大限度地优化社会资源,还能增强社会各界对环境治理的责任感与使命感。

三、德国的经验与启示

(一) 环境立法与教育助力多元主体共同参与

德国的环境法律体系建设起步较早,其完善的环境立法和严格而详细的环境标准在世界上首屈一指,为环境保护提供了制度化保障。同时,环境教育也发挥了极大的作用。德国政府非常重视环境教育,坚持以学校教育为主导,结合民间力量促进公民树立极强的环境意识,并将此内化为环境道德素质。如充分利用生物与环境教育中心、北海霍克岛海滩保护区等环境教育资源以及环保协会和研究机构等非政府组织创建的其他环境教育资源,鼓励公民参与环境教育活动。此外,大力推动地方创新,如创新"半程项目"。

(二) 建立政府监管、公民参与和企业合作的有机协调机制

图1-4 德国鲁尔区环境治理前后成效对比

根据德国《联邦宪法》，联邦政府在垃圾处理、空气污染和噪声控制方面有共同立法，但在自然资源、景观和水资源方面，只有几个基本的法律框架，并需由州层面的法律予以支撑和补充，各州亦可经由联邦议会或政府监督机构介入联邦立法过程。公众参与和企业参与的合作模式以各方自愿合作为基础，发挥科技手段，解决特定的生态问题。德国环境治理成效明显，十分值得我们借鉴（如图 1-4 所示）。

四、日本的经验与启示

20 世纪，日本数以万计的人因环境污染而感染疾病，而人们遭受如此之多的公共危害也引起了巨大轰动。哮喘、疼痛，以及水俣病等疾病的发生，给人民的身体和精神上带来极大的损害和损失。调查结果表明，上述疾病主要是由生产企业所产生的有毒化学品引起的。这些被污染的毒素，会在人体内逐渐累积，最终引发难以治愈乃至致命的疾病。基于此，日本政府决定采取新的措施来治理环境污染。20 世纪 90 年代以来，日本先后制定了《基本环境法》《基本环境计划》等一系列环保法规，对市场经济条件下的企业排污进行了规制。1996 年，颁布《环境影响评估法》。法律将环境治理的评估对象由政府作为领导者重新调整为社会居民的集体参与。居民有权评价环境治理政策是否合理，同时，还对全国地方环保公益组织、企业、公民等进行了详细的阐述，并对其参与环境管理的职责和义务进行了阐述，为构建循环型社会做出了应有的贡献。日本政府在加强环境保护方面，也大力倡导社会各界的配合与参与，制定了多种鼓励的办法。在日本的多主体共同努力下，生态资源和环境得到了有效管理（如图 1-5 所示）。

图 1-5 日本环境治理前后成效对比

综上所述,日本在环境治理方面实践经验如下。

(一)加强政府立法

日本将多主体合作纳入了法治化轨道,并对各主体的参与过程、方式、激励约束机制、监督约束等进行详细阐述,在解决由于产业污染给国民身体带来的严重损害的环境问题上,不但制定了各项法律法规,还适时地进行了修改与改进。例如,《环境灾害应对基本法》在制定后,经过了23次修改,不断完善和更新。由此可见,政府立法极大地促进了多主体的合作,实现了资源整合、多要素协同治理的治理模式。

(二)构建沟通协调机制

首先,在某个主体就环境问题发表了一些建设性的意见和观点时,其他成员应该从理性、整体和公众利益的角度来看待提案者的观点,并做出理性的分析和表述。其次,政府应该向社会公开所搜集到的有关环境污染的监测数据,让社会各成员能够及时地知晓,并采取相应的对策,以实现不同利益主体间的高效交流与共享。

五、新加坡的经验与启示

新加坡面对环境问题的威胁,采取了一系列强有力的措施。新加坡建立了完整的法律体系和环境管理机构,利用市场化运作模式,通过政企合作实现环境治理目标。新加坡在环境治理方面的主要经验与启示如下。

(一)较强的治理动力

新加坡在建国之初,便通过改进基础建设、激励投资与企业家精神、提供金融服务、推动由贸易主导的经济体制转变为多元经济,加快工业化,全面开展基础设施建设,不断提升国际竞争力,经济发展的需要使其更注重保护环境。

(二)健全的保障条件

1. 完善立法

新加坡政府在环境建设和保护方面的做法是立法先行。值得借鉴的是其法律法规具有很强的操作性,详细明确,权责明晰,处罚措施高度透明。自20世纪60年代以来,新加坡制定了一系列环境保护法规和相关标准。

2. 加强法律的执行

新加坡采用了一种系统化的模式,将预防、强制、监测和教育结合起来。新加坡的公共汽车上到处都可以看到写着"随地丢东西就要交1000新币"的告示。乱丢烟头、随地吐痰、驾驶冒着黑烟的车辆将会被罚款。如果他们没有及时缴纳罚金,法院就会传唤他们。

3. 环保教育普及率高

新加坡政府把环境保护作为一项贯穿全民终生的教育。环保教育也被纳入课程中,并鼓励学校成立环保社团,培养环保使者。在社会生活中,倡导全民环保。新加坡亦推出"绿色周",以鼓励环保团体、学校和公司参与环保运动。另外,新加坡亦以新生水厂、垃圾填埋场、人工岛等环境保护项目,作为环境保护的基础,并规定所有机构的工作人员都要接受有关环境保护的教育。

(三) 高效的管理模式

1. 健全的机构

新加坡的环境卫生管理工作主要由环境与水资源部下属的两大法定机构之一国家环境局(NEA)履行。国家环境局致力于为新加坡改善和维持一个干净和绿色的环境。负责环境公共卫生管理的主要是以下部门:环境公共卫生署(EPHD)、环境保护署(EPD)、小贩中心、3P网络部。健全的管理机构为新加坡对环保事业的统一管理奠定了良好的基础。

2. 合理计划

制定了合理利用天然降水、淡水及脱盐等措施。通过体制改革,把与水资源相关的行政管理部门合并,划归到环境与水资源部的一个法定组织——公共事业局。

3. 投资高

建立一座垃圾焚化炉,从焚化炉中释放出的热能可以用来发电。在实马高岛上,政府斥资6.4亿新元修建了一座名为"垃圾岛"的堆填区。这里阳光灿烂,海水清澈。这里有大片的红树林,可以让很多动物在这里生存、成长,是一个很好的环境保护项目,真正实现了把资源变成财富。

(四) 有效途径

新加坡政府与企业之间的合作,以市场为导向的经营方式,是比较有代表性的。由政府出资兴建环保基建,并由私人公司来提供服务,已成惯例。实马高岛海上堆填区的建造全部由政府出资,而私人公司则负责收集及运送废料。

吉宝西格斯垃圾焚烧发电厂是政府组织企业参与的一个重要项目,同时,这也是新加坡的首个全国及私营废弃物处置计划。该项目的建造、建设、所有权和经营权都是由吉宝西格斯环境科技股份有限公司管理和享有。按照这个计划,这家公司将以一份价值 5 亿新台币的合约,为这个国家提供 25 年的垃圾焚化服务。新加坡政府的支持,让它有能力为环保基建提供充足的经费。良好的经济发展与土地使用计划是维持生态环境的重要保障。因此,新加坡实现了其环境治理目标(如图 1-6 所示)。

图 1-6 新加坡环境治理前后成效对比

第二节 流域治理案例:莱茵河流域环境治理中多元主体共治

一、基本情况

莱茵河发源于瑞士,全长 1 320 千米,流经德国等 19 个国家,流域有近 5 000 万人口,流域面积 18 万平方千米,是西欧最大的河流。20 世纪 70 年代后,莱茵河经历了污染再治理,实现了生态变革路径。莱茵河沿线国家协同合作加强治理,使其成为最佳治理和发展的河流之一(如图1-7所示)。难以谈判且流经多个国家的莱茵河能够在环境治理上取得如此大的成就,那么在一个单一国家内实现高效环境治理将更容易。因此,莱茵河的经验可以为我国政府、企业和公众的环境治理提供很好的借鉴。

图1-7 莱茵河环境治理前后成效对比

二、治理模式

第一,形成统一的治理和保护理念。一方面,莱茵河沿线各国就协同治理达成了共识,定期召开会议。另一方面,各国的企业和公民也达成了环境治理共识,确立了以企业为主体的理念,企业为莱茵河周围的环境监测提供专业的运营模式,在污水处理等方面发挥了主要作用;此外,先后经历技术、经济和综合治理阶段,使人们形成的环境治理共识进一步强化。

第二,成立具有权威性的生态治理机构。1950年7月11日,在荷兰的倡议和法、德等国的参与下,成立了莱茵河保护国际委员会,且赋予其极高的政治权力。加之非政府组织的信息公开,使治理行动有效实施。

第三,制订环境共治行动计划。通过颁布公约加强环境治理,完善相关应急预案,并形成了污染预警系统,以便通过国家警报系统将相关信息输入莱茵河国际预警和警报系统。

三、经验启示

一是多个治理主体。充分发挥政府、市场和社会的作用,构建多元化治理体系。激活市场参与环境治理的活力,推动居民主动参与环境治理。

二是统一的组织。具有更强动机的地区领导组织是莱茵河环境治理成功的重要因素。目前,我国致力于环境治理的区域环境治理机构很少,应成立相应的领导小组,引导各级政府协同治理,必要时可以建立相关协同平台。

三是制订健全的行动计划。1976—2001年的莱茵河治理经历了多轮行动计划,有力地促进了流域的协调治理。因此,我国环境治理应首先制订具有针对性、细致性、长期有效性的行动计划,以避免运动式治理。

第三章 我国政府、企业、公众共治的环境治理模式的创建

在多主体参与环境治理过程中,存在目标协调复杂且分散等问题,需构建协商、互利、合作的治理模式——一种整合政府、企业组织、社会组织、公民等并适应复杂系统的新型环境治理模式。在前文研究的基础上,本章主要探讨如何建立我国政府、企业、公众共治的环境治理模式。

第一节 政府主导:多元主体共治环境的主体支撑

通过前面的分析可知,在环境治理中,易出现"搭便车"等问题。"多元主体共治"涉及的主体较多,这些主体在相互依赖和支持的同时,也能独立自主决策。

一、恪守政府在环境治理中的治理理念

环境治理类似于公共产品,因而应该由政府进行"提供",尤其是责任主体不清晰时,容易出现"踢皮球"现象,因此,政府必须发挥主导作用。应坚持以下治理理念:

(一)确保"每个人都履行自己的职责"

目前,由于我国环境治理法律体系仍相对不健全,公众在环境治理过程中的责任相对不明晰,有时会出现乱象;同时,企业的治污责任也需要进一步明确。因此,在环境治理中,政府应加强引导,使各主体形成"各负其责"的环境理念,进而形成政府主导的企业、社会环保组织和公民协同机制,确保各主体都切实履行自己的职责。

(二)强调"机制创新"

随着服务型、阳光型政府的发展,政府在环境治理过程中应更加强调服务,即以服务型模式为主,围绕经济社会发展目标,在环境治理机制上要不断进行探索和创新,构建符合当代环境治理特征的管理机制,从而推动各项制度和要素良性运行、协调发展。

(三)提供"基本保障"

制度公平是从概念公平到事实公平的必要环节和保障。首先,从制度层面为环境治理提供保障,制度公平能将制度的概念外化为客观现实,这使得公平不停留在理念的形式上。其次,提供资金保障,增加对环境治理的公共服务的投资,使环境治理的公共设施得到进一步的改善,促进有关公共物品与服务的市场化,强化与环境治理有关的商品与服务的监督,并构建高效、合理的环境治理服务绩效评估体系。

二、明确界定政府环境治理职能范围

(一)加强法律保护

在制度上、政策上,实行一体化的经济发展与环保一体化政策,完善管理架构,扩大各利益相关方的参与,提高环保机构的能力;建立健全监管体制,对环保与资源进行一体化监管,精简政府机构;在全国范围内,设立环境管理与资源保护协调机制;通过立法、规章,使各个级别的环保主管部门都能参与统一的决策过程中,因地制宜地制定环境污染防治法律法规及处罚法律规定。

(二)提供合理的资金支持

加大政府支持力度,利用政府的购买力刺激"绿色产品"的生产、选择风能等新技术、投资研发,实施诸如税收等各种激励措施。为确保参与者资本投资的连续性,政府应及时充当融资"担保人",在提供融资担保时,应明确产权关系和责任义务。

(三) 有效实施市场监管

由于资本的盈利能力,资本和产业的集中不可避免地会发生在环境效益高的行业,这可能会导致市场的不公平竞争。基于此,政府需打击制售假货和污染环境等非法活动,并建立监督体系。建立健全环保产业和行业监管机制,搭建环境治理信息交流平台,构建监督反馈机制,形成有效的相互监督机制。

第二节　多元治理:环境治理的多维合力

通过前面的分析,我们知道政府和市场都无法达到最佳治理效果。因而,要构建政府、市场、社会组织、公民等多主体参与的环境治理新模式。充分发挥各方优势,利用市场机制和公众参与机制,调动各方积极性,形成多中心决策模式。

一、利用市场机制发挥企业作用

(一) 大力发展环保产业

利用各种正向激励机制,引导企业朝着环境保护的方向发展。一方面,鼓励企业使环境成本内部化,降低企业成本,另一方面,通过生态补偿的方式减少环境损失。建立环境保护竞争淘汰机制,并将此作为企业生产经营的指标之一,从而强化其环境保护意识。政府应主动加强与企业之间的合作,并不断完善市场监管体系,尤其是鼓励环保产业发展。大力支持环保科技类公司发展,不断摒弃传统的高污染高能耗产业,减少工业污染物排放;并对这些在环保产业取得巨大成绩的公司给予一定的政策倾斜,激励其不断开发太阳能、风能等新能源,发挥优质企业的市场引领示范效应,以此优化环保产业体系,减少环境污染。

(二) 发展环境保护的科学技术

鼓励企业在提高经济效益的同时不断提高自主创新能力,改变传统的"两高一低"发展模式,建立环保技术和生产体系,发展低废物排放和高能量回收率。针对治污能力较强的企业,鼓励其不断完善污染治理体系,尤其是按照国家现行的治污标准自行降污,加强废弃物的回收利用。通过技术手段不断改进资源利用方式,减少对资源的依赖性,并减少废物排放。针对市场需求开展调研,及时掌握环保企业的技术需求,为其提供相应的技术保障,并增强环保企业间的技术交流。具体而言有以下几点:

第一,推广清洁生产技术。鼓励企业使用清洁能源,采用先进技术和设备;综合利用废水、余热等,减少污染物排放。第二,发展静脉产业。该产业是指处理废物并通过回收和再利用将废物转化为可再生资源的工业集团。静脉产业的发展有利于废弃物的回收,企业要积极开发废料再循环技术、废燃料技术及热能回收技术,实现各种废弃物的综合利用,形成一条新的静脉产业。第三,大力开发先进的污染物治理与回收技术。污染物种类多且成分杂,生活垃圾、资源回收、工业和农业垃圾等的不同处理和利用技术存在较大差别,有必要进行有针对性的研究和开发。

二、提高社会组织能力

社会环境保护组织从公共利益出发,监督政府环境政策的实施,关注环境项目,使政府感受到社会压力,科学实施环境行为。社会环境保护组织发源于民间,贴近基层和群众,能向政府反馈,能与群众联系,在搭建沟通桥梁上具备天然优势。发生环境纠纷、事故和灾害时,可以在政府和公众之间建立起沟通平台,减少冲突和摩擦,增进理解和信任,从而构建起和谐的关系,推动环境政策有效实施。

(一) 提高环境治理能力

一是优化组织建设,提升组织力。社会环保组织运转越科学高效,越能够实现其公益目标。在构建有效的、科学的领导制度、管理制度和融资制度的基础上,在保证组织的内在"经脉"畅通的情况下,在与外界保持相对独立的前提下,树立起"具有较强的社会责任感"的组织形象。进而在配置社会资源、参与环境治理等方面更具权威性、更有话语权。二是扩大筹资范围,提升保障力。社会环保组织具有公益性和自愿性,存在资金不足的致命难题,但也有机动灵活、贴近公众的优势,因此社会环保组织应积极宣传,引导全社会参与环境保护,争取更多渠道的资金支持。三是汇聚优质人才,提升服务能力。由于志愿服务的无偿性和志愿人才的高流动性,建立高质量的志愿队伍至关重要。在吸收优秀志愿者的同时,也要重视对人才的培训,形成一支具有"政治意识强、管理水平高、业务能力强、专业精神好、服务意识好"的志愿者团队。四是健全制约机制,提高约束力度。自发的、非政府性的、草根性的存在,不仅成为组织成长的踏脚石,也是阻碍其发展的绊脚石。在此基础上,提出了构建完善的环境保护团体自律与他律体系,以弥补其缺陷,使其更好地参与环境管理。

(二) 建立有效合理的表达机制

虽然社会环境保护组织数量及规模都很小,与政府和企业相比不具备明显优势,但其影响力大。社会环保组织在与群众的密切联系中,倾听群众心声,汇聚千言万语,代表公众表达对环境保护的看法,引导公众深度参与环境治理,社会力量实现充分调动和整合。为切实发挥好沟通桥梁作用,社会环保组织要在充分宣传、动员和对话的基础上,建立起合理有效的表达机制,确保准确表达民意、传达民意,维护好公众权益,调整不同主体的利益,促进社会发展和稳定。

三、动员公民参与环境保护

(一) 发展公民社会

公民是环境治理的重要主体之一。公民有参与政治活动的愿望,他们愿意在环境治理中落实个人责任,并带头积极参与和他们相关的社会治理,如环境治理。应改善公民的素质和态度,加快恢复其主导地位。政府履行其服务职能,建立一个充满活力的社会群体,并强调公民参与环境治理,提高公民在环境治理标准、治理体系和环境保护方面的发言权。既应完善公民社会发展的法律规制,又应放宽对社会组织发展的限制。

(二) 完善公民参与制度

在环境治理方面,政府应鼓励公众积极参与环保项目的决策,并根据自己的实际情况采取相应的措施,从而形成有效的第三方监管机制。对于重大环治理项目而言,应定期有效向社会披露重要信息。结合我国国情,探索公众参与的新渠道;发展新的环境公民参与方式,通过大众媒体和互联网发布信息。建立公众与环境治理部门之间的双向沟通渠道。信息缺乏和信息流通不畅导致的公众判断失败是阻碍政策实施的重要方面。

(三)倡导良好的环境文化

依托互联网、新闻、电视、报纸和杂志等进行环保宣传。舆论也可以发挥其监督作用,使公众通过多种方式参与环保过程,从而通过多种方式形成全民环境教育。积极开展环境保护宣传教育活动,深入开展环境状况及政策教育。提高全民族特别是各级领导干部的环境意识,引导和鼓励公众自觉参与环境治理。学习国外环境教育的经验,针对不同阶段的群体开设不同的环境保护课程,在全社会形成环境保护意识。

第三部分　我国多元主体的环境治理体系构建与综合功能实现

党的十九大报告明确生态环境治理需要多主体参与。环境治理基本主体是政府、企业、公众，由于不同主体之间缺乏协调合作，优势难以互补，应先理顺他们的关系。藉此，本部分在审视我国环境治理体系的历史变迁基础上，考察了多元主体共治视角下我国环境治理的现实困境，提出了我国环境治理体系主体之间的关系重建以及综合功能实现的应对策略。

第一章 我国环境治理体系概述

环境治理体系的目的是鼓励环境保护和抑制环境破坏。总体而言,我国环境治理体系可分为三个阶段(如图1-8所示)。

```
┌──────────────┐    ┌──────────────┐    ┌──────────────┐
│政府是环境治理的唯│    │政府与市场相结合的│    │借助于多方力量共同│
│一主体,主要通过行│ →  │二元环境治理体系,│ →  │承担责任,倡导依靠│
│政命令、法律法规以│    │开始尝试运用市场经│    │全社会的共同行动解│
│及相关的政策着手 │    │济手段治理环境  │    │决环境治理危机  │
└──────────────┘    └──────────────┘    └──────────────┘
   一元环境              二元环境              多元环境
   治理体系              治理体系              治理体系
  1972—1992年          1992—2012年           2012年至今
```

图1-8 我国环境治理体系的历史变迁

第一节 以政府为主体的一元环境治理体系(1972—1992年)

一、我国环境治理体系的形成

中华人民共和国成立后,我国大规模发展经济,忽视了环境因素,造成了较为严重的环境破坏。在20世纪70年代初开始以"污染控制"为主进行环境治理。借鉴国外发达国家的经验,在自然保护法律法规的基础上,逐步构建具有中国特色的环境治理体系,其首要任务是明确环境治理组织、管理职能、制度设计原则。大致可分为两个阶段:第一阶段是初步建立阶段(1972—1982年),为了满足土地、水、大气等需要,出台单独的法律法规;第二阶段是完善阶段(1983—1992年),将环境保护开始纳入国民经济和社会发展计划,深化环境监管,促进经济与环境协调发展,环境治理法律体系初步建立。

二、我国环境治理体系的特征

"环境行政规制"是这一时期环境治理体系的核心特征。虽然环境保护作为基本国策被确立,形成了独立环境保护组织体系,实施了一系列强化环境治理的国家标准。但此时计划经济主导了国民经济,具有强烈的行政管理和计划经济色彩,一定程度上忽视了企业、组织和公众等环境行为主体的参与。

第二节 以政府、市场为主体的二元环境治理体系(1992—2012年)

一、我国环境治理体系的形成

1992年,我国逐步启动了环境治理体系的建设进程。主要包括:一是治理理念的国际化。借鉴国际前沿环境治理理念,明确提出可持续发展战略,确定可持续发展的政策框架和实施计划;二是治理工具的市场化。随着绿色发展和国际环境治理领域生态政治理念的兴起,环境治理体制不断转型,一些制度安排出于各种原因得以保留和延续。然而,一些新的制度,如排放交易制度和总污染控制制度,均来源于国际环境治理经验。这些转变仍然主要以政府为主导,推行了许多具体措施(见表1-6)。

表1-6 二元环境治理体系形成阶段主要举措

时间(年)	主 要 举 措
1992	以山西省太原市、广西壮族自治区柳州市、贵州省贵阳市、河南省平顶山市、云南省开远市、内蒙古自治区包头市为试点城市,开展大气污染排放交易政策试点工作
2004	南通泰特公司与如皋雅电公司的排污权交易,成为我国第一个成功的水排放权交易案例
1994	全国环境保护大会提出建立和实施环境标识制度,该制度旨在建立绿色产品的市场准入机制

(续表)

时间(年)	主　要　举　措
2006	国家环境保护总局和财政部发布了《关于政府采购环境标志产品的实施意见》和《政府采购环境标识产品清单》,强调政府应建立绿色采购制度
其他	实施投资政策、产业政策、价格政策、财税政策、进出口政策,节约资源的企业将受益

资料来源:作者整理。

二、我国环境治理体系的特征

作为过渡阶段,这一时期的环境治理体系呈现明显的混合性:一方面,环境治理仍由政府主导,仍具有强烈行政控制色彩的治理体系,而长期计划经济中积累的经验和做法仍在发挥作用,必然会影响新治理体系的建设进程;另一方面,从单一环境治理体系向多元化环境治理体系的转变,新的环境管理体系正在逐步显现。

第三节　以政府、市场与社会共治为核心的多元环境治理体系(2012年至今)

一、我国环境治理体系的形成

党的十八大提出,要把生态文明建设摆在突出位置,党的十八届三中全会在此基础上进一步加以明确。党的十八届五中全会强调,要加强环境治理,党的十九大强调,要构建以政府为主导、企业为主体、社会组织和公众参与的环境治理体系,持续深化中央环保督察,积极推动地方党委、政府开展本地区环境保护督察。党的十九届四中全会进一步强调生态环境保护制度的重要性。2020年,我国明确提出2030年前碳达峰与2060年前碳中和的目标。党的二十大报告明确提出"健全现代环境治理体系",深入推进环境污染防治;并再次明确,要积极稳妥推进碳达峰、碳中和。

二、我国环境治理体系的特征

首先,观念得以转变,从注重环境效益到生态效益和经济效益并重;其次,环境治理方式方法发生变化,从主要利用行政手段治理环境到综合利用经济、技术、行政手段解决环境问题;再次,环境治理政策得到了升级,将环境问题提升到国家发展的战略层面;最后,环境治理制度得到了完善,建立健全一整套适应当前经济社会发展特点的环境法律法规、标准、政策和技术体系,完善了公众参与机制,部门协作和社会监督进一步加强,全社会共同参与环境治理。

第二章 我国多元主体环境治理体系的困境及应对策略

第一节 多元主体共治视角下我国环境治理体系的现实困境

一、我国环境治理体系的现状分析

(一) 环境行政管理体制的现状

我国环境行政管理体制的主要特点是坚持政府监督和领导，部门管理与统一管理相结合的管理体制。从横向分析，中央政府、国务院有关部门和各部委等十多个部门负责污染防治和环境保护。从职能的定位、法律的规定和国务院的规定来看，主要有三种类型："协调机构、职能部门和支持部门"（见表1-7）。

表1-7 根据职责定位、法律和国务院授权分类的环保部门

环保部门		职 责
协调机构		由有关政府机构组成、协调政府部门间环境保护与可持续发展事务的协调议事机构，如国家应对气候变化及节能减排工作领导小组
职能部门	综合经济和产业部门	以国家发展和改革委员会为代表，产业部门（如工信、交通、住建等）承担各自领域的污染防治职能
	资源管理部门	主要承担资源开发保护和生态保护职能，但也承担部分环境保护职能
	环境保护部门	以污染防治为主，并与其他综合、产业和资源管理部门负责的污染防治职能
支持部门		依附于各个职能部门的事业单位

资料来源：作者整理。

从纵向分析,在环境领域,省、市和县政府设置职能部门时参考了中央政府的部署。考虑到执法监督的需要,地方政府还设立了专门的监测和监督机构。中央政府还建立了一套自上而下的约束制度,以监督地方政府的上述行为,设立了区域监管机构和考核制度,考核比例也在逐年提高。目前,政府、企业和社会之间没有形成基于环境治理的利益关联。具体而言,政府各部门经常把重点放在有规划的专项行动上;公司关注的是利润,而环境保护在短期内很难看到收益;非政府组织与民众的治理导向以多元磋商和参与为主,但其影响不大,且受多方限制。这三个方面是彼此割裂的,造成了政府行为系统的碎片化。

目前,以政府为中心的环境治理主要集中在中、大型城市,以及针对大范围的环境污染事故。由于其对资金、技术等方面的要求较高,使得企业及社会力量不能积极、广泛地参与进来。作为环境治理责任主体的政府,存在以下不足:(1)忽略了政府的环保责任,把国内生产总值当作硬指标,而把环保、节能减排指标当作软指标。(2)忽略了政府的环保义务,也忽略了政府对自己的环保责任,片面地强调了公司的环保义务,对公司的环保责任进行了问责。(3)与政府的环境指导和服务相比,更注重环境控制。(4)中央和地方政府的环境治理责任不对等。(5)强调政府环境保护行政主管部门的责任,低估政府总负责人的环境责任。

从企业的视角来看,他们的参与是为了保护自己的利益而进行的污染防治和生态改造。一般来说,大型企业环保意愿更强烈,这与其充裕的资金和技术实力密切相关。同样地,受教育水平也会对环境治理产生一定的影响,在调查中发现,受教育程度仅为高中、初中、小学的企业管理者,均不愿意进行环境保护活动。所以,企业在环境治理中的作用并不明显。尤其是,由于税收因素及地方经济与社会发展的需求,地方政府对国企存在着过分的保护。同时,国企高管往往会以牺牲环境为代价,谋求更多的发展机遇,使得国企环保意识不强。

社会组织与民众是社区环境治理的主体,他们的参与是基于对自己居住环境问题的关切。环境保护非政府组织在我们国家的发展比较晚,经常面临资金等问题导致环保项目叫停等困境,阻碍了其生存空间。此外,他们经常面临人才短缺问题。

从整体上看,政府、企业、社会组织以及社会公众的利益差异,导致了它们之间的对立、冲突与不协调。在经济、社会、生态三个层面上,要实现最大的社会效益;企业一味地追求经济利益,而忽略了对生态环境的影响;社会组织通常代表公共利益;公众个人追求自身环境权益的最大化。冲突和矛盾主要表现在以下几个方面：政府属于监管者，企业属于被监管者；公众对政府缺乏信任，导致政府和社会组织与公众之间的疏离；政府、企业和公众之间没有透明的监督和制约机制，而地方政府往往让环境保护让位给可以增加税收的企业投资项目，并往往忽视公众对环境破坏的投诉，在没有法律法规约束、政府与社会公众缺乏有效监管的情况下，企业为了节约成本或不进行治理，往往会造成公共利益受损；在公共环境权益遭受侵害时，往往会发生环境群体性事件，同时，由于公众无法真正有效参与政府环境行政决策中，对政府的行政决策结果亦难以得到及时有效的解释与说明，导致部分合法项目也遭受到公众的强烈反对。而政府出于维稳考虑，化解由环境问题引起的社会冲突，采取措施一刀切也会使企业正当经济利益受损，即出现公众"胁迫"政府，而企业经济利益受损的情况。

（二）企业环境责任履行的形势

企业是环境污染的生产者，也应该负责污染控制和环境改善。企业应逐步建立内部环境管理体系，开展源头控制和过程清洁生产，以遏制环境污染和生态系统恶化，提高环境绩效和综合竞争力。企业环境责任不仅涉及减少污染和环境损害，也涉及节能减排等。随着国际社会绿色经济发展，以及我国"双碳"目标的提出，企业环境违法行为成本也在不断提高。我国企业环境责任的履行情况有所改善。此外，应国有资产监督管理委员会的要求，所有中央企业在2012年底前发布了社会责任报告，上市公司也被鼓励报告环境等事项。

从图1-9可以看出，从纵向来看，我国企业发布的社会责任报告数量持续增长。到2021年，我国有1914家企业发布社会责任报告，但信息披露也不太完整。约50%的企业报告仍处于初始阶段；从横向来看，我国企业社会责任报告中对具体问题的披露表明，空气污染防治和水污染防治的披露率均不到35%，远低于其他披露事项，这意味着企业在环境治理方面的实践还远远不足。

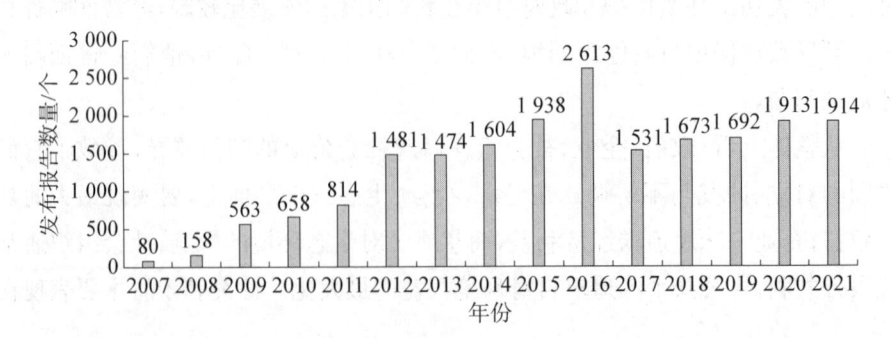

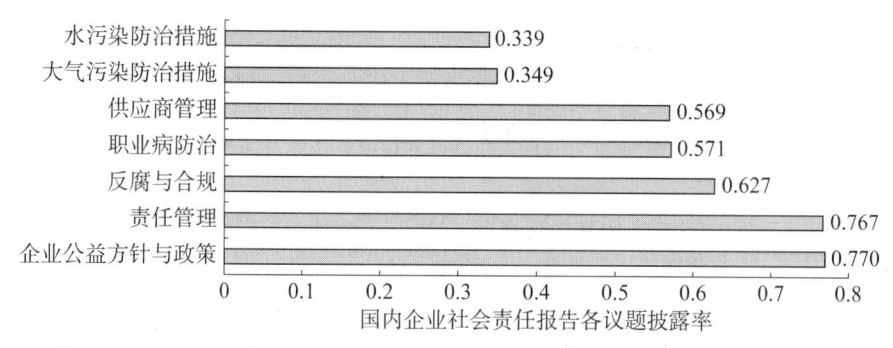

图 1-9 国内企业发布社会责任报告情况

（三）环境公众治理现状

目前，我国从国家到地方，形成了较为完整的环境保护法律体系。这些法律规定了公众参与环境保护的基本权利和义务；随着法律的颁布，各项政策法规也相继出台，加强了公众参与环境治理的制度保障，相关地方法规和文件也为促进公众参与环境治理提供了政策保障（见表1-8）。这些法律、法规和政策的不断建立和完善，极大地促进了我国公众对环境保护的参与。公众的环境保护意识逐渐增强，参与各种环境决策的愿望更加强烈，也有更多机会参与各种环保活动。

表 1-8　有关公众参与环境保护的法律、法规及规章制度（节选）

性质	时间	名称	具体内容
法律法规	2006	《环境影响评价公众参与暂行办法》	明确规定了公众参与环境影响评价的一般要求、组织形式和相关制度
	2009	《规划环境影响评价条例》	扩大公众参与环境影响评价的范围，关于信息披露和公众参与的特别规定
	2015	《中华人民共和国环境保护法》	规定公众参与环境影响评价的程序
具体规定	2010	《关于培育引导环保社会组织有序发展的指导意见》	提出了培育和引导环保社会组织有序发展的原则、目标和路径
	2014	《关于推进环境保护公众参与的指导意见》	鼓励公众参与环境保护；扩大环境信息公开范围，建立科学的环境信息公开制度；构建科学合理的环境诉讼制度，完善环境公益诉讼机制

(续表)

性质	时间	名称	具体内容
地方制度	2009	《山西省环境保护公众参与办法》	详细规定公众参与的范围、形式、内容和程序
	2014	《河北省环境保护公众参与条例》	我国首部关于公众参与环境保护的地方性法规,充分保障了公众对环境保护的知情权、参与权和监督权
	2016	《江苏省环境保护公众参与办法(试行)》	公众参与的范围是详细的,包括参与相关的环境规划和政策制定;开展环境公益民事诉讼,惩治环境污染等

资料来源:作者整理。

二、我国环境治理体系存在的问题

(一)环境行政管理体制仍存弊端

从横向上看,我国环境职能机构结构存在一些不合理之处,环境行政职权划分仍需改善,多部门执法力量也要进一步加强。在现实生活中,环境治理行为的具体实施主体主要是环境保护系统,但环境保护系统在相互配合和协同方面仍需加强。环保组织成立后,更多的新组织被授权,原环保管理部门没有被撤销,这种重叠也在一定程度上降低了环保效率。资源开发和环境保护往往由同一部门管理,因缺乏相互制约而容易形成"重发展、轻保护"局面。

从纵向上看,由于环境保护机构的权威性不强,有时被当地政府所制约,从而影响相关工作的推进。其一,环境保护部门没有独立的财务系统。辖区内的各类企业和组织是环境执法的重点对象,也是辖区内的大型税务供应商。其二,环境部门在行政活动中的权力也是有限的。基层环保部门对环境治理没有最终决定权,因而权力较小,执行手段相对较软。

(二)企业环境治理参与仍要加强

因企业环境治理信息公开机制不健全,企业往往会选择性地披露信息,以降低污染治理成本。在现实生活中,环保行业协会具备的"制定环境标准,协助环境监测,促进环境保护行业自愿签署协议"等作用一直被忽视。同时为降低排污成本,企业更多地选择非法排污。个别地方政府甚至与辖区内产生更多污染的企业建立了互惠关系。个别地方政府考虑到就业、财政收入、经济发展等因素,对企业排污的处罚在一定程度上有所减少。由于违法成本低、守法成本高,企业更倾向于排放污染物、支付罚款等,而不愿意投入更高的成本来控制环境污染。

(三) 环境治理依旧困难重重

1. 认识不足阻碍环境治理

一方面,在对环境治理的认识方面,地方政府环境保护部门仍有不足,主要体现在以下几个方面:一是对其作用认识不充分,缺乏各类社会主体在环境保护中发挥自身作用的意识;二是缺乏对环境和社会治理体系的研究和思考,因而缺乏有效办法促进环境和社会治理。另一方面,公众的环境知识和信息也相对缺乏。环保宣传的专业性和连续性较低,这使得公众、学校、社区难以发挥良好的宣传教育作用。

2. 社会组织发展薄弱

环保组织数量少且分布不均,一些城市没有正常的环保组织,非政府组织更少。同时,许多环保组织专业性不强、资金少,服务于环保的具体实施也有限。地方政府很少支持环保组织,而在政府环境保护部门内部,一些部门承担了环境治理职能,但不具备全面推进实施的职能。

第二节 构建我国多元主体参与的环境治理体系

一、明确多元主体的不同地位

在生态文明建设中,政府、企业、社会组织和公众处于不同的位置,我们需要进一步界定不同主体的作用。

(一) 政府在环境治理中起主导作用

在这一过程中,政府作为生态文明的推崇者和捍卫者,处于"领导者"的位置,起到了对其他主体的宏观引导作用。在全国范围内,政府应综合运用行政、法律、经济等多种方式,对企业、社会组织和公众进行积极的引导,以实现环境保护的最大利益。在地方层面,相对于其他行政主体而言,政府具有更大的权力、更多的职责,并且具有更强的监督职能。在环境治理活动中,政府更多运用规范和指导的方式来行使其权力,而不是仅仅依靠行政强制与管制。

(二) 企业不仅是市场经济的主体,也是环境治理的主体

企业作为环境治理的主体,其实质是资本与市场在环境治理系统中扮演着举足轻重的角色。总的来说,企业不仅是社会产品的生产者,而且是污染的重要制造者。其生产行为会直接影响到环境质量。要让企业在环境治理系统中发挥出自己的主体地位,就必须对企业进行环保管理,严格执行环评审批和备案制度,对企业的"三废"治理设备进行检查,及时对老旧企业进行更新和改造,控制污染物排放,禁止企业污染不达标直接排放,建设能为环境保护工作提供科技支持的绿色产业。确保合理的环境投资和有效使用环境设备,是企业进行环境治理和生态保护的重要举措。

根据不同的经营主体类型,我国的企业应当承担不同的环境治理责任。从形式上来看,国有企业是以国家为出资主体(以纳税人为代表)的企业,应当具有一定的公共性。国有企业是"全民"的,必须兼顾公益、生态、社会三个方面的利益。国有企业具有"公益性"与"营利性"的双重属性,因此,国有企业应承担更多的社会责任,以提高其绿色利益为己任,要以市场为导向,建立以市场为导向的绿色技术创新体系,扩大节能环保产业的规模。

民营企业相对于国有企业具有更大的活力,私营企业可通过兴办、发展绿色产业来参与生态环境保护。外资企业在环保方面也起着很大的作用。随着全球经济一体化和跨国公司的不断出现,外资企业对于投资目的地的经济和社会发展的作用越来越突出,外资企业既要追求自己的利益,又要维护和治理其所处的生态环境,这对于我们国家的生态文明建设有着重要的意义。在我国,引进国外的环境治理和生态建设,一方面可以弥补环保投资的缺口,另一方面可以引进先进的环境治理和生态建设技术。

(三) 社会组织和公众是环境治理中不可或缺的参与者

社会组织是我国环境保护组织的重要组成部分,在环境治理中发挥重要作用,公众是环境问题的直接利益相关者,具有监督企业行为、影响政策制定和推

动社会环保意识的广泛力量。因此,广大社会组织和公众可以通过监督、教育、参与政策讨论、社区行动和法律途径等多种方式,积极为提升环境意识、促进环境保护法规的实施和推动环境治理的持续改进作贡献。

二、重建环境治理体系主体之间的关系

(一) 明确环境治理主体的权利和责任

建立健全高效的环境治理政府系统是政府的责任,要对政府内部各部门之间的环境治理责任进行详细的界定,对不同层级、不同部门之间的环境治理责任进行合理的划分,政府之间要进行协同管理。强调制度投入,强化制度约束,强化环境治理相关管理和服务。应从企业、社会组织和公众三个层面上,突破政府之间依靠环境治理而形成的垄断性寻租链。在此基础上,结合环境治理需要,结合企业、社会组织自身的管理能力,合理地将权力下放给市场与社会主体,运用市场机制、政府"间接治理"等手段,加强企业在其中的主导地位。

企业参与环境管理,就是要遵守各项环境法律,在生产、经营、消费的每一个环节都履行自己的环境责任。要逐步淘汰老工艺,加大资源回收力度,降低能耗,降低污染,积极履行环境义务。

社会组织与公众则应积极地进行环保知识的学习,以提升环保意识。要使公众了解、参与、表达和监督环境治理,建立健全的社会监督制度,促使两者共同担负起环境治理的职责。同时,公众也要强化个人的环保责任,改变不利于环保的生活习惯和消费习惯,追求文明、健康、合理的环保生活方式,尽量减少自身造成的环境污染。

(二) 形成政府、企业、社会组织和公众的协调机制

政府、企业、社会组织和公众之间存在相互制约的利益关系,这实际上是三方相互制约的博弈。这种交叉制约关系必然会决定不同主体选择各自的发展策略,进而影响最终的环保结果。因此,应将政府、企业、社会组织和公众这三个行动者结合成一个统一的有机整体,形成相互制衡和有序竞争的机制,从而有效促进环境治理(如图 1-10 所示)。

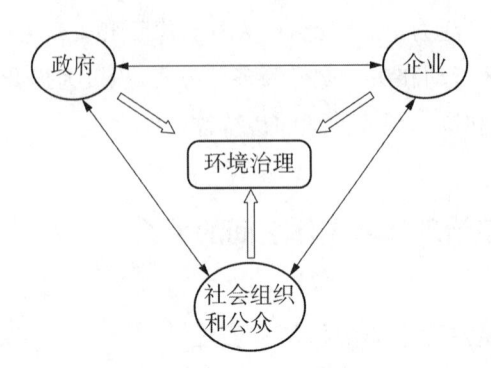

图 1-10　政府、企业、社会组织和公众参与环境治理的相互关系

从政府角度来看,中央政府要求地方政府对本行政区域的环境质量负有责任,要将环保工作列入经济和社会发展的评估体系,将环保工作的各项指标也列入考核。对包庇、纵容污染事项的环保人员,实施"一票否决",让不负责任的责任人得到应有的惩处。坚持依法行政,在法律指导下推进环保事宜。要想建立健全的环保责任体系,必须依靠社会组织和公众的监督。"权威决策"必须以广大民众的广泛参与为基础,并形成一种科学的、民主化的方法。

企业环保责任的实现与否,很大程度上依赖于外部监管的效果好坏。国家与地方各级政府之间要加强协作,从体制上对企业的环保责任进行规范,对企业的履行情况进行严格的监管,同时要加强环保执法,加大对环境违法行为的惩罚。应加强对企业环境信息的审计,保证相关信息的质量,进而通过加强对环境信息的审核和监督,推动企业的转型升级,促使企业主动守法。加大公众对公司的监督与举报力度,对不负保护环境责任的公司进行处罚和曝光。

公众对环境治理至关重要,因为他们既是环境影响的首要感受者,也是推动环保行动和政策变革的关键力量,能够通过参与、监督等方式推动环境保护的有效实施。要提升公众参与环保工作的效率,就需要推动企业的环境信息公开,健全企业的环保举报机制,使公众能够更好地监督企业。环境信息公开是一种有效的环境管理方式,不仅要对上市公司的相关信息进行披露,也需要对中小企业进行环境信息的披露,这样既可以让公众对企业的环境保护行为进行更好的监管,也可以通过向有关部门举报来促进企业履行社会责任。

除了明确环境治理主体的权利和责任,形成政府、企业、社会组织和公众之间的协调机制,构建我国多元主体治理体系还应从以下几个方面入手:以公平和效率为导向进行环境治理市场化改革,强调市场在资源配置中的决定性作用;建立健全我国环境保护市场体系、考核和问责制度,增强面向可持续发展的环境治理技术体系创新能力;建立主体功能区和生态安全屏障,完善突发污染事故环境预防和应急处置机制、环境保护检查和环境监测机制,加快监管体系建设;进一步推进环境财税、生态补偿、贸易政策等新型市场友好型环境治理政策研究。

三、构建三方协同的环境治理演化博弈模型

在前文的研究基础上,将政府、企业、社会组织和公众分别作为三个主体,建立三方协同环境治理的演化博弈模型,探索政府、企业、社会组织和公众三方共同参与、协同治理的有效途径,为我国的环境治理制度的进一步优化和改进提供理论支持。

(一)模型的前提假设

在此基础上,笔者提出了一种基于进化博弈理论的多主体博弈模型,该模型将对多主体间的决策交互演化过程进行动态研究。在这一框架下,笔者将从政府、市场和社会三个主体的角度出发,构建三方合作环境治理演化对策模型。

1. 政府的行为

在环境治理中,政府面临着"参与性"与"非参与性"两种不同的行为选择。首先,基于前文的分析,在面对绩效评估时,政府会更加积极地参与环境治理,而这一过程中,政府的投资成本可以划分为两种:一种是以资金为手段,使其直接介入环境管理中;另一方面,国家也要在人力、物力、财力上进行投入,将这两个部分的总和记作 C_1。从收入的角度来看,国家对污染者的规制也会带来一定的税费收入,这些收入记作 F。在此基础上,假定政府不作为,不参与环境治理,其具体表现为:一是减少了对环境治理的投资;二是其对企业的污染视而不见,或者没有对企业的绿色化转型给予积极的支持,因此,在环境治理方面,其缺少了一种有效的手段。同时,由于环境是一种公共产品,它的受众是大众。在这种情况下,人们会觉得政府懒惰,从而会让政府的信誉和声望受到损害,用 H_1 来表示。在此基础上,笔者提出了一种新的研究思路,即当政府以 α 的可

能性积极参与环境治理时,其不积极参与的可能性是 $1-\alpha$。

2. 市场的行为

作为市场治理主体的企业,同样面临着"绿色转型"和"不转型"两种不同的行为模式。首先,假设企业选择绿色转型,为维持正常经营其生产收益为 R,由于绿色生产需要投入相应的成本,该成本记作 C_2;由于企业选择绿色生产,可能存在生产技术等变化,在短期内可能对企业带来经济损失,而在绿色经济的发展目标 F,政府会鼓励转型企业,因此企业将获得一定的绿色生产补贴,记作 P。其次,假设企业不转型生产,这主要是因为企业基于利润最大化的目标,在衡量绿色生产补贴 P 和自身正常经营的生产利益 R 之间的差距,一些公司为了自己的产品所造成的环境污染,也会支付一些费用,例如,对受到污染的民众进行一定的经济赔偿,记为 C_P。与此同时,从社会大环境来看,由于国民的生活水准与环保意识的提高,大众对环保的需求也越来越多。因此,从长期看,绿色生产将成为人类社会发展的终极目标,同时将为企业赢得持久的竞争优势。但是在短期内,它是一个有潜力的信誉等级的竞争优势,我们把它记录为 H_2。然后,假设企业进行产品绿色转型的概率为 β,则其进行绿色转型的概率为 $1-\beta$。

3. 社会的行为选择

作为社会治理主体的代表,社会公众和环保组织的行为基本一致,因此在博弈模型构建时将社会公众与环保组织等同,以分析社会公众为例,探讨社会的行为选择。社会公众也有两种行为选择,即参与环境治理和不参与环境治理。首先,假定在环境治理中,监管公司和政府的行为使公众在监管过程中产生的成本被记为 C_3;其次,假定公众没有参与环境治理,所以要承担环境退化的不利影响,并将其记为 D。最后,假定公众参与对企业和政府的监管的可能性是 γ,那么他们不参与监管的可能性是 $1-\gamma$。

(二)多元主体共治演化博弈分析

1. 环境治理演化博弈的模型构建

基于行为选择分析,接下来构建三方博弈矩阵,根据分析有 8 种决策组合。具体见表 1-9:

表1-9 政府、企业、社会组织和公众决策行为集合

政府行为	企业行为	社会组织和公众行为	决策集合	收益组合
参与环境治理	不转型生产	参与环境治理	(参与,不转型,参与)	$(F-C_1, R-H_2-F-C_p, -C_3+C_p-D)$
不参与环境治理	绿色生产转型	参与环境治理	(不参与,不转型,参与)	$(-H_1, R-H_2, -C_3-D)$
参与环境治理	绿色生产转型	参与环境治理	(参与,转型,参与)	$(-C_1-P, R-C_2+P, -C_3)$
不参与环境治理	绿色生产转型	参与环境治理	(不参与,转型,参与)	$(0, R-C_2, -C_3)$
参与环境治理	不转型生产	不参与环境治理	(参与,不转型,不参与)	$(F-C_1, R-H_2-F, -D)$
不参与环境治理	不转型生产	不参与环境治理	(不参与,不转型,不参与)	$(-H_1, R-H_2, -D)$
参与环境治理	绿色生产转型	不参与环境治理	(参与,转型,不参与)	$(-C_1-P, R-C_2+P, 0)$
不参与环境治理	绿色生产转型	不参与环境治理	(不参与,转型,不参与)	$(0, R-C_2, 0)$

由此,政府、企业与社会公众三方,参与环境治理博弈的收益矩阵(见表1-10)。

表1-10 政府、企业、公众三方参与环境治理博弈的收益矩阵

企业	公众	政府	
		参与(α)	不参与($1-\alpha$)
转型 ($1-\beta$)	参与 (γ)	$-C_1-P,$ $R-C_2+P,$ $-C_3$	$0,$ $R-C_2,$ $-C_3$
不转型 (β)	参与 (γ)	$F-C_1,$ $R-H_2-F-C_p,$ $-C_3+C_p-D$	$-H_1,$ $R-H_2,$ $-C_3-D$

(续表)

企业	公众	政府	
		参与(α)	不参与($1-\alpha$)
转型 ($1-\beta$)	不参与 ($1-\gamma$)	$-C_1-P$, $R-C_2+P$, 0	0, $R-C_2$, 0
不转型 (β)	不参与 ($1-\gamma$)	$F-C_1$, $R-H_2-F$, $-D$	$-H_1$, $R-H_2$, $-D$

2. 环境治理演化博弈的适应度分析

(1) 政府的适应度分析

政府参与环境治理适应度函数(U_{g1})为

$$U_{g1}=(F-C_1)\beta\gamma+(F-C_1)\beta(1-\gamma)+(-C_1-P)(1-\beta)\gamma+(-C_1-P)(1-\beta)(1-\gamma)=-C_1-P+(F+P)\beta \tag{1.1}$$

政府不参与环境治理的适应度函数(U_{g2})为

$$U_{g2}=-H_1\beta\gamma-H_1\beta(1-\gamma)=-H_1\beta \tag{1.2}$$

则政府参与环境治理演化博弈的平均适应度(U_g)为

$$U_g=U_{g1}\alpha+U_{g2}(1-\alpha)=[-C_1-P+(F+P)\beta]\alpha-H_1\beta(1-\alpha) \tag{1.3}$$

由此可得动态方程为

$$F_g(\alpha)=\mathrm{d}\alpha/\mathrm{d}t=\alpha(U_{g1}-U_g)=[-C_1-P+(F+P+H_1)\beta]\alpha(1-\alpha) \tag{1.4}$$

(2) 企业的适应度分析

企业不选择绿色生产转型的适应度函数(U_{f1})为

$$U_{f1}=(R-H_2-F-C_p)\alpha\gamma+(R-H_2-F)\alpha(1-\gamma)+(R-H_2)(1-\alpha)\gamma+(R-H_2)(1-\alpha)(1-\gamma)=-C_p\alpha\gamma-F\alpha+R-H_2 \tag{1.5}$$

企业选择绿色生产转型的适应度函数(U_{f2})为

$$U_{f2} = (R-C_2+P)\alpha\gamma + (R-C_2+P)\alpha(1-\gamma) + (R-C_2)(1-\alpha)\gamma + (R-C_2)(1-\alpha)(1-\gamma)$$
$$= P\alpha + R - C_2$$

(1.6)

则企业参与环境治理演化博弈的平均适应度(U_f)为

$$U_f = U_{f1}\beta + U_{g2}(1-\beta) = (-C_p\alpha\gamma - F\alpha + R - H_2)\beta + (P\alpha + R - C_2)(1-\beta)$$

(1.7)

由此可得动态方程为

$$F_f(\beta) = d\beta/dt = \beta(U_{f1} - U_g) = [-C_p\alpha\gamma - (F+P)\alpha + C_2 - H_2]\beta(1-\beta)$$

(1.8)

(3) 社会公众的适应度分析

社会公众参与监管企业、政府行为的适应度函数(U_{p1})为

$$U_{p1} = (-C_3 + C_p - D)\alpha\beta + (-C_3 - D)\beta(1-\alpha) + (-C_3)(1-\beta)\alpha + (-C_3)(1-\beta)(1-\alpha)$$
$$= -C_p\alpha\beta - D\beta - C_3$$

(1.9)

社会公众不参与监管企业、政府行为的适应度函数(U_{p2})为

$$U_{p2} = D\alpha\beta + (-D)\beta(1-\alpha) = -D\beta \quad (1.10)$$

则社会公众参与环境治理演化博弈的平均适应度(U_p)为

$$U_p = U_{p1}\gamma + U_{p2}(1-\gamma) = (-C_p\alpha\beta - D\beta - C_3)\gamma + (-D\beta)(1-\gamma)$$

(1.11)

由此可得动态方程为 $F_p(\gamma) = d\gamma/dt = \gamma(U_{p1} - U_p) = (C_p\alpha\beta - C_3)\gamma(1-\gamma)$

(1.12)

3. 多元主体共治环境演化博弈的稳定性分析

当$F_g(\alpha) = F_f(\beta) = F_p(\gamma)$时，政府、企业、社会组织和公众三方共治环境博弈8个复制动态均衡点，分别为$(0,0,0)$，$(1,0,0)$，$(0,1,0)$，$(0,0,1)$，

$(1,1,0)$，$(1,0,1)$，$(0,1,1)$，$(1,1,1)$，在平面 $m=\{(\alpha,\beta,\gamma)\mid 0\leqslant\alpha,\beta,\gamma\leqslant 1\}$ 上还存在一个平衡点。

$$\begin{cases} -C_1-P+(F+P+H_1)\beta=0 \\ C_p\alpha\gamma-(F+P)\alpha+C_2-H_2=0 \\ C_p\alpha\beta-C_3=0 \end{cases} \quad (1.13)$$

解之可得

$$\begin{cases} \alpha=\dfrac{C_3(F+P+H_1)}{C_p(C_1+P)} \\ \beta=\dfrac{C_2+P}{F+P+H_2} \\ \gamma=\dfrac{(C_2-H_2)(C_1+P)}{C_3(F+P+H_1)}+\dfrac{F+P}{C_p} \end{cases} \quad (1.14)$$

$$dF_g(\alpha)/d\alpha=[-C_1-P+(F+P+H_1)\beta](1-2\alpha) \quad (1.15)$$

$$dF_f(\beta)/d\beta=[-C_p\alpha\gamma-(F+P)\alpha+C_2-H_2](1-2\beta) \quad (1.16)$$

$$d\gamma F_p(\gamma)/d\gamma=(C_p\alpha\beta-C_3)(1-2\gamma) \quad (1.17)$$

根据演化博弈的稳定性理论，当 $dF_g(\alpha)/d\alpha<0$，$dF_f(\beta)/d\beta<0$ 且 $d\gamma F_p(\gamma)/d\gamma<0$ 时，$m=\{(\alpha,\beta,\gamma)\mid 0\leqslant\alpha,\beta,\gamma\leqslant 1\}$ 上还存在一个平衡点。

下面，分别对三个主体演化博弈稳定的策略进行分析。

（1）政府策略的演化稳定性分析。

如公式1.13所示，当 $-C_1-P+(F+P+H_1)\beta=0$ 时，对于任何政府的选择概率 α，总体上均处于稳定的状态，系统不会再继续演化。

当 $-C_1-P+(F+P+H_1)\beta>0$ 时，有 $dF_g(0)/d\alpha>0$，$dF_g(1)/d\alpha<0$，则可得出政府 $\alpha=1$ 是演化稳定策略，这意味着在这一阶段，政府会逐渐从不参与到参与环境治理，这是一种稳定的进化策略。

当 $-C_1-P+(F+P+H_1)\beta<0$ 时，有 $dF_g(0)/d\alpha<0$，$dF_g(1)/d\alpha>0$，此时，$\alpha=0$ 是演化稳定策略，指出了我国政府将逐渐从"参与性"转向"参与性"，也就是"不直接参与"是一种"进化战略"。

进一步分析，如公式1.14所示，政府参与环境治理行为的概率可表示为 $\alpha=\dfrac{C_3(F+P+H_1)}{C_p(C_1+P)}$。

这表明 α 的大小会受到 C_p（企业因污染环境而对公众的补偿）、C_1（政府为规范企业绿色生产付出的成本）、P（政府对绿色生产企业的补贴）、C_3（公众参与环境治理的成本）、F（政府对污染企业征收的税收和罚款）、H_1（政府的声誉）的影响。具体来看，具体正向影响的变量有 C_3、F 和 H_1，即当 C_3 越大，政府越倾向于参与环境治理，这可能是因为公众对环境治理的监督越强，政府越有动力参与环境治理；当 F 越大，政府参与环境治理的概率也将越大，当政府为了提升其声誉，越有动力参与环境治理，将对企业加大监管力度。具有负向影响的变量有 C_p 和 C_1，即当 C_p 越大，政府参与环境治理的概率将越小，这可能是污染企业对公众给予了过高的补偿，导致公众对企业的污染行为置之不理，从而减少了对环境治理的监督，弱化了政府对污染企业的监管；当 C_1 较大时，地方政府对环保的介入意愿会下降。综上所述，要想让政府更好地参与环境治理，就必须把握好公众参与监管的门槛，并要对企业和社会公众进行生态补偿。

（2）市场企业策略的演化稳定性分析。

如公式 1.13 中所示，当 $-C_p\alpha\gamma-(F+P)\alpha+C_2-H_2=0$ 时，对于任何企业的概率 β，总体上均处于稳定的状态，系统不会再继续演化。

当 $-C_p\alpha\gamma-(F+P)\alpha+C_2-H_2>0$ 时，有 $dF_f(0)/d\beta>0$，$dF_f(1)/d\beta<0$，则可知企业 $\beta=1$ 时的演化稳定策略，在这种情况下，企业不会进行绿色生产，而会继续采用传统的生产模式，或者说，非绿色生产是一种稳定的进化战略。

当 $-C_p\alpha\gamma-(F+P)\alpha+C_2-H_2<0$ 时，有 $dF_f(0)/d\beta<0$，$dF_f(1)/d\beta>0$，则可知企业 $\beta=0$ 时的演化稳定策略，在这种情况下，企业将由传统制造方式转变为绿色制造，即采取绿色制造方式，是一种稳健的演化策略。

进一步分析，如公式 1.14 所示，企业不采取绿色生产转型策略的概率表示为 $\beta=(C_2+P)/(F+P+H_2)$，这表明 β 的大小受到 F（政府对污染企业征收的税收和罚款）、P（政府对绿色生产企业的补贴）、H_2（企业的声誉）和 C_2（企业绿色生产转型成本）的影响。具体来看，具有正向影响的变量有 C_2，当 C_2 越大，不转型概率 β 越大，即转型生产的生产成本过高会抑制企业选择绿色生产的意愿。具有负向影响的变量有 F 和 H_2，当 F 越大，企业不进行绿色生产的概率将越小，这主要是因为政府对企业的污染进行了罚款，增加了企业的成本；当企业为了提高其社会影响力，形成良好的企业声誉，企业参与绿色生产的意愿会增强。通过运算还可知,当政府对绿色生产企业进行补贴时,企业不进行绿色生产的概率会有所下降,但下降的幅度很小,即政府补贴对企业的绿色生产激励效应不明显,因此,政府除了对企业绿色生产方式进行补贴,还应注重采取多种方式推动污染企业进行绿色转型,以达到环境治理的目标。

(3) 社会公众策略的演化稳定性分析。

如公式 1.13 所示,当 $C_p\alpha\beta - C_3 = 0$ 时,对于任何社会公众的选择概率 γ,总体上均处于稳定的状态,系统不会再继续演化。

当 $C_p\alpha\beta - C_3 > 0$ 时,有 $d\gamma F_p(0)/d\gamma > 0$,$d\gamma F_p(1)/d\gamma < 0$,可知社会公众 $\gamma = 1$ 是演化稳定策略,在这种情况下,公众积极地参与政府与市场的监管,是一种稳健的进化对策选择。

当 $C_p\alpha\beta - C_3 < 0$ 时,有 $d\gamma F_p(0)/d\gamma < 0$,$d\gamma F_p(1)/d\gamma > 0$,此时,$\gamma = 0$ 成为社会公众的演化稳定策略,表明到了这个时候,社会公众将逐渐从对政府和市场的不参与转变为参与式的监管,也就是公众对政府和市场的不积极监管是一种稳定的进化战略选择。

进一步分析,如公式 1.14 所示,公众参与政府与市场的监管的概率可表示为 $\gamma = \dfrac{(C_2 - H_2)(C_1 + P)}{C_3(F + P + H_1)} + \dfrac{F + P}{C_p}$

这表明 γ 的大小受到 C_3(公众参与政府企业监管的成本)、F(政府对污染企业征收的税收和罚款)、P(政府对绿色生产企业的补贴)、H_1(政府的声誉)、C_2(企业绿色生产转型成本)、H_2(企业的声誉)、C_1(政府为规范企业绿色生产付出的成本)、C_p(企业因污染环境而对公众的补偿)的影响。具体来看,具有负向影响的变量有 C_p、C_3、H_1、H_2,这就意味着当 C_p 越大时,公众参与环境治理的意愿就会越低,与前文的分析结果一致;当 C_3 越大,即公众监管的成本上升时,其意愿也会降低;当 H_1 和 H_2 上升时,公众参与监管的意愿也在逐步减弱。

根据博弈模型的分析结果,结合我国环境协同治理现状,在环境治理过程中,应当注意:站在政府的立场上,政府在环境治理中设置一个适当的门槛,既不能太高,也不能太低,太高的门槛固然可以起到促进政府作为的作用,却会直接影响到公民的参与度。站在市场化企业的视角,企业的生态补偿机制不应"毫无底线"地设计,否则,高额的利润回报会降低社会对企业的监督热情,给政府一种"天下太平"的错觉。此外,单一的政府补贴在推动企业生产向绿色转变方面的效果并不明显,需要为企业提供更多的选择途径。从社会公众的视角来看,主动的社会参与会使政府和企业更多地关注自己的信誉,这对提高我国的环境治理水平具有积极的作用。

四、"多元主体"综合功能的实现

在多主体共治的环境治理模式中,中央政府、地方政府、企业、公众和环境非政府组织相辅相成,缺一不可(如图1-11所示)。

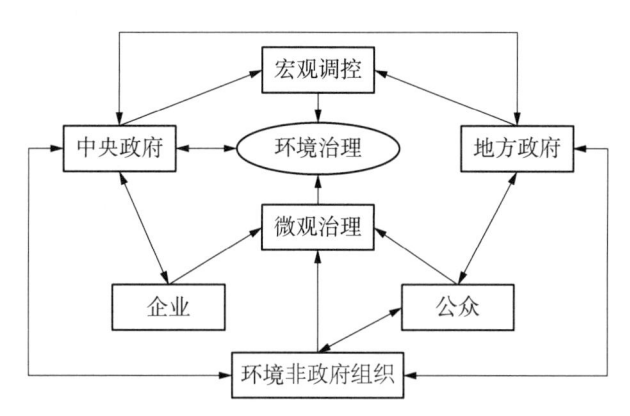

图1-11 多元主体综合功能的实现

中央政府制定宏观发展规划和战略,为环境治理指明方向和提供法律依据。通过运用多种手段,充分调动公众、企业和环境非政府组织等多方参与环保工作的积极性。企业要按照国家和当地政府制定的有关环保法律、法规、政策,以及社会各界和环境非政府组织的监督,自觉地进行环境治理工作。同时,公众也可以通过环境非政府组织的活动,为当地政府的环保管理提供建议,减少在政策制定上的偏颇与失误,也可对企业的环保执法和环保行为进行监督。环境非政府组织通过开展多种环保行动,调动社会各界的积极性,增强国家与地方政府对环境治理的重视程度,推动相关政策的顺利执行。

子课题二
综合管理取向的环境治理体制机制研究

本子课题试图构筑我国环境治理体制、组织机构、法律规划体系,以及跨行政区、跨部门协同机制和社会公众参与机制等,形成我国环境治理体系之构筑基石。

第一部分　我国环境治理体制与组织机构研究

鉴于我国现行的环境管理体制已无法适应经济社会进一步发展的需要，本部分试图通过我国环境治理体制的历史演变梳理和我国能源消费、环境污染与经济增长的动态关系实证分析，在总结我国环境治理体制存在的突出问题及其原因分析的基础上，提出我国环境治理体制改革方向，并进一步展示我国环境治理体制和组织机构。

第一章 我国环境治理体制研究及问题探析

第一节 我国环境治理体制的历史演变

我国的环境治理体系经历了从无到有的逐步发展过程。改革开放40多年来，我国建立了从中央到地方的系统性环境保护机构。在横向权力结构方面，全国人大和国务院的环境保护权威不断加强。同时，我国已基本建立了较为完善的环境法律制度。随着环境保护法律法规的不断完善和行政体制整体改革的推进，我国环境治理体系取得了长足进步，我国的环境保护制度也随着国家政府体制的改革而发展。在二元环境治理体系阶段，我国分别于1993年、1998年、2003年和2008年进行了相关的行政管理体制改革。利用1998年行政管理体制的改革，国务院将原国家环境保护局从副部级提升为正部级，并相应地扩大了其机构和职能。在2008年的行政体制改革过程中，我国正式成立中华人民共和国环境保护部，并使其成为国务院的组成部门。这一系列改革标志着中国环境保护体系建设进入新的发展阶段。在这一阶段，中国的中央一级环境保护机构逐渐从原来的内部机构独立出来，并最终发展成为政府组成部分，反映出我国在机构建设方面更加独立和日益强大的趋势。在地方层面，各级环保机构的建立也更加健全和完备，确保了各级国家环保职能的建立。1989年《中华人民共和国环境保护法》明确实行以行政区域管理为核心，国家和地方政府双重领导的环境管理体制。随着生态治理相关法律的出台，自然资源的保护和利用形成了分类管理、部门管理的格局。环境保护部门实行统一监督管理的政策，将地方人民政府及相关部门的监督管理相结合，形成了"统一管理、分级管理、分区管理"的环境管理格局。

此外，由于我国早期的环境保护主要由县级以上地方环境保护主管部门负责，国家环境保护政策实施难度大，而且很难准确界定跨区域环境违法行为的责任，要求区域监管的呼声很高。为解决跨地区、跨部门、跨流域的重大环境保护问题,我国于2002年开始探索实施区域环境保护督察制度,历时6年建立了6个区域督察中心,实现了区域督察全覆盖,逐步积累了从"企业监管"到"政府监管"的经验。《环境保护督察方案(试行)》是在2015年中央全面深化改革领导小组第14次会议上通过的,其中明确提出要构建环保督察工作机制的重要内容。从2016年开始,国家环保监察工作已经在两年内完成。环境保护监督检查制度可以为中央政府和国家环境保护主管部门监督地方政府履行环境保护职责,加快落实地方政府环境保护主体责任,进一步优化环境治理体系。目前,我国的环境治理体系在一个广泛的管理框架内运行。它是一个分层的、以区块为基础的统一体系,其特点是"条块结合,以块为主"和"纵向分级横向分散"。从中央环境保护行政主管部门到县乡环境职能部门,自上而下开展业务指导和监督管理;地方各级政府对其辖区范围内的环境质量承担相应的责任,并提供人员、资金和物资,在其管辖范围内履行职责,实行"街区"管理,呈现典型的垂直层级结构。关于职能的横向分布,其结构是分散的,环境管理职能在水利、农业农村、生态环境和其他部门之间进行划分。这表现为一个典型的"矩阵"组织结构(如图2-1所示)。①

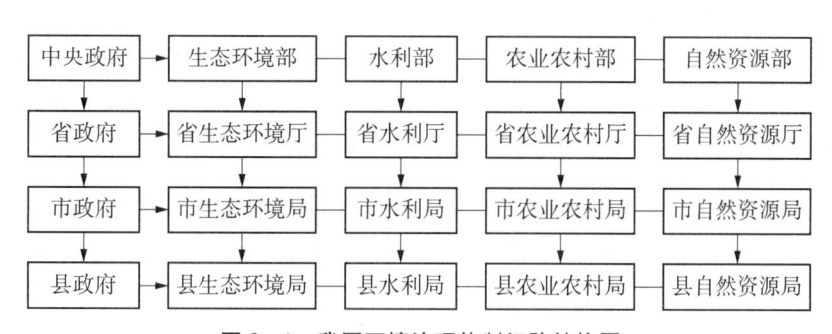

图2-1 我国环境治理体制矩阵结构图

迄今为止,我国的环境管理体制是统一监督管理与分级分区监测相结合的管理体制。基于此,我国有以下两种环境管理模式:

(一)"区块管理"模式

从垂直的角度看,我们国家的环保体制是以等级为基础的。中华人民共和

---

① 图2-1中,箭头表示权威控制关系;连接线表示协作关系。资料来源:李萱、沈晓悦、夏光:《中国环保行政体制结构初探》,《中国人口·资源与环境》2012年第22期。

国生态环境部是我国的环保行政主管机关,各级人民政府均设立了环保行政机关,负责本行政区域内的环境管理工作。这是一种不分行业、不分领域、不分类别,将同一区域内的环境问题纳入区域内的环境治理中来的一种管理方式,这就是所谓的"区域管理"。这一模式的产生,主要是基于我国的地区行政体系与模式,以及环境保护机构的"块管理"的人员体系与系统。《中华人民共和国环境保护法》第十六条为中国构建区域治理模式提供了理论依据,也为其提供了法律基础。

(二)"条带管理"模式

从水平的角度来看,目前我国环境行政体系采用的是"整合行政机关"的管理方式。《中华人民共和国环境保护法》第7条规定:"本行政区域内的环境保护工作由国务院人民政府负责。"为此,环境行政主管部门将其职能明确为"统一管理"的一种功能部门;"责任"部门,则是针对某一具体的环境污染,或对某一具体的自然资源实施监管与管理的部门,主要有:港口、矿产、海洋、渔业、林业、农业、水利。此模型也被称作"条形管理"模型。各行政机关在法律上处于同等地位,没有上下级的关系,也不存在领导与被领导、监督与被监督的情况。在此基础上,不同行业间的协作对环保具有十分重要的意义。当前,国内外尚无成熟的"条带管理"模式,只能作为"街区模式"的一种补充。当然,从中华人民共和国成立到改革开放,随着计划经济体制向社会主义市场经济体制迈进,我国环境治理经历了复杂的制度变迁,在实践中不断改进,客观上取得了可观的成效。然而,随着我国经济社会发展步伐的加快,社会需求更加多样化,对资源的需求也在增加。环境治理体系面临一系列新问题、新挑战,需要进一步改革、完善和创新。

第二节 我国环境治理体制存在的突出问题及其原因

我国目前工业仍在不断发展,在经济发展与环境问题之间的矛盾越来越值得我们重视。社会公众对于环境保护的期望也越来越高。水源、空气和土壤环境质量的改善面临严峻挑战。虽然我国已经对环保问题给予了很大的关注,并制定了相关的法规体系,建立了相关的组织,但是我们还需要更快地对环保问题进行改革,更加积极推动国家环境治理体系现代化的发展和生态文明的建设。

无论是世界范围内的可持续发展目标,还是国家对生态文明提出的明确要求,都必须实现全方位的环境治理协调机制。2015年,联合国通过了《2030年可持续发展议程》,将可持续发展分为环境、经济和社会三个主要方面,并制定了一项综合的"可持续发展目标",即保障人们的健康生活、接受教育的权利、保障两性平等、增加就业机会,以及对水资源的尊重。在可持续发展过程中,不仅要保障所有人的可持续能源供应,而且要适时应对气候变化,要对海洋资源进行精细的保护,要维护陆地生态平衡,要实现可持续的工业化,要进行创新,要加强国际合作。这既是对世界范围内可持续发展问题的全面理解,又是一种协调和多元化的发展需求。

在国内,一方面,党的十八大明确提出"五位一体"的战略布局,中国特色社会主义必须把"绿水青山就是金山银山"这一新发展思想贯穿其中;这一系列需要的终极目的,不仅是要实现既定的经济发展目标,而且更重要的是要促进经济发展和人民的生活模式转变,实现生态宜居、生活富足、产业繁荣的可持续发展目标。对现有的环境治理体制进行改革,在全面加强生态文明建设和政府、企业、公众多元治理的生态文明建设体制框架下,建立一套新的体制,持续提升治理体系和治理能力的现代化水平。另一方面,在新常态下,我们也面临着新的挑战。经济社会发展给环境质量带来了新的挑战,这就表明为了满足可持续发展的要求,我国必须对环境治理体系进行改革和创新。

一、能源消费、环境污染与经济增长的动态关系

能源是人类赖以生存和发展的重要物质基础,是工业经济发展的生命线。在中国快速工业化、城镇化和粗放式经济发展背景下,我国对能源的需求不断增加,特别是煤炭等传统化石能源在国民经济发展中的支撑地位日益凸显。中国在高速发展的同时,也面临着巨大的能源供给压力。目前,中国能源发展还存在着需求与供给不相适应、产业结构不合理、科学技术落后等问题。

传统化石能源的过量使用,又造成了环境污染。中国从改革开放到现在,仅用40多年时间就走完了西方发达国家100—200年才能走完的漫长历程,取

得了举世瞩目的成绩,但为此付出了一定的生态代价。目前,中国的环境形势仍然较为严峻,一些深层次的长期问题也没有得到很好的解决,主要表现为:部分地区粗放式的经济发展方式尚未完全转变,产业结构需进一步调整,环境保护与经济发展相脱节的局面尚未完全扭转,监管不力、有法不依的现象仍然存在。

(一)变量选取与数据制备

以发展生态文明为中心,正确处理好环境管理和经济发展的关系,本课题以 2004—2021 年的中国为例,从能源消费、环境污染和产业经济增长三个主要因素(能源消费、环境污染和产业经济增长)的稳定性和动态性出发,对 2004—2021 年中国的能源消费、环境污染和产业经济增长进行实证检验和实证分析。在这些数据中,能耗本身被列入全国统计项目,以人均能耗为单位(以万吨标准煤为单位);在环境污染问题上,针对中国能源消耗主要是以煤为主体的现状,选择了我国燃煤电厂二氧化硫排放量为计量标准,用 POL 来表达(单位:万吨)。在经济发展中,计量指标是当年物价水平的 GDP(以亿元计)。本研究选取 2010—2020 年为研究对象,采用《中国统计年鉴》的相关资料进行分析(见表 2-1)。

表 2-1 我国 2010—2021 年 GDP、能源消费与二氧化硫排放量统计

年份	GDP(亿元)	二氧化硫排放量 POL(万吨)	能源消费 ENE(万吨标准煤)
2004	161 415.4	2 254.9	230 281
2005	185 998.9	2 549.4	261 369
2006	219 028.5	2 588.8	286 467
2007	270 704	2 468	311 442
2008	321 229.5	2 321	320 611
2009	347 934.9	2 214	336 126
2010	412 119.3	2 185.1	360 648
2011	487 940.2	2 217.91	387 043
2012	538 580	2 117.63	402 138
2013	592 963.2	2 043.92	416 913
2014	643 563.1	1 974.42	428 334

(续表)

年份	GDP(亿元)	二氧化硫排放量 POL(万吨)	能源消费 ENE(万吨标准煤)
2015	688 858.2	1 859.12	434 113
2016	746 395.1	854.89	441 492
2017	832 035.9	610.84	455 827
2018	919 281.1	516.12	471 925
2019	986 515.2	457.29	487 488
2020	1 013 567	318.22	498 314
2021	1 143 669.7	274.78	524 000

从图 2-2 可以看出,在 2004—2021 年,我国 GDP、能源消费快速增长,但能源消费增长幅度小于 GDP 增长幅度;二氧化硫排放量呈下降趋势,尤其在 2015—2018 年下降最快。2021 年 GDP 为 2004 年的 7.1 倍,能源消费为 2.3 倍,二氧化硫排放量仅为 12%。

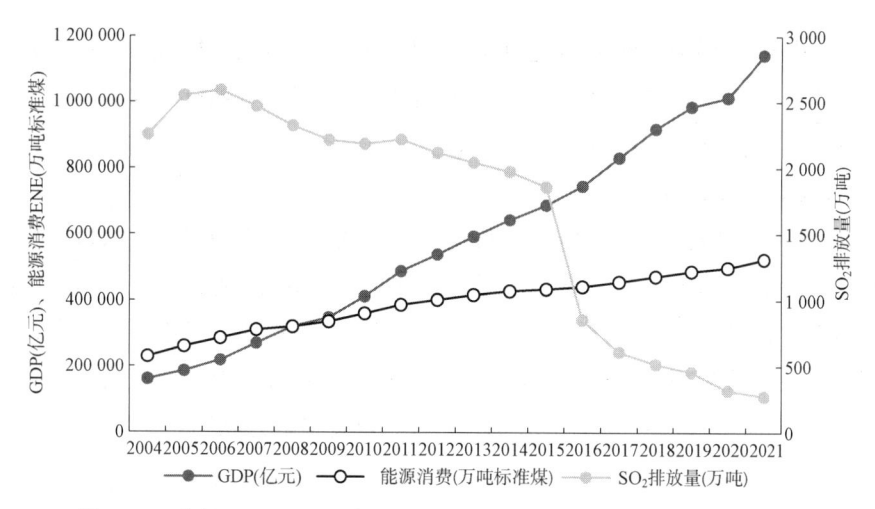

图 2-2 我国 2004—2021 年 GDP、能源消费与二氧化硫排放量增长曲线

进行计量分析时,对以上三个指标进行自然对数处理,分别记为 LNGDP、LNPOL 和 LNENE;对数化处理不改变数据原有结构,且可以消除可能存在的异方差。

(二) 研究方法

在计量分析中,上述三项指标均采用自然对数处理,分别记为 LNGDP、LNPOL 和 LNENE;对数化处理不仅不会影响数据本身的结构,而且能排除异方差的影响。

1. 向量自回归模型

拟通过时间序列分析,建立由能源消费总量、SO_2 排放量与国内生产总值组成的三系统向量自回归(vector auto-regression, VAR)模型,对三者之间的关系进行实证研究。本研究选取计量经济学 VAR 模型。这一模型是由史密斯·A.C.(Smis A.C.,1980)提出的,用于构建经济变量间的非结构模型。这种方法不依赖于经济学的理论,而基于数据的统计特性,将一个经济体系中的每个变量看成各变量的迟滞变量的函数。

VAR 模型的一般形式为:

$$Y_t = \sum_{i=1}^{p} A_i Y_{t-i} + \varepsilon_t$$

其中,Y_t 是由第 t 期观测值构成的 n 维内生变量向量,A_i 是 $n \times n$ 系数矩阵,p 为内生变量的滞后期,ε_t 为 n 维随机扰动项。其中,随机扰动项 $\varepsilon_i (i=1, 2, \cdots, n)$ 为白噪声过程,且满足 $\text{Cov}(\varepsilon_t, \varepsilon_s)(t \neq s)$。

2. 脉冲响应函数

为了揭示能源消费、环境污染与经济增长的长期动态关联,本项目拟构建冲击反应函数,描述三个因素的长期交互影响。VAR 模型是一种非理论性的模型,在对其进行分析时,通常忽略了某个变量的改变,而只考虑了某个误差项的改变,或是某个特定的扰动对系统产生的影响。这种分析方法称为脉冲响应函数(impulse response function, IRF)方法,其定义表达式为:

$$I_Y(n, \delta, \omega_{t-1}) = E[Y_{t+n} \mid \varepsilon_t = \delta, \varepsilon_{t+1} = 0, \cdots, \varepsilon_{t+n} = 0, \omega_{t-1}]$$
$$- E[Y_{t+n} \mid \varepsilon_t = 0, \varepsilon_{t+1} = 0, \cdots, \varepsilon_{t+n} = 0, \omega_{t-1}]$$

其中,n 为冲击响应期数,δ 指来自变量的冲击,ω_{t-1} 代表冲击发生时所有可获得的信息,I_Y 为第 n 期脉冲响应值,E 为期望。

3. 方差分解

所谓方差分解,就是从不同的结构冲击(通常用方差值来度量)对微观结构冲击的贡献率,来评价各种结构冲击的作用。其基本思想是:通过对各个内生性变量的平均误差(MSE)的分解,研究各个影响因子对总方差的相对贡献,从而理解各因子对内生性变量的贡献。对于 VAR(p)模型,其 s 步预测方差为:

$$\varepsilon_{t+s} + \varphi_1 \varepsilon_{t+s-1} + \varphi_2 \varepsilon_{t+s-2} + \cdots + \varphi_{s-1} \varepsilon_{t+1}$$

它的均方误差(MSE)为:

$$\Omega + \varphi_1 \Omega \varphi_1' + \cdots + \varphi_{s-1} \Omega \varphi_{s-1}' = pp' + \varphi_1 pp' \varphi_1 + \cdots + \varphi_1 pp' \varphi_{s-1}$$

式中,$\Omega = pp'$,在此基础上,将单个内生变量的预报均方误差分解成体系内部的冲击贡献率,并计算其相对重要度,即各变量在体系中所占的比例。利用 VAR 方差分解方法对能源消费、环境污染和经济增长的交互作用进行了测度。

(三)能源消费、环境污染与经济增长关系分析

1. 各变量平稳性检验

在运用自回归模型来刻画各变量间的影响关系时,首先要做的是对被分析变量做平稳检验,也就是单位根检验。本研究采用最常用的增广迪基-福勒(Augented Dickey-Fuller, ADF)检验对模型(见表 2-2)进行了验证。

表 2-2 变量序列的 ADF 检验结果

变量序列	ADF 检验值	5%显著水平	滞后期	结论
LNENE	1.820 950	−1.964 418	1	非平稳
ΔLNENE	−1.796 439	−1.968 430	2	非平稳
Δ^2 LNENE	−5.643 587	−1.968 430	1	平稳
LNPOL	−2.278 877	−1.962 813	0	平稳
LNGDP	6.324 469	−1.962 813	0	非平稳
ΔLNGDP	−2.419 872	−1.964 418	0	平稳

检验结果表明,样本区间在 5%显著性水平下,LNGDP 通过显著性检验,LNGDP 一阶差分通过显著性检验 LNENE 二阶差分序列通过了单位根过程,因此可以拒绝存在单位根的原假设,三个变量均是平稳的时间序列。

2. 向量自回归模型建立

文中 VAR 模型为中国能源消费、SO_2 排放量与 GDP 增长之间的三个双向变量系统,选取 LNENE、LNPOL 与 LNGDP 构建三个相互独立的 VAR 模型。根据 AIC 信息准则(Akaike)中"AIC 值越小越好"的原则选取模型的滞后阶数为 2。利用 Eviews(Version 7.2)对动态方程的参数进行估计,结果见表 2-3。

表 2-3 能源消费总量、污染排放和 GDP 的向量自回归方程参数估计

变量序列	LNENE	LNPOL	LNGDP
LNENE(−1)	0.155 45 (−0.365 93) [0.424 80]	−0.752 62 (−2.677 55) [−0.281 09]	−0.189 999 (−0.196 99) [−0.964 54]
LNENE(−2)	0.160 039 (−0.229 54) [0.697 22]	−0.879 41 (−1.679 55) [−0.523 60]	0.186 267 (−0.123 56) [1.507 46]
LNPOL(−1)	−0.125 232 (−0.046 78) [−2.677 17]	0.950 753 (−0.342 27) [2.777 77]	−0.019 448 (−0.025 18) [−0.772 34]
LNPOL(−2)	0.082 585 (−0.050 71) [1.628 50]	−0.101 999 (−0.371 06) [−0.274 88]	0.005 798 (−0.027 3) [0.212 41]
LNGDP(−1)	1.860 587 (−0.763 26) [2.437 67]	4.629 258 (−5.584 81) [0.828 90]	1.159 365 (−0.410 87) [2.821 72]
LNGDP(−2)	−0.337 469 (−0.548 2) [−0.615 59]	−0.777 486 (−4.011 2) [−0.193 83]	−0.275 75 (−0.295 1) [−0.934 42]
C	−10.187 51 (−5.292 03) [−1.925 07]	−27.281 1 (−38.721 8) [−0.704 54]	1.696 296 (−2.848 74) [0.595 45]
R-squared	0.998 005	0.958 905	0.995 542

注:()内变量表示标准误差,[]内变量表示 t-统计量。

通过对模型拟合效果(0.998 005、0.958 905、0.995 542 6)的分析,说明本文所建立的VAR模型具有良好的拟合效果。另外,在本模型中,各根的模值均小于1,均位于一个单位圆之内,这说明VAR(2)模型具有稳定性。研究结果表明:在调查期间,尽管能源消费、环境污染和经济增长三个变量的关系是错综复杂的,但是总的来说,它们构成了一个稳定的体系。

表2-4 VAR模型滞后结构检验

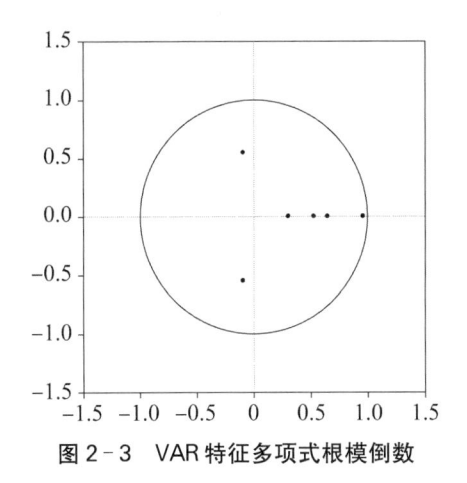

根	模
0.963 403	0.963 403
0.649 586	0.649 586
−0.091 553−0.548 728i	0.556 313
−0.091 553+0.548 728i	0.556 313
0.528 244	0.528 244
0.307 443	0.307 443

图2-3 VAR特征多项式根模倒数

3. 广义脉冲响应分析

脉冲响应分析一般用于衡量来自随机扰动项的一个标准差冲击对内生变量当前和未来取值的影响,因此通过该方法描绘中国能源消费、环境污染和工业经济增长三个指标之间的动态冲击轨迹,刻画变量间的长期动态关系,将冲击响应期设定为10期,分析结果见表2-5。

表 2-5 广义脉冲响应分析结果

时期	LNENE 对 LNPOL 的响应	LNENE 对 LNGDP 的响应	LNPOL 对 LNENE 的响应	LNPOL 对 LNGDP 的响应	LNGDP 对 LNENE 的响应	LNGDP 对 LNPOL 的响应
1	−0.000 872 (−0.007 24)	0.018 68 (−0.006 45)	−0.006 379 (−0.052 99)	0.075 585 (−0.051 29)	0.010 056 (−0.003 47)	0.005 561 (−0.003 77)
2	−0.017 21 (−0.016 99)	0.041 137 (−0.015 55)	0.012 3 (−0.126 58)	0.205 589 (−0.123 61)	0.016 333 (−0.008 04)	0.008 05 (−0.008 65)
3	−0.028 173 (−0.028 17)	0.056 621 (−0.026 19)	0.008 4 (−0.208 7)	0.336 497 (−0.216 04)	0.021 272 (−0.011 81)	0.009 141 (−0.013 8)
4	−0.039 448 (−0.039 31)	0.067 378 (−0.035 7)	−0.010 724 (−0.285 72)	0.443 02 (−0.310 72)	0.027 304 (−0.013 86)	0.005 892 (−0.018 34)
5	−0.057 536 (−0.051 53)	0.075 769 (−0.045 6)	−0.027 907 (−0.359 17)	0.526 569 (−0.403 26)	0.032 987 (−0.015 82)	−0.000 857 (−0.022 83)
6	−0.078 703 (−0.066 23)	0.081 412 (−0.057 3)	−0.046 126 (−0.423 54)	0.590 335 (−0.491 22)	0.037 871 (−0.018 03)	−0.008 695 (−0.027 95)
7	−0.100 366 (−0.083 3)	0.084 693 (−0.070 08)	−0.068 301 (−0.476 71)	0.636 355 (−0.575 99)	0.042 568 (−0.020 13)	−0.017 008 (−0.033 82)
8	−0.122 967 (−0.102 28)	0.086 625 (−0.083 64)	−0.091 565 (−0.521 9)	0.668 81 (−0.660 99)	0.047 174 (−0.022 37)	−0.025 78 (−0.040 2)
9	−0.146 266 (−0.123 13)	0.087 681 (−0.098 15)	−0.114 491 (−0.560 76)	0.691 915 (−0.746 45)	0.051 534 (−0.024 93)	−0.034 663 (−0.046 96)
10	−0.169 459 (−0.145 76)	0.088 043 (−0.113 41)	−0.137 481 (−0.593 71)	0.708 358 (−0.830 32)	0.055 683 (−0.027 65)	−0.043 4 (−0.054 02)
累计	−0.761 (−0.663 94)	0.688 039 (−0.552 07)	−0.482 274 (−3.609 78)	4.883 033 (−4.409 89)	0.342 782 (−0.166 11)	−0.101 759 (−0.270 34)

(1) 能源消费与工业经济增长的动态关系。

能源消费与工业经济增长的脉冲响应分析结果如表 2-6 和图 2-4 所示。在分析图中,实线为脉冲响应函数,虚线为正、负两倍的标准偏差范围。从整体上来说,中国目前的能源消费水平对经济增长具有积极的作用,因为其对经济

表 2-6 能源消费、环境污染和经济增长的方差分解

单位：%

时期	LNENE			LNPOL			LNGDP		
	LNENE	LNPOL	LNGDP	LNENE	LNPOL	LNGDP	LNENE	LNPOL	LNGDP
1	100	0	0	0.090552	99.90945	0	41.56906	14.14568	44.28525
2	69.65185	12.00509	18.34306	0.390133	97.29828	2.311591	32.33142	9.569102	58.09948
3	62.10079	13.74219	24.15702	0.265519	94.14954	5.584946	32.8114	8.580605	58.60799
4	61.33206	15.80687	22.86107	0.386448	93.43134	6.18221	35.89084	9.368372	54.74078
5	58.06359	21.68536	20.25105	0.457913	93.4798	6.062283	36.1695	14.84183	48.98867
6	53.56069	28.34508	18.09423	0.549648	93.46429	5.986058	35.08058	21.13043	43.78899
7	49.94778	33.88247	16.16975	0.702009	93.42255	5.875443	33.89466	26.90977	39.19557
8	46.85383	38.70822	14.43795	0.868636	93.39889	5.732473	32.62213	32.17457	35.1933
9	44.09124	42.9093	12.99946	1.02802	93.36452	5.607462	31.4058	36.65403	31.94017
10	41.77492	46.37785	11.84724	1.187403	93.30731	5.50529	30.35294	40.30352	29.34354
均值	58.73768	25.34624	15.91608	0.592628	94.5226	4.884776	34.21383	21.367791	44.41837

增长的作用是正的(0.688 039),所以我们认为当前阶段的能源消费水平对GDP的增长具有积极的作用。从图2-4可以看出,对于LNENE的冲击,LNGDP当期反应为0.018 68,随后开始上升,一直到第10期都为正值(0.088 043),从形状上看反应函数大致呈直线形。LNENE对于LNGDP一个单位周期冲击的累计反应为正值(0.342 782),面对LNGDP的冲击,LNENE在1—9期呈现快速增长,且全为正值。这说明中国的GDP增速存在一种刚性的、高度依赖的能源需求。这也从一个侧面反映了中国一方面要努力实现节能减排,另一方面要考虑到经济发展带来的压力。中国还处在工业化的早期阶段,不可能放弃高能耗、重化工业和石化能源这两个在国民经济中占据着重要地位的行业。

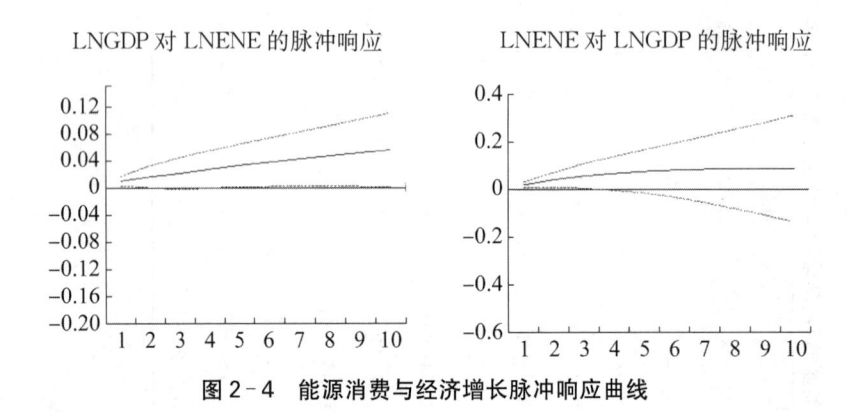

图2-4 能源消费与经济增长脉冲响应曲线

(2) 能源消费与环境污染的动态关系。

能源消费与环境污染的脉冲响应分析结果如表2-5和图2-5所示。LNPOL对于LNENE一个单位周期冲击的累计反应为负值(-0.761)且数字较大,因此得出的结论为中国现阶段环境污染对能源消费未来增长呈负面影响。对于LNENE的冲击,LNPOL当期反应为负值(-0.000 872),其后则是负面变化,呈现递减的趋势。这说明,当前的能耗增加,将会对将来的环境造成负面影响。由于LNENE在一个周期内对LNPOL的冲击累积反应为负(-0.482 274),所以中国目前的能耗水平已经对环境造成了较大的不利影响。在第一阶段,LNENE呈现负向作用(-0.006 379),在阶段2和阶段3出现了正向作用,随后在阶段4到阶段10发生了负作用,并且持续下降到阶段10(-0.137 481),但整体来说,环境污染(-0.482 274)对家庭能源消费具有负向作用。这表明,中国工业发展对能源的需求是刚性的。中国应该以一种更加理智的态度看待能源资源的开发和利用,走可持续发展之路。

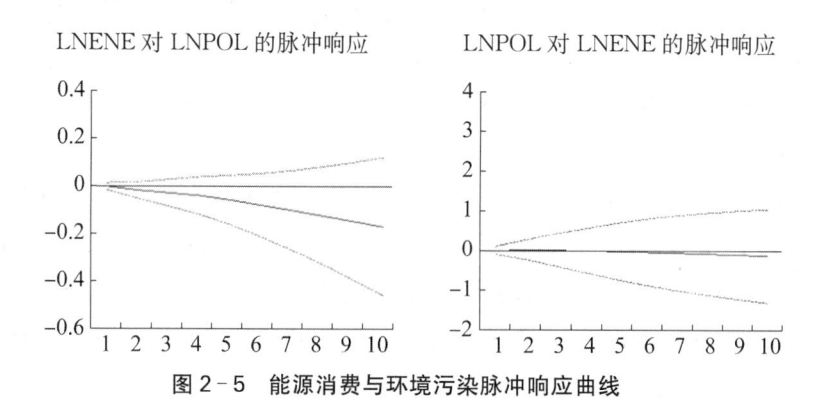

图 2-5　能源消费与环境污染脉冲响应曲线

(3) 环境污染与经济增长的动态关系。

在表 2-6 和图 2-6 中列出了环境污染对经济增长的冲量反应。从整体上讲,在第一次撞击后,LNGDP 在各个响应阶段都呈现出正的、逐渐增加的趋势,在阶段 10(0.708358)达到了一个峰值。这说明,在一定时期内,环境污染水平的提高,将会对我国 GDP 的增长产生积极的作用,从而间接地说明了中国的经济是在以环境为代价的情况下发展起来的。LNPOL 对于 LNGDP 一个单位冲击为正值(0.005561)后逐渐下降,在阶段 5 变为负值(-0.000857),后续所有相应反应期均表现为负效应,这一现象表明,中国当前的经济增长对未来环境污染水平的降低起到了积极的促进作用,同时从另一个角度揭示了当前环境污染治理的本质是发展问题。通过实证分析,我们发现,污染排放对经济发展具有积极的促进作用,促进了经济发展和环境保护的协调发展。

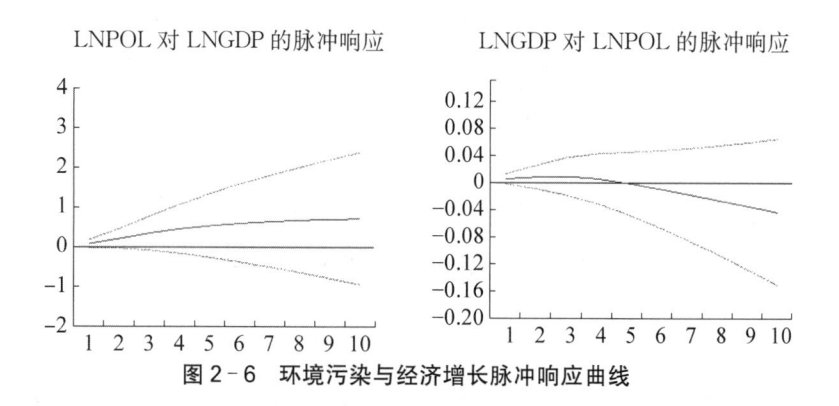

图 2-6　环境污染与经济增长脉冲响应曲线

4. 方差分解

方差分解旨在研究结构性冲击对内生变量（常用方差表示）的贡献，进而评估各类结构性冲击的相对重要性。与传统的冲击反应函数不同，笔者提出了一种新的自回归分析方法，即在 VAR 模型中，对各干扰项有较大的影响。对能源消费、环境污染及经济发展的三项指标进行方差分解，并得出结论（见表 2-6）。

在影响能源消费波动性的因素方面（如图 2-7 所示），第 1 期能源消费本身的比例是 100%，而后逐渐降低，直到最近一个阶段达到 41.77492%。该指标的平均水平为 58.73768%，表明该地区的能源消费是由其本身所决定的。另外，环境污染的波动性可以解释 25.34624% 的能耗变动，而经济增长的波动性可以解释 15.91608% 的变动。

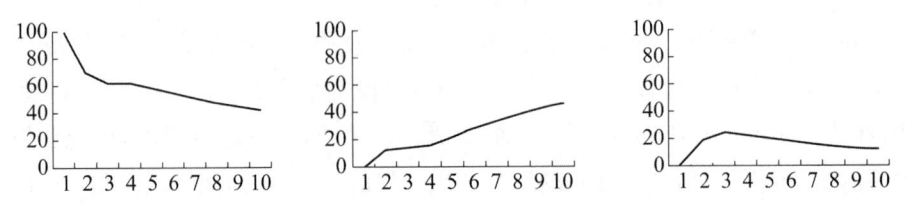

图 2-7 能源消费波动的方差分解曲线

在环境污染波动的影响因素中（如图 2-8 所示），其自身在第 1 期所占比重为 99.90945%，随后降低至第 10 期 93.30731%，平均为 94.5226%。此外，GDP 对环境污染波动影响均值为 4.884776%，能源消费对环境污染波动影响为 0.592628%。

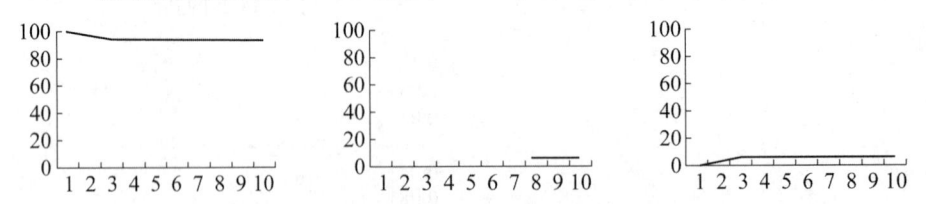

图 2-8 环境污染波动的方差分解曲线

在影响国内生产总值变动的因素方面(如图 2-9 所示),国内生产总值本身在第一阶段为 44.285 25%,此后先升高,接着逐步降低,到了第 10 期为 29.343 54%,但其平均水平为 44.418 37%,表明近半数的波动来自其本身。而能源消费波动对于 GDP 波动的影响由第 1 期的 41.569 06% 波动下降至第 10 期的 30.352 94%,其平均水平为 34.213 83%。此外,环境污染波动对于 GDP 波动的影响由第 1 期 14.145 68% 先下降后上升至第 10 期的 40.303 52%,平均 21.367 791%。这说明中国经济增长受能源消费、环境污染影响同样较大。

LNGDP 引起的自身波动比重　　LNENE 引起的 LNGDP 波动比重　　LNPOL 引起的 LNGDP 波动比重

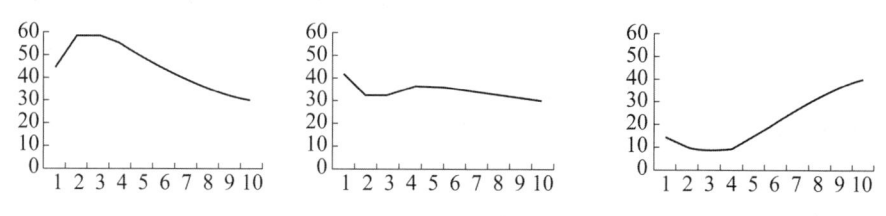

图 2-9　GDP 波动的方差分解曲线

以上研究结果表明,能源、环境、经济三系统之间存在长期稳定、协调的关系,表明中国处于工业化发展初期的事实。中国经济发展表现为以大量能源消费和环境污染为特征的粗放式发展,这种发展是不可持续的。因此,政府在经济发展中必须切实维护经济与资源、环境的协调,不仅要将提高能源效率作为能源利用策略,而且要增强经济可持续发展能力,促进"两型"社会建设。

二、环境治理体系中存在的突出问题及原因

当前,我国现行的环境管理体制已无法适应社会的进一步发展。我国的环境治理体制存在以下突出问题:

(一) 环境管理权力分配不当

我国现有的环境管理体制仍存在不合理之处,环境管理机构在设置上变动相对频繁,行政区的配置尚要进一步改善,管理机构之间权限不清楚、责任不明晰、多头管理等问题仍要进一步解决,只有这样,才能真正实现跨部门执法的协同作用的充分发挥。环境管理权力时常呈现出杂乱性和无常性的特点,具体表

现在以下几个方面：

1. 缺乏高层次、统一和特殊的法律基础

虽然我国环境管理立法对环境管理制度做出了具体规定，但其机制尚不完善，还存在一些缺陷。目前，针对环境管理机构的有关规定零散地散布于各种法律、法规和规章之中。因此，不同的法律法规之间缺乏协调甚至存在矛盾，环境管理机构的设立常常发生变化，这严重破坏了环境管理机构的稳定。在环境管理实践中，一些环境管理机构在进行行政执法时，因管理机构和有关部门之间的权力分配界限的模糊和不完整的法律规定出现了异化现象。此时权力的行使已经与环境管理的行政目标和法律规则相背离，同时高层次部门之间缺乏必要的协调机制，导致部门保护主义时有发生。每个部门往往将行使自己的行政权力与国家的一般行政权力分开。它以部门的狭隘利益为出发点，对其他行政机关的权力行使持否定、不配合、不支持、不协助的态度。在实际的环境管理工作中，部门保护主义、教条主义等现象的存在，使得我国的环境管理法规体系相对零散、不成体系、不成系统、不科学，制定的法规也相对随意。

2. 环境管理机构的重复设置很常见

体制重合现象的产生，很大程度上是受我国体制改革不完善所遗留下来的消极因素的影响。在我国，各个部门都有自己的责任，但现在已经逐渐形成了统一监督、分工负责的格局。在这个改革的进程中，通常把重点放在了对新机构的审批上，既没有考虑也没有足够的时间来将既有的机构和它们的有关功能进行撤销和整合，这样就造成了某些管理层次的重叠。生态环境保护的职责主要分散在环境保护、水利、土地、林业、农业等部门，其原因是我国的环境保护部门较晚成立。根据中央发布的53项生态环境保护的职能可知，涉及环境保护部门的有21项，其中52%是由环境保护部门独立承担的，剩余的48%则由环境保护部门与其他部门交叉承担。一个具有较高自然价值的自然保护区，存在着许多品牌，如自然保护区、森林公园、景区、地质公园等，在环境保护、林业、住房和建设、土地等多个领域进行管理，易导致地域重叠、建设重复、管理重复。在生态环境保护的规划、政策以及规范性文件等的制定、实施、监督管理中，综合经济、自然资源管理和环境保护等各部门行使的职能具有重叠部分，能力建设也存在一些问题。因为部门之间的权力划分不清晰，所以在法律上也没有对各部门之间的合作进行清晰的规定，社会各部门都提倡在有利的事情上行使职权，而不愿为不好的事情负责，这就造成了"踢皮球"的现象。

3. 管理部门错位,权力划分不合理

要做到科学、有效的管理,首先要对各部门的管理属性进行界定,将其管理分为综合决策管理、行业管理,或者是环境执法监管。在确定了管理属性后,应对各部门的职能进行适当的划分,以避免两者之间的矛盾。然而,目前相关部门在进行环境管理职能的设计时,却常常忽视了这一问题。具体而言,行业管理部门行使了环境监督管理部门的职权,综合决策管理部门行使专业管理部门的职权,专业管理部门行使综合决策部门的职权,政府行使了其下属部门(特别是环境保护部门)的职权。

(二)中央与地方环境主管部门和财政主管部门之间的协调机制不完善

当前,我国对"中央"权力、"中央"与"地方"权力、"地方"与"地方"权力的界定还不够清晰。在执行过程中,中央和地方政府是以商业为中心的,缺乏有效的监管手段,如法规和政策等。在目前的环保体制下,环保部门难以与其他有关部门形成独立的监督机制。虽然有关部门已经建立了流域水资源管理委员会、区域环境监测机构等,发挥了一定的导向和监督作用,但仍无法对重大的跨区域生态环境问题进行有效的统筹和监督。在现有体制框架的前提下,一方面,政府应该对自己管辖范围内的环境质量承担法律责任,同时,也要加强各级政府高层领导的环保责任,以此实现政府与政府之间的责任对等和终身责任,并建立相应的评价体系。而省级以下环保部门的垂直管理体系,则会削弱地方政府对本行政区域环境质量的责任。与此同时,中央和地方政府在环保方面的权责界定不清,造成了大量的重复投资,环保投入不足。在我国存在着大量的跨地区、跨流域的环境问题,且其具有"全国性"的特性,因此,我国在这方面存在着严重的资金短缺。而在加强环境监督的过程中,也出现了"地方公共品"和"地方本位"的问题。向中央政府收取租金是一个普遍的问题,实际上,中央政府以特定项目的方式向中央政府提供了相当多的资金。"中央出资,地方扶持"在某种程度上激化了地方财政与财政收入的矛盾,加强了地方保护主义。环境部门"环保"有时无力对抗地方政府"污染保护"的商业行为。比如,为了加速投资,河南省新安县政府违反国家环境保护法规,在当地实施了一系列的"地方政策"。2002年9月国务院发布的《关于印发新安县招商引资优惠政策的通知》和2005年发布的《关于大力发展非公有制经济的意见》等多个文件,都明确提出了要关停工业园区,并对进入园区的企业实施挂牌保护,并对未经许可的企业进行检查、收取费用等问题进行严肃处理。但环保部门没有正确行使监督职权，使得在该县管辖范围内的新经济工业开发区在1996年获得了批准实施，到目前为止，此工业开发区内已有100多家企业，且这些企业大多未设置必要的治污设施，致使工业园区内的生产、生活污水直接排入黄河的一条支流。这一案例反映出，在当前的环境治理体系下，中央政府在监督地方政府环境政策的实施时面临监管成本高和信息不对称的双重约束，一些地方政府扭曲国家环境政策的执行以最大限度地发挥自身效能。在我国现行的环境保护制度中，环境保护部门很难与其他相关部门建立起相互独立的监管机制。由于政府职能尚未完成转换，中央和地方政府在面临环境问题时，存在着各自不同的利益诉求和行动。中央高度重视经济、社会、环境的和谐发展。然而，由于我国目前环境污染治理成本较高，投资力度较小。尤其是在现行税制下，地方政府作为"营利性经营者"，大量的人力、财力、物力投入经济建设中，而用于环境治理的少之又少，造成了机会主义倾向的抬头。在不同的部门之间存在着不同的利益冲突，从而导致了地方保护主义的产生。

因此，要推进我国生态文明建设，就需要转变部分地方政府在环保中的负面角色。在地方环保部门层次上，国家确立了"两级"的管理体制，即各级环保组织由同级政府统一监管；在垂直关系上，各地环保机关也要隶属于上级环保机关。但是，在现行体制下，各环保部门和本地区的同级政府之间是上下级的关系，而在全国政府序列中，仅与上级环保部门形成了一种虚拟的隶属关系。这样的权力架构，让环保部门的每一位官员都能从中受益，并为促进当地的经济发展尽一份力。事实上，中国环境管理体制应该将改革的重点放在对地方环境管理机构的改革上。

（三）环境管理体制和机制的效率有待提高

建立完善的环境治理体制，是推动我国生态环境治理的根本保证。但是，目前我国的环境管理制度等方面还存在着结构性的问题，还没有形成以绩效为导向的环境管理，责任机制还不是非常清晰，管理制度仍处于不断优化的阶段，政府和市场之间的关系仍要进一步协调，环境市场体系和环境经济体系也要继续完善，因此，在现有的生产和消费体系中，不能反映出环境资源的价格，也就不能实现对环境资源的有效分配。

政府职能的转换，其关键在于正确地使用权力，降低其对宏观经济行为的直接影响,增强其宏观调控、提供公共服务以及维持社会公平与公正的能力。但在现实中,仍然存在着片面地追求发展的现象。目前,GDP 增速仍是评价地方政府业绩的主要依据。这一目标的达成与否,直接关系到当地政府和当地官员所能获得的政治利益的大小。由于受传统发展观、政绩观等观念的制约,一些地方党政"一把手"在"重经济发展"和"轻环保"问题上做出了片面性决策,有的甚至不惜牺牲环境谋求经济发展,坚持经济发展"先污染后治理"和"环境保护服从于发展,环境保护让位于发展"等偏执观念,使得一些地方在经济快速发展的过程中,付出了巨大的环境成本。观念问题是指导人类行为的世界观问题。因此,我国政府环境保护职能缺失的根本原因应该是观念问题。同时,我国的环保管理机构也出现了一些与时代发展不相适应的问题。自 1996 年以来,环境群体事件的发生率平均每年增长 29%。从 2005 年起,只有少于 1% 的环境纠纷经由正式途径得到了解决。最近几年更是出现了大量的突发环境事件,其中也披露了很多原因。然而,在面对重大环境问题的时候,我们还缺乏一个有效的公共决策系统和一套有效的环境应急体系,在新的社会背景下,缺少一套与时代相适应的自我定位与管理理念。

目前,我国政府与市场之间的界限仍不够清晰,更注重利用行政手段进行环境管理。在我国的生态环境治理中,国家的行政职能和资产的市场化运作机制之间存在着不明确的界限。我国在对生态环境进行治理时,主要采用的是行政调控的方法,而较少采用市场调控、社会调控等方法。以行政计划、行政许可、行政检查为主的行政管理制度在我国的发展中占有重要地位。目前,我国采取的各项财政、税务、物价等政策的力度及对生态环境的激励作用仍需加强。

环境监管与执法水平的高低,直接关系到环保工作能否顺利开展。当前,我国的环境监管与行政执法体制还存在着一些问题,如权利义务不明确、执法能力不强、手段不够完善等。环境监测机关的执法权力来源于其上级主管机关的权力下放,但在法定权力上仍缺少对其进行独立执法的权力。目前,我国一些地区,存在着环境监督经费不足、监督方式落后、设施缺乏、信息化水平不高、监督队伍素质不高等问题。尤其是在基层,环保工作繁重,监督力量薄弱,"小马拉大车"的情况还很多见。

(四) 需要改革区域和流域环境管理制度

我国的区域划分缺乏一个强大而高效的跨行政区域环境协调机制,这使得处理跨区域环境争端变得困难。众所周知,环境没有区域边界。很多环境因素,例如,地表水体、大气等,都是流动的,生态环境也是整体的。这就客观地规定,不能以行政区域为单位来进行环境保护。但是,目前我国的环境保护工作仍以行政区划为依据,以行政单位为单位进行分工与管理。目前,我国尚无针对跨行政区域的环境与资源争议的相关立法,只有一些零散的、不健全的法律和规章。虽然我国有流域管理组织,但其权力薄弱,地位不明确,因此其积极作用有限。行政机构的分散性和环境因素的整体性,导致了跨地区的环境争议难以得到及时、高效的解决。我国目前实行的是以行政区域为单位的环境管理,缺少对不同行政区划、不同小流域进行生态保护、治理的体制与手段。各地区受自身利益的驱使,造成了地区发展上的"脱节",地区间难以协同,也造成了生态环境的破坏。但目前尚未形成一种有效的生态补偿机制,导致流域内、区域间的环境协调无法得到可靠的制度保障。在一个区域内,有土地、林业、农业、水利、生态功能区划等多个规划编制,却没有一个统一的生态环境总体规划编制。

(五)环境保护与经济发展不平衡

我国尚未建立健全环境与发展综合决策体系,这既是一种生态问题,又是一种经济、政治、民生等方面的问题。习近平总书记指出,"要正确处理好经济发展同环境保护的关系,牢固树立保护生态环境就是保护生产力、改善环境就是发展生产力的理念"。目前,我国在发展和保护环境之间的关系上,还存在着许多问题,"优先发展,轻保护"的问题仍然十分严重。在我国,环保部门以"准入""环评"等方式,发挥其在经济、社会发展中的重要作用,但也存在着一些明显的问题,例如,参与不足、参与乏力、参与深度不够、参与程序不健全、缺乏有效的参与机制和方法等。目前,我国在经济、价格、税收、贸易和消费等方面的政策决策中,还没有充分地重视环境保护。我国是一个发展中国家,在工业化和城市化的过程中,许多地方过分强调经济的增长,强调发展而忽视了环境,强调速度而忽视了质量。从我国的实际情况来看,我国的社会保障制度存在着一种不均衡的现象。一些地方政府仍然扮演着投资者和运营商的重要角色,造成了资源、能源的浪费和环境的破坏。

(六)环境多元治理体系不完善

要想提高生态环境的品质,就必须政府、企业、公众三方共同努力。但是,当前我国政府、企业、公众三者之间的关系还不够协调,还未完全实现良性治理,还没有建立起一个共同的利益共同体。政府的职能还不平衡,公众对环境保护的认识不够,以环保为媒介的环保社会组织,尽管其数量和职能都有所增加,但功能还不够强大。首先,在数量与种类上,《2017年社会服务发展统计公报》显示,2017年末,我国有6 964个正式登记的环保社团,501个环保民间非企业组织,其中,环保社团占全国环保事业的0.125%。据该基金的中心网站统计,51家基金,即占全国1.2%的基金主要致力于环保事业。另外,也有一批未经登记的基层环保团体。其次,就其所发挥的作用而言,环保团体以公共教育、资源保护为主,是一种以价值模型为导向的提倡机制,在提高民众的环境意识、促进民众的参与等方面,都具有重要的意义。虽然近几年来,部分环保团体逐步加入公众政策制定中,展现出了较强的社会动员能力,但其规模仍不足以应对日益严重的生态问题。虽然在个体环保示威活动中,有不少人从"无组织"转变为"权益组织",最终演变为"环境公正",但多数环保示威活动中,抗议者却缺少与之相对应的组织资源。从整体上看,我国的环境保护机构既没有足够的实力,也没有足够的参与机制。因此,政府不能充分利用"第三部门"这一职能来激活社会力量,提高公众意识,促进公众参与。目前,我国在环境保护、公共利益等方面,还存在着社会组织的管理体制不够健全、不够透明、不能充分发挥其作用等问题,我国的公共参与体系还没有得到足够的重视。另外,我国环境保护组织的总体实力还不够强,还未能完全适应公众对环境保护的需要。

  大部分企业在环境保护方面还处于"被动"的状态,没有把环境保护当作自己应该承担的最根本的社会责任,相关法律意识也不强。目前,我国的公众参与水平仍然不高,缺乏有效的参与机制和平台,缺乏有效的参与途径,居民的环保需要与自己的环境行为存在一定差距。目前,政府、企业、公众三方参与的生态环境治理机制仍有结构性不足。我国的生态环境保护工作仍主要依赖于政府,企业与社会各界的积极性仍要进一步调动。在执行过程中,也存在着一些产生较大摩擦、较高执行成本、较难发现、较难解决的环境违规问题。

第二章　我国环境治理体制改革方向

第一节　加强环境管理组织法治建设

一、生态文明建设相关立法顶层设计

当前,我国有关生态文明的立法工作与我国的改革发展步伐存在不匹配的情况,必须坚持"以法促改"的方针,妥善处理改革和立法的关系。首先,要对生态文明建设有关的法律体系进行顶层设计,制订相关立法计划,确定优先权,为今后的重大变革留下空间。其次,从生态文明建设的要求出发,认真研究现有的一些不符合生态文明的法律和规定,并对其进行修改和完善,以循序渐进的方式推进生态文明相关立法工作。中国应针对性地不断完善有关环境治理制度的专门法律,对不同的环境治理组织的地位、结构、责任与权限、隶属关系、协调与合作、监督等问题进行科学、理性的界定。法国的《环境法典》在其第 1 章中将行政机构作为环境保护的一个重要对象,对此有一定的借鉴意义。

二、协调相关立法的修订

协调修订涉及"部门立法"的相关法律。《中华人民共和国大气污染防治法》《中华人民共和国水污染防治法》《中华人民共和国环境噪声污染防治法》等单独的环境保护立法中进一步明确了环境管理制度的规定,应当在其他独立的环境法律中,对环境管理制度做出更多的规定,从而形成一套系统协调的环境治理制度与法律制度。这种法律体系对于保证不同的管理机构在一个法治社会中的高效运行是必不可少的。比如,《中华人民共和国水污染防治法》的修订工作已在 2023 年完成,但是,《中华人民共和国水法》等有关法律同样对水有所规定,为了提高立法资源的使用效率,有必要对相关法律进行整体修订。《中华

人民共和国立法法》授予全国230余个较大城市立法权,但是,很多地方在立法和执法方面都比较薄弱,因此要加强对基层立法人员和执法人员的培训,提高基层立法人员的素质。

三、建立科学的行政运行规范

在具体的执行过程中,必须建立一套统一的环境管理机构。国家要把环保执法和监督作为工作的重心,把对环保的微观管理转移到对宏观调控的指导和服务上,把工作观念从简单管理转移到为基层和企业提供真正的服务上。同时,要使中央与地方的统一领导机构,以及环境保护的统一领导机构,都变得更加合理。当前,中国的环保政策关注的焦点是建立当地的环保制度。在"部门"关系方面,地方环境保护机构以地方政府主导为主,因此,其改革应以"减少水平部门间的联系,加强垂直部门间的联系"为目标。在此基础上,要加大对各级环境保护机构的指导力度,降低各级环境保护机构的依赖性。特别是要加强环保机构的人员任命、财权等方面的管理,使其摆脱对地方的依赖。

第二节 推动促进资源环境大部门制改革

中央部门系统重组的重点是要进一步缩小职能重叠,减少行政协调费用,达到权力平衡的目的,根据党的十八届三中全会的各项决议和党中央、国务院的相关部署,在污染防治、生态保护等方面,贯彻产权与监督分开、开发与保护分开的方针,强化体制的横向运行效能,强化对自然资源的管理;同时建立垂直管理体系,既能使地方政府承担起生态环境保护的主要职责,又能促进全国不同部门的统一执法监督,还能明确中央和地方的职权划分。要实现这一目标,就需要组建一支负责国家战略资源开发、污染治理和生态保护的国有资产管理组织。在经济社会发展、资源环境保护、应对气候变化、生态文明建设等方面,要有一个宏观调控机构。我国已成立了国家层面的生态环境质量监测与评估组织。这是一个完全垂直的部门,由国务院(或称资源和环保一体化监管机构)直接领导。在此基础上,通过政府购买方式逐步引入社会资本,并根据社会监管力量的成熟度,逐步引入社会资本。

加快设立国家公园管理机构的步伐。为了维护民族地区的自然生态与自然遗产的原始性、完整性与多样性，必须成立国家公园的行政管理组织。整合、分类管理各种类型的国家公园（保护区），包括自然保护区、森林公园、地质公园、湿地公园、风景区等，并对它们的管理职能进行分类。国家公园（保护区）一体化建设要做到功能定位清晰、标准清晰、职权清晰、责任清晰。针对不同类型的风景区，实行分级管理，建立统一的管理机构；在此基础上，提出了建立国家公园制度的思路，为国家公园的建设与保护提供指导，以确保其真实性、完整性与多样性。同时，针对环境保护中存在的地方保护主义的问题，可以从三个方面进行遏制。

一是在理念上，各级政府要改变发展理念，从纯粹的经济效益转向对民主和公正的价值追求。亚当·斯密认为，政府不是一个运动员，而是一个评判者。在其权限之内，政府的首要职责是设立并维持某些公用设施和部分公用设施，并设立严厉的司法与行政机构，以确保市场秩序的公正合理，而非对经济进行管制和干预。在此过程中，要充分利用市场机制，使其更好地发挥作用。当前，地方政府因自身利益而过分干预经济活动。在以发展为核心的大环境下，在现有的干部政绩评估体系的指导下，部分地区的领导只为完成经济目标，只想着升职加薪，经常无视国家的法律法规，对污染环境和生态破坏的违法行为采取纵容的态度，而地方保护主义是发生这种情况的重要原因之一。地方政府要改变"经纪人"观念，把工作重心转移到为本行政区域内居民的基础设施和高质量的公共服务上，积极地协助企业进行战略转型，从全能的命令式到有限的服务型，从追求经济利益的最大化到追求公平、公正、民主的价值，构建一个高效率的公共服务型政府。同时，地方当局也要打破长期以来存在的小生产、小农经济、小本经营的思想，增强法治意识，增强整体意识，以发展的观点来看待经济的发展，不能只考虑一己之私，一味地追求"政绩"，而是要着眼于长期的发展，加强各地区之间的协调合作，使经济科学、协调、可持续发展。

二是在法律上，抓紧制定和完善《中华人民共和国反垄断法》和《中华人民共和国反不正当竞争法》这两个市场经济的基础性法律，防范区域性保护主义的发生。要充分发挥《中华人民共和国反不正当竞争法》等相关法律法规应用的空间，并具有一定的可操作性，需要对其进行适时修订。有些地方或部门已经颁布了带有地方保护主义和行业垄断色彩的法律法规，与国家的法律法规相抵触，也应尽早予以清理。基于这一点，我国应当建立起一套相对独立的环境保护司法制度。要改革现行的以行政区划为单位设置执法部门、环保监督部门的制度,健全其运行机制,减少地方政府对环境的干预。充分发挥新闻传媒的功能,强化公众舆论监督,并通过中央主流媒体定期公布评估结果,从舆论、投资环境等多个层面遏制地方保护主义。通过上述分析,明确环保责任,消除地方保护主义对环保的影响。环保责任制就是依照一定的程序,对政府环保责任的履行情况进行检查与评估,并根据法定的程序,对当地政府、政府主要负责人、分管环保工作的负责人、环保行政主管部门的负责人、肇事企业的负责人等有关人员和政府环保责任的履行情况进行检查与评价。对因决策错误造成严重环境事件或阻碍环保工作的各级领导及公职人员,要按照法律规定负责。在很长一段时间里,我们在评价领导干部时,往往只注重经济指标,这就导致了我们在评价领导干部时,往往会出现"急功近利"的现象。要实现领导干部的观念转变,就要将其在任职期间的工作业绩纳入领导干部的业绩评价之中。在《关于环境保护若干问题决定》中,国务院明确提出,要对区域内的环境质量进行全面的管理,并对区域内的环境质量进行全面的管理,并将区域内的环境质量状况纳入政府主要领导的考核体系中。对环境保护工作进行评估,将其作为各级政府进行评优、提拔干部的重要参考,并对其实施严格的环境保护问责制、奖惩制度,从而促使各级政府在政策制定时,能够更好地把握环境保护与经济发展之间的关系,并注重对企业履行环保责任的监督。

  三是在财政上,要拓宽财政来源,加强财政权力的配置。当前,中央和地方之间的权力关系的界定仍要进一步明确,特别是财力上,两者之间的界限模糊,相互制约。在"财政转移支付"制度不完善的情况下,地方政府的收入来源得不到保证,由此产生了逐利动机,运用行政权力来保护排污企业。所以,要从根本上解决地方保护主义,必须从根本上改变我国的财政收入结构。首先,要改进、拓宽政府资金来源,一改过去只包"全部投入"的做法,采取"财政贴息"的办法。利用财政投资的杠杆作用,以促进私人投资和引导投资的流向,拓宽政府的融资渠道。在财政开支上,应以事权与开支相匹配为原则,大力推广政府采购,杜绝"暗箱操作",以促进市场健康发展。在此基础上,通过对费税体制进行改革,构建一种以税收收入为主体,以小额必要费用为补充的新型财政收入体制,使之与社会主义市场经济相适应。其次,加大对贫困地区的转移支付力度,促进地方经济发展,引导地方政府转向"低污染""无污染"等行业,改变地方政府对

"高污染"行业的依赖，具有稳定、充裕的资金保证。地方政府对排污单位的依赖程度减少，有助于打破对排污单位的保护主义，从而有效地减少了地方政府的保护主义动机。

第三节 建立环境行政管理绩效导向

将环保问题作为评价指标之一，实行"一票否决"制度。在各个地区，环境质量是由各级政府来承担的。将污染物总量控制、环境质量改善等重大环境指标，纳入对地方各级政府的绩效评价中，建立和健全"环境保护一票否决"体系，让当地政府把环保工作作为全局工作的首要任务，研究和解决本地区重要的环保问题。

首先，必须强化基础理论的建设。环境业绩管理是一门综合性很强的学科，它所具有的强大的应用性，使其研究变得更加困难。当前，该领域存在两大基础理论亟待深入研究。一是政府对环境绩效的治理，它是如何保证政府对环境绩效的治理过程中的每一环节都能起到很好的效果的。二是在已有的政府绩效与环保系统中，如何将政府绩效与环保系统中的每一个因素、每一个环节相结合。主要包括：建立长期和短期绩效目标和准则，绩效评估的统计指标，绩效评估的数据处理方法，绩效评估的激励和约束机制。另外，如何将中国目前的环境状况与目前的经济、社会发展相适应，并将其与我国的环保状况相适应，这也是一个值得深入探讨的课题。

其次，提高党和政府对环保工作的重视程度；党的领导，尤其是国家高层领导，其对环境保护的认识与关注，将直接影响到政府对环境保护的投入。同时，政府、企业等各部门对企业的认识与认同，也是企业能否成功推行企业环境绩效管理的重要影响因素。为此，在目前阶段，我们应该采取各种方式、途径，加大对环境问题的宣传力度，从根本上扭转当地尤其是个别领导人只注重发展、不重视环境问题的思想；同时，在此基础上，进一步深化和完善各级政府对环保工作的认识，推动区域、部门间的相互交流与共享。

在此基础上，要学习和借鉴国外的成功经验，并对其进行积极的探索。当前，我国的环保工作已取得了不少成功的经验。要使"后发优势"得到最大限度的发挥，就必须结合国内的社会、经济发展的现实条件，并结合环境保护的特殊性,借鉴国外的经验。在推行政府环境绩效管理时,可采用先试点后推广,边总结边改进的办法,并参考比较成熟的国际评价体系和方法,例如,"环境绩效指数",率先在全国范围内进行省级和市级环境绩效评价。以促进社会大众的参与和提升社会大众对环境品质的满意度为切入点。在这一阶段,我们应该把企业的发展重心放在对企业的环境业绩进行评估上,并采用各种方法,将企业的内部评估和外部评估有机地结合起来,逐渐构建起一个公开、透明的企业环境绩效评估制度。同时,为了更好地发挥第三方评估的客观、公正等内在优势,我们应该正确看待并积极引进第三方评估,并将其作为政府环境绩效管理的重要参考。

比如,北爱尔兰环保部门的工作表现。英国国家能源署是英国北爱尔兰政府部门的一个附属机构。该署下设21个行业,分别是环保、古迹、自然遗产及公众服务等。该系统由三部分组成:组织结构、关键环节和评估指标。北爱尔兰环境署(NIEA)的绩效管理机构包括领导机构、协调机构和监督机构三个层面。该公司的管理委员会包括:一位首席执行官,四位执行董事(负责环保、自然遗产、历史遗产和公务事务),以及两位在本公司内部负责业绩管理工作的独立董事,并对组织整体绩效负责;国家能源署聘请了两位在该机构以外的独立董事,他们将就该机构的政策制定及组织管理提出有价值的意见及建议。在业绩管理方面,策略管理部门是一个关键的、对其进行协调的部门,并且对其直接负责。策略部将在整个公司的业绩考核中发挥重要作用,其中包含对公司和公司未来发展有重要影响的因素,以及对公司发展策略的支持;搜集并整理公司业绩资料,以推动公司策略的执行;在不同的功能及操作上,进行综合及协调。国家能源局的内部监管组织是一个审计委员会。其中两位是监督委员会的独立成员,另一位则来自北爱尔兰其他环境团体。其工作内容包括随时监督各个部门的行动计划、检讨内资经费拨款是否合乎情理、对执行内资管制的成效进行独立检讨,并向管理委员会提供关于内部控制和风险管理的季度和年度报告。

结合北爱尔兰政府机构环境绩效管理的经验,我国可以从以下几个方面进行改进:

第一,建立以策略为中心的企业业绩管理体系。战略是一种以长期、整体为中心的策略,它能够指导企业的行动,使企业的目标与行动达到一致与协调。国家能源署在战略方面非常重视平衡环境和经济发展之间的关系,主要体现在

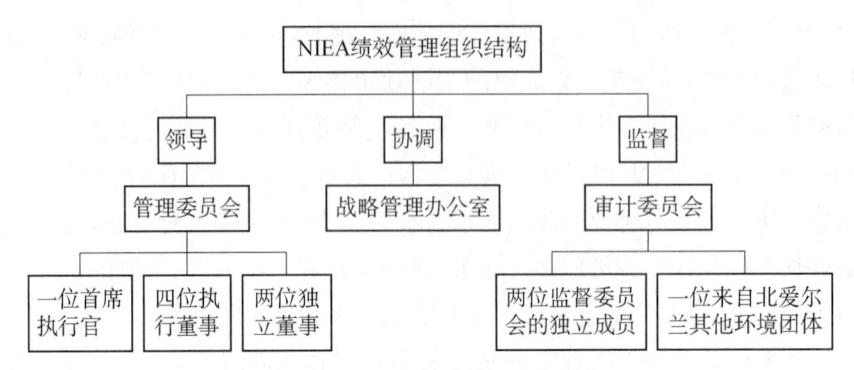

图 2-10　NIEA 绩效管理组织结构

以下几个方面：一是辅助政策制定，并对政策制定产生重要影响；二是加强与其他部门的协作，在可持续发展中进行实践；三是强调企业与政府的相互信任，在提高环境品质的前提下，政府协助在市场上具有较强竞争力的企业，降低污染成本。实施"污染减排量"目标是实现地方政府环保责任和增强其执行能力的有效手段。然而，在实际操作中，各地政府及相关部门常常将环保与经济发展混为一谈，在"一票否决"的双重压力下，甚至出现了虚报业绩报告、关停企业等过激行为。因此，在环境保护项目中，业绩考核试点工作的推进十分有必要。借鉴国际能源署的成功经验，将地方政府与环境部门的绩效管理作为一种战略，在制定战略时，要厘清长期目标与短期目标、环境保护与经济发展之间的联系，并将其具体落实到战略执行中去，最后通过绩效管理，逐渐达到环境与经济的双赢。

第二，运用平衡计分卡（BSC）实现过程与结果的统一。NIEA 绩效管理的核心理念是利用平衡计分卡，将计划的执行与年度预算相结合，掌握各个运营单元在实现战略目标方面的实时进展，展现各个运营单元的效能，保证各类资源能够高效地流向对战略目标实现有重大作用的各个业务单元，进而提升组织的绩效。我国环保机构的绩效管理主要包括两个方面：财政部门的预算执行管理和环境目标责任制管理。前者以流程为基础，以财务预算为重点，没有体现出各部门、各人员的工作成效；而后者则是以成果为导向的绩效管理，仅凭资料无法理解各单位及单位所付出的努力、所付出的代价及所面对的困难。我国地方政府环保组织的绩效管理可以考虑引入平衡计分卡，将这两种绩效管理有机地结合起来，从而可以帮助克服单一的过程管理或者结果管理所带来的弊端，将绩效目标的实现建立在实际的财务成果上，并利用绩效监控和预算来推动部门和员工的绩效提升。

第三,要完善评价成果的运用方法。除了对企业进行奖励与惩罚,还可对企业策略实施过程中存在的问题进行分析,并对策略实施效果进行检验。平衡计分卡执行策略的一个主要好处是,策略假定的正确性可以用平衡计分卡的数据进行定期的测试。一般情况下,最高层的管理人员会制定一些极富挑战性的目标,并以此来驱动组织变革。因此,在实施策略的同时,NIEA 的业绩管理还会对策略的目标做一些调整和修正。目前,我国的污染控制目标主要通过国家、环境保护相关部门来确定,并且通常通过层层分解的方法来实现。在实施这一系列的减排措施时,面临着"两难"局面:一方面,国家需要按时实现减排目标,以改善当前的生态环境。另一方面,一些地方政府也觉得负担过重。这些目标的实现是否合理,存在哪些特定的问题,在实践中,没有任何一种方法能为企业的绩效管理提供非常有效的参考。在我国,通过改变单一的绩效管理方法,加强对策略的测试与调整,能够及时发现并解决策略执行中存在的问题。在策略上做得太好或太差的时候,都能适时地做出调整。

第四,采取内部和外部相结合的考核制度。国际能源署的绩效监测主要分为两类:一是组织内监测,二是组织外监测。在一个组织中,监督是由一个内部的审核委员会来完成的。内审委员会对 NIEA 的业绩进行了独立的评价,并协助首席执行官(CEO)及管理层进行有效的防范和应对业绩风险;组织外的监测有多个层次:一是北爱尔兰的环保委员会按季度和年度对一些公众指数进行监督,这些指数是由国际能源署(IEA)制定的;二是北爱尔兰政府审计部门的职员,负责对北爱尔兰政府的财务事务,如收支和资产,进行独立的审计;三是北爱尔兰政府对各项主要指标的完成状况进行了评估。卫生部的部长们将按照各自的职责制定 15 个关键目标,并于每一财政年度结束时提交给北爱尔兰政府。目前,我国在污染物排放控制方面,在把普通的专项检查和全面的检查结合之外,还应在明确定位和职责方面继续改进。在绩效监管体系上,我们可以借鉴新能源公司的成功经验,构建一个比较独立的,内外监管有机地融合在一起的体系,既能确保绩效信息的完整和真实,又能对业绩管理中存在的问题进行及时的发现和处理,促进业绩的改善。

第四节 推进区域和流域体制改革

针对环境治理中出现的跨区域问题,我国应该探索区域性、流域性立法的可行性。由于我国的生态和环境问题突出表现为跨界区域和流域问题,如北京、天津的空气污染防治以及对于长江流域的保护,因此有必要对其进行深入的研究与探讨。我们期望有关部门能对此问题进行调查、评价,并就此问题提出建议,成立跨行政区划、跨流域的治理组织。生态环境的整体特点是跨媒介、跨地域。要根据生态系统的特点,整合生态环境治理体系,加强对流域及各地区的生态环境保护与发展建设实施统一监管,加强联防联控机制的实施。

环境要素具有流动性、整体性和不可分割性,这就决定了一个地区的水、土、生物多样性等问题具有整体性。为此,构建与之相适应的、具有较高权威性的跨部门治理结构,尤其是具有较强约束力的流域水资源治理结构十分必要。各国政府对此给予了高度的关注,把这些地区间的环保组织看作环保局的一个分支,或者是一个直接隶属于环保局的组织,并把他们的工作人员也看作环保局的工作人员。

从各国的具体实践来看,可将跨区域环境机构分为两类(见表2-7):一类是分区环境管理机构,这种机构主要分布于美国、俄罗斯等国家。美国的环保机构把50个州分成10个地区,每一个地区都有一个地区的环保办事处,以方便对环境的监管与管理。每一个区域办公室都会贯彻《联邦环保法》,在其管辖下的各州内,执行不同的联邦环保计划,并对各州的环保活动进行监测。一类是流域环境管理机构,推行这类机构的国家有新西兰、澳大利亚、韩国、加拿大、法国,是世界上最重要的水源地。1941年,新西兰制定了《土壤保护和河流控制法》,并设立了一个集水区治理组织。澳大利亚的环境与遗产遗址建立了一个基于集水区的管理模式,在州内建立了州的集水区管理协调委员会,并在区域或全部河流层面设立了集水区管理委员会。为对三条主要河流——罗东河、荣山河、锦江进行有效的治理,韩国环境部成立了地区环境管理局(直接隶属于韩国环境部),并在此基础上下设地区环境管理局;此外,还设立了汉江盆地环境管理处,由韩国环境部直接管辖,以改善汉江山谷的环境。法国则设立了6个水域管治部门,其中就有塞纳河,是由环境部门直属的。加拿大环境部特别设立了一个控制区域的圣劳伦斯河管理中心,以处理这一区域的环境问题。

表2-7 国外两类跨区域环境机构实例

环境管理机构	国别	内容
分区环境管理机构	美国	美国的联邦环保局把50个州分成10个地区来管辖,并且在每一个地区都有一个地区的环保办事处。每一个地方办公室都负责执行《联邦环保法》,在其管辖的各州中,代表美国环保署执行不同的计划,以及监管各州中的环保活动
	俄罗斯	俄罗斯国土资源部在地区间的行政管理也是显而易见的。自然资源部在当地的职能部门,垂直划分为8个部门,分别是:中心区域自然资源局,西北区域自然资源管理局,伏尔加盆地资源管理局,南部区域自然资源保护,乌拉尔区域自然资源,西伯利亚区域自然资源,下面有93个部门,以及流域管理办公室
流域环境管理机构	新西兰	1941年通过的新西兰《土壤保护和河流控制法》设立了当地流域管理委员会
	澳大利亚	澳大利亚的环境与遗产遗址建立了一个基于集水区的管理模式,并在州内建立了州的集水区管理协调委员会,并在区域或全部河流层面建立了集水区管理委员会
	韩国	韩国为对三条主要河流——罗东河、荣山河、锦江进行有效的治理,韩国环境部成立了地区环境管理局(直接隶属于韩国环境部),并在此基础上下设地区环境管理局;另外,为强化汉江河谷的环境,还成立了一个直接隶属于韩国环境部的汉江河谷环境管理办公室
	加拿大	加拿大环境部成立了圣劳伦斯河管理中心,对这一地区进行环境治理
	法国	法国建立了6个流域管理机构,包括塞纳河,这些机构直接隶属于环境部

资料来源:作者整理。

同时,根据我国的实际情况,在现行的行政管理制度下,也可以成立一种适用于不同类型的行政区划之间的协作机制。我国在第一种情况下,实行了富有成果的改革。按照《国家环境保护总局环境保护监督检查中心成立方案》,在我国建立了东北地区、华北地区、西北地区、华中地区、西南地区、东南地区、华南地区环保机构。这些次区域组织实质上是由国家环境保护总局的派出机构,并隶属于国家环境保护总局。它们的职能之一是承担"跨省、跨地区、跨流域环境纠纷的协调"和"对跨省、跨地区、跨流域环境污染及生态损害的申诉"。如果是后者,中国可以在中国的主要河流,例如,长江、黄河等,设立环保机构。在此背景下,流域管理委员会、环境保护部门与当地政府的关系还没有理顺。同时,流域组织能力不足、地方保护主义等导致了流域内的信息难以获得,且在规划与监管方面的能力较弱,因此必须彻底改革。

第五节　完善环境与发展综合决策机制和责任机制

当前,我国的环保管理制度与机制存在着不完善的问题。我们应该在不同的部门间强化整个政策的统筹,并成立一个统一的机构来承担相应的责任。重要的经济与科技政策,如工业政策、经济转型等,都是由国家来决定的。因此,在制定政策时,必须把资源消耗、环境效应等因素考虑在内,并把各地区的环境禀赋作为制定政策的基础。执行环境与发展的综合决策,就是要把发展作为一条主线,始终贯彻可持续发展的方针,将自然生态规律与经济规律相结合,将环境与发展之间的关系有机地联系起来,对经济、社会发展与环境保护进行统筹安排,做到合理规划,全面协调,依法管理,做出科学的决定,从而达到最大的经济效益、社会效益和环境效益。环境与发展综合政策的推行,对于推动政府决策的科学化、民主化和制度化,实现区域经济、社会和环境的协调发展,具有重要意义。各级政府及相关部门应以习近平新时代中国特色社会主义思想为指导,以立足当代、利国利民为宗旨,深刻理解强化环境与发展一体化决策的重要意义,在实际工作中,切实把握并自觉践行这一理念,不断健全领导决策体制,保证各个经济体系中的各项政策制定得正确、科学。

实施环境保护与发展战略要遵循:(1)要坚持"三统一""三同步",就是要在经济、城乡和环境三个方面同规划、同实施、同发展,实现经济、社会和环境三大效益的有机统一。(2)应坚持"以防为主,防控结合"的方针。开展重大经济、社会活动时,必须对可能出现的环境问题做出科学预测,采取有针对性的环境保护措施,从根源上预防和控制污染,而不是重蹈"先污染后治理"的老路。(3)在重大经济活动中,要把经济发展和社会发展的规律结合在一起,既要保证经济发展,又要考虑到社会发展的需求,还要考虑到资源和环境的承载能力,做到经济和生态的协调发展。(4)必须坚持"开发"与"保护"并重,正确处理两者之间的关系,实现局部利益与全局利益、近期利益与长远利益的结合。当发展和保护之间出现了冲突时,我们必须把保护放在首位。(5)在提高环境保护投资的同时，要注意综合平衡，提高环境保护的投资，保持经济的增长。(6)要坚持将"依法治国"的理念纳入我国的法治体系中，不断健全我国的环保法律制度，使我国的环保工作更加"有法可依"。

维持并健全环境与发展综合决策的制度体系，主要包括：(1)坚持重大决策环评，从经济、社会、环境和技术等方面全面论证其可行性，使其符合可持续发展要求。(2)严格执行"预审制度"，严格执行"三同时"，对不达标的工程，果断"一票"拒绝。已核准建设的工程，在设计、施工和使用期间，必须保证环保设施和主要工程在同一时间完成。(3)构建环境和发展政策制定的咨询机制，以环境政策制定为核心，通过对政策制定过程中的环境影响评价，提高政策制定的科学性和有效性，从而保证重要政策的科学制定。(4)构建环境和发展的公共参与体系。在生产、生活等重要问题上，要充分倾听人民群众的看法和需求，让我们的政策更好地服务于人民的利益。(5)制定部门间的共同审议机制，通过对相关部门的共同审议，共同审议环境与发展相关问题，以保证重要决策的科学性和合法性。(6)建立环境科技开发与成果传播体系，以环境与发展中的重要问题为中心，开展科学的科研与成果传播工作，推动环境与经济的发展。(7)在制定环境与发展一体化政策时，要将环境基础设施建设、生态保护和建设、环境功能区达标、污染物排放总量控制等方面纳入政府工作目标，并建立与之配套的考评和奖惩制度，并将之纳入干部选拔任用。(8)构建重大决策的监察与问责机制，将环保与发展一体化政策纳入各级监察的重点，并主动接受人大、政协及媒体的监察。对于因政策制定不当而导致严重的环境污染、生态损害的，要依法进行问责。(9)在干部培训计划中，制定一套有关环境与发展问题的教育与培训系统，并将之作为各级党校、行政干部学院培养干部的一项重点工作，同时要有目的地开展相关的基本理论和基本知识的学习，不断提高各级政府实施环境与发展综合政策的能力与水平。

第六节　完善环境和社会治理体系

在这一过程中，我们可以通过如下方式来促进交流与社会参与。第一，要实现生态环境信息的公开化、透明化，这对于提高公众的认识，调动全社会参与的积极性，强化全社会的监督，具有重要的意义。第二，要健全公众、团体等参与生态环境保护决策的制度,通过在政策执行过程中的关键阶段举行公开听证等方式,增强相互间的沟通和协作。第三,要营造有利于环保社团发展的体制环境,为其发挥积极作用创造有利的环境。第四,要从法治、体制等方面,充分发挥媒体在应对环境危机的"高发期"与民众的环保要求的"高上升期"的功能,从根本上消除"邻里效应"。

建立健全的生态环境信息公开体系,在政策法规、项目审批、案件办理、环境质量、重点污染源监测信息、环境行政管理等各个领域均应保证信息公开。加强对企业排污、环保等方面的信息披露。建筑企业在编写环评报告时,应对潜在的社会群体进行解释,并广泛听取公众的意见。在此基础上,构建一套适合我国国情的环保诚信评估制度,为我国环保事业的发展提供新的思路。推动公众参与环保工作,健全环境立法、环境评估、规划、政策、工程等相关制度,构建政府、企业和公众及时沟通、平等对话和协商的机制和平台。建立健全公众参与环境保护体系,使非政府组织在环境保护中发挥更大的作用。在公司层面,应大力推行公私合作模式、第三方管理等方式,以引入市场的力量。具体内容包括:一是改进公私合作模式,以引入社会资本参与环境公共物品的投入,并尽早完善相关法律,明晰国家与企业之间的权责与利益关系。二是推动第三方治理,以达到专业化的目的。通过创新的融资方式,突破资金壁垒,建立"绿色金融"资金,推动第三方治理,并扶持专业的环保服务机构,以"绿色金融"的形式,推动"绿色金融"的发展。

通过构建完善的社会参与渠道和制度来推动其发展。对信息公开进行全方位的推动,提倡让所有的人能有序地参与进来,进行多元的治理,从而提升人们的环保意识,让每一个人都能在法治的架构下,做环保的参与者、建造者和监督者。具体而言,一是完善社会团体和公众参与生态环境问题的体制,建立政府和社会各方面的交流和磋商机制,在政策实施的各个环节都要充分征求意见,特别是要发挥居民委员会、街道办事处等基层社区组织同人民群众的联系作用。二是贯彻执行《环境保护法》中有关环保义务的条款,在公民中建立环保责任的法治观念,在社会上形成环保文化和环保时尚,并开展有目标的宣传和教育,使社会大众能够合法地参与环保活动中。三是要利用大众传播媒介和网络等手段,开展有效的公众舆论监督,提高公众对生态环境问题的认识,从而为"邻里效应"的消解创造一个良好的舆论氛围,缓和各种社会冲突;与此同时,在推进绿色发展的奖励机制的基础上,提倡、培养并形成绿色的生活方式。

第二部分　我国环境治理法规体系构建研究

在经济快速发展的同时,受传统工业文明的消极作用的影响,中国面临着环境污染、生态平衡、能源紧张等一系列问题。环境治理被称为"绿色革命",而要实现这一转变,就必须构建一套全新的行为规范系统,并对其成果予以肯定与维护。在我国的环境管理实践中,虽然应当走多元化的道路,然而,正是它所具有的规范性、强制性和普遍性,才使得它成为一种基本的治理方式。法作为一种社会治理工具,既能反映生态文明的内在需求,又能以法的强制和诱导作用,实现生态文明的构建。法律是治理国家的最重要工具,良好的法律是良好治理的前提。推进生态文明建设,推动我国环境与发展迈上新台阶,必须突出法治在国家生态环境治理中的作用。健全的环境治理法律法规体系可以为环境治理提供有效的法律保障。

第一章　我国环境治理法规构建进程及问题探析

第一节　我国生态环境保护与治理的法规体系构建进程

从《中华人民共和国环境保护法(试行)》于 1979 年发布至今,中国已经走过了 40 多年的发展历程。在此期间,中国先后颁布实施了 30 多项环境、能源、资源、循环经济促进、清洁生产等方面的法律(见表 2-8)。这些法规的出台与执行,对于治理生态破坏与环境污染、实现能源资源的合理开发起到了积极的推动作用。随着环保法规的不断健全,我国环境保护的行政和司法能力也在不断提高,这不仅促进了环境保护法律的实施,也保障了城市经济和社会的可持续发展。

表 2-8　我国生态环境保护相关法律汇总(不完全统计)

法律名称	实施(修订)时间
《中华人民共和国核安全法》	2021 年 10 月 28 日
《中华人民共和国森林法》	2021 年 6 月 8 日
《中华人民共和国长江保护法》	2020 年 12 月 27 日
《中华人民共和国固体废物污染环境防治法》	2020 年 4 月 30 日
《中华人民共和国传染病防治法》	2020 年 2 月 1 日
《中华人民共和国矿产资源法》	2019 年 4 月 29 日
《中华人民共和国土地管理法》	2019 年 4 月 28 日
《中华人民共和国清洁生产促进法》	2019 年 4 月 28 日
《中华人民共和国城乡规划法》	2019 年 4 月 23 日

(续表)

法律名称	实施(修订)时间
《中华人民共和国行政许可法》	2019 年 4 月 23 日
《中华人民共和国环境噪声污染防治法》	2019 年 1 月 11 日
《中华人民共和国环境影响评价法》	2019 年 1 月 11 日
《中华人民共和国环境保护税法》	2018 年 11 月 14 日
《中华人民共和国循环经济促进法》	2018 年 11 月 14 日
《中华人民共和国节约能源法》	2018 年 11 月 14 日
《中华人民共和国野生动物保护法》	2018 年 11 月 13 日
《中华人民共和国大气污染防治法》	2018 年 11 月 13 日
《中华人民共和国土壤污染防治法》	2018 年 8 月 31 日
《中华人民共和国海洋环境保护法》	2018 年 5 月 17 日
《中华人民共和国水污染防治法》	2018 年 1 月 1 日
《中华人民共和国标准化法》	2017 年 11 月 6 日
《中华人民共和国固体废物污染环境防治法》	2016 年 11 月 7 日
《中华人民共和国水法》	2016 年 10 月 8 日
《中华人民共和国环境保护法》	2014 年 4 月 25 日
《中华人民共和国可再生能源法》	2005 年 2 月 28 日
《中华人民共和国放射性污染防治法》	2003 年 6 月 28 日
《中华人民共和国草原法》	2002 年 12 月 28 日
《中华人民共和国海域使用管理法》	2001 年 10 月 29 日
《中华人民共和国渔业法》	2000 年 10 月 31 日
《中华人民共和国煤炭法》	1996 年 8 月 30 日
《中华人民共和国农业法》	1993 年 7 月 2 日
《中华人民共和国水土保持法》	1991 年 6 月 29 日
《中华人民共和国刑法》	1979 年 7 月 1 日

资料来源:作者整理。

一、环境法律法规体系的组成

环境法律法规体系是指各种环境和资源法律法规相互联系、相互协调、相互统一的有机整体。这也意味着,所有现有的环境法律和法规都被分类并组合成一个系统结构,根据其调整的社会关系的相似性,该结构相互关联、相互补充、相互协调、内部和谐。根据环境和资源法律规范在不同层次上所对应的法律权限,从纵向上看,环境监督体系可以分为宪法环境保护规范、基本环境法律、单行法律、行政法规和部门规章,也包括地方环境与资源法规和规则。与此同时,在我国所参加的国际公约中,也普遍纳入了与环境、资源相关的其他部门法中的环境规则。具体而言,我国的环境法律法规体系包括以下三类环境法律法规:

(一) 宪法中的环境法律规范

《中华人民共和国宪法》第 9 条规定:"除森林、山岭、草地、荒地、滩涂等依法归集体的自然资源外,其他矿产资源,包括矿产、河流、森林、山岭、草地、荒地、滩涂等,都归国家所有,也就是全民拥有。"任何单位、个人都不能对自然资源进行侵占和破坏。第 26 条规定:"人民政府应当对居住和生态环境进行保护,防止污染等有害物质的侵害。我们国家提倡造林绿化。"《中华人民共和国宪法》中有关环境保护和自然资源开发利用的法律法规是制定其他环境法律和法规的基础。

(二) 专门的环境法律法规

按照其调整的社会关系的一致性,特定的环境法可以划分为五种类型:(1)环境法规和规章是指以保护和改进环境、预防污染等公共危险、维护公共卫生、促进生态文明、促进经济与社会可持续发展为目的而制定的一系列环境法规。主要对环境保护的目标、任务、基本原则,环境管理制度,各个环境保护主体的基本权利和义务,国家环境保护目标、规划,环境保护的基本法律制度等进行了详细的规定。(2)有关环境保护的法律、规定,以预防环境污染及其他公众危险。主要内容有:防治大气、水体、噪声、核、固体和土壤等污染。(3)关于自然资源开发、利用、保护和管理的环境法律法规。环境法的每一个具体类别也是独立和自足的。(4)自然保护中的环境法律法规,如自然保护区、国家森林公园、湿地和各种自然遗产保护中的法律法规。它们不仅是独立和自主的,而且与其他类型的环境法律规范相互关联,形成一个整体。(5)环保规范,在我国,环境标准的内容主要有:环境质量标准、污染物排放标准、环境监测手段标准。环境标准是一种规范性行为规则,原本属于技术规范的环境行为约束。上述五类特殊环境法律规范和环境法律体系的支柱是环境监管体系的主要组成部分。

(三) 其他部门法律中的环境法律规范

《中华人民共和国侵权责任法》第8章专门规定了环境损害赔偿的法律规则,并对其内容进行了分析。《中华人民共和国民法典》第1232条规定:"侵权人故意违法污染环境、破坏生态,造成严重后果的,被侵权人有权要求相应的惩罚性赔偿",以第6章"妨害社会管理秩序罪"中的一个特别章节的形式,重点介绍与"破坏环境资源保护罪"有关的环境法律规范。另外,《中华人民共和国行政处罚法》和《中华人民共和国治安管理处罚法》中也包含了对环境保护的相关规定。中国的环境法治是其各个部门法所规定的环境法治的有机组成部分,是一个完整的、综合的、有机的、有组织的、有纪律的环境法治。

在当今世界,环境问题是伴随着经济与社会的发展而产生的。为了应对这一新的情况,我国的环境法治建设正朝着更加丰富和多样化的方向迈进,并且不断朝着"深度"迈进。生物多样性急剧下降,土地荒漠化,景观舒适性下降,生态环境质量下降,倒逼我国自然保护区、风景区、国家森林公园、生物多样性保护和自然文化遗产保护等领域的立法进程不断加快。一些学者提出:"20世纪末期,我国的环境法已经由注重防治污染向重视生态保护转变,以保护生物多样性、湿地、土壤为重点,观念和方式都有了很大的变化。"这一趋势在国外被称为"一代环境法"向"二代环境法"的变迁,同样体现在我国的环境立法之中。

二、我国的环境法律体系的基本内容

环境法律法规体系指的是,按照其所调整的社会关系的相似之处,将现有的环境法律法规进行分类并组合,从而形成相互关联、相互补充、相互协调、内部和谐的系统结构。中国环境法律制度是以《中华人民共和国环境保护法》为依据,包括《中华人民共和国固体废物污染环境防治法》《中华人民共和国生态环境保护法》《再生资源回收管理办法》《中华人民共和国节约能源法》等。它是由法律、行政法规、地方性法规，以及其他多层面的法律规范所构成的一个系统。中国目前已形成了一套由20多项现行法律、50多项行政规章组成的，具有较强约束力的、一定代表性的、较完善的环境保护制度。地方法规、部门规章、政府规章660多条，国家规定800多条。在中国特色社会主义法治体系中，环境法的比重大约在10%，在全部行政规章中，环境管理规章占7%左右。

（一）基本环境法

《中华人民共和国环境保护法》作为一部基础性的环境法律，具有重要的理论意义和现实意义。1979年试行，1989年修正，2014年全面修订，为健全环境治理的基础制度，强化政府的监管职责，专门设置了"信息公开""公众参与"等章节。强调要强化农村地区的环境保护，要强化对非法排放的追究力度，要改变非法排放的成本过低的现状。

（二）环境污染防治法

《中华人民共和国环境保护法》的第四章"防治环境污染及其他公害"一章，列举了对环境的污染与破坏，其中包括："在生产、建设或其他活动中产生的废气、废水、废渣、医疗废物、粉尘、恶臭气体、放射性物质以及噪音、振动、光辐射、电磁辐射等"。目前，这一领域有六部单独的法律，即《中华人民共和国水污染防治法》《中华人民共和国大气污染防治法》《中华人民共和国海洋环境保护法》《中华人民共和国环境噪声污染防治法》《中华人民共和国放射性污染防治法》和《中华人民共和国固体废物污染环境防治法》。主要行政法规和规章包括：《危险化学品安全管理条例》《农药管理条例》《淮河流域水污染防治暂行条例》《中华人民共和国海洋石油勘探开发环境保护管理条例》《防止拆船污染环境管理条例》等。

下面对几部较为重要的法律进行介绍。

《中华人民共和国水污染防治法》于1984年5月11日通过，并于1996年5月进行了第一次修订，2008年2月进行了全面修订，2017年6月进行了第二次修订，规定了下列内容：城镇生活用水、农田水源的污染、生态环境的破坏；建立省、市、县、乡的河长制度；根据各种水体污染的特点，从工业、城市、农业、农村、海洋五个方面，提出了治理的建议。

《中华人民共和国大气污染防治法》于1987年9月5日通过,2000年4月第一次修订,2015年8月第二次修订。该法规定,空气污染的防治要把提高空气质量作为第一要务,坚持源头治理、规划先行,转变经济发展方式,对产业结构与布局进行优化,对能源结构进行调整,强化综合防控、联防联控、协同管控。并从"煤及能源""工业""汽车""烟尘""农业"等不同角度,对如何治理"污染"进行了论述。

《中华人民共和国环境噪声污染防治法》于1996年10月29日通过,1997年3月1日起实施。针对工业噪声、建筑施工噪声、交通运输噪声、社会生活噪声污染等问题,提出了预防和控制环境噪声的具体措施。

《中华人民共和国放射性污染防治法》于2003年6月28日通过,2003年10月1日起施行。

(三) 自然资源保护法

自然资源指的是在自然界中,可以为人类提供生存和生产所需要的物质和能量,比如,大气、土地、水、森林、草原,以及各种矿产资源等。在自然资源保护方面,现行的七项相关法规分别是:《中华人民共和国土地管理法》《中华人民共和国水法》《中华人民共和国森林法》《中华人民共和国草原法》《中华人民共和国渔业法》《中华人民共和国矿产资源法》《中华人民共和国野生动物保护法》。《中华人民共和国野生植物保护条例》《中华人民共和国土地管理法实施条例》《森林资源档案管理办法》《森林病虫害防治条例》《草原防火条例》等都是由国务院颁布的相关行政法规。

下面对几部较为重要的法律进行介绍。

《中华人民共和国土地管理法》于1986年6月25日通过,历经1988年、1998年、2004年、2019年进行了三次修订,一次修正。该法明确指出,爱护、合理使用、对耕地进行有效保护是一项基本国策,国家对土地利用实施控制。对农用地转用实行严格管制。

《中华人民共和国水法》于1988年1月21日通过,2002年8月修订,2009年8月和2016年7月两次修正。该法规定优先考虑防洪安全,服从防汛工作大局;加强水利建设;国家发展改革委、水利部等有关部门要合理分配水资源。

《中华人民共和国森林法》于1984年9月通过,并于1998年4月和2009年8月进行了两次修正,2019年12月进行了一次修订。该法适用于中华人民共和国行政区域内的林木的种植、收获和使用。林业管理机构是我国森林资源管理的主体,国家林业行政管理机构负责林业的生产和经营。

《中华人民共和国矿产资源法》于1986年3月19日通过,并分别于1996年8月和2009年8月进行了两次修正。该法的目的是对中国领土内和管辖范围内的矿藏进行保护。该法规定了矿物的所有权;对探矿权和采矿权实行有偿取得时,应当规定出让条件。

《中华人民共和国草原法》于1985年6月18日通过,2002年12月进行了修订,2009年8月和2013年6月进行了两次修正;决定诸如草原的所有权和使用等事项;国家鼓励企业和个人在草原上进行投资,维护草原的权利;国家承担草地基本保护工作,监督检查草地建设与发展;同时,对破坏草地和破坏草地的行为也做出相应的规定。

《中华人民共和国渔业法》于1986年1月20日通过,并于2000年10月、2004年8月、2009年8月和2013年12月进行了四次修正。该法规定在发展渔业的同时,应因地制宜,以养殖为主。国家应对渔业资源保护、开发与合理利用;统一领导、监督和管理渔业资源开发;要加强对水生生物的管理与保护。

(四)生态环境保护法

"生态学"指的是所有与生物有关的相互联系。生态保护以改善生态环境和维护社会公共利益为目标。从20世纪90年代起,中国逐渐认识到了环境保护的重要性,并针对环境保护制定了相应的法律法规。我国现行的相关法律有《中华人民共和国野生动物保护法》《中华人民共和国水土保持法》《中华人民共和国防沙治沙法》三个独立的生态保护法。现行的相关行政法规主要包括:《中华人民共和国野生植物保护条例》《中华人民共和国自然保护区条例》《风景名胜区条例》《中华人民共和国植物新品种保护条例》《中华人民共和国濒危野生动植物进出口管理条例》《病原微生物实验室生物安全管理条例》《农业转基因生物安全管理条例》。

下面对几部较为重要的法律进行介绍。

《中华人民共和国野生动物保护法》于1988年11月8日通过,2004年8月、2009年8月、2018年10月进行了三次修正,2016年7月和2022年12月进行了两次修订。该法明确了保护野生动物和环境的法律责任,并对保护区的管理做出了相应的规定;应采取积极的驯化、繁殖和合理的开发等措施,以促进对野生动物的科研工作;国家特别保护那些濒临灭绝的野生动物。

《中华人民共和国防沙治沙法》于 2001 年 8 月 31 日通过。这一法律的制定,对防治沙漠化、保障生态安全、推动经济社会的可持续发展具有重要的现实意义。在此基础上,我国提出了防治沙漠化工作的基本要求和具体要求。

《中华人民共和国水土保持法》于 1991 年 6 月 29 日通过,并于 2010 年 12 月 25 日修订。该法明确了"预防为主、保护优先、全面规划、综合治理、因地制宜、突出重点、科学管理、注重效益"的原则。国家、省、自治区、直辖市人民政府应当依照有关规定,依法制定土地使用计划和管理办法。

《中华人民共和国自然保护区条例》于 1994 年 10 月 9 日由国务院发布,并于 2011 年 1 月和 2017 年 10 月进行了两次修订。该法对自然保护区的设立条件、设立程序及有关部门的责任等做了明确的规定;对破坏生态环境的行为,规定相关的法律责任;规定必须加强自然保护区的科学研究,才能更好地发挥其生态价值和维持生态环境。

(五)资源循环利用法

循环经济是以一种新的方式代替传统的、粗放式的发展方式,是一种新型的可持续发展方式。减少废物产量,强化资源回收与再利用等理念,也体现在我国的相关立法工作中。当前,我国已形成了两个独立的立法体系,即《中华人民共和国清洁生产促进法》和《中华人民共和国循环经济促进法》。

《中华人民共和国清洁生产促进法》于 2002 年 6 月 29 日通过,并于 2012 年 2 月修正。为促进清洁生产,该法规定了各级政府的法律责任、奖惩措施等。要大力开发利用新工艺和新技术,淘汰落后的产能、技术和工艺,优先发展节能、节水、废物利用等有利于环境和资源的产业。

《中华人民共和国循环经济促进法》于 2008 年 8 月 29 日通过。该法确立了发展循环经济的基本原则,制定了相应的管理制度与措施,鼓励再生资源的回收,并在立法上予以规范。对钢铁和有色金属行业的关键企业实行能源消耗和用水总量控制。我国正在大力推行循环经济,以提高资源利用效率,保护环境,促进环境可持续发展。

(六)能源与节能减排法

能源法保护的客体是"可以通过合适的装置转化为人需要的能源,如燃料、流水、阳光、风力等"。我国有关节能减排与能源开发利用的主要法律有 3 部：《中华人民共和国节约能源法》《中华人民共和国可再生能源法》《中华人民共和国电力法》。

《中华人民共和国节约能源法》于 1997 年 11 月 1 日通过。该法把节约能源作为一项长远的战略性方针。国家加大了对能源的利用力度，贯彻了节能与发展并重的发展方针；促进节能、环保行业的发展，为推动节能技术的研发、提高能源利用率、合理利用用能源提供有力保障。该法对工业、建筑、交通、事业单位及重点能源使用等都有明确的要求。

《中华人民共和国可再生能源法》于 2005 年 2 月 28 日通过，并于 2009 年 12 月 26 日进行了修订。该法明确提出，国家应当鼓励和支持可再生能源的发展。国家大力推进全面联网，并大力发展新能源发电。我国大力提倡生物质能的清洁、高效的开发利用，并大力发展能源作物。

《中华人民共和国电力法》于 1995 年 12 月 28 日通过。该法为保证电力事业的发展，维护电力投资者、经营者和用户的合法利益，确保电力安全生产提供了法律依据。

（七）防灾减灾法

防灾减灾法是对自然灾害进行预防和减轻的法律法规的总称。我国现行的《中华人民共和国防洪法》《中华人民共和国防震减灾法》和《中华人民共和国气象法》是我国当前相关领域最重要的三部法律。除此之外，还存在着一种与国家统一管制有关的法律，这两种法律都无法覆盖，而应归入环境与资源保护基本法中的有关法律，如《中华人民共和国环境影响评价法》。相关规章包括：《建设项目环境保护管理条例》《规划环境影响评价条例》《环境信息公开办法》等。

《中华人民共和国防洪法》于 1997 年 8 月 29 日起颁布，于 1998 年 1 月 1 日起施行。《中华人民共和国防洪法》的目的是预防和减少洪涝灾害，保护人民的生命财产，保证社会主义现代化建设的顺利进行。

《中华人民共和国防震减灾法》于 1997 年 12 月 29 日通过，1998 年 3 月 1 日起施行。这是我国关于防震减灾工作的第一部法律，该法是对过去数十年防震减灾实践的总结，是对各项行之有效的制度规定的法律化。同时，也对社会团体和公民的权利和义务进行了规定。

《中华人民共和国气象法》于1999年10月31日通过,2000年1月1日起施行。制定该法的宗旨是:推动气象事业的发展,提高气象工作的标准化程度,准确、及时地开展气象预报,预防气象灾害,合理地开发和保护气候资源,为经济建设、国防建设、社会发展、民生发展提供保障。在建立和管理气象设施、开展气象监测、预报和灾害性天气预警、防灾减灾、气候资源开发和保护等方面都有具体的规定。

三、以《中华人民共和国环境保护法》为核心的环境立法体系初步形成

实现我国生态环境管理的现代化,必须以科学立法为先决条件。因而,以制度为中心的治理系统已经得到了普遍的认同。具体地说,国家治理体系指的是用科学的立法来对各方面的法律法规、体制机制及具体的管理制度进行完善,从而构成一整套紧密联系、相互协调、顺畅运行的系统,从而支持并推动国家和社会的发展,为提高我国的生态环境水平,为实现"美好中国"而努力。就其实质而言,法律制度是指与国家有关的法律、法规和制度。要推进国家生态环境治理的现代化,就要积极适应环境保护的新常态,废除不适应生态文明建设的法律法规,改革不适应生态环境建设的体制机制,不断推进生态文明的制度建设和体制机制创新。在此基础上,进一步完善中国特色的环境法规体系,为我国的环境管理工作提供新的思路和方法。从这一点来看,积极推进科学立法,构建健全的环境法律法规体系,使国家的生态环境保护和治理工作有法可依,是实现国家生态环境治理现代化的法律前提和制度基础。

(一) 完善中央立法

1979年以来,我国已颁布《中华人民共和国环境保护法》《中华人民共和国环境影响评价法》《中华人民共和国野生动植物保护法》《中华人民共和国矿产资源法》《中华人民共和国森林法》《中华人民共和国草原法》《中华人民共和国渔业法》等20多部与环境和资源相关的法律,相关的行政法规50多部,相关的部门规章200多部,相关的军队规章10多部,全国环境标准800多项,各级人民代表大会和政府颁布的环境保护法规1600多项。环境保护法律规定了环境保护的原则、体制和措施,并为环境因素提供了全面的保护措施和规定,如空

气、水、土地、矿产、海洋、生物等相关法律效力于推动清洁生产、环境贸易、城乡建设、资源开发、环境保护,以及全面的地区恢复与发展。因此,环境立法对我国的法治建设具有重要的意义。

2014年修订的《中华人民共和国环境保护法》在推动环境治理法治化方面迈出了新的步伐。此次修订确立了《环境保护法》作为环境保护领域基本法的地位,规定了环境规划、环境监测、环境影响评价和排污许可等基本制度。修订后的该法由7章70条组成,与之前的6章47条相比有了很大变化。例如,修订后的该法调整了文本结构,突出了政府监督管理的责任。一方面,各级政府和环保部门获得了许多新的监管权利,如环境监督机构的现场检查权、环保部门的查封和扣押权等行政执法权;另一方面,它规定了全国人大监督地方政府的权力。该法修改后,新增了一项关于环境污染的公共监控与预警制度,即当环境遭受严重污染,危及人类健康与生态安全时,各级人民政府应当及时发出警报。在新修订的《中华人民共和国环境保护法》中,新增加了一章,对信息公开、公众参与、公民环境权益的保障、环境公益诉讼等方面进行了专门规定。

(二)现行地方立法

随着环境保护法律的不断健全,地方环境保护立法也呈现出百花齐放的局面。《北京市大气污染防治条例》《陕西省大气污染防治条例》《上海市大气污染防治条例》《辽宁省机动车污染防治条例》《湖北省水污染防治条例》《河南省减少污染物排放条例》等。山东省在全国范围内率先实施了严格的水污染控制标准,修订了火电、钢铁等5个重点行业大气污染物排放标准,并不断完善。对地方性环保法规和规范的研究,不仅可以保障环保立法的顺利进行,而且可以为我们的环保立法工作提供当地的经验和鲜活的样本。

第二节 我国环境治理法规体系面临的问题

自改革开放以来,我国的环境管理工作已逐渐走上了法治化的道路。在环境治理过程中,我国法律体系逐渐完备、健全。由此,我们可以看到,"有法可依"已成为我国环保事业发展中的一大瓶颈,而我国环保事业也已完成了从法制向法治的根本转变。我们在肯定我国从"法治"到"环境管理体制"的转型的同时，也要注意到我国目前的环境管理体制还存在着诸多问题。

一、环境法律体系仍存在改进空间

（一）仍存在一定立法空白

在现有的行政制度下，环境法律对其整体调节作用不能充分发挥。尽管我国在环境法律建设方面已经初步形成了一套制度，但是，因为环境保护的客体的广泛性，以及传统的政府部门所具有的深层次的利益，除了形式上的法律制度不完善，环境立法的综合调节功能仍未得到充分发挥。原因有二，第一，我国的环境立法在许多领域存在差距，如温室气体控制、湿地保护、农村环境保护和化学环境管理，这些领域涉及生态安全、人类健康和经济发展。相关领域的监管效果仍需进一步改善。第二，我国的环境法规体系还不健全，我国需不断建立健全一套从宏观上对国土资源与环境进行整体、宏观的统筹与协调的法律体系。

从法律制度本身的逻辑构造与环境保护的实际需求两个方面来考察，目前，我国的环境法制度还存在着立法上的缺陷，在某些重点领域还没有得到有效的立法。目前，我国生态环境问题最突出的一个方面就是缺乏相应的制度保障。"环境损害责任法"在我国立法中一直没有得到应有的重视。生态保护法是一套以维持生态平衡、维持生态环境与功能、保护特定自然环境为目的的法律制度。中国在长期的生态建设过程中，对生态环境的关注程度相对较低。与此相适应的是，我国的生态保护立法也相对薄弱，仅有的几个区域（比如，自然保护区、风景名胜区、国家森林公园、自然与文化遗产），也并未建立起完善的生态效益供给体系、公平共享体系和合理补偿体系，导致了实践中生态效益的供给不足、分配不公、补偿不够。在实践中，有些单位、组织或个人，通过经营和开发生态产业，试图提高地方生态环境水平，也并未获得理想的效益。

环境损害责任法则是保证法律有效执行的"最后屏障"。在此基础上，笔者从理论上分析了我国在环境保护领域存在的问题，并提出了相应的对策。在我国，环境侵权法律制度的缺失导致了一系列严重的环境侵权案件，社会公众基于其生态利益的诉求难以获得有效的救济。在构建生态保护体系、从"源头""过程"进行综合整治的同时，应积极寻找环境损害的补偿途径，这一点已经得到了学者们的一致认可。《中华人民共和国环境侵权法(草案)》由吕忠梅院士所在课题组参与编写,其中对民事责任、社会责任、政府责任以及环境侵权的补偿机制做了较为详尽的论述。因此,尽早出台环境损害责任法,是我国当前在环境治理法律建设中最迫切需要解决的问题。

在现实的环保执法与司法实践中,面对一些亟待解决的问题,常常无从下手,究其原因,主要是很多环保领域缺少配套的法律规范。比如,目前我国的环境法律制度主要是以实体法律制度为主体,而程序性的法律制度则是零散地存在于各个实体法律制度之中,对于环境行政执法中的程序性问题并不清楚。与此同时,随着时间的推移,现行的生态法律制度已经无法满足对新产生的生态问题的需求,因此,还存在着一定的法律漏洞,对于某些环境污染和生态破坏的行为,缺少了对其进行惩罚的直接法律依据。存在环境保护法律空白的原因有两点:一是环境保护领域中的法律问题比较复杂,需要一些专门的知识来支持,通常会牵扯到多个因素,或者是跨越了不同的学科。同时,对现实生活中出现的各种环境问题进行有效的处理,也是我国环保立法的一项重要任务。要达到这一目的,就需要在实际工作中进行深入的探索,仓促地在较短的时间里把这件事定下来是不可能的。

(二) 相关立法规定可操作性有待提升

立法缺乏可操作性是目前法律制度中最大的弊端之一。这一问题不仅在我国的环保立法中多有体现,而且在很多方面都有体现。在环保方面,有92.05%的被调查者表示,环保法在执行过程中出现问题,主要是因为环保法的条文太过笼统、简单化、可操作性差。比如,中国现有的《中华人民共和国环境保护法》《中华人民共和国环境噪声污染防治法》《中华人民共和国大气污染防治法》,只对环境监察员失职、徇私舞弊的行为做出了明确的规定,即:"对环境监察员的行政处罚,对其工作单位或其上级机构予以行政处分;情节严重的,应当依法对其进行处罚。"这些规定相对宽泛,在实际执行中不可避免地会存在问题。此外,据有关学者的统计,在30余部环保法中,共有150余条授权性规范,但与之配套的行政法规、条例不足100条,其完成率只有60%。而且,已经制定的配套行政法规和规章大多是在相关法律实施后很久才出台的,配套效果并不令人满意。同时,一系列全球性的环境问题如气候变化、臭氧污染等都给环境法律带来了新的挑战。传统环境保护法着重于"终结性"的污染因素管理,而忽略了"终结性"的全过程管理；片面地为某种自然资源而制定的法律常常是"治标不治本"的。传统的生态系统模式不能充分考虑到生态系统中各类资源的整合与交互作用，不能从根本上解决生态环境问题。《中华人民共和国清洁生产促进法》《中华人民共和国循环经济促进法》《中华人民共和国节约能源法》等旨在转变经济增长方式的"生态化与资源节约化"的新法规，使能源与资源的综合高效利用逐步走进了人们的视线，并逐步纳入了环境法的框架中。

（三）相关法律规定有待补充完善

例如，《中华人民共和国环境影响评价法》规定了"补充环境评价"的规定。其主要内容是，如果相关单位未依法批准和审查项目的环境影响评价文件就开始施工，其责任只是在有限的时间内停止施工并完成所需的环境保护程序。"补充环境评估"等条款的实质是，在环境保护与经济发展的竞争中，环境保护让位于经济发展。在环境保护立法领域，最有效的制度设计应将环境保护与社会进步和经济发展相结合。

（四）环境立法不能完全满足保护依法治国和公民基本权利的要求

首先，环境法的可操作性不足。环境法中与具体制度和措施相关的许多规定相对笼统，可操作性较差，特别是缺乏程序性规定，极大影响了法律的实施和适用，这对"依法行政"的实现，对公民和法人的合法权益的保障，都是不利的。政府对环境问题的规范化管理，存在着缺少明确、具体的法律基础；然而，在制定相应的实施条例或细则时，其中一些规定违反或超过了相关法律的原则。其次，我国目前还没有形成以公众参与为主体的复合型、开放型的环境管理体制，并没有形成相应十分完善的法治执行机制。市场机制与经济手段都相对较弱，而且私人环境保护组织也相对不健全，公众对环境的知情权、参与权和决策权及其救济方式有待进一步细化和完善。最后，一些地方环境立法直接照搬国家规定，忽视当地实际情况和问题，难以有效保护当地居民的合法权益。

（五）环境立法不能完全满足社会主义市场经济发展的需要

大多数环境立法由政府部门主导，不能完全适应社会主义市场经济和可持续发展的需要。从立法重点来看，我国单一的环境法有明显的偏重环境污染防治而忽视自然资源保护的倾向。《中华人民共和国固体污染环境防治法》注重污染物的末端治理和达标排放，主要表现在各种行政管理制度上，较为注重行政权力的促进和干预，未能充分体现环境治理主体的多元化。尽管近年来这种模式开始改变，但现行法律尚未达到平衡社会各方利益的效果。

二、环境基本法不能充分发挥其应有的作用

《中华人民共和国环境保护法》于 2015 年 1 月 1 日正式实施。与 1989 年版《环境保护法》相比，2014 年修订版确立了"保护优先"的理念，确立了"日常处罚"的原则，确立了环境健康监测和风险评价的原则，确立了"生态红线"的原则，确立了环境执法机关的查封扣押权，确立了环境公益诉讼的原告资格。但是，《环境保护法》还存在着许多可改进之处。

（一）《环境保护法》应由全国人大常委会审议通过，这样才符合其环境基本法的定位

《中华人民共和国立法法》明确规定了制定基本法和其他一般性法律的程序和层次，基本法应当由全国人民代表大会审议通过。无论是制定还是修订，现行《环境保护法》都是由全国人大常委会审议通过的，显然不符合其环境基本法的定位。《环境保护法》的等级并不高于《水法》《森林法》《大气污染防治法》等其他专门法律，这使得它们有可能被这些专门法律忽视，也使得它们难以完全发挥基本法的指导和协调作用。

（二）《环境保护法》更侧重于污染防治，未能协调整个环境法领域

1989 年的《环境保护法》所涉及的环境问题以环境污染为主，而环境保护和资源保护、开发利用等方面的内容并不多。在对《环境保护法》进行修改的过程中，各方都有强烈的愿望，希望新修订的《环境保护法》能够对我国的环境法律起到一个全面的覆盖和统一的作用。新《环境保护法》相应地在第 3 章"保护与改进环境"一章中增加了很多与生态保护相关的法律条文，但是不可否认的是，相对于污染防治而言，这些法律条文仍不够全面、细致。环境问题具有其特征——整体性。污染防治、生态保护、资源的保护与利用，三者之间存在着密切的联系和互动关系。《环境保护法》将污染预防作为重点，但这并不能完全解决三大领域之间的分割问题，更不能使三大领域之间实现完美配合。

(三)《环境保护法》没有明确环境权利

2014年修订的《环境保护法》以"信息公开""公众参与""环境公益诉讼"等为主要内容,体现了环境权中的"知情权""参与权"等基本权利。但是,环境权利是一项十分宽泛的权利,在我国,只对公民的环境权进行了明确的规定,在法律责任一章中,2014年修订的《环境保护法》只有两条规定保护公民的环境知情权。环境权应当成为我国环境法制的一个重要组成部分。此次修订没有在总则中明确规定环境权,这是一个相对遗憾的地方。

三、环境法律体系内部分工不明确,协调不足

关于环境法律的架构,学界仍然众说纷纭。在人们对《中华人民共和国循环经济促进法》《中华人民共和国应对气候变化法》《中华人民共和国可再生能源法》这三部新法的归属问题上,还存在争议,对于"生态保护法"与"自然资源法"之间如何区分,人们也有一些模棱两可的观点。实际上,生态法律所关注的是与生态学紧密相连的生态平衡问题。因此,生态保护法必须反映和遵守相关的生态法律,如与物体有关的法律、有限环境承载力的法律、多样性和稳定性的法律、物质和能量输入和输出的动态平衡的法律等。自然资源法是一种综合性的法治体系,在某些情况下,又往往以自然资源法为载体。但是,由于两者的性质不同,两者仍然保持着相对独立的性质。因此,建立一个以环境基本法为核心,即以环境污染防治法、自然资源保护法、生态保护法、环境保护法为核心,形成结构完整、分工协作、协调合理的环境法律体系,这一点毫无疑问是非常重要的。另外,将资源循环利用法、节能减排法、防灾减灾法、环境侵权责任法作为主干,对环境法理论体系进行完善,促进我国环境法律体系的建设。目前,我国不同的法律、法规之间存在冲突,执法部门的职能不明确、相互交叉的情况也时有存在,主要表现在以下三个方面:

(一)法律规定之间的重复或冲突

在立法过程中,立法部门或立法工作者可能缺乏对"法律规定之间的重复或冲突"等相关问题进行深入的研究和交流,也可能是环境法律行为的复杂性和多样性,导致现行的环境法律在一些条款中出现了复制现象,而惩罚条款并

不统一,这就给执法工作的准确适用造成了一定的难度。比如,《中华人民共和国水法》《中华人民共和国大气污染防治法》《中华人民共和国固体废物污染环境防治法》《中华人民共和国噪声污染防治法》等多项法规对污染防治均做出了明确的规定,但各法规对此所采取的惩罚措施各不相同。而在实践中,污染物排放报告仅仅是将污水、废气、噪声、固体废弃物等信息汇总在一起的一组表。因此,如果一个公司不报告自己的违法行为,那么,应该按照什么法律来实施行政惩罚呢?是否应以最高罚款数额为准,或将某项罪行分成几个罪行,分别加以惩处?基层司法机关既担心被起诉,又担心"一事多罚",通常很难解决这类法律和规章中存在的重叠问题。

(二) 部门法规与法律重复或冲突

地方政府制定的法律具有一定的法律地位,具有较高的法律效力。部门规章是对法定规范的细化和补充,其适用范围应不超过上级规范。但是,从目前的情况来看,有些地方的法规和部门规章是相互交叉、相互抵触的。具体来说,在实际执法过程中,有时我们会遇到一些违法行为,这些违法行为可以准确对应某一部门的规章,也在某一法律的某一规定的范围内,但有时该部门的规章与该法律该规定的处罚规定并不一致。例如,根据《污染源自动监测管理办法》第 18 条,对未按 18 条进行处罚的企业,可对其进行停产处理,并处以 10 万元罚款。并依据《中华人民共和国水污染防治法》第 70 条责令该公司限期改正,并处以 1 万—10 万元不等的罚款。但是,我国在实施排污许可时,仅以《中华人民共和国水污染防治法》为法定,而以《污染源自动监测管理办法》为部门规章,影响了《排污许可管理条例》的执行。

(三) 地方法规与法律重复或冲突

法律的水平和效力应高于地方法规,地方法规的制定应完全符合上位法的要求。但是,目前我国有些地区为迅速提高环境品质,制定了超过法律规定的更严格的环保条例。这种做法在促进环境保护方面具有一定的意义,但其在法律上的合理性值得怀疑。比如,从 2015 年 3 月 1 日开始施行的《天津市大气污染防治条例》,将对汽车尾气的超限排放处以 10 万—100 万元的罚款;但是,现行《中华人民共和国大气污染防治法》规定,汽车尾气超过规定标准时,将被处以 1 万—10 万元的罚款。

四、现行环境法律法规体系过于繁杂

(一)执法解释太多,各种通知、部级命令层出不穷

在错综复杂的法律环境下,对特定的行为进行清晰的定义是十分困难的。各地方主管机关应经省级环保机关报请中华人民共和国生态环境部审查,了解有关规定的执行情况,生态环境部将做出答复,并作为将来执行的基础。现在,关于强制执行有过多的说法。根据不完全统计,自 2001 年起,对强制执行的解释回复共有 74 种,未进行统一的归类和编写,致使基层执行机关对更新的解释不了解,或不能及时发现;但基层单位在遇到重要的法规问题时,往往要向省级环境保护局递交一份请示报告,这样有时会耽误工作,也会影响执行的效果。类似地,各类带有执行解释性的通告、部级法令也不断涌现,使得基层执行机关面对如文山大海般的纸张,不免迷惑,甚至产生运用失误。

(二)环境标准太多,冲突很常见

当前,我国的环保工作中存在着许多标准,如综合排放标准、环境质量标准、监测方法标准等。据不完全统计,目前我国已制定了超过 1 300 条的环境保护标准。尤其是近几年来,我国法律法规出台的频率与速度都有了显著的提高,使得基层法律法规的执行工作有时出现混乱,数据的搜集也不易做到面面俱到,更难把握与运用。目前,我国会计准则之间存在着大量的不一致之处,甚至存在着相互矛盾之处。例如,在大气污染物排放标准中,既有《锅炉大气污染物排放标准》(GB 13271 - 2014)的国家性通行标准,又有《天津市锅炉空气污染物排放标准》(DB 12/151 - 2003)的地方性标准。在这些准则中,极限值由高至低变化。在实际操作中,要满足这种苛刻的需求,唯一的办法就是参照各种准则,尽可能地提取最少的一部分,然后将其"拼接"成一套可供企业执行的标准。在这一过程中,往往会出现一些数据与参考数据之间的偏差。比如,城市和工业园区的废水通常是先排放到污水处理厂,然后再排放。但是,除了《污水综合排放标准》(GB 8978 - 1996)、《天津市污水综合排放规范》(DB 12/356 - 2008),尚有《污水排入城市下水道水质标准》(CJ 343 - 2010)。不同的准则之间存在着很大的差别,这让企业难以决定采用哪一种评价准则。

(三) 系统庞大复杂,无法突出显示

根据不完全统计,我国现有《中华人民共和国环境保护法》《中华人民共和国水土保持法》等 32 个全国性法规,以及国务院颁布的规范性文件 241 个,其他部委颁布的法规 115 个,各部委颁布的规范性文件 450 余个,各地出台的法规也不在少数。目前,我国对环保问题的关注程度越来越高,环保法律法规的执行力度越来越大,违反环保法规的成本也越来越高。同时,对环境监督的要求也在不断提高,对环境监督的责任也在不断加大。因此,对企业的经营管理人员及环保执法人员来说,必须对法规有一个全面、准确、迅速的把握,以防止出现环境违法行为或监管不力的情况。但是,现行的法规系统既庞大又繁复(如图 2-11 所示),也存在许多不完善之处。

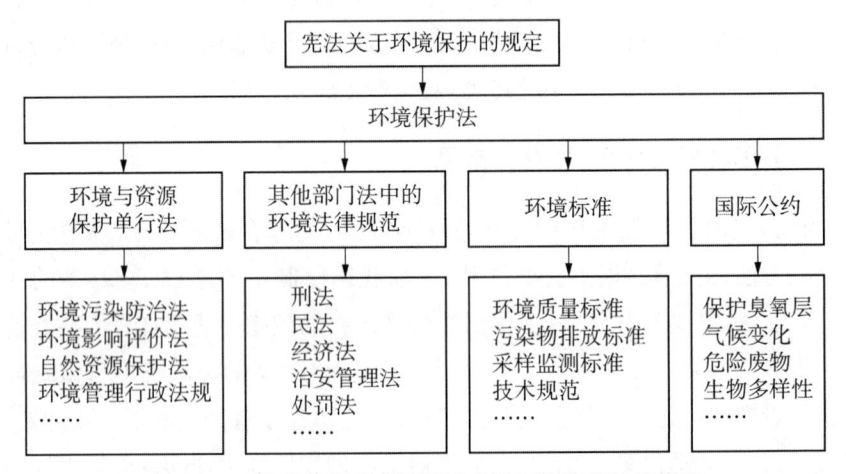

图 2-11 当前我国企业需要遵守的环境法律法规体系

第二章 面向未来的环境治理法规体系构建

第一节 完善环境法律体系

面对日益严峻的环境问题,必须加速构建一套有效约束发展行为的生态文明法律体系,促进绿色发展、循环发展、低碳发展,加强企业的环保法律责任,极大地提高其违法成本。健全生态补偿,土壤、水、大气污染防治和海洋生态环境保护等方面的法规,推进生态文明建设。我国的环境法治建设需要对我国的环境管理体制进行适时的响应和解决。在构建生态文明法治的过程中,应力求体现公平、公正的原则。要避免部门利益、地方利益与公益利益之间的矛盾,从根本上维护全局利益和最大利益。

一、坚持环境与经济发展综合决策,充分发扬环境立法民主,实现法律的完整性和可行性

在这一阶段,我们应该把完善我国的环境管理法律体系作为切入点。换言之,如果以上所提到的措施很难一步到位,那么,全国人大应该充分发挥其对重要问题的立法权和决策权,将法律、法规的制定过分依靠政府部门的情况转变为增加独立立法的数目,并通过立法听证会、专家咨询以及向媒体征询意见和建议等方式,逐渐地缩减政府规章的数目,同时广泛地吸纳公众的意见,从而提升立法的质量;我国现行的《中华人民共和国土壤污染防治法》等法律法规还存在诸多缺陷,应在这些法律法规中进一步强调对生态环境的保护。环境治理的立法项目要及早谋划。应设立人大代表的投票服务处或代表联络处,为公民与人大代表之间的沟通提供便利,让人大代表可以充分及时地听取公民关于环境管理方面的意见与建议;在我国的环境管理立法中,应充分利用科技的优势,把科技的优势融入我国的法治建设过程中,使之成为"法律"和"技术"的两大动

力。"合成谬误"是目前我国城市环境污染防治中存在的一个重要问题,也是目前我国环境治理中普遍存在的一种现象,即在流域内,某一家企业的排污指标没有达到标准,而其下游却达到了标准,因而其排污指标达到了标准。这一现象的发生,就是观测资料的选取失误造成了观测资料的差异,使得观测资料的质量发生了显著的改变,从而造成了污染程度的加重。在这一点上,"公共改进"就是把流域的容许排放量划分为上游和中、下游的容许排放量,并按照下游的容许排放量设定相应的标准。此外,我们需要加强技术手段在立法、执法和司法中的作用。比如,在环保法规中,应该明确要求餐饮等主要行业,必须设置自动监控和随机取样的在线监控设备;重点行业的生产经营单位要对其进行实时监控,对其实时监控设备进行维护,并按照要求对其进行原始监控,将其实时监控数据向社会公布。如果有任何违反,将依法追究其法律责任。目前,我国的城市建设已经由"数字城市"走向"智慧城市",这是一种新的发展趋势。运用现代化的科技手段来改善我国的生态环境,是我国生态文明建设中值得借鉴的经验。

要根据经济社会发展和环境治理的要求,尽快填补环境法律制度的空白。例如,土壤污染防治法、核污染防治法、化学品管理法、自然保护区法、湿地保护法、环境教育法、气候变化法、电磁辐射法、健康损害赔偿法等。尽管目前我国环境与资源领域有许多需要立法的项目,但国务院发展研究中心资源与环境政策研究所副所长常纪文表示,立法的关键在于注重法律的可操作性。在当前形势下,立法需要实现五个转变:一是改革的主体转变,要加大改革的力度,扩大改革的广度,同时要健全制度。二是对象变换。目前监测的目标仍以点污染源为主,但地域性、流域性已有所增强。监管的目标要跟上时代的步伐。三是从"监管"向"共同治理"的转型。四是改变问责的对象,从政府的责任转变为党政的责任。五是目标模式的转变。

二、健全地方环境立法和程序性立法,以确保各项环境治理工作有法可依、有章可循

地方环境法规和规章在确保宪法和环境法律在当地的实施,帮助地方政府因地制宜,独立解决地方环境治理问题方面发挥着重要作用。《中共中央国务院关于加快推进生态文明建设的意见》要求加强顶层设计与推进地方实践相结

合。提高地方环境立法的针对性和科学性,可以有效推动环境治理法治化进程。中国政法大学的王灿发表示,在强化程序性法律的同时,也会增加实体法律的可操作性,使得其在实际执行中更有成效。中国人民大学的周科对我国环保立法、法规的整理、环境保护法的编纂提出了自己的看法。他指出,通过对环境法的法典化,可以使各法条之间相互抵触、相互衔接,并对其进行适当的调整。而对环境法律的制定,又会对法律的实施起到促进作用。此外,还应注意将国内环境立法与国际环境公约相结合。我国参加并签署了40多项环境和资源保护国际条约和协定。气候变化、跨境污染、土地荒漠化、生物多样性急剧下降、资源和能源短缺等全球环境问题也在我国出现,一些地区的问题甚至超过了全球平均水平。履行国际环境公约规定的义务,及时将国际法的规定转化为国内立法,不仅是我国的国家责任,还有助于满足人民的实际需要。

第二节 环境基本法的定位回归与功能发挥

环境基本法作为以宪法为依据的综合性的实体法律,其所保护的对象是整个环境有机体。它主要规定了环境保护中的重大问题,是各种单独环境法律法规的上位法。环境基本法的制定方式,更符合我国环境法律体系的整体和系统化的需要,为很多环境法律发达国家和英美法系国家所采纳。第二次世界大战后,随着环境问题的日益增多和复杂,单一的环境法不再能够有效地进行规范和控制,环境法应运而生。到20世纪90年代,大多数国家(地区)都制定了自己的环境基本法,其中最典型的是美国、英国、荷兰、日本的基本环境法律。作为一个工业化较早的国家,美国也很早地出现了环境问题。1969年,美国制定了一项全面的环境基本法,即《国家环境政策法》。英国秉承判例法的传统,同时也有一系列的基础性环境法规,并不定期地进行修改。根据1979年制定的经修正的《综合环境法》,荷兰于1993年通过了《环境管理法》。该法案在制定和后来的修订过程中,吸纳了当时已有的很多双边环境法律。后来,该法案发展成为一个环境法律模型,与其他单边环境法律并存。日本环境基本法由1967年《公共危害对策基本法》、1972年《自然环境保护法》至1993年《环境基本法》,不断发展、不断完善。环境基本法的发展模式是当今世界环境法发展的主流模式。

要构建一个内部协调、统一、和谐、自洽的环境治理法律体系，就必须对现有的环境基本法进行彻底的改革，将法律体系中的各项法律法规进行有机的整合，厘清它们之间的联系，健全相应的立法。我国《环境保护法》以"推动生态文明"为立法宗旨，这一规定体现了它的重要意义，但就其具体执行情况来看，却不尽完善。

一、环境法治建设的四大原则

构建生态文明的法治体系，应当与生态文明思想相适应，并在此基础上坚持以下四个原则：一是生态优先。特别是在法治建设过程中，要坚持"生态利益高于经济利益"的原则。二是"不恶化"。生态法治体系中所确立的环境质量水平，应当成为区域环境质量的尺度，而不能因法治的确立导致区域环境的恶化。三是"生态民主化"，就是要让社会各界都能积极地参与这一体系，并充分听取各方的声音，从而体现出一种"生态民主"的理念。四是对损害生态环境造成损害的单位和个人负连带责任。

二、建设环境法律体系的七个组成部分

生态文明以自身发展规律和生态文明观念为依据。在我国，生态文明建设是一项重要的法律制度。生态文明建设基本法、自然环境保护法、自然资源保护法、生态保护法、污染控制法、气候监测法和特别环境管理法，这几个方面的内容构成了生态文明建设的法律体系。

三、建立相关配套法律制度

生态文明法治体系的构建与完善，是实现生态文明法治体系高效运行的关键。从广义上讲，生态保护可分为事前防范、事中控制和事后补救三个阶段。为此，我国在环境保护立法中，应当从以下三个方面着手：一是关于生态损害、环境污染防治的法治建设；二是要制定相应的法律法规，对生态损害、环境污染进行治理；三是建立相应的环境损害赔偿救济体系。这也是我国生态文明法治建设中需要建立的一套相应的制度。

第三节　理顺环境法律体系内部关系

法律体系的基本要求是相互衔接、内在协调统一。在对现有的环境法律体系中的各项法律、法规,尤其是对其内容和具体规定进行审查的基础上,以社会经济发展的需求为依据,对其进行整体的安排,并适时地做好立法的废止和替代工作,从而增强法律与经济、法律与社会、法律之间的协调。同其他国家的立法一样,在很长一段时间内,我国环境法规制度都是按照"摸索""成熟了就制定"的原则进行的,存在着一些不够统一的地方,这就要求我们对其进行改造与完善。

一、注意填补环境法的空白

尽管目前我国的环保法治建设已经比较完善,但是在一些具体的方面还存在着一定的缺陷。以2016年"有毒跑道"事件在全国范围内频繁发生,但对涉案"有毒跑道"进行的环境监测均达到了合格水平,这说明我国的环保法规还不够健全,亟待从具体方面进行改进,如对大气污染标准的修订等。

二、明确具体和可量化的实施标准,以增强法律的可操作性

目前,我国的环境法规制度呈现出"大而全面"的模式,但是在某些方面缺少了"精而细"的定量规范。比如,当地政府就有法律上的权利来设定污染排放标准,其设定的标准就可能会超过国家规定的标准。但是,目前很多地区对环境保护标准的制定存在着一定的盲目性,缺少对环境保护的系统性研究与科学评价,导致环境保护标准的设定或高或低,难以达到要求。要在"精准细化"的基础上,根据当地实际情况,确定各区域的污染排放指标。在此基础上,一方面,要从整体上保障市民的环境权利;另一方面,要注重地区的环境质量,为市民提供可量化的环境质量评估与管理的准则。我们的立法机构应在可持续发展的原则下,统筹考虑,根据《中华人民共和国宪法》对现有的各项法律、规定进行全面的检讨,并适时地予以废除或取代。同时,也要做到下面四点:第一,在

计划经济条件下，必须对某些没有规制的领域加以完善，如排污许可证交易、利用市场机制解决环境问题、生态补偿等。第二，清理各单行法中相互矛盾的条文，以达到整体立法的内在统一性、协调性和合理性。第三，要加强立法的可操作性；当前，《中华人民共和国清洁生产促进法》《中华人民共和国循环经济促进法》等一系列"政策法"相继出台，其中一些指导性的规定有待进一步完善，提高其执行力度和可操作性。第四，应当将《生态环境损害赔偿管理规定》和《生态保护补偿条例》等在实践中迫切需要、在理论上已经比较成熟的环境规章纳入立法轨道。

三、提高当地环境法律法规的制定水平和质量

地方性环保法规是我国环保法规体系的重要组成部分。目前，我国地方环境法规与规章难以与环境保护相关法律配套且缺乏地方针对性。所以，在制定地方行政法规和规章时，应该以国家立法为指引，并结合本地的具体情况，对国家环境保护法进行扩展和补充，强化对地方环境法规的完善，从而提升地方环境法规的质量。

第四节　法典化：整合环境法律体系的未来可选路径

20世纪80年代末90年代初，在有着深厚法典编纂传统和强烈法典编纂情结的德国、法国等大陆法系国家，"环境法法典化"问题被提上议程，其中部分国家进入了法典化的实践。德国于1994年制定了环境法典的"教授草案"，1998年又制定了环境法典的"专家委员会草案"。法国于1998年制定了《法国环境法典》，瑞典于1999年颁布并实施《环境法典》。梳理我国学界的观点，支持环境法法典化的观点认为：环境法典能够对不同环境领域进行必要的统一，并将不同的法律规则有机地联系起来，使环境法律体系统一，逻辑清晰；有助于实现环境法对形式合理性和实质合理性的更高追求；有助于提升环境法的地位与作用，加快环境法的发展。反对环境法法典化的观点认为：环境法这一新兴法律部门不适宜于进行法典化，环境法律制度具有分散性、复杂

性、针对性和常新性的特点，企图通过制定一部完备的法典来实现对环境领域的法律调整与规制只能是一个"乌托邦"；法典化会阻碍环境法理念的更新、调整领域的拓展以及调整方法的改进；难以真正有效地涵盖与解决所有环境法律问题，从而完全统一环境法律制度，同时会给环境法律规范的充分有效的实施带来许多问题。环境法作为新兴部门法，其调整对象、调整方法尚处在不断发展之中，制定中国环境法典的条件至少在目前尚不成熟。针对环境法律体系的协调性和逻辑性不足等问题，现实的解决路径是修改有关法律法规。

在未来环境法律体系相对定型、成熟后，法典化则不失为一条可供选择的路径。在适度法典化视角下，我国在未来编纂环境法典时应重视下列几个问题：

一、设立环境法典起草委员会

为了防止在环境单行法中常常存在的部门偏向，也为了防止在起草时由于部门的利益而产生严重的意见分裂，在制定环境法典时，不应该将环境行政部门列入起草法典的人员队伍，而应该是由全国人大专门委员会和环境法专家、学者共同组成环境法典起草委员会。当然，这并非表示环境行政部门的观点无关紧要。行政建议可以书面形式提交，但是否接受，须经环境法典起草委员会决议。

二、明确我国环境法典的调整范围

由于环境法典本身的特点，它所能调节的范围与整个环境法律体系所能调节的范围相等。但是，关于环境法分权的适用范围，学界却众说纷纭。有学者认为，环境法部门应该由七个附属法律部门组成，分别是：环境污染防治法、自然资源保护法、生态保护法、资源回收利用法、能源和节能减排法、防灾减灾法、环境侵权责任法。但他们基本同意，环境污染防治法、生态保护法和自然资源保护法这三大领域，都属于环境法部门。从当前《中华人民共和国防震减灾法》的分类来看，《中华人民共和国防震减灾法》尚有争论，难以将其归入以上三个方面，这是不属于环境保护条例所规定的范畴。虽然，在一般情况下，能源法是一种经济法律,但是,鉴于能源与自然资源的紧密联系,而且其开采与使用又会对生态环境产生直接的影响,因此,在中国的环境法律中,应当包括能源与节能减排方面的法律。因此,除了《中华人民共和国防震减灾法》,将来我们的环境规制将涵盖七大子法系中的其他六项。

三、做好与其他部门法律的衔接

在制定环境法典的时候,一定要吸收民法、刑法、诉讼法、行政法等其他部门法中与环境保护相关的条款,这就需要我们做好与其他部门法的衔接工作。在同样的条件下,环境法典与其他部门法的条款应当相互协调。如果有矛盾,则应互相配合,并在需要时对其他部门法进行修正。在环境法中,不应该也不需要特别说明的情形,如环境犯罪,应当使用可供参考的标准,并清楚地表明应当援引特定的法律。

四、完善环境行政管理和监督体系

目前,我国的环境行政监管制度还不完善,严重制约了环境执法的成效。如何完善我国的环境保护法律制度,是当前我国环境保护立法工作中亟待解决的问题。2014年修订的《环境保护法》仍然延续了1989年颁布的《环境保护法》中的统一管理和单独管理制度。目前,尚不清楚如何统一管理和单独管理,这极有可能导致权责不清。在我国的环保法规中,应将环保监管与监察两大功能分离,并对"全国监察与地方性监察"的体制做出清晰的规定。针对我国地方环境保护执法易受地方政府干涉的现状,我国应该建立一个专门的地方组织来监管地方环境保护执法。出于管理费用的考量,这种地方组织仅限于分布在各省、自治区、直辖市。因为多种环境要素是相互影响的,而且它们之间存在着密切的联系,所以我们应该从整体上对环境进行保护。但是,不同部门之间的相互竞争,导致了有关环保的管理机构被分割成了国土资源部、国家林业和草原局、农业农村部、水利部等多个部门。在制定环境法典时,要将上述功能与权力进行统一,并根据对环保有利的原则,将其划分为不同的职责范围,并且要建立起各个环保职能部门的互动机制。

五、整合污染防治法和资源利用法

出于各种因素的影响,如部门利益和其他一些因素,"保护法"和"利用法"发生了脱节,即对环境的治理和对资源的开发发生了脱节。如《中华人民共和国水污染防治法》《中华人民共和国水法》是由环境保护部(现为生态环境部)、水利部等主管机关共同制定的。环境因素的经济价值和生态价值具有内在的统一性和不可分离性。在这一过程中,应注意保护和利用的有机结合,寻求两者之间的平衡。如此,既可达到环保的目的,又可获取最大的经济效益。

六、重视农村环境保护

当前,我国农村的环境问题日益严峻,主要环境问题有:生活垃圾的污染,种植业(化肥、农药、塑料薄膜等)的污染,养殖业(养殖业生产时产生的畜禽粪便和污水等)的污染,乡镇企业产生的工业污染。在没有足够的财富的情况下,大部分的乡村都选择了以环境为代价来发展地方经济。在强化都市环保的同时,很多都市也把工厂的废气、废物等向乡村转移,使得乡村的生态系统长期不堪重负。我国长期存在的城乡二元社会,必然会对立法产生一定的影响。相对于城镇而言,我国目前的环境立法中对乡村环境的保护还存在着较大的空白。对乡村环境问题的重视,既要与环境公正密切相关,又要与乡村环境实际相结合。离开乡村去谈论环境保护,简直就是"缘木求鱼"。

第三部分 我国环境治理协同、参与机制研究

针对我国政府治理中的多元责任主体的责任分析与角色定位,考虑到其在社会治理中的适用特征,本部分从五个方面来构建我国环境公共治理模式下的多元主体协作机理。在此基础上,通过我国环境治理中公众参与机制的现状与问题分析、发达国家经验借鉴分析,以及贵州省贵阳市的两个环境治理主体和过程的协同机制案例分析、政府与企业行为的实证研究等,试图构建我国环境治理跨行政区、跨部门协同机制和社会公众参与机制。

第一章　环境治理机制及发达国家经验借鉴

第一节　多主体协同机制治理模式的多维度分析

协同机理是一种内在的动态机理,它包含了多种复杂的联系与交互作用。如此复杂的体系,要想对其进行描述,就必须涉及许多方面,并应从各个方面加以综合分析。但现实生活中,我们不可能面面俱到,所以必须依据问题的特点和需求进行取舍。针对中国政府治理中的多元责任主体的责任分析与角色定位,考虑到其在社会治理中的适用特征,从五个方面来构建我国环境公共治理模式下的多元主体协作机理:激励约束机制、需求表达机制、合作共赢机制、利益分享机制、监督惩罚机制。

一、激励约束机制

当存在外部性问题、信息不完备、目标不一致等问题时,可利用激励与约束机制,促使各方积极参与环境治理。所谓激励,就是对参与环境管理活动的人,从物质和精神层面激发其内部的动机,使其在工作中发挥积极性、主动性和创造性,从而向着激励主体所制定的既定目标不断推进的过程;约束机制指的是利用市场、法律制度等来对环境治理中的各个主体的行为进行规范,从而保护每个主体的利益,促进整个系统的有序运转。激励约束机制让每个人的行为目的和行为准则变得更加清晰,它会让每个人都能够在效率和公平的基础上,最大限度上达到经济和环境的和谐发展,从而实现资源的高效配置。

目前,我国的环保问题仍然不容忽视,环保各方在环保治理中缺乏动力和责任,环境污染的问题也屡见不鲜。造成这一问题的一个重要原因是多个环境主体间的激励与制约机理不明确。环境外部性的特点主要表现在:对主要的环境污染企业来说,他们自己没有足够的力量和资金来进行治理;对受污染的民众而言，他们既缺少对公司的污染行为进行监管的动力，也缺少有关的法律途径；对环保社会组织来说，更多的工作偏向于环保公益项目的宣传和培训，而对于环境问题的中端、后端的环境治理缺乏相应的制度保障和激励措施，以至于参与动力不足；对于政府来说，政府只是一个公共利益代言人的抽象概念，在现实中政府职能的运行由"经纪人"代为执行，而个人利益的最大化与政府公共利益目标不一致，使得政府对于环境污染治理的积极性不够。为了进一步分析中国在环境公共治理模式中应该具有的激励约束关系，以及如何保障这一机制的有效性，下面将从以下两个方面展开论述：一是深入分析环境公共治理模式下多主体之间的激励约束关系存在的基础；二是给出多主体之间激励约束关系的实现机制。多主体激励约束关系的实现机制由以下几个部分组成：

1. 制定国家环境标准预期机制

在严格执行国家环境相关法律、法规的同时，政府也要根据当前及未来的宏观经济和生态环境的状况，制定动态趋严的环境标准。从理论上讲，经济增长和环境质量是一个"库兹涅茨曲线"，也就是一个"倒 U"的规律。当然，这并不是说随着经济的发展，环境治理自然会变好，而是在一定物质发展的基础上，需要政府通过更为严格的环境标准加以引导。因为随着物质生活的丰富，人们会越来越关心环境问题，在人类生存权利受到严重威胁的情况下，环境污染所带来的社会代价将不断增加。在全国范围内，政府应制定严格的、动态的环境标准，有利于企业将动态环境标准作为企业中长期研发的动力，形成企业的绿色产业发展战略机制。如果政府政策固定、单一且执行不严，那么对于企业而言，如果过多地投入新环境标准技术研发，企业负担过重，就会造成企业在竞争中处于不利地位。

2. 建立公众参与的索赔求偿机制

公众参与环境治理既是公众环境权益的一种体现，也是环境治理中的一项重要环节。公众参与必须建立在国家环境制度和法律保障的基础之上，能够及时获得环境的相关信息，参与环境重大问题项目的相关决策，更为重要的是要有针对环境污染行为有效的法律保障及索赔求偿机制，能够在环境损害中获得相应的补偿，只有如此才能保障公众参与的积极性和主动性。因此，政府应该保障公众获取信息的权益，明确公众可获取信息的范围，避免在实际工作中以"国家安全"等名义加以搪塞，扩大公众获取信息的渠道和方式，要充分利用环境社会组织的公益性、专业化性质和群众基础。更为重要的是在环境遭到破坏之后，政府要保障公众的索赔求偿机制。由于在环境损坏中，公众是弱势群体，并且存在"免费乘车"的现象，这种现象往往具有利益涉及面广、取证难度大等特点，政府应该针对这些特点，在诉讼过程中的诉讼援助、举证责任分配等方面，加强与环境、法律等社会组织的合作，制定切实可行的索赔求偿机制。

3. 优化企业环境治理税收激励机制

从构建"绿色税制"的需求出发，长期以来，我国缺少专门的"排污税"，制约了"排污税"的矫正，使"排污税"的功能弱化。用环保税取代排污费，用更严格的法治来对生态环境进行保护，这是国家推动生态文明、绿色发展、实现现代化管理的一项重要措施。2018年1月1日，《中华人民共和国环境保护税法》颁布，这是我国首个专门针对环保目的的税收。《环境保护税法》规定，企业、事业单位和其他生产经营者，如果在中华人民共和国境内或者中华人民共和国管辖的其他水域，将应税污染物直接排放到环境中，应按本税法的规定，缴纳环保税。通过对环保税收的征税，可以有效地提高政府环保措施的有效性，使环保税收与其他环保措施产生协同作用，从而达到环保治理的目的。对于企业来说，环保税的出台，首先释放出来的是一个明确的信号，那就是将"污染者付费"原则以法律的形式予以确立，其根本目的不在于增加税收，而在于鼓励企业主动控制污染、减排，这是一种有效的激励机制。

4. 绿色金融机制

通过金融政策创新、产品创新和服务创新，明晰"绿水青山"中"隐性利益"和"污染"的隐性成本，重构资产定价机制，并通过政策与市场的双重信号，实现对自然资源的经济增值与碳强度投入的削减，并影响金融主体的行为偏好。现实经济环境中价格信号的失真对绿色金融的发展起着决定性的作用。为此，要采取金融手段，促进"绿色"发展。主要内容有：主动选择符合环保要求的、具有环保意识的企业的产品；国家对银行的绿色金融产品提出了更多要求。要用财政政策来扶持和指导"绿色"发展。在金融领域，这些政策的特征也各不相同。比如，就银行而言，其绿色金融的推广主要是从信用和监督两个方面进行的；在证券业方面，应从投资策略、上市公司信息披露等方面对我国证券的上市与交易行为进行规范，并大力发展我国的绿色债券。我们需要尽快建立一个高效率的跨部门合作机制，在金融监管部门和政府行政部门之间建立有效的跨部门合作机制，让绿色金融这一理念在政府部门中被广泛认可和执行，以确保绿色金融政策的一致性和稳定性。基于以上研究，还将通过增加地方政府的环境影响因子权重,促进绿色金融的发展。建立行业主管部门、环保部门、财政部门等的信息共享平台,就环保领域的技术数据、行业标准、法律法规等问题及时进行交流。中央与地方政府均应与第三方机构建立合作关系,发挥社会监督、社会评估等功能,对法律实施及政策实施情况进行及时反馈,提升政府效能。

5. 绿色评估机制

传统的区域经济绩效评估方法多以 GDP、固定资产投资、财政收入等为主要经济指标,缺乏对区域生态系统的关注,难以实现区域绿色发展。为此,需要对传统的绩效评价体系进行改革,实行环保评价,提高生态指标的数量与权重,并将每万元 GDP 能耗降低、每万元 GDP 污染物排放降低、循环经济发展水平等生态指标纳入评价体系,将城镇污水集中处理率、可再生资源回收系统覆盖率以及居民对生态质量的满意度作为评价指标,并给予较高的权重。同时,建立环境污染责任追究制,严格执行"党政责任""一岗双责",探索建立健全环境污染防治责任制、责任追究制、离任审计机制,对各级领导实行终身问责制。

二、需求表达机制

需求表达机制是指在一定的时间、特定的环境条件下,各主体通过直接或间接的方式,表示其对环境公共物品的需要偏好的方式与过程。在此基础上,提出一种高效的需求表达机制,它可以在保证环境利益的同时,达到对资源的最优分配,实现社会福利的最大化。有效的需求表达至少具备三项内容:一是环境主体要有主动地表达自己的需要,才能真正地享有合法的环境权利;二是环境主体应该具备畅通的环境表达路径,使得其他主体能够充分了解这一需求偏好;三是环境主体的需求表达应得到其他主体的充分重视,并能够及时进行调整、处理相关政策目标。随着环境问题的日益加剧,政府权威式的环境治理模式呈现出越来越多的问题,环境中的各主体无法充分地表达其对环境和环境治理的需求途径是一个重要的原因。公众享有的环境权利,是环境公共品属性的根本体现。然而,在中国,公众参与环境保护和治理一直处于令人纠结的地位,政府仅仅把环境权利交给了公众,却没有建立起一个真正意义上的权利体系,而公众的参与更多的是一种形式而非实质,公众对于生态环境的真正诉求很少被政府在制定环境政策和实施大型环境项目的过程中所考虑,并没有建立一个通畅的表达渠道;环境治理技术研发的高投入和高风险,使得众多企业无法独自完成技术投入研发工作。随着国家环境监管的不断趋严,企业对于新技术的需求得不到满足。为了系统地分析中国在环境公共管理模式中应该具有的需求表达关系,梳理各主体之间的需求表达的内在因素,建立畅通有效的需求表达途径。需求表达的实现机制由以下几个部分组成:

1. 公众的民主决策和表达机制

在环境和政府双重失灵的情况下,只有公众参与,才能够有效改善环境治理的困境。公众对良好环境和绿色生态产品的需求是环境治理的最终目标,也是环境治理的根本出发点。公众参与和表达机制的有效形式可以帮助政府制定科学合理的环境政策,引导企业实施绿色产业战略。《环境保护法》对于提高公众的环境保护权利提出迫切的要求,完善公众的环境治理的民主决策制度和表达机制,主要从完善公众的环境权利入手。

2. 污染损害补偿机制

政府应加快制定评估环境污染损害的技术规范,并赋予公众对环境损害提出索赔的权利。这既是公众享有环境权利的根本要求,也是公众参与环境治理的直接要求。由于环境问题的社会性,企业生产造成的环境污染赔偿往往受到自身规模的影响。也就是说,尽管环境污染造成的伤害是巨大的,但是污染企业本身没有足够的赔偿能力,即使赋予了公众索赔权,也是有权无实,受害人无法得到相应的物质补偿。政府应该统筹考虑,建立环境责任保险制度,有助于借助市场力量发现和分散风险,保障公众的损害补偿权益;建立环境损害补偿基金制度,在环境污染造成损害时,司法诉讼赔偿阶段往往耗时较长,为了能够及时对受害者进行救济和帮助,避免造成更大的损失,我国应该尽快健全环境损害赔偿基金制度。

3. 技术产业化机制

环境社会组织聚集了一大批立志于环保事业的专业化人才,为环境治理展开各种研究工作,更多地参与政府项目的评估,承接政府的环保研究课题,为环境保护提供了重要的智力支持。

4. 绿色消费理念

消费引导生产,一切环境污染问题的核心在于消费。随着人们环境意识的不断提高,生活质量的不断改善,绿色消费的理念也逐渐深入人心。然而,我们目前绿色的消费理念与发达西方国家相比还比较落后,主要的原因在于公众意识还不到位,个人消费需求对环境负责的理念还没有完全建立起来。这需要政府、社会环境组织在环境治理中不断强化自身责任,真正让环保理念深入人心,真正改善现实市场的绿色消费理念。

三、合作共赢机制

基于政府间协作的环境治理模式,即将协作机制引入政府间协作的框架中,从而实现了政府间协作,提高了政府间协作的效率,降低了政府间协作的成本。从公共行政的角度来看,应提倡"绿色竞赛",并加强"绿色技术"的交流和协作。比如,通过持续提高政府与社会大众对绿色采购的认识,以促使企业更多地投入绿色产品的研究与开发中,进而激发企业间的绿色竞争机制;运用国家制定的动态环保标准,强化企业的内控激励;以税收激励为主,鼓励企业与环境保护协会就新技术进行沟通与合作,产生正面的外部效果;通过改进相关机制,如研讨会、辩论会、听证会等,增强公众、环保组织在评估环保计划时的作用,从而进一步完善我国的环境保护管理体系。环境公共治理模式下多主体共同参与环境治理中,但由于不同主体的目标不同,不同主体之间可能会出现不合理的竞争或不恰当的合作关系。自中国实行分税制以来,地方政府间受其绩效考核目标的影响展开了激烈的经济竞争,尽管这在一定程度上缩小了经济差距,但也造成了严重的环境污染。由于一些地方政府与中央之间缺乏有效的协作,以及一些地方政府在环保方面的政策执行上存在偏差,甚至出现了政企串通、恶意压价等现象。环境污染的跨域问题造成了严重的负外部性影响,而环境污染的产权界定不清,这就会导致环境污染治理中的缺陷。政府的环境管制标准变小,形成了企业间的合谋。这些问题在环境公共治理模式下也可能发生,建立一个有效的合作共赢机制,保障环境治理各主体间的相互合作,是实现中国环境治理多主体协同发展的必要条件。环境公共治理模式下多元主体协同的合作共赢的实现机制由以下几个部分组成:

1. 优化政绩考核机制

地方政府作为环保政策的实施者,往往为了推动地方经济的发展,而忽视了对环境的保护,因此中央政府应该进一步完善绿色政绩考核机制,设计地方政府经济发展与环境保护并重的激励相容机制,强化对地方政府环境保护的硬性约束,加强沟通合作机制。

2. 构建地方政府间的生态补偿机制

由于跨域环境污染具有强烈的负外部性和正外部性，使得任何一个地方政府都不愿提供这类公共物品。在我国，由于缺乏有效的生态补偿机制，很难有效地开展环境保护工作。然而，这一合作的前提是要准确评价区域内环境污染给区域带来的经济损失，并为不同区域之间的生态补偿提供科学依据。

3. 完善绿色环保技术推广机制

政府作为环境治理的管理部门，不具备环境技术研发优势，政府在环境决策制定和环境公共管理设施建设中需要专业性技术支持，此时，环境社会组织可以凭借其自身的专业优势为政府提供相应的技术支持。环境社会组织的技术研发可以作为推动企业环境技术创新的重要动力，完善绿色环保技术推广机制，不仅能提高环境治理的效率，也可以实现企业的内生性环境治理行为。

4. 建立公众参与管理的合作共赢机制

公众作为环境治理主体中人数最多的一个，其权利却是最小的，很难独自实现个人环境权益的诉求。环境社会组织应与公众合作，共同参与环境治理，监督和约束企业和政府的环境治理行为，达成合作共赢的局面。

四、利益分享机制

环境治理中的利益共享是环境治理过程中环境治理成果共享的一种方式，它不仅可以激发环境治理主体的积极性，而且可以提高环境治理的有效性，降低环境外部性。环境的公共品属性，意味着在进行环境治理的时候，需要所有人的配合和协作，只有建立一个公平、合理、有效的利益共享机制，才能使各个利益主体的参与热情得以维持，这不仅关系到环境治理的成效，更是维护环境权益的根本要求。

环境资源作为一种公共物品，环境治理的每一个主体都有权享受其收益。同时，在环境受到污染的时候，每一个主体都有责任承担起污染治理的成本。环境公共治理模式下的多主体协作利益分享机制，是指在市场经济中，各环境治理主体按照各自的经济权利，共同分享其收益与科研成果。要建立健全的环境治理主体协作和利益分享机制，必须保证各方在治理协作过程中的互相信任。健全的环境公共治理中的多元利益共享机制包括：制度化的利益表达与协商机制、激励相容的协作机制、创新过程利益补偿机制、科技成果的共享机制、货币形式的利益共享机制。环境公共治理模式下多主体协同的利益共享的实现机制由以下几部分组成：

1. 制度化的利益表达协商机制

制度化的利益表达与协商机制，是实现环境治理各方利益共享的制度保证。同时，制度化的利益表达协商机制是在政府的制度化保障下，利用市场手段实现环境治理各主体间的协商沟通。

2. 激励相容的协作机制

激励相容的协作机制是指在环境治理过程中，为避免不同环境治理主体间不必要的冲突而造成的资源浪费，政府制定的一种能使各环境治理主体在追求自身利益的同时实现环境公共效益最大化的协作机制。激励相容的协作机制促使各环境治理主体的私人目标和社会公共目标相吻合，将环境污染的外部性行为内生化到环境公共治理模式中，实现环境公共效益的最大化。

3. 创新过程利益补偿机制

政府需要及时采取有效措施给予环境利益受损的群体经济利益补偿，对环境治理过程中提出管理创新和技术创新的行为提供一定的经济补偿。创新利益补偿机制是指政府通过设立发展基金对那些在环境治理过程中有突出创新贡献的群体实施补偿，对环境治理中的技术创新活动提供资金支持。

4. 科技成果共享机制

环境社会组织、企业具有较强的技术优势，能够研发出较为先进的环境相关技术。为了使这些群体有意愿共享其技术成果，政府应当在公平公正的基础上构建技术成果共享机制，维护技术发明者的利益。

5. 货币形式的利益共享机制

货币形式的利益共享机制是一种将环境收益共享给各环境治理主体的机制。具体来说货币形式的利益共享方法包含收益共享、环保基金、税费共享、优惠资源使用费等。

五、监督惩罚机制

监督惩罚机制是指环境主体之间的互相监管，以及对违反有关制度和文件的行为的处罚。监管机制是一种监管、评价的方法，它是为了保证环境主体依照已有的行为准则来实施管理。为了确保行政处罚的效力，处罚制度是必不可少的。特别是在环境的"公共品"性质下,面对"市场"与"政府"的双重困境,建立高效、合理的监管与惩戒机制,是实现多主体协同治理的根本保证。

在环境公共治理模式下,政府、企业、公众、环境社会组织之间的关系发生了变化,环境社会组织数量不断增长。为了更好地管理环境社会组织,严格环境社会组织的准入门槛,政府确立了双重环境管理体制,强化业务主管部门的责任。在环境保护领域,环境社会组织不仅成为沟通政府与公众的桥梁,还成为监督政府和企业的重要力量。公众的环保意识也在不断加强,并逐步参与环境监督中。随着环境监管主体结构的改变,不同主体在环境治理过程中互动发展,形成环境监管的多主体参与的公共治理模式。有效稳定的环境监管体系是环境治理的基本需求,但没有一个恰当的惩罚机制,很难让环境监管体系具备社会公信力。为此,在环境治理中,惩罚机制的建构是实现多主体共同发展的必要条件。环境公共治理模式下多主体协同的监督惩罚实现机制由以下几部分组成:

1. 整合环境监管体系,完善环境监管主体

环境公共治理模式下多主体协同作用形成的环境监督管理主体结构必将包括政府监管、企业监管、环境社会组织监管和公众监管。只有继续加强政府监督主体的引导功能,充分发挥企业监督主体的积极作用,加强对环保社会组织监督主体的帮助和推动作用,突出公众监管主体的主观能动作用,增强环境社会组织监管主体的协助促进作用,突出公众监管主体的信息优势作用,才能真正实现环境监管机制的完备性。

2. 建立健全公开透明的监督机制

公开透明的监督机制有助于减少环境监管过程中的信息不对称。首先,政府应该逐步完善信息公开机制,对公众、环境社会组织公开企业的生产行为、环保部门的环境监测数据、政府对环境污染事件的处理情况,借助于媒体、访谈、会议等方法加以实现。其次,政府应健全信息反馈机制,将公众、环境社会组织与环境监督中发现的情况、事件通过有组织或无组织的行为反馈给政府相关部门。

3. 建立全程监督机制

全程监督机制是通过对环境治理进行全程监督来促使政府和环保部门的环境决策科学化,确保决策功效的充分发挥。全程监督主要针对企业、政府、环保部门的环境污染情况、环境监测数据、环境保护政策及其治理情况、环境治理

措施的落实情况,通过政府监督、企业监督和公众监督的环境全程监督机制。

第二节 我国环境治理的参与机制分析与发达国家经验

一、环境治理中公众参与机制的现状与问题

(一) 我国环境治理中公众参与机制现状

1. 公众参与环境治理的总体水平较低

目前,我国的公共参与还存在着一些问题,例如,公共参与缺乏相关的法律、法规、政策,保障力度不够,公共参与的热情不高等。公共生活的污染是造成环境污染的原因之一。社会大众的环保观念淡薄,对环保管理的参与度较低。如果不涉及他们的利益,人们通常会忽视他们,这就阻碍了公众的参与,导致他们的整体参与程度较低。

2. 公众处于被动状态

当前,我国公众参与的主要途径仍是政府干预。在西方,公共参与的方式以"自下而上"为主。而在我国,大部分地方采用的是"自上而下"的方式,主要由国家主导。当前,公众的主动参与程度不高,公众的积极性不足,对政府的依赖性较强,而政府的主动作用是推动公众的主动行为,政府又主导行为,并通过自己的权力对公众的参与进行干预,容易造成公众的消极参与。

(二) 我国环境治理中公众参与机制存在的问题

1. 公众的环境保护意识不强

我国人民群众参与积极性不高,缺乏民主性、主体性、全局性等特点。目前,我国公民的环境福利意识还有待进一步提高,可持续发展理念还要进一步深化。参与水平相对较低,对环境保护的重视程度仍不够理想。

2. 相应的法律体系还不健全

现行法律体系过分强调公民的参与义务与服从,而相对忽略了公民的参与权和对政府的监督作用。从法的视角来看,环境法对国家所享有的环境管理权

和环境治理权做了明确的规定,而对于公民所享有的监督权、起诉权、申诉权等方面的规定相对抽象,不够细化。

3. 政府对环境治理认识不足

具体表现为:第一,个别地方政府将公共参与视为获取权力的工具;第二,环境问题牵扯到国家与相关企业的经济利益,容易产生矛盾;第三,从实际情况来看,有些部门对此漠不关心,不相信群众会为其减负,从而影响了群众对环境管理工作的积极性。

4. 文化软实力薄弱

文化软实力较弱。目前,我国的环境文化教育程度相对较低,这就造成了我们国家的环境文化软实力比较薄弱,主要体现在:(1)应试教育占主导地位,但是环境文化教育在学校里没有得到足够的关注,教师素质和教材质量仍需提升,所以,我们国家的环境文化软实力比较薄弱。(2)在环保教育方面,政府的环保教育工作存在着较少的宣传、较少的资金、较低的专业化水平、较宽的公众领域和较强的针对性等问题;(3)在网络、电视和报刊等媒介中,对大众进行环保教育的导向作用不强;(4)大多数家庭的环保意识淡薄;(5)各区域间的环保教育表现出明显的差别,即重经济、轻环保。

二、日本环境治理中的农户参与机制及经验借鉴

在 20 世纪 50 年代和 60 年代,日本是世界上环境问题最大的一个国家。20 世纪末,日本通过倡导农户自主、自觉地参与环境管理,从而突破"集体行为"所带来的"两难",让农户成为乡村环境管理制度构建与运作的"基石",为我国进一步完善乡村环境管理制度提供了借鉴。

1945 年战败后,日本制定了一项基于"倾斜的生产模式"的工业复兴政策。钢铁、采矿等高污染产业迅速发展,并逐渐向农村转移。农村空气污染严重,耕地和水源遭到了严重的污染,并引发了各种各样的环境问题。20 世纪 50 年代中期至 70 年代末期,"四大公害"在城市生活中逐渐形成,污染严重,严重威胁着城镇居民的健康。日本政府自那以后也曾出台一系列的对策,但是效果并不明显。20 世纪 70 年代起,日本开始重视整体生态规划与政策协调,由"命令控制"到"市场激励""社会监督"等模式,并在此基础上,提出了"农户参与"的建议。日本乡村重新恢复了青山绿水,乡村环境也从根本上改变了(如

图 2-12 所示）。

图 2-12 日本农村环境治理取得的成果

（一）构建农民参与治理的法律制度

由于环保问题，日本社会群体事件频发，由此产生了"新潟水俣病""四日市""痛痛病""熊本水俣病"等"四大公害案件"，这"四大公害案件"已成为日本社会关注热点。日本 1967 年颁布的《公共危害对策基本法》，在"产值优先"原则的基础上，主张不能损害日本的经济发展，因此遭到强烈反对。在"公害大会"上，1970 年日本对该法做了较大规模的修订，并通过了新的立法，使相关防治工作变得更为突出。日本在建立健全环境立法制度的基础上，在法律上界定了政府的职责和每一个环保主体的任务，从而将环保作为一种基本的权利和义务。为了适应全国乡村环保的要求，国会通过了多项环保法规，以激励农民积极参与环保事业。根据本地环境治理的实际情况，各城市、乡村都出台了地方性法规，以激励和协调农户参与环境治理，为农户参与环境治理提供了法律基础，增强了农户对环境治理的责任感。日本《公共危害对策基本法》于 1990 年召开内阁会议，对该法进行修改，使农户参与作为环保法律体系的一部重要法律，在环保中发挥重要作用。2003 年，日本通过了《促进环境热情和促进环境教育法》，对环境教育的目标作了法律上的说明，同时重申要加强农民的环保意识和环保参与。农户的参与对协调各方利益、建立信任、推动有关环保法规的落实具有重要意义。日本政府以法律形式对农户的参与权进行了积极的保护，使农户能够更多地参与环保政策的制定与管理。

(二)增加农村环境保护投资

日本池田政府于1960年召开的内阁会议上,批准了一项国民所得增加方案。为了实现经济"翻一番",政府在公共事业上的投资更多,同时减少了在污水处理和垃圾分类等领域的支出,使公共卫生问题更加严重。为了应对日趋严重的环境问题,日本政府为农村地区的环境治理提供了专门的资金支持,使其资金投入乡村环境管理中,以满足乡村环境管理的需求。

1. 日本的财政政策是以乡村环境保护为导向的

到20世纪70年代末期,日本政府在环保方面投入了近1兆日元,主要是为了解决乡村的环境问题。到2000年,日本已拨出超过3兆日元的环境经费,其中大部分都投在了乡村的水污染防治与土地保育上。同时,日本在乡村环境治理方面,投入大量资金,建设完备的水土保持设施,高产稳产的优质农田,并邀请有关的环保专家到示范区考察,对农户的生产生活进行指导,让农户切实体会到乡村环境的变化,从而调动农户的积极性。

2. 日本大力投资于乡村建设并收到成效

日本在"围垦"之后,曾花费巨大的财力、物力对"围垦"后的乡村进行"统筹",并收到一定的效果。日本环境署已经加大了资金投入,加强了乡村环保基础设施建设,推动了乡村垃圾循环利用体系建设,同时加大了对农村公共基础设施的投入,尤其是对生活垃圾和垃圾处置设施进行了财政补助。日本政府从1975年起就开始在乡村地区进行住房建设,到2002年,投入的资金已经增长到30%。日本超过3 000个村镇都已安装了污水、垃圾等处置设备,有效地保证了乡村环境的清洁,促进了乡村的生态建设。另外,政府还为有经济问题的农民家庭提供了特殊的购置津贴。为了保证农户更大程度地参与,对那些有特别经济困难的农户,提供如垃圾分类桶等环境保护设备,进行全面的补助。

3. 日本鼓励各种不同的投资者参与乡村的环境管理

政府与企业均为投资人。比如石川手取河段(七水段)的修建工程,日本国家财政出资50%,县级政府承担25%,市町村级政府承担20%左右。农场主还拿出一小笔钱用于耕地改良。与此同时,健全金融市场的融资制度。日本农协的信用体系通过适当提高存款额来吸纳农户的闲散资金,再通过降低存款额来放款给农户,使得分散的农户能够以更低的利率进行互助,从而缓解了农户在环境保护方面的不足,同时为农户参与制度的健全奠定了坚实的基础。

（三）开展终身环保教育

日本的环境保护工作在国际上居于领先地位，已经建立起一套比较完善的包括学校、企业、社会在内的环境保护体系。日本大力倡导环保民族的价值观念，以提升市民的道德素养为手段，解决乡村的环境问题，并强调对民众环保意识、环保行为的培育，以及对"自我否定"民族个性的培育。

1. 日本环保教育是一种具有强大生命力的终身教育

在启蒙时期，在幼儿园的教学过程中，在孩子的成长过程中，增加了垃圾分类、资源回收等环保教育课程，让孩子们从小接受环境道德的约束，树立良好的公共道德。从认知的角度来看，1989年日本就把环境保护教育列入了中小学的课程，突出了环境保护教育的针对性和实用性。日本文部科学省于1995年，以《环境教育指导材料》为参考，在1991—1995年，陆续出版三期，以促进全民终身环保教育。自20世纪70年代以来，日本高校环保教育经历了从"基础意识"到"科技"的转变。在高校的教学系统中，已经增加了环保专业技术教育课程，不少人对其进行了深入的研究，由此，可以为未来的生态环境污染防治工作提供大量的人才。

2. 日本以"同质化"的教育观念为指导，以促进教育平等、缩小城乡差异、培育新型职业农民为主要目标

日本从1883年明治政府制定《农业教育通则》后，就开展了专门的农学教育，并对其进行了系统的改革。颁布了《职业教育法》《农业学校通则》，在培养目标、培养年限、培养方式、培养内容、培养经费等方面都做出了具体的规定。创建一批以"乡村学校"为典型的环保教育基地，在全国范围内形成一批生态环保教育基地；日本农业合作社还定期举行环境保护培训班，并聘请环境保护专家指导农民生产。农民自愿参与科学研究，极大地提高了农民的积极性。

（四）发展农村环境保护非政府组织和非营利组织

日本的农村环境保护组织是在打击"四大公害"的过程中逐渐自发形成的。非营利组织（NPO）和非政府组织（NGO）的宗旨是保护自然环境和历史文化环境，增强农村活力，并专注于农村环境重建。

日本乡村环保团体在日本乡村进行了一系列乡村环保行动，其内容与农民的精神根源与命运紧密相连，注重对农民的环保意识的培养与传承。在1968

年,日本高川町的一个乡村团体,向河里投放超过 3 000 尾鲤鱼,以改变这条河里的水质。村民们每日自发地清除废物,使得河流重新变得清澈。在日本,乡村环保团体通过开展"绿色旅行""乡村游憩"等方式,促进了城乡之间的互动,为农户参与生态保护提供了一个新的途径,对于规范农户的农业生产行为,以及共同治理乡村环境,具有一定的现实意义。

日本政府以政策导向为手段,积极推进乡村环境保护机构和当地政府之间的相互配合,以形成良好的利益交流,达到优势互补、双赢的目的。2009—2010 年,民间环境保护非政府组织与日本政府联合推出一套环境信用体系,目的是鼓励环境保护商品的消费,提倡绿色消费观念。农户可以通过在活动中购买环境友好型产品来获取环境信用,然后将信用转换成环境友好型的产品或服务,从而促进农村绿色经济的发展。环保机构与农户利益具有一致性,他们在完全相互信任的基础上,经常进行环保活动,组织环保"巡回讨论会",引导农户如何处理废弃物,并尽力把自己的信息共享给农民,让他们自觉地关心周围的环境。

(五) 完善农民意愿表达机制

在乡村环境整治方面,日本通过强化服务功能,保证农户意见反映的途径和有效交流,使农户意见反映的途径更加通畅。

从 1963 年起,日本山形县金山町开始了一连串"市容美化"活动,旨在改善乡间的卫生状况、提升文化教育与伦理观念。日本政府也鼓励农户从自己的视角出发,并向农户提供相应的环保意见。这也是日本首次在全国范围内,由政府和人民共同制定和实施的一系列政策和措施。在"石油危机"后,日本的"地方时代""地区时代"思潮不断涌现,其发展速度也随之减缓。町环境建设由"外援"型向"自治"型、由政府引导型向当地民众自发型发展。并以此为依据,构建了一套合同约束与利益共享机制,以激发农户"有限理性",实现其意愿的有效表达。

在 20 世纪 70 年代末日本当地自发的"村庄建设运动"(也称为"村庄建设")中,日本政府鼓励农户自力更生,为农村公用事业、环境保护、公益事业等提供建议书,并积极参加环保政策的制定。项目实施方案须得到 2/3 数量的农户同意后方可实施,这使农户成为基于公共利益的环保规划和行动的主体,有效培养了农户经营乡村产业、维护公共设施的愿望与能力。

1989 年,日本政府设立了外务专责小组,与其他国家就土地、大气等问题,进行环保方面的合作。日本于1993年通过《环境基本法》，首次在立法上提出以国际合作为基础的全球性环保倡议。日本的环境外交以国家为中心，采取了从上至下、多层级、以国家为主体的环境外交模式。日本为保证环境外交政策的公开、民主，在政策制定过程中，也采取了一些措施，推动了以农民为代表的基层社会以间接方式积极参与环保外交。农户能够直接向"中层"（如企业、研究机构、学术机构）进行反馈，进而向环境部门等决策部门反馈，从而间接地参与环境政策和对外政策的制定。

第二章 协同机制案例分析：贵阳市的环境治理机制变迁

在中国政府职能转变的大背景下，贵州省贵阳市环境管理的变化折射出中国社会管理的整体变化过程，即从"统制"到"协同管理"，由"统管"到"统管结合"，逐步与经济社会发展相适应。贵州省位于云贵高原，以山区为主体，全省多喀斯特地貌，山势陡峭，不利于蓄水和耕作，导致沙漠化、泥石流、滑坡等自然灾害频发，由于自然因素的制约，加上国家政策的支持，贵阳市政府对生态环境保护的投入很大，大气污染防治、水资源保护、环境教育等都取得了一定的成果，但环境是一种公共产品，其治理具有复杂性和长期性，既存在"公地悲剧"问题，又存在政府执行中的区域协调问题，因而，将协同治理理念运用于环境保护是必然的发展方向。环保工作是一项长期而又重大的事业，单靠政府的力量是有限的，不可能做到全面管理，所以必须有其他社会组织参与进来，无论是企业，还是公众，都是提高环境管理能力不可缺少的社会资源。笔者将选取贵州省贵阳市的两个环境治理案例进行分析，揭示其主体和过程的协同机制。

贵阳市从"以政府为中心"，向"以公共服务为中心"转变，从单一的政府管制走向协同管制，政策变迁逐步与经济和社会发展相适应。

党的十八大提出要大力推进生态文明建设。2013年贵阳市成为第一批生态文明建设试点城市。贵阳把发展生态旅游、打造"山水森林"、打造"多彩贵州"作为重点，把生态环境建设作为当前首要任务。为解决贵阳市集中饮用水源地周围的废物污染问题，有针对性地进行废物治理，切实保证贵阳市饮用水源地周围的水环境质量，在贵州省贵阳市Y－生态文明基金会的支持下，开展了"贵阳市集中饮用水源地阿哈水库周围的废物污染调查和水源保护平台建设"（如图2-13所示）。

"贵阳市饮水保障行动"是由"贵阳X环保公益组织"和"贵阳扶贫基金"共同发起的一项"绿色发展计划"。在阿哈水库的基础上，调查库区河流入口上方

图 2-13 项目实施流程

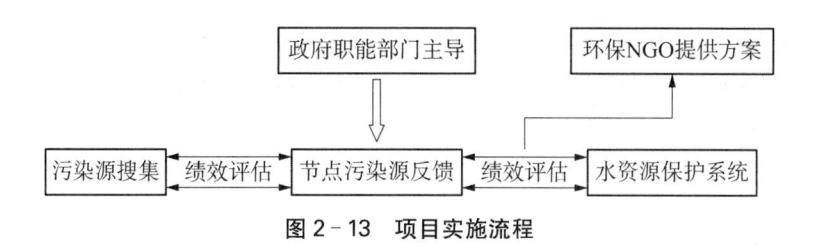

2千米范围内村庄和居民社区的生活垃圾污染情况,并提出针对性的解决方案。首先,以大数据为基础,建立饮用水资源源头节点,并建立饮用水资源网络数据库。其次,这个工程是在各个级别的政府功能单位的共同努力下进行的,要发动本地群众和地方基层团体的会员,对饮用水污染源进行采集,收集证据,并及时上传至资料库;然后,在所有的节点和层次上,利用不断地反馈达到信息的交换,以防止信息孤岛,并确保参与者能够及时获得饮用水资源。在此基础上,构建了一套完善的饮用水水源保障系统。在这段时间内,由第三方环境福利机构为政府相关职能部门提出评价方案,并对其进行评价,从而形成一套完善的评价体系,对项目实施过程进行监控。首先,饮用水水源地的保护范围较广,流域内的河水流经不同的地区,因此,必须进行地区间的协作。其次,饮用水水源地的管理,包括水利、农业、环境保护、交通运输和渔业等,要求多个管理部门协同工作。此外,水资源有多个来源,水源地的环境也比较复杂,还会有一些工业废水的排放,企业与公众的共同参与是提升生态环境保护效能的重要途径,而在这一过程中,政府必须通过与企业、公众的合作,实现政府、企业、公众三方的协同治理。阿哈水库工程的实施,对构建流域水资源管理大数据体系、实现流域水资源管理的目标,具有重要的理论和实践意义。在此基础上,构建"公众-社会-政府"协同治理"三位一体"的长效工作机制,可为贵阳地区的饮水安全提供保障。

第一节 环境治理协同主体的确立

一、地方政府的行为

在这种情况下,贵阳市的某个环境NGO提出了解决办法,贵阳市生态文明委通过"从上到下"的方式,在沿河地区构建"从乡村到城镇"的水源地保护网络,从而实现对饮用水源地的有效保护。在发挥政府职能的同时,它还实现了政府、环境 NGO、企业和公民之间的良性互动,从而达到了环境协同治理的目的。

(一)"舵手"

在环境管理中,地方政府是环境管理的重要主体,也是社会公众利益的重要代表,在社会生活中起着举足轻重的作用。在这种情况下,地方政府作为"掌舵人",承担起了政府的职责,并在社会生活中发挥了重要作用。贵阳市生态文明委是贵阳市整体生态建设的主体,"贵阳 Y 基金"作为"准政府"机构为项目提供资金支持。饮用水资源保护工程作为贵阳市一项重要的环境保护公益工程,在生态文化建设、水环境保护和公民环境意识提高等方面发挥着重要作用。贵阳市生态文明委通过与多主体的联合行动,充分发挥了政府"指导"功能,调动了社会资源,协调公园管理局、社会组织等多方的参与,形成了政府、社会、市民之间的互信和协作网络,既保证了该工程的合理性,又为其治理工作开展提供了一个良好的平台。

(二)由法令推动

地方政府是国家公共政策执行的主体,中央政府制定国家大政方针,对于国家发展、社会管理做出顶层设计,而具体落实由地方政府来实现,即"行政发包制"。地方政府通过行使国家统治权,实现对环境的治理,保护公共利益。在中国这样一个党政统一、运动型治理长期存在的国家,政令推动依然是强有力的社会控制和动员方式。党的十八大报告指出建设社会管理新体制,党的十八届三中、四中、五中全会要求进一步创新社会治理、加强社会建设,并做出全面加强社会组织建设的系列重大决策,因此,贵阳市注重社会组织的发展,截至2015 年,贵阳市登记在册的社会组织共有 3 578 家,同比增长 11%,并建有市级、区级社会组织孵化中心。党的十八大提出大力推进生态文明建设,环境保护、资源节约成为政府工作之重,贵阳市成为第一批生态文明建设试点城市,2015 年贵阳市《中共贵阳市委关于制定贵阳市国民经济和社会发展第十三个五年规划的建议(草案)》提出,坚持生态示范,全力构建"千园之城"新体系,并指出生态文明建设工作要狠抓环境保护和治理、严格环境监管执法、创新生态体制机制、完善生态文明绩效考核和责任追究制度、推动生产生活方式绿色化。因此,饮用水资源保护项目是贵阳市政府贯彻国家政策的具体表现。

(三) 激励和考核

激励考核机制无论对于企业员工还是对于政府官员,都是一种很好的管理方法,政府部门的激励考核是社会治理顺利实施的有效途径。行为主体需要一套科学、公正、公平、公开的考核机制来对自身绩效做出评估,适当的奖励能激发行为主体的工作热情,大大提高管理效率。对于政府官员而言,合理的激励考核机制能促使社会治理更好更快的实现,从某种程度上可以说,晋升锦标赛创造了中国的经济奇迹,它作为中国政府官员的激励模式让中国在经济发展时期保持着高速前进。通过地方分权、官员竞争和财政分税建构的高度市场化的激励方式是中国地方政府治理最突出的特征。周黎安在计量研究的基础上指出,改革开放时期,地方官员的晋升或留任主要是依靠其经济业绩即 GDP 和财政收入来判断,这导致中国经济的增长以牺牲生态环境为代价,政府的合法性权威受到质疑。党的十八大以来党和国家对于深化行政体制改革提出了要求,行政体制改革提出建设服务型政府,要求治理能力现代化,这使地方政府以发展经济的"锦标赛"晋升体制慢慢转化为以提升治理能力、建设服务型政府为目标的"激励体制",大力推进生态文明建设、提高社会治理效率成为各级政府的"新目标"。贵州省有"多彩贵州"的美誉,贵阳市也旨在打造生态旅游城市,以政府为主导的多元协同共治,可以最大化地统一各权力主体的努力方向,使地方政府环境治理真正发挥协同合力,整合资源,在完成治理目标的前提下,实现良性的竞争。

二、企业的行为

从经济学上讲,企业进行的经营活动是以寻求最大利润为目的,但是企业作为一个社会组织,除了经济上的责任,它还必须同时担负起社会、环境等方面的责任。1924 年,奥利弗·谢尔顿(Oliver Sheldon)首次提出"企业社会责任"(CSR),它是一种在经营活动中兼顾经济效益与社会效益的经营理念。在环境治理中,企业的合作治理必须同时考虑到两个问题:第一,要贯彻国家的政策,树立一个好的公司形象,企业既要承担经济责任,又要承担社会责任。2010 年

9月,国家环保总局公布了《上市公司环境信息披露指南(征求意见稿)》,并在此基础上提出"加强生态文明建设"。所以,在贵阳市饮用水水源地的建设中,贵阳市有关企业通过与政府、环保机构、公众等多方合作,实现农业、工业、医疗等污水的无害化处置,既能贯彻国家的工业、环保方针,又能得到社会各界的广泛认同,具有很强的社会影响力。第二,提升软性力量,增强核心能力。从国际和国内的实际情况来看,企业社会责任在我国已经形成了一股不可阻挡的潮流。企业的社会责任日益受到各国政府及民间团体的关注。在贵阳市环境保护工作中,贵阳市相关企业以自身的努力和强烈的社会责任感,为环境保护做出了自己的贡献,从而提高了企业的核心竞争力,加快了企业的成长。

三、环境规制中政府与企业行为的博弈分析

(一) 模型假设及参数说明

政府选择规制的比例为 x,选择不规制的比例为 $1-x$;(1)选择不规制时,政府损失或支付的费用 A,表示收益为 $-A$。(2)选择规制时,如果政府支付一定的费用 W,在企业成功建立闭环供应链的过程中不需要支付费用 A,政府可以支付给企业一定的奖励 λW,这样政府总收益为 $-W-\lambda W$,企业总收益为 $W+\lambda W$。如果一个企业成功建立了一个闭环的供应链,但出现了损失,那么政府就必须对这个企业进行补贴 θA,这样的话,政府的收益就会变成 $-\theta A-W$,企业的总收益为 $\theta A+W$。

假设政府要求企业建立闭环供应链,企业必须接受。我们不考虑企业不接受建立闭环供应链的这一选择,但是要考虑企业在面对建立闭环供应链时的态度和实际应用,可分为积极构建并进行实际运用和消极构建及不实际运用两种选择。比如,化工厂企业一般都拥有净化设备,有的企业会选择使用,也有的企业不会使用。因此,企业选择积极的比例为 y,选择消极的比例为 $1-y$。(1)当政府选择不规制时,企业不需要建立闭环供应链,则企业收益为 B;(2)当政府选择规制时,企业选择积极建立闭环供应链时需要付出成本 C,则企业的收益为 $-C$;企业选择消极建立时成本为 0,则企业收益也为 0。此时企业积极建立闭环供应链并且能够盈利时的最终收益为 $W+\lambda W-C$,积极建立闭环供应链但是却亏损时的最终收益为 $\theta A+W-C$;企业消极构建闭环供应链并且

盈利时的最终收益为 $W+\lambda W$，消极构建但是亏损时的最终收益为 $\theta A+W$。

当企业选择积极构建闭环供应链时，盈利的概率为 z，亏损的概率为 $1-z$；当企业选择消极构建时，盈利的概率为 $1-z$，亏损的概率为 z。得出矩阵见表 2-9。

表 2-9 环境规制中政府与企业行为的矩阵

		企业	
		积极	消极
政府	规制	$-W(1+z\lambda)-\lambda A(1-z)$, $W(1+z\lambda)-C$	$W(z\lambda-1-\lambda)-\theta Az$, $W(1+\lambda-\theta A)$
	不规制	$-A$, B	$-A$, B

（二）环境规制中政府与企业行为的分析

1. 对单个个体的博弈分析

（1）对政府的分析。

通过以下的复制动态方程式来表达政府选择规制的比例的动态变化：

$$\frac{dx}{dt}=x(u_{1C}-\overline{u_1})=x(1-x)[(\theta A-\lambda W)(2z-1)y-W(1+\lambda-z\lambda)-A(\theta z-1)]$$

设 $u=\dfrac{W(1+\lambda-z\lambda)+A(\theta z-1)}{(2z-1)(\theta A-\lambda W)}=\dfrac{(1+\lambda)W-A}{(2z-1)(\theta A-\lambda W)}+\dfrac{z}{2z-1}$

则此复制动态方程的稳定状态及相对应的相位图如下：

第一，当 $y<u$ 时，此时 $\dfrac{dx}{dt}<0$，$x^*=0$ 是稳定状态，也就是说政府选择不进行规制是进化稳定策略（如图 2-14 所示）。

第二，当 $y=u$ 时，$\dfrac{dx}{dt}=0$，即对于任意的 x 都是稳定的（如图 2-15 所示）。

第三，当 $y>u$ 时，$\dfrac{dx}{dt}>0$，$x^*=1$ 是稳定状态，也就是说政府选择进行规制是进化稳定策略(如图 2-16 所示)。

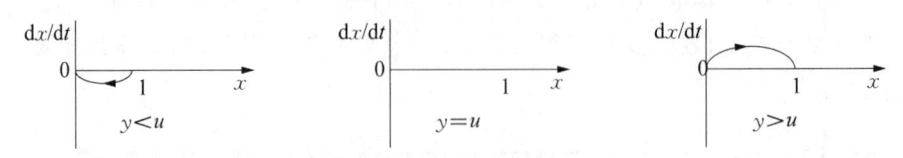

图 2-14 政府选择状态及其相对的相位图(1) 图 2-15 政府选择状态及其相对的相位图(2) 图 2-16 政府选择状态及其相对的相位图(3)

(2) 对企业的分析。

通过以下的复制动态方程式来表达企业选择积极建立闭环供应链的比例的动态变化：

$$\frac{dy}{dt} = y(u_{2C} - \overline{u_2}) = y(1-y)x[\lambda W(2z-1) - C]$$

设 $t = \lambda W(2z-1) - C$

则这个复制动态方程的稳定状态及相对应的相位图如下：

第一，当 $x = 0$ 时，政府选择不进行规制，博弈结束。

第二，当 $x > 0$ 时，分三种情况。

① 当 $t < 0$ 时，$\frac{dy}{dt} < 0$，此时 $y^* = 0$ 是稳定状态，也就是说企业选择消极建立闭环供应链是进化稳定策略(如图 2-17 所示)。

② 当 $t = 0$ 时，$\frac{dy}{dt} = 0$，意味着对于任意的 y，企业都是稳定的(如图 2-18 所示)。

③ 当 $t > 0$ 时，$\frac{dy}{dt} > 0$，此时 $y^* = 1$ 是稳定状态，也就是说企业选择积极建立闭环供应链是进化稳定策略(如图 2-19 所示)。

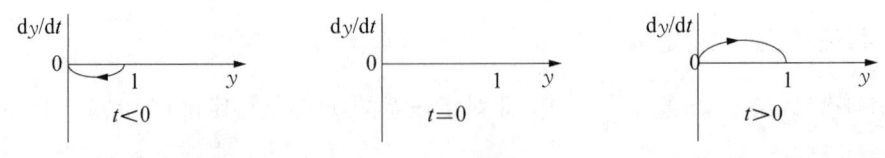

图 2-17 企业选择状态及其相对的相位图(1) 图 2-18 企业选择状态及其相对的相位图(2) 图 2-19 企业选择状态及其相对的相位图(3)

2. 两个博弈群体的分析

(1) 在有环保意识之初博弈的演化稳定策略。

假设 $(1+\lambda)W-A<0$,即政府选择规制时企业盈利的得益与政府选择不规制时的得益之间的差小于 0 时,政府选择规制。同时,因 λ、z、θ 较小,

因此,$u = \dfrac{(1+\lambda)W-A}{(2z-1)(\theta A-\lambda W)} + \dfrac{z}{2z-1} < 0$

$$\theta < \dfrac{A-(1+\lambda)W}{zA} + \dfrac{\lambda W}{A},\ \dfrac{\mathrm{d}x}{\mathrm{d}t} > 0,\ x \to 1$$

$t = \lambda W(2z-1) - C < 0,\ \dfrac{\mathrm{d}y}{\mathrm{d}t} < 0,\ y \to 0$。

此时,$x^* = 1$,$y^* = 0$ 是博弈唯一的进化稳定策略,也就是说政府选择规制,企业选择消极建立闭环供应链(如图 2-20 所示)。

在经济发展的早期阶段,政府对环境进行调控,是一种自然的管理选择。在该模型中,政府采取管制措施,说明可再生品厂商的损失并不大,因而政府对其所提供的补助也不大,尚无调整政策的动力。但在 20 世纪 80 年代末,随着企业选择消极建立供应链及激烈的市场竞争,公司总体绩效持续下滑,亏损程度日趋严重(θ 越拉越大),迫使政府出台了新的激励政策。

企业选择消极建立闭环供应链,在"重环保"以前,"低效率"和"低竞争",再加上"低成本",在"高环保"初期,消极建立的预期回报要大于积极建立的预期回报,因此,消极建立成为可循环利用企业寻求高利益的必然选择。

(2) 对激励机制的策略。

在 z 不变的条件下,λ 变大,$u = \dfrac{(1+\lambda)W-A}{(2z-1)(\theta A-\lambda W)} + \dfrac{z}{2z-1}$

$\lambda > \dfrac{A(1-\lambda z)-W}{(1-z)W},\ \dfrac{\mathrm{d}x}{\mathrm{d}t} > 0,\ x \to 1$,

由于 $\dfrac{\partial u}{\partial \theta} < 0$,$u$ 由大于 0 变为小于 0,

同时,由于 $\theta > \dfrac{C}{W(2z-1)}$,$\dfrac{\mathrm{d}y}{\mathrm{d}t} > 0$,$y \to 1$,所以 $t = \lambda W(2z-1) - C$ 由小于 0 变为大于 0。

此时,$x^* = 1$,$y^* = 1$ 是博弈唯一的进化稳定策略,也就是说政府选择规制,企业选择积极建立闭环供应链(如图 2-21、图 2-22 所示)。

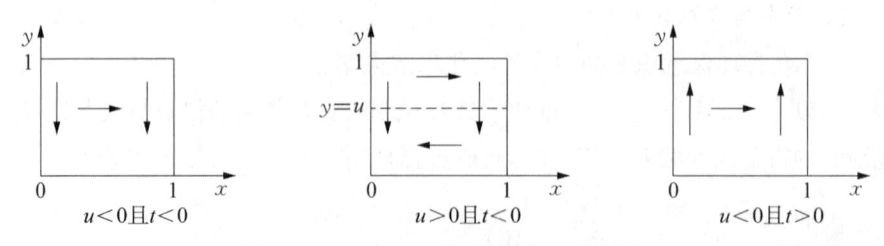

图2-20 政府、企业选择状态及其相对的相位图(1)　　图2-21 政府、企业选择状态及其相对的相位图(2)　　图2-22 政府、企业选择状态及其相对的相位图(3)

伴随着对环境污染和环保意识的不断提高,还有一系列关于环境保护和产品回收的政策的实施,一些企业已经开始意识到他们的产品回收所带来的利益与社会责任。与此同时,微观激励机制也在不断地完善。当奖励越高时,微观激励的有效性越高,公司积极建立的预期回报也就越高。因此,越来越多的企业开始尝试建立并应用再生资源供应链。

通过上述分析,我们发现,政府管制的环境对企业的经营活动有着很大的影响。在政府规制可再生商品的初期,企业环保意识薄弱、微观激励不足、外部竞争激烈,在前期环保意识强烈的情况下,消极创建策略的预期收益比积极创建策略要高,因此,消极创建是企业发展的必经之路。为此,必须加强对企业环境保护的激励,以确保环境管制的顺利进行。

四、社会组织及公民个人的行为

(一) 共同利益

人们会因共同的利益诉求或者困难结合在一起,组成一个共同利益团体去解决面对的问题或者获取某种需求。李斯特·索罗门的"全球化结社革命""社团主义"对于"合作""国家——社会关系"虽有各自的特定条件限制,但在这一认识上都有相通之处。在环境治理中,社会机构与公民个体之间存在着不同的动因。比如,在饮用水水源保护工程中,有排污行为的公司,为了公司的长远利益,可以加入水源保护工程中,并且可以与政府进行合作。生态环境与人类的生活、发展密切相关,尤其是水资源。无论是政府、企业、民间环保团体,还是市民,都想要一个健康的居住环境。

(二) 社会道德认同

从古代开始,我们国家就十分注重礼教,注重对人的社会责任感。《大学》所言"修身,齐家,治国,平天下",范仲淹所言"先天下之忧而忧,后天下之乐而乐",林则徐所言"苟利国家生死以,岂因祸福避趋之",都是中国人对社会的一种责任意识。企业和公众都有自己的社会道德认同。关于生态保护,古代先贤已有所提,管子说:"山林虽广,草木虽美,禁发必有时"。打破耕种季节限制,就不可能得到可持续的资源。21世纪以来,人们对生态环境的关注程度越来越高。在为解决全球水环境问题而举行的联合国水环境大会中,这种社会认同感和目的性得到了进一步加强;世界上一些国家为了限制对环境的损害而通过了一些国际公约,如《联合国气候变化框架公约》和《联合国防治荒漠化公约》,保护环境已成为一种普遍的共识。在对环境进行治理的过程中,无论是志愿者对环保项目的参与,还是企业和公民的自愿捐助,抑或是公益组织的组织和实施,都蕴含着一种普遍的社会道德意识,那就是要保护好我们的环境,要守护我们的家园。在环境治理过程中,多个行为体之间的相互配合,不但可以提升地方政府的管理能力,也彰显了国家社会道德的高度。

第二节 环境治理协同的过程与实现

根据贵阳市饮用水源地保护工程分析多个治理主体在贵阳市环境协同治理中承担的角色以及角色困境,可以发现在整个协同治理过程中,开放性是基础,地方性和合作共识作为序参量,拥有支配地位;其他非政府施政机构作为子系统,以适应整体制度的多样化。与传统的以"控制"为主的管理方式、以市场为导向的管理方式相比较,合作管理方式的优越性在于:合作管理方式的引入,使得整体管理制度更为公开、透明;在利用层面上,由多个利益相关者组成的治理网络,使得资源得到更加合理的分配;在创新层面上,提出了环境治理的新战略,通过协同治理,达到可持续、高效的合作;在治理能力层面上,应以转型时期的政府为导向,由"管"向"治"转变,构建"服务型"政府,以达到"治"的目的。

一、开放的治理体系

基于协同开放系统的特征,可以将环境协同治理系统看作一个开放性的系统。在这种系统中,外界的能量、物质和信息能够畅通无阻地流入系统,而系统本身又将能量、物质和信息输出到外部世界。即地方政府的环境协同治理既对行政系统内部各子系统开放也对社会力量开放,在政府的管理中,也要有社会力量的参与。在此基础上,政府与企业等多个子系统的相互影响,形成了政府与企业共同参与的合作机制。

(一)打破行政权力的封闭和集中趋向

开放性的治理主体接纳了更多的治理主体,而多元主体的参与也可以让环境施政更为民主化、透明化。行政权具有集中化、封闭化倾向,这就必然会产生对外来力量的排斥。长久地封闭体制,会使体制变得死板,效率低下,这就是官僚作风的坏处。合作治理的开放将使更多的主体参与管理系统,从而产生了不断被反馈弱化的新的能力。通过多元主体的参与,加强了对环境的监管,达到了"把权力关进牢笼"、抑制了权力的寻租,从而使政府避免成为最大的环境破坏者。

(二)加强社会建设的开放体系

开放的治理体系保证了子系统的多样性,环境NGO、企业、公民个人参与环境治理,在政社合作的诱导之下,各个子系统与构成要素之间的互动形成了一个协同治理网络,是网络治理本土化的最佳表现。这样既能培养人民参与社会治理的民主精神,又能在多元共治下保证政府的权威,还可以使各方利益得到均衡,从而推动管理观念变为现实,从而强化社会建设。

(三)社会资源的合理配置

在社会资本视角下,政府、社会组织及其成员之间是否存在着一种资源依赖性是政府与社会组织能否进行协同互动的前提条件。在这种情况下,政府和社团之间的资源依赖性越来越强。环境保护的社会团体、企业,以及公民个体,都是不可忽视的社会力量。他们能够接触到一些政府不能接触到的社会资源。

在整个行政生态系统中,由于公众为处理公共事务而把管理权交给了国家,所以,国家一直是社会的主体。在信息技术的推动下,政治、经济、文化等方面的资源以空前的速度被调动起来。虽然政府依然掌握着主要的资源,但是这种新的、分散在社会各地的小规模资源,将对管理起到至关重要的作用。垂直与水平的资源已从单一化走向网络化,而多元协作的治理无疑是这种网络化的催化剂。政府和社会资本的相互配合,可以提高社会资本配置的合理性。

(四) 新的行动策略

环境协同治理是一种新型的国家治理战略。传统官僚制政府等级结构僵化,对外界环境的反应速度较慢,低效率的运行机制亟须改变,而参与主体的多样性带来了组织结构运行灵活性,使政府治理效率大大提高。在协同治理系统中各个子系统相互协作趋向于自组织的行动网络,使纵向的政府资源和横向的社会资源连接在一起,在政府主导的前提下,非政府主体以多元协同的方式为社会提供公共服务,显然,这种治理的有效性远高于传统单一政府主导和市场导向型政府治理。

二、有效的社会协同

就像跨组织的网络能够使一些具体的政策区域更有效率地为人们提供更多的服务一样,合作的机制也能够使城市更好地进行创新,并为公众提供更多的服务。协同机制的存在,其基本目标是更好地发挥作用。NGO 在环境治理中的参与,是非政府组织在协同机制下的一种自我组织,这种自我组织使 NGO 能够更好地发挥自身的功能。在协作论中,各子系统之间存在着持续的合作、移动和相互间的竞争,从而构成了新的次序。当这个体系到达一个关键的时刻,一个新的规则就会出现。可以说,当民众的呼声到达一定程度,超过了行政权所能承受的限度时,那么,政府为了捍卫自己的正当性,就必须通过一系列的行动来推动民主化进程,从而使市民社会得以发展。中国市民社会建设离不开中央的体制改革,也离不开地方政府对市民社会的科学治理。

(一) 实践适应性

中国现在处在一个转型的阶段,政府更愿意实行集中式的管理。为此,我国学术界就"治理"的适用问题进行了长期的辩论,但主要有两个观点:一是"治理"的实施必须建立在发展与培养市民社会的前提下;二是"治理"应该与目前的政府体制或体制变革相一致,这是与近代西方"国家重建"相区分的,也是为了防止落入"国家主权弱化"的陷阱。协同治理是一种以政府为主导,以其他多个非政府组织为主体,在保证国家主权不被动摇的同时,也能对权力的返回做出妥协,从而实现国家与社会之间的平衡。协同治理能够使社会各方的力量得到最大限度的发挥,能够有效减少由信息不对称造成的社会资源浪费,进而提高治理效率,这与我国目前的社会管理体制和国家治理体系的实际需要相一致。在此基础上,以地方为主要的执行机构,以国家为主导,实现社会协同治理的可持续发展。只有确保中央政府和地方政府的统一,使国家和社会实现良性互动,实行协同治理,才是符合中国当前社会现实的最好治理方式。

(二) 现代化的治理

"现代化"的环境合作治理,首先,以信息化为依托,采用更为现代化的治理技术;其次,对网络治理理论进行了修正,使得其与中国的现代化与转型相适应;最后,环境协同治理进一步促进了政治和社会合作的发展,为社会治理的未来方向提供了新思路。

一是治理技术的现代化。贵阳市是国家大数据中心的所在地。在此基础上,贵阳市建立了"社交云"的社会治理模型,研发"大数据公众服务"App,实现公众服务的动员、共享与监督。把大数据技术应用到环境协同治理中,通过数据整合和应用,进行水资源监测、监测平台建设、政府绩效评估、政府治理方式和手段的创新,为我国饮用水水资源保护做出了有益的探讨。

二是调整网络治理。在网络治理中,环境合作治理的"委派性"表现为政府的"主导性"。难以明确政府角色,使得政府与社会、政府与私人企业的边界变得模糊,造成了政府与社会、政府与私人企业等不同层面的治理职责分配问题。在网络管理中,不同的管理主体必须具有对等、互相渗透的特点。"合作治理"的研究更具地方特色,它建立在"中国"的"集中式"的管理体制下。高效、服务、公众参与、民主、社会公正等社会治理思想,既突破了政府单一的固有思维,又实现了多元的政府治理,保障了政府的合法性与权威。协同治理的概念与制度化,力求规避形式民主与行政体制的矛盾,将重点放在提升治理能力与提供公共服务上，同时需要对网络治理做适当的调整与完善，以更好地向现代化靠拢。

三是促进政治和社会合作的发展。在社会管理体制上，倡导"小政府、大社会"，突出"合作"观念。作为一种典型的社会力量，政府和社会团体之间的合作已经成为一种基本的社会治理模式。涂尔干是一位社会学家，他把社会的统一性划分为机械性统一性与有机统一性。社会的统一，以群体意识为精神根基，以个体的发展为物质根基，以细化的社会分工为基础，以个体的发展为主体。个体与群体的相互依存程度愈高，群体的整体凝聚力也愈强。法律对维护社会安定发挥了重要作用。所以，在这个分工明确、信息大爆炸的时代里，其已经成为一个有机的整体。一个人的见识是有限度的，而一个人的实力往往比不上团队，社会管理也是如此。以法律为基础和保障是实现"合作"的必由之路。在协同的环境治理体系中，各行动者通过局部牺牲自治来谋求更高层次上的一致，进而提高合作的自治力。在这一意义上，协同治理对促进我国政治与社会的协调发展、对社会治理的整体性均做出了重大的贡献。

子课题三
公平与效率取向的环境治理市场化改革

本子课题就我国环境保护市场体系、评价考核和责任追究制度展开了理论与应用研究,探寻了我国环境治理体系构建、完善与实施之运行动力。

第一部分　我国环境保护市场体系研究

环境治理主要有两种模式：一种是基于政府管制的治理模式，一种是基于市场机制的治理模式。前者主要是政府通过法律、法规、标准等手段，以命令和控制方式进行环境管制，达到改善环境的目的；后者主要是通过建立排污权、环境服务、生态产品定价机制，将环境成本内部化，利用市场手段促进环境治理。对于市场机制背景之下的环境治理，社会资本是其资金链的主要来源，这有异于传统的政府管制模式。与此同时，具有更强社会属性、专业能力的企业取代了传统政府，成为公共产品和服务的供给方。当下已有特许经营、第三方治理等组织形式。

我国环境保护市场体系的规模不断扩大，市场需求不断增长。中国环保产业协会数据显示，2021年度我国环保产业营收总计约2.18万亿元，同比增幅达11.8%。另据调查，该产业对国民经济的直接贡献率达到1.8个百分点。其中，环境服务业营业收入约1.1万亿元，占比50.4%，环境产品业营业收入约1.08万亿元，占比49.6%。[①] 从微观角度观察，各环保细分领域如水污染防治、大气防污、固废处理、声噪振动控管、环境监测及土壤修护等的营收，都出现了一定幅度的上升趋势。我国环境保护市场体系的机制日臻完善，市场效率持续提升。我国环境保护市场体系的机制涵盖了市场配置机制、价格形成机制、竞争促进机制、信用监管机制、激励约束机制等方面。近年来，我国积极推动环境保护市场体系的机制创新，通过建立碳排放权、用水权、排污权等资源环境要素交易市场，实施环境税、排污费、生态补偿等经济手段，完善环境标志、环境信息披露、环境信用评价等制度，加强环境执法、环境司法、环境责任追究等措施，促进环境保护市场的规范运行，激发环境保护市场的内生动力。

---

① 数据来源：中国政府网。

第一章 我国环境治理的市场化

第一节 环境治理中政府与市场的关系

一、政府与市场在环境保护中的作用

在开展市场经济与环境保护工作的过程中,"市场主导着经济发展,政府主导着环境保护"已成为共识,该共识着重强调了政府在提供公共物品时的主导角色。然而不容忽视的是,政府与市场这两大主体在决策时的目标函数有着本质区别,它们在不同的目标之下发挥不同的作用。对它们而言,任意一方都不能单独在发展经济与保护环境中发挥绝对作用。在面对环境问题时,政府应该起到中坚作用,这并不是让政府与市场各行其是,更不是让政府发挥绝对作用,而是让两者互补、形成有机统一的整体。环境保护属于典型的公共产品,对于环境保护领域的"市场失灵"问题,政府应该起到干预作用来引导资源进行有效配置,进而提升经济效率。政府采取了诸多策略来积极干预市场运作,包括提供公共产品、调整税收与价格政策,以及强化环境保护监管等措施。具体言之,市场理应充分释放其在资源合理调配领域中的潜在职能,而政府也应承担起创设优良市场环境的重任,同时及时填补市场运作过程中可能出现的空缺环节。综上所述,我们不难发现,政府与市场的作用并非不可兼得,而是对立统一、相互促进的关系。在不同视角下,政府和市场各司其职。

二、政府和市场环境保护职能的划分和原则

地方各级政府和市场的职能分工,以及权力和支出范围的确定十分重要。政府需着力协调市场与自身之间的关系,以充分发挥市场对资源分配的关键作用,最大化发挥政府的各类职能及作用。首先,在维持宏观经济稳定性方面肩

负重要责任;其次,提升公共服务质量并进行多元化优化;再次,保护公平竞争环境,强化市场监督及规范,从而维护良好市场秩序;同时,推动可持续发展进程,实现共同繁荣;最后,及时弥补市场运行中的缺失环节。据此,强调市场的决定性作用,并不是一味地摒弃政府所扮演的角色,也不是使政府直接主导资源配置,而是主张让其对资源配置进行指引。政府有责任在提供基本公共服务的同时,强化对宏观经济的监控与调整,如根据经济形势适时出台相关政策、精准制定发展战略以及严格执行监管措施等方式,进而有效引领各个市场健康有序发展,使得市场可以全面发挥其自我调节和优化资源配置的功能,既要充分利用市场在资源配置中的决定性作用,又要对市场失灵进行必要的干预和调节,构建政府与市场环境保护关系的有效模式,实现政府与市场的协同补充,促进各领域和事务的健康发展。

三、政府和市场环境保护职能分工

政府的核心职能涵盖了宏观调控、市场监管、公共服务、社会管理及环境保护等范畴。在环境保护范畴,其关键作用体现于以下三点:调整宏观政策以确保环境得到有效保护;肩负提供基础性环境公共服务的重任;实施强有力的环保市场监管机制。首先,为达成环保目标,政府须强化环境立法、政策及标准,建立综合性规划并付诸实践,最大限度地确保提升社会公共产品效益,设立严谨的市场竞争与制约体系,尽量降低企业环保责任向消费者转移带来的负面效应,以达环保目标。在我国社会主义市场经济体制改革与完善的关键阶段,政府有必要进一步规范化及更加有效地监管市场经济的发展,从而保证实现宏观调控预期目标。在环境保护领域,我国政府需加大力度,强化宏观调控,如制定统一环境法令法规及长中期环保计划,推行重大区域及流域环境保护策略,有效控制污染及监控生态变迁,推进环境科研,制定先进的环境标准,并对威胁区域环境安全的重大项目进行严格把关,进而有效推动环保工作进程。其次,政府投资应从市场主导的资源配置转向满足公共需求,为确保政府机构和公共事业社会恢复正常运作,保障饮用水安全,加强公益性环保基础设施建设,如污水、垃圾处理以及环境监测等,以实现基本环境公共服务的合理配置和公正分配。最后,政府应当努力推进环境保护技术的实验和示范、污染防治、环境保护产业的发展指导以及市场监管,以此来弥补市场失灵的问题。

企业和社会应保留利润最大化和以价格为主导的环保产品或技术的开发和管理权;针对部分无法从环保投资中立即获得直接利益,却具备环境治理优势的企业及个体而言,政府须制定合乎逻辑且公平的政策以及规定,让投资者从中获得回报。身为市场经济的核心,企业理应遵循国家环保法律及政策,在确保全面控制环境污染的前提下,追求经济效益。企业应对所有的投资及运营风险负责,包括环境污染问题,而非将污染排放责任推卸给社会大众。依照污染源头责任原则,企业必须采取措施直接消除污染源头,降低排放量,或者对造成的环境损害进行补偿。为了降低社会减排成本,企业可以采取不同方式将环境污染的外部成本内部化,如自行处理、委托专门公司处理、排放交易和支付排放费等。无论以何种方式,企业必须支付减少污染的费用。另外,在投资者利益原则下,有些企业可投资开发利润丰厚的环保产品或技术,也可通过对污染者及用户收取费用获得环保投资收益。在市场经济时代,公众既是环境污染的源头,也是污染的受害者。因此,我们必须采用法律及宣传教育作为主要手段,保护环境。公众付费机制可用于购买环保公共用品和基础设施及服务,如居民生活污水处理费和垃圾处理费,以降低环境污染。总的来说,市场在企业污染管制、农场面源污染整治、机动车污染防治、生态保护及企业环境风险预防等方面起着主导地位。此外,增强环保监管能力、改进污水处理运营、强化垃圾处理机制、确保安全饮用水供应等基础性环境服务的实施,积极推进前沿环保技术的运用亦十分重要。

第二节 我国环境治理市场化历程

我国环境保护市场体系是在改革开放的大背景下逐渐形成的。随着经济社会的快速发展,我国面临着日益严峻的环境问题,政府加大了对环境保护的投入和支持,出台了一系列有利于环境保护的法律法规和政策措施,促进了环境保护产业的发展。同时,我国也借鉴了国际上的先进经验,引入了市场机制和经济手段,调动了社会各方面的积极性,激发了环境保护市场的活力。历经数十载的努力,中国已然构建出环保全产业链体系,包含污染防治及生态复原技术研发、设备制造、工程施工、运营维保各环节。

一、市政公用事业市场化改革阶段(20世纪90年代—2006年)

城市污水、垃圾、供气、供热等传统市政公用事业,原属于公共产品,本应由政府提供。但政府提供公共产品并不等于政府投资、建设和运营,政府也可以通过购买服务的方式,交由私营部门投资、建设和运营,这样可以避免政府运营的高成本和低效率,并提高服务质量,分担相应的投资运营风险。2002年以来,我国市政公共领域开展以特许经营为核心的市场化改革,可以认为是为利用市场机制提供公共产品的一种尝试。

20世纪90年代,囿于各级财政资金的匮乏,城市环境基础设施建设相当滞后,这一局面直到1998年后才有所改观。其时,国家通过发行国债,将环境基础设施作为投资重点,1998—2002年,中央财政累计安排国债资金983.88亿元,用于28个省(区、市)1965个污水垃圾处理、供水、供气、供热等项目建设,初步缓解了城市基础设施薄弱的问题。然而,由于城市快速发展,有限的国债资金仍无法弥补历史欠账,供需矛盾依然突出。在此背景下,原建设部于2002年发布了《关于加快城市市政公用行业市场化进程的意见》,积极将民间资本和外资引入市政公共部门,实现投资主体多元化,拉开了公用事业市场化改革的序幕。2004年出台的《市政公用事业特许经营管理办法》,鼓励民企、外企通过招投标参与运营,推行以特许经营制度为核心的公用事业改革,新建市政项目以BOT、BT、TOT等方式运作,存量项目结合事业单位改制,实施专业化企业委托运营。以供水、污水处理为主的市政公用行业逐步进入产业化阶段,形成了基本的市场化竞争环境。

近十几年来,在市场化改革的推动下,民间资本、外资等社会资本大量涌入供水、污水垃圾处理等领域,将该领域成功引入竞争性更强的市场,为市政公用事业的发展带来促进作用,使投资、运营、服务质量等方面都取得了显著改善。其成效主要表现在以下几个方面:

一是市政环境服务能力显著提升。2002—2015年,城市污水处理能力由$3.58×10^7$立方米/日提高到$1.40×10^8$立方米/日,增长了2.9倍;全国污水处理厂数量从2002年的537座增至2018年的4500多座。同时,城市生活垃圾无害化处理能力由21.6万吨/日增至57.7万吨/日,增长了1.7倍;全国生活垃圾无害化处理设施数量从651座增至2077座,全国城市污水年处理量也不断增长(如图3-1所示)。

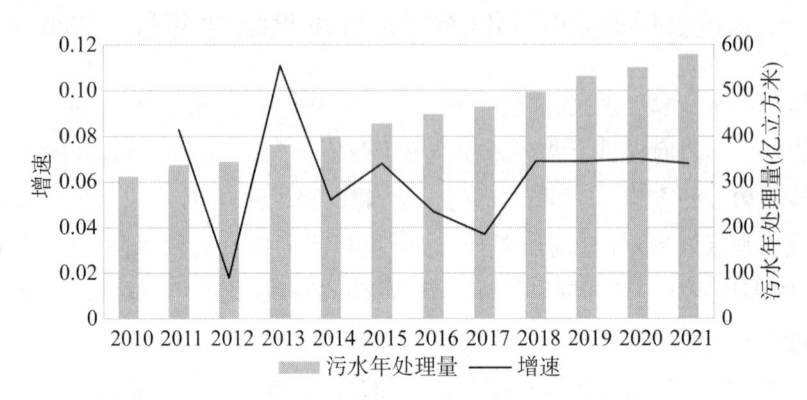

图 3-1　2010—2021 年中国城市污水年处理量

数据来源:由中华人民共和国住房和城乡建设部历年《城乡建设统计年鉴》整理所得。

二是环境设施运行效率逐渐提高。市场化改革后,原有污水垃圾处理由于实行企业化管理,有效改变了人员冗余及效率低下的制度性缺陷,治污设施运行趋于精细化管理,降低了设施故障率,运营成本也随之下降,运营效率明显提高。当前,全国城镇污水处理设施的社会化运营服务比例已经超过60%。

三是培育壮大了一批环保企业。环境设施建设和运营的工业化及市场化产生了规模效应。一些环保企业具备综合环境技术研发一体化、资本运营、工程建设、运营管理经验和市场拓展能力,涌现了如北京控股集团有限公司、北京桑德环保集团等具有行业影响力的环保公司,能够提供完善的工程设计、环保设备制造和集成、环境咨询等综合服务方案,具备同国外大型环境集团开展同业竞争的实力,环保产业发展步入快车道。市政公用事业市场化改革,其关键点在于污水垃圾处理等环境服务的收费机制和定价机制的逐步建立,一方面政府依据使用者付费原则向居民收取污水垃圾处理费用,将治理成本内部化,另一方面政府向环保企业购买环境服务,通过服务外包的方式,提供城市环境公共产品和公共服务。

二、推进环境污染第三方治理阶段(2007—2013 年)

在市政公共部门实施市场化改革后,相关政府部门将市场机制延伸到工业污染控制领域。通过购买环境服务,工业企业可以实现排放标准和总量控制,即将过去工业企业"谁污染谁治理"模式,转化为"污染者付费、第三方治理"的模式。这一模式首先在燃煤电力行业开始推行。2007年国家发展改革委等部门发布《关于开展烟气脱硫特许经营试点工作的通知》,选定五大企业作为该项目的试运营主体单位。截至2015年底,安装脱硫设施的煤电机组8.9亿千瓦,安装率达到99%以上;安装脱硝设施的煤电机组8.3亿千瓦,安装率达到92%。专业化公司承担脱硫脱硝设施的建设和运行,不仅提高了脱硫脱硝工程质量和设施投运率,还减轻了电厂在环保设施建设、管理、日常维护等方面的投资压力,减排效果亦十分显著。此外,一些地方也在工业园区和开发区推行第三方治理。工业园区和开发区污染物量大且相对集中,具有规模效应,一般委托第三方环保企业建设运营,如上海化学工业区选择中法水务发展有限公司作为合作伙伴,为园区企业提供从供水到污水收集处理的一整套水务服务。重庆长寿化工园区开展工业污水集中收集和处理,浙江省松阳县工业园区建成不锈钢生产废水集中处理中心等,也都通过开展第三方治理,改善了工业园区的环境状况。2013年,党的十八届三中全会明确提出"推行环境污染第三方治理"。第三方治理是我国环境治理体系的重大创新,从治理理念上拓宽了工业污染治理的途径。在工业企业"谁污染、谁治理"的原有基础上,通过向环保企业购买环境服务,实现"专业化治理、污染者付费"和达标排放。2015年底,国务院办公厅发布了《关于推行环境污染第三方治理的意见》,北京、上海、河北等10余个省市同步跟进,制定具体执行方案,形成全国范围内有序推进的局面,为市场发展创造了良好氛围。从目前电力行业开展第三方治理的实践来看,其推行顺利的原因在于实施了电价补贴机制。2004年,国家实行1.5分/千瓦时的脱硫电价补贴,2013年,又在此基础上增补了1分/千瓦时的脱硝电价和0.2分/千瓦时除尘电价补贴。近期,对实施超低排放的电厂再增加1.5分/千瓦时的电价补贴。这一措施无疑建立了电厂治污的服务价格体系,形成了电力行业开展第三方治理的市场模式。

三、公共服务PPP模式常态化阶段(2013年至今)

我国新型城镇化建设资金缺口巨大,仅仅依靠预算内财政收入或者地方政府直接举债融资已经不能满足现实需求。PPP模式为地方政府开辟了新的融资渠道。在此基础上,PPP模式已扩展为市场化、社会化的公共产品和公共服务供应管理模式。政府通过授予特许经营权、运营期购买服务等方式,与私营部门建立利益共享和风险分担的长期合作关系，既可以提供优质高效的公共产品和服务，又有利于缓解地方政府财政压力，降低地方债务风险，是提高资源配置效率和公共产品质量及供给效率、激发市场活力的重要手段。2013年之后，国家发展改革委及财政部等共推PPP模式，相关政策密集出台，大量国家示范项目也向社会推出，掀起了新一轮公私合作建设项目的热潮。国家发展改革委先后公布两批推介项目共计2531个，总投资额达4.23万亿元。截至2021年底，PPP项目库共有12553个项目，总投资17.55万亿元，其中管理库8556个项目，投资12.90万亿元[①]。在前两批示范项目中，污水处理、垃圾处理、生态建设、环境保护项目1704个，总投资需求8641亿元。时至今日，PPP模式适用领域已经推广至水污染防治、城市地下综合管廊、生活性服务业、新消费相关基础设施和公共服务等领域。当前我国环境领域PPP项目呈现以下趋势：

（一）项目结构日益复杂

水生态环境治理项目涵盖了污水处理、黑臭水体整治、生态景观等多项单项和综合工程，污水处理项目涉及管网、土地等工程，城市垃圾处理项目从生活垃圾终端处置设施向上延伸到环卫清扫和转运服务，向下扩展到餐厨废物处理等领域。政府将公益性项目及其周边衍生或配套项目打包捆绑进行整体招商和运作，对于PPP项目策划、规划、融资、建设和运作的能力要求更高。

（二）环境设施项目招投标操作程序需要进一步规范

项目合同协议中约定的交易结构、范围和环境服务价格等关键文件应适时适当披露。评标标准应注重考虑环境专业技能的相关要求，不应片面参照其他基础设施公共服务领域，与公路铁路等基建类项目应有所区别。

针对当前环境基础设施领域PPP热潮，也有若干苗头值得关注。一是地方政府预期支付能力需要统筹评估，防止未来环境服务费用的财政支付能力不足，导致出现公共环境服务项目违约欠款和争议纠纷。二是考虑到地方财政收入预期增长有限，应逐步建立PPP项目的付费保障机制。从污水垃圾处理领域资金来源分析，目前采用的是混合付费模式，完全市场化的使用者付费形式还有待完善，因此，需要增强地方政府的履约保障。

[①] 资源来源：根据中华人民共和国财政部官网资料整理。

第三节　我国现行环保市场体系构成

一、我国环保产业的长足发展

近十年来,随着全球经济结构调整与国际分工分配转移,我国传统制造业面临产能过剩危机,资源环境承受巨大压力。此外,企业环保技术滞后、环保产品及服务供应短缺,这无疑给环保产业带来巨大潜力。因此,我国积极转变经济发展方式,以环保产业为突破,应对当前困境,促进经济可持续发展。从某种意义上说,环保产业正是经济发展到一定阶段的必然产物。发展环保产业既能节约资源、降低环境污染损失、提升环境品质,而且具有良好的延展属性,有助于带动上下游行业增长,推动国民经济可持续发展。党的十九届六中全会报告明确指出,应深度洞察强化环境保护的急切需求,将生态文明体系融入党和国家重大决策研究视野;生态文明体系不仅于当前具有显著价值,更为未来持续发展奠定基础。得益于相关政策扶持,我国环保产业迅猛崛起,成为推动国民经济增长的重要动力。"十三五"期间,我国资源节约和环境保护工作取得显著成效,绿色产业发展蓬勃,节能环保产业的发展也十分迅猛。从 2015 年的 4.5 万亿元到 2020 年的 7.5 万亿元,节能环保产业产值增长了不少。其间,环保产业总产值增加 3 万亿元,年复合增长率为 9.38%(如图 3-2 所示)。

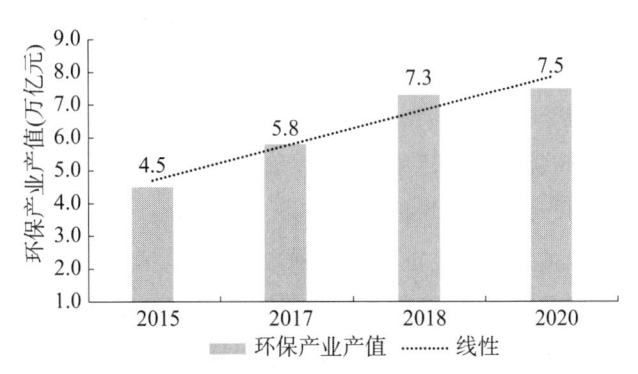

图 3-2　2015—2020 年我国节能环保产业产值统计

数据来源:国家发展和改革委员会。

此外，根据《2025—2029年中国环保产业前景预测及投资咨询报告》，未来三年我国环保产业产值和行业影响力将进一步提升。与此同时，环保企业的数量在过去十年中翻了两番。截至2021年6月3日，我国有292.41万家生态环境相关企业。2020年，新注册企业58.87万家，同比增长6%；2020年前5个月，新增业务22.48万家，同比增长1%[1]。随着时间的推移，环保行业的从业人员数量不断攀升，在"十三五"规划期间，该行业涌现出了大量高素质的科技人才。随着时间的推移，节能环保领域所获得的专利数量呈现出了显著的增长趋势。环保产业在我国国民经济发展中具有举足轻重的地位。随着科技人员技术的日益精进和从业人员规模的不断扩大，环保产业的科技创新力显著增强，进而催发了众多的环保产业园建设。在国家一系列政策引导下，环保企业开始从分散走向集聚，并逐渐成为我国经济增长新引擎之一。目前，我国已初步形成"一带一轴"的总体布局特征，涵盖19个国家级环保产业园，为环保事业注入了新的活力。在环保产业中，水处理、废气治理、固废处置等行业是主要的投资领域。在当前经济形势下，环保产业已经成为拉动国民经济的新增长点。我国对环保产业的投资呈现爆发式增长，环保产业凭借其战略地位和紧迫需求的双重优势，得以在政府的青睐和推动下稳健发展，在未来五年中，预计逐年稳步提升。在"十二五"时期，我国对环保产业的资金投入达到了超过5万亿元的规模，而大气、水和土壤污染防治行动计划所涉及的环保投资更是超过6万亿元。[2] 环保行业迎来高速发展期，这也为环保企业带来广阔市场。随着生态文明建设的深入推进以及环保法治的日趋完善，环保产业的潜力日益凸显。据生态环境部环境规划院等机构预测，未来五年社会对环保的投入将达逾17万亿元。可见，环保产业作为重要支撑力量，将有力推动我国经济增长。

随着时间的推移，我国的环保产业生态系统逐渐完善，也推动了相关领域的蓬勃发展。目前，环保产业链主要包括环保装备制造与工程承包、环境保护工程设计施工，以及环境污染治理技术研发三个方面。自"十三五"规划以来，国家已将环保产业列为重中之重的发展领域，进一步扩大了其规模，同时也逐步形成了完整的环保产业链，为相关行业的发展注入了强劲动力。在环保产业中，已经形成了一个多元化的产业格局，其中包括环境咨询、环保设备、运营和

---

[1] 资源来源：根据环球网资料整理。
[2] 说明：大气污染治理、水污染治理主要指"重大科技专项"投入。

维护等领域,这些领域涉及空气、水、土壤、危险废物处理和处置等。环保装备是环保产业中不可或缺的重要组成部分,环保设备制造企业在市场上占有很大份额。能源产业、电子制造业、金融业、特殊化学制品制造业等产业的投入,为环保产业的产出注入了强劲的动力,进而推动了这些产业的蓬勃发展。在我国产业结构转型升级的过程中,环保产业也是实现节能减排目标的重要手段之一。在此基础上,环保行业应充分利用新时代经济、业态与模式的深度融合,积极创新跨界产业模式,如"环境监控+互联网"等,有效推动自身发展。环保产业的持续优化也将给相关行业营造广阔的商业机遇。预计,环保服务业的飞速崛起,将会为产业链上下游提供众多就业岗位,进而大力提升环保产业整体水平。我国出台了推进环保产业发展相关重要政策和文件(见表 3-1)。

表 3-1 我国推进环保产业发展相关重要政策和文件

政策文件	发布时间	发布单位	特点及相关要求
《关于积极发展环境保护产业的若干意见》	1990 年	国务院	该纲领性文件是我国首部在国家层面对环保产业进行推动和规划的重要文件,首次明确并划分了环境保护的领域
《环保产业发展"十五"规划》	2001 年	国家经济贸易委员会	我国环保业发展的第一个五年规划,针对环保产业的健康发展,明确提出建立和经济体系兼容且多元化的投资融资机制
《关于加快培育和发展战略性新兴产业的决定》	2010 年	国务院	节能环保产业与新一代信息技术、生物科技以及高端装备制造业等领域,外加新能源、新材料和新能源汽车产业,被视为国家的战略重点新兴产业
《"十二五"国家战略性新兴产业发展规划》《"十二五"节能环保产业发展规划》	2012 年、2013 年	国务院	提出了环保产业发展的主要思路、目标和任务
《关于加快发展节能环保产业的意见》	2013 年	国务院	节能环保产业产值年均增速在 15% 以上
《关于加快推进生态文明建设的意见》	2015 年	国务院	大力发展节能环保产业
《国民经济和社会发展第十三个五年规划纲要》	2016 年	国务院	强调发展绿色环保产业

(续表)

政策文件	发布时间	发布单位	特点及相关要求
《"十三五"国家战略性新兴产业发展规划》	2016年	国务院	以推进环保产业为契机,满足经济转型升级、产业结构优化的需求,提升整个经济体系的绿色竞争优势
《"十三五"节能环保产业发展规划》	2016年	国务院	节能环保业增加值占国内生产总值的比重约为3%;技术领域显著提升与高质量国产化进程同步推进;市场环境及政策机制持续优化
党的十九大报告	2017年	第十八届中央委员会	壮大节能环保产业、清洁生产产业、清洁能源产业
《中华人民共和国水污染防治法》	2018年修订	全国人大	明确水污染防治基准与规划,采用科学有效的监管手段及相应对策,确保水资源生态的安全性,全力保卫人民饮用水安全以及公众的身体健康,深入推进行业生态文明建设
《中华人民共和国固体废物污染环境防治法》	2020年修订	全国人大	巩固工业废渣污染控制体系,加大对生产商的监管力度,推行排污许可制和资源综合运用评估体制,增强企业管理意识
《关于加快新型建筑工业节能环保化发展的若干意见》	2020年	住房城乡建设部等	推动绿色建材发展,兼顾安全健康与环境保护,积极落实环保理念。借助环境友好的绿色建材认证体制及广泛传播,使其被更多企业接受。建议将装配式建筑等新型建筑工业化项目作为环保建材首选,从而提高新建筑中绿色建材的应用水平。尤其对于装配式混凝土建筑,应围绕节能环保实现更深层次的实践

资料来源:作者整理。

二、我国多元化环保投融资机制逐步形成

如今,除了财政拨款和银行借贷,我国环保投融资领域中投资方式正日渐丰富,并逐渐构建起多元化投资格局,从而大大提高了环保行业获取资金的概率和可行性。中国环保产业正在步入一个新的投资与改革的重要阶段。多样化且市场化的融资方式逐渐完善,包括PPP模式(涵盖BOT、BT、TOT等方式),环境融资(涉及绿色信贷、绿色证券以及绿色保险等领域),环保产业基金,

以及环境产权交易等，共同促成了政府与市场投资融资体系的有机结合，为金融和市场资本搭建了广阔的舞台。

(一) 环保产业 PPP 模式已进入推广应用阶段

伴随政策不断优化调整，民资、外企等社会力量纷纷涉足于水资源保护、固体废弃物处理以及城市净水供应等基础产业。自 2014 年起，政府日益重视私营部门在环保公用事业中的角色，正式推行 PPP 模式予以支持。同年 12 月 4 日，国家发展改革委发布《关于开展政府和社会资本合作的指导意见》及配套文件《政府和社会资本合作项目通用合同指南》。同日，财政部亦发表《政府和社会资本合作模式操作指南（试行）》，并发出关于重点示范项目的指示，认定了 30 个 PPP 示范项目，涉及总投资额预计达 1 800 亿元。其中包括 15 个污水处理、供水及环境治理项目。值得一提的是，截至 2020 年 11 月底，我国 PPP 项目总数已超过 19 万亿个，其中，处在执行过程中的项目高达 11 万亿个。

(二) 绿色信贷规模不断扩大，实施了"银行、政府和投资"绿色信贷计划

绿色贷款通常用来描述银行支持的具有环保价值及潜在负面环境效应的贷款项目，并为此设定优惠利率门槛。2012 年，《绿色信贷指引》发布，致力于推进具有环保效益且可能对环境产生负面影响的贷款项目，极大地推动了绿色信贷的战略实践。至 2016 年 6 月，21 家主流银行机构的绿色信贷余额已经高达 7.26 万亿元，占总贷款比重的 9.0%。尤其值得注意的是，节能环保、新能源以及新能源汽车等战略性新兴产业贷款余额为 1.69 万亿元；同时，节能环保项目及相关服务贷款额高达 5.57 万亿元。此外，继 2012 年《绿色信贷指引》之后，2015 年 1 月，《能效信贷指引》发布，进一步促进了绿色信贷发展。亚能效信贷作为绿色信贷的重要领域之一，是银行为引导用能单位提高能效、实现节能降耗而提供信贷融资的重要手段。针对中小环保企业面临的融资难题，我国正积极推进地方政府发起绿色信贷计划。此计划由国家开发银行、各级政府及风投机构联合推动，为中小型环保企业提供有针对性且具有优惠条件的项目支持。值得注意的是，政府资金投入与收回过程中，企业无须支付任何利息。此举有助于提高企业资金使用效率与效益，进一步减轻其融资压力。

（三）绿色证券具有一定规模

截至 2014 年底，中国沪深两大证券交易所共诞生了 77 家以环境保护为主业的上市公司。其中，总市值超 200 亿元的公司达到了 8 家，总市值介于 100 亿—200 亿元的有 14 家，而总收入小于 100 亿元的公司则高达 55 家。在市值过百亿元的环保行业巨头中，民营企业与国有企业各占据了相同的份额（各占 50%），反映出资本市场正在逐步提高对民营环保企业的关注度及认可度。

截至 2020 年，环保上市公司业绩营收榜共有 185 家企业，其中有 126 家环保上市公司在 2020 年营收增长为正，占比 68.1%，整体营收情况向好。其中 7 家企业实现了 50% 以上的营收增长[①]（见表 3-2）。

表 3-2　部分业务涉及环保的上市公司业绩

上市机构	股票代码	企业名称	营业收入（亿元）	同比增长	净利润（亿元）	同比增长
上交所	600068	葛洲坝	1126.11	2.42%	42.82	−21.31%
上交所	600900	长江电力	577.83	15.86%	262.98	22.07%
上交所	600649	城投控股	65.65	80.14%	7.70	27.04%
上交所	600475	华光环能	76.42	9.09%	6.03	34.37%
上交所	601390	中国中铁	9714.05	14.49%	251.88	6.38%
上交所	601668	中国建筑	16150	13.75%	449.44	7.30%
上交所	601117	中国化学	1094.57	5.63%	36.59	19.51%
深交所	000027	深圳能源	204.55	−1.74%	39.84	134.19%
深交所	000778	新兴铸管	429.61	5.07%	18.12	21.06%
深交所	002202	金风科技	561.46	48.23%	29.64	34.10%

（四）绿色保险从试点到正式实施

绿色保险又名环境污染责任险，是一种基于企业对第三方污染事故所引发

---

① 资料来源：中国水网，http://wx.h2o-china.com/news/324142.html。

索赔责任的商业保险。从2007年起,为充分防控环境风险,我国开始全面推广环境污染强制责任保险。至2013年1月,中华人民共和国环境保护部、中国保险监督管理委员会协同发布文件,指引15个试点省市在重金属企业及石油化工等高风险行业实行环境污染强制责任保险,进一步强化了"强制"的理念。至今,已有超2.5万家企业参保,保险支出达600亿元以上。值得一提的是,2021年8月4日,环境保护部公布了环境污染责任保险清单,涉及全国22个省区市逾5000家企业,涵盖重金属、石化、危险化学品、危险废物处置以及医药、印染等多个行业。

(五)环保产业基金的设立为企业提供了更多新的投融资平台

据公开资料统计,我国已设立多达15支以环境保护为核心的基金,涉及3种类型:指数型基金及主动管理产品,其中包括8支基本股票基金、4支多元化运作的混合基金以及于2014年正式发行的3支基金:鹏华环保产业、银河美丽优萃、申万菱信中证环保及华宝兴业生态中国等。更为值得关注的是,重庆已批准筹建一项规模高达10亿元的环保产业股权投资基金,并于2019年度实现营业总收入近7亿元,总资产规模高达67亿元。

(六)环境产权交易市场的建设为环保产业投融资开辟了新天地

据党的十八届三中全会决议指示,我国正积极推动环保市场发展,并着重开展用能权、碳排放权、排污权及用水权四大类环境产权交易。近期,我国主要在排污权交易与碳排放权交易领域进行了实践尝试。例如,自2007年开始,国务院相关单位已选择在江苏、浙江、湖南、湖北、河南、河北、山西、陕西、内蒙古、天津等11省份开展排污权有偿使用和交易试点项目。又如,我国曾于2011年在北京、上海、广东、天津、湖北、深圳以及重庆设立碳交易试验点。2021年7月16日,全国范围内的碳排放交易市场在上海环境能源交易所正式启动,首期碳配额开盘价定为每吨48元。此外,本次全国性碳交易还首次实现成功撮合,成交价格达到每吨52.78元,累计成交量达16万吨,总销售金额逾790万元。截至当日收盘时,碳配额价格定格在每吨51.23元,当天成交总量达410.4万吨,成交总金额高达2.1亿元。首批参与全国碳交易的电力行业重点排放单位共有2162家,涵盖的二氧化碳排放量约为45亿吨,这使得我国有望成为全球

范围内针对温室气体排放规模最大的碳市场之一。① 我国碳排放市场发展历程如图3-3所示。

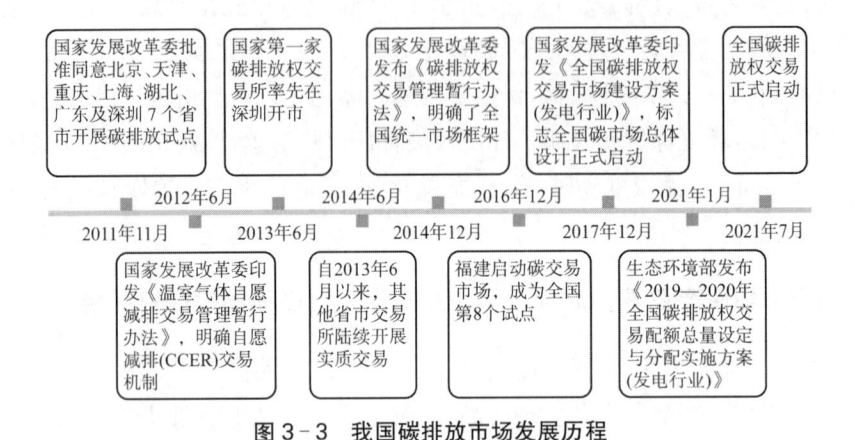

图3-3 我国碳排放市场发展历程

2011年11月	国家发展改革委批准同意北京、天津、重庆、上海、湖北、广东及深圳7个省市开展碳排放试点
2012年6月	国家发展改革委印发《温室气体自愿减排交易管理暂行办法》,明确自愿减排(CCER)交易机制
2013年6月	国家第一家碳排放权交易所率先在深圳开市
2014年6月	自2013年6月以来,其他省市交易所陆续开展实质交易
2014年12月	国家发展改革委发布《碳排放权交易管理暂行办法》,明确了全国统一市场框架
2016年12月	福建启动碳交易市场,成为全国第8个试点
2017年12月	国家发展改革委印发《全国碳排放权交易市场建设方案(发电行业)》,标志全国碳市场总体设计正式启动
2021年1月	生态环境部发布《2019—2020年全国碳排放权交易配额总量设定与分配实施方案(发电行业)》
2021年7月	全国碳排放权交易正式启动

三、环境污染第三方治理机制已然启动

"环境污染第三方治理"是将污染物排放责任转移至专业环境服务公司的一种新型治理方式,即由相关公司根据协议向其付费。环境污染三方治理牵涉众多关键角色,包括排污企业、治污企业、地方政府、金融机构、公众等。排污企业应承担污染控制核心责任。第三方处置企业依据相关法律及排污企业特许条件履行指定保护任务。金融机构提供资金支援以推动环境治理,环保主管部门实施排放与控管监控,公众负责环境监督,同时,地方政府为专精环保企业提供财政优惠与专项环保基金等激励性政策。

近年来,较多出台的文件均为第三方治理提供了发展平台,如被称为史上最严的新修订的《环境保护法》明确提出"鼓励环境保护产业发展";中共中央、国务院《关于加快推进生态文明建设的意见》提出"积极推进环境污染第三方治理";国务院《大气污染防治行动计划》《水污染防治行动计划》《土壤污染防治行动计划》明确提出环境质量改善主要指标及任务,为第三方治理产业扩大规模、提高技术水平和市场化程度提供了较大的平台。国务院办公厅《关于推进环境污染第三方治理的意见》明确提出推进第三方治理发展的办法,同时各地也相

---

① 数据来源:https://xueqiu.com/5166816792/191720048。

继出台了推进环境第三方治理的相关政策方法以推动该环保产业的发展。同时,为指导和推动环境污染第三方治理相关工作,国家发展改革委、财政部、生态环境部和住房城乡建设部办公厅颁布的《环境污染第三方治理合同(示例范本)》,内容包括建设运营及委托运营两种第三方治理模式的合同示范文本,为第三方治理规范化发展提供了参考。

第二章　我国环境治理的市场化改革

第一节　环境治理市场化运作的有益尝试

一、南京秦淮河环境综合治理项目

该项目是江苏省南京市为了改善秦淮河水质和沿岸景观,提升城市生态文明水平,打造人民满意的水环境而实施的一项重大工程。该项目代表性主要体现在以下三个方面:首先,它是一项涉及多个部门、多个领域、多个层次的系统工程,需要协调解决水利、治污、拆迁、景观、路网等方面的问题,展现了南京市的综合治理能力和创新管理模式;其次,它是一项充分利用市场机制和经济手段,调动社会各方面参与的公益项目,通过特许经营、政府购买服务、PPP 等方式,引入社会资本,降低财政负担,提高效益和质量;最后,它是一项注重保护和传承秦淮文化,打造秦淮风光带的文化项目,通过恢复历史建筑、开展文化活动、提升文化品位,让秦淮河成为南京市的文化名片和城市符号。

(一) 背景

秦淮河被誉为南京的护城河,担负着泄洪、排污和航运的重任,也是"六朝古都"的历史文化的延续者,是南京的母亲河。自 20 世纪 80 年代以来,秦淮河周边非法建筑与污染行业迅速扩张,生活及工业废水未经处理直排入河,导致水域生态环境遭受严重破坏;与此同时,伴随南京河西新城区日益繁荣,"护城河"逐渐转变成为城中之河,民众以及专家对于污染整治的期望也不断提高。政府应致力于提供如污染治理、景观提升及生活条件改善等公共产品,然而,鉴于此类投资无盈利且需庞大开支,其经济回报值得深思。根据当时的调查计算,环境改善项目一期(从粮食运输河口到三岔河口约 16 千米)需要投资 30 多亿元,主要用于移民安置、污染企业搬迁、水利工程、景观工程等方面。仅靠政府直接投资,要在短短三年内完成如此大规模项目,势必面临极大困难。在城市管理理念的指导下,南京于2002年进行了资产和资源整合,先后建立了国有资产管理集团、交通集团、土地储备中心、城建集团等政府融资平台。以债务政府的角色行事是该平台的主要任务,也就是将市场的元素融入城市资源(以土地资源为主)的配置运转中,将更多资金投入建设城市基础设施过程,偿还政府拖欠款项,让城市面貌迅速有所改观。基于上述情况,投资缺口巨大的秦淮河环境综合治理才得以正式起步。

(二) 基本实践

"综合整治",根据字面意思不难看出其困难程度及巨大的资金需求。若没有从上到下的精密组织配合,想要实现"综合整治"无异于大海捞针。具体实施方法有下面三种:首先,对于组织体系,市长负责指挥临时成立的综合指挥部,指挥部成员来自市、区政府相关部门,面对重大举措由组织成员共同商议决定。同时建立了专门负责项目具体实施的经营公司,该公司由城建集团总经理全权负责。其次,由项目公司负责资金筹集。预定项目公司需承担项目建设的资金及预付款责任(主要筹资方式为向银行申请贷款)。政府方面,将未来土地使用权收益作为投入,同时同意延期收取部分污水处理费用,这些款项将于固定期限内逐年归还。待项目竣工后,依照政府一系列规范要求,企业有能力获得银行贷款。项目完成后的日常运营管理与维修支出将以服务设施产生的收益支付,此工作将交由政府授权的专门机构负责执行。最后,对于具体实施,政府部门服务于项目公司,项目公司服务于项目的同时,将集资、建设和管理一把抓。城建总部帮助项目公司发挥协调作用。这样一来项目公司便可以在政策的指导之下及时地、全面地完成项目建设。

(三) 直接成果

项目历时三年,在2005年完成了第一阶段目标,秦淮河环境有了明显改观。可以说,在市场机制引导下实施该项目为南京市民提供了诸多优质公共产品,政府直接投入较少,并主要体现在以下几个方面:一是水质明显提高。通过拆解棚户区与迁移污染源企业,配合管网泵站与污水处理厂的新建、升级改造项目成功达成了辖区内污水零排放的目标。三岔河口闸门的建成使得秦淮河在旱季8个月内都能保持景观水位。外秦淮河引入石臼湖和长江的水源,并通过六道水闸进行联合调控,在我国环保产业技术研发仍以常规技术为主的情况下,使得水质持续改善,并基本满足了景观用水的要求。二是两岸绿化全面推进。大量种植灌木、草坪、花卉、水生植物以及垂直绿化等植被,新增绿化面积达120万平方米,其中各类树木就有3万多株。这在调节气候、美化环境、保护水资源、保护土壤以及维持生物多样性等方面都会产生长期效益。三是市民亲近水源更加便利。在保障防洪安全前提下,优化或重建对景致有碍观感的防洪墙。针对不同区域之间旱涝分明的水位差,选用自然护坡或构建一至三级平台等方式。在亲近水源的平台、滨水公园、广场和各类休闲健身体验场地等处建立年度造福人群项目,实现便捷性与水环境的紧密结合,每年受众数以百万计。四是文化资源得到保护。修复后的鬼脸城、明城墙和七桥瓮古桥等历史遗迹充分展现了"山水城市森林"的独特面貌;同时,为弘扬秦淮河文化,深入发掘整理其相关史料,并建立了包括范蠡、李白、陆游、辛弃疾等人物雕像及两小无猜、牧童遥指、南都梁会图等新文化景点,以推动秦淮河文化资源的传承工作。值得一提的是,南京在污水处理领域取得的显著成绩,及其先进的治理模式已然成为全国典范,不仅极大提高了城市的整体形象,更对市民生活质量的改善发挥了积极作用。

二、佛山市南海区推进环境污染第三方治理

广东省佛山市南海区投入1700万元购买治理服务,推进村级工业区整治。这是南海区一直致力探索的"第三方治理"模式的首次尝试。南海区环境污染第三方治理是一项创新的环境治理模式,通过引入专业化的第三方环境服务机构,为污染企业提供从技术咨询、方案设计、工程施工、运营维护等一站式的环境污染综合治理服务,实现了污染治理的市场化、专业化、产业化。它是一项系统的环境治理工程,涉及多个部门、多个领域、多个层次的协调和合作,以村级工业区为重点,以"环境服务超市、环境服务队、环境服务站、环保顾问"四位一体为支撑,打通了环境服务的供需链,提高了环境治理的效率和质量。规划旨在塑造规范化的环保管理市场,依托信息化登记、公开服务承诺、全面性检查、专业化信用评估以及"黑名单"发布等管理机制,实现政府监控、社团指导、市场调节和企业自我约束的全过程监管架构。这将有助于推动环保服务市场的健康有序发展。

（一）基本实践

1. 集聚第三方治理企业

佛山市南海区于 2011 年 6 月 2 日获得原中华人民共和国环境保护部办公厅批准，建立环境保护服务业发展试验区——国家环境服务业华南集聚区。集聚区自建立以来已成功吸引了 150 余家环保相关企业及专业机构进驻。其业务范围涵盖了环境服务的各个环节，包括检测鉴定、解决方案制定、咨询教培、前沿技术研究、工程设计、产品装备制作以及清洁能源开发等。这些机构形成了明显的集中效应且具备深厚的品牌影响力，他们能胜任为第三方治理提供一条龙的服务，顺应市场趋势，大力推动全产业链的合理布局。

2. 支持第三方治理项目

《佛山市南海区环保产业发展扶持和奖励办法》出炉，拨款 65 亿元专项预算，着重支持环保领域新兴公司以及实力雄厚的企业，涵盖产业发展、创新驱动、第三方治理方案、技术研发及引入、人才培育、项目融资和整体生态环境营造等领域。在此基础上，积极鼓励政策创新，加大对环境污染第三方治理的奖励力度，为第三方运作污染处理设施的企业、集中处理污染物的企业和向第三方提供环境管理咨询服务的企业提供充足的资金援助。

3. 规范第三方市场治理

《佛山市南海区环境服务机构管理办法》发布，针对社会环境监测和环评机构的有效监管与评估，在建立一体化监管系统中，应实现政府、行业组织、市场及机构共同参与，并确保有明确法律法规作为依据。环境服务企业须遵循信息备案、公开服务承诺、全面审查以及声誉评分制度和"黑名单"公示等监管规程。截至 2017 年，包括南海区在内，已成功登记了 199 家环境服务业相关企业的信息。

4. 以第三方服务体系促进第三方治理

引入了由第三方环保机构主导的专业化环境服务体系作为手段，运用"四位一体"的环境服务超市模式，有效地推广了第三方的环保污染治理措施，构建了包含环境服务超市、环境服务团队、环境服务站和乡村（住宅）环境保护顾问在内的多元化合作机制。

（1）环境服务超市。环境服务超市深耕华南地区环保产业集群，融合 O2O 模式，立足线上线下平台，全面为企业与公众提供第三方环境污染治理定制化方案,有效化解环境服务中的两大难题——"何处求援"以及"如何选择"。2017年,共集结环保相关企业逾百家,累计汇编环境服务方案高达128份。

(2) 环境服务团队。南海区发布《南海区村镇工业区环境服务工作方案(2016—2020年)》,项目投资达到了2300万元,通过政府采购方式向第三方环境服务机构购买服务,进而组建环保服务团队。环境服务团队主要深入村镇工业区进行环境教育和生产污染检查等社会公益活动。努力寻求污染防治的专业化和集中性,积极引导企业采用第三方环保治理方案。

(3) 环境服务站。环境服务站以为乡村(小区)提供长期环保服务为目的,主要工作是在供需连接上发挥基础作用,并颠覆传统行业形态,以网络覆盖完美补足不足之处,从而扩展基层的环境污染第三方治理业务。2017年,佛山市南海区共在包含工业区在内的共136处村落(小区)建立了环境服务站点。

(4) 乡村(住宅)环境保护顾问。"村(居)环保顾问"是南海区全新推出的公益性环境管理服务模型。引进了专业的第三方环保团队,为村(居)组织、市民以及企业提供全方位的环保咨询和宣传援助,并为生产型企业制定全面的治理策略。这一项目致力于实现环境治理领域商务合作的多元化发展模式。

(二) 推进策略

1. 村级工业试验区集中治理

南海区有685个村级工业区。"让每个家庭发光,让每个村庄冒烟"的粗放式发展模式造成了严重的环境问题。村级产业无序发展态势与当前发展需求相悖。以印染、造纸、制鞋、铝型材加工等具有地域特色产业为依托的村级工业区作为试点,引进成熟的第三方治理机构,运用PPP运作模式,拟订专注于治理废水、废气和固体废弃物的综合性解决方案。

2. 披露第三方治理信息

依托政府线上平台建立第三方治理信息公开框架,以激励和推动第三方管理机构全面公开自身信息、服务费标准、管治项目内容及项目验收情况等。同时,对公开信息进行定期检查,及时发现并通报违规行为,以此推动第三方管理行业的规范化运作。

3. 提倡签订三方合同

国家发展改革委等发布的《环境污染第三方处理合同(示范文本)》,明确规定了参与各方的责任:排放污染物的企业为首要责任人;第三方治理企业则需遵循与业界协会协商制定的环境服务合同中的条款来履行法定职责；而作为行业监督机构，业界协会需要确保各方依照法律法规执行污染控制措施。

佛山市南海区抓住国家大力发展环保产业的契机，启动了国家环境服务业华南集聚区建设，实现了增长方式的转变、产业结构的升级，具有借鉴意义。目前，该集聚区已进驻知名节能环保产业企业超过 150 家，进驻企业涵盖环境检测认证、方案解决、咨询培训、技术研发、工程设计、产品装备制造、清洁能源、金融风险投资等领域，新增投资超 10 亿元，其中有 3 家环保企业在主板和创业板上市，5 家成功登陆新三板，5 家在广东省股权交易中心挂牌，5 家成为区上市重点后备企业，该集聚区的资本市场环保板块正加速成形。

第二节　我国环境保护市场体系存在的问题

一、环保产业发展面临的主要挑战

（一）环保技术创新和研发空间大

环保产业作为战略性新兴产业的重要组成部分，因其所具特性常被称为高科技行业，所以对科技创新的要求异常强烈。自 2017 年起，我国在环保领域已取得一系列显著成果。例如，运用本国自行研发的技术及设备，成功进行了长达近 170 小时的海底可燃冰连续开采试验，为未来能源格局的改革奠定了基础。尤其值得关注的是，中国自主研发的膜生物反应器等环保设备已经达到国际领先水平。但仍不难看出，目前我国环保企业差异明显，企业研发成果主要集中于少数龙头企业，而且当前环保产业的技术研发主要集中于常规技术领域。大部分环保行业依然处在中低层次，技术欠缺新颖性且相对落后，环保科技的研究开发具有广阔的潜力和上升空间。环保产业的技术创新需要在前期将技术、人才、市场、资本等多维度资源整合，结合产业需求的实际痛点和自身市场推广渠道的优势，完成前期投资的高效退出，使孵化技术具有造血功能，真正为企业自身业务结构调整和核心技术升级注入新活力。

（二）环保产业发展存在空间差异

我国环保产业呈现"一带一轴"格局，集聚于长三角、珠三角与环渤海三大核心区。尽管已构建起长江流域纵向发展轴线,但东西部间仍存在显著鸿沟,环保产业发展空间格局存在差异。以东部沿海省市如江苏、浙江、山东、广东、上海为主导,其环保产业产值已占据全国总额超过50%,其中,仅江苏一地的环保产业产值便已占据西部八省市的总产值之半。据统计,2020年,全国环境治理营业总收入在国内生产总值中所占比重达到了1.9%,比2011年提升了1.14个百分点;其对国民经济做出的直接贡献率则飙升至4.5%,较2011年大幅增长了3.35个百分点。生态环保行业从业人员约320万人,占全国从业人员总数的0.43%,比2011年上升0.31个百分点。2021年环境治理营业收入达到了2.2万亿元。"十四五"期间,将保持10%左右的复合增长率。2025年,环境治理的营业收入预计将超过3万亿元(如图3-4所示)。

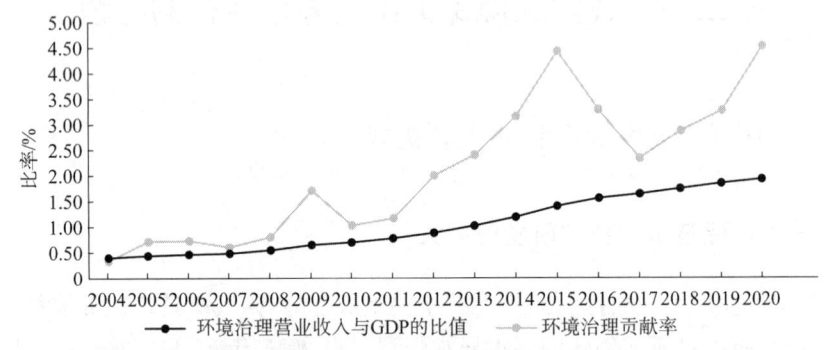

图3-4 我国环境治理营业收入与GDP的比值及环境治理贡献率

资料来源:《中国环保产业发展状况报告》。

我国西部部分地区如西藏地区,环保投资几近于无;相比之下,位于东部的山东省等地区则每年投入巨额资金用于环保治理。可见,各地环保事业发展与经济发展紧密相连。尽管"沿海产业带"已有基本完备的布局,然而其更加深入的发展尚待进一步推动。我们可以通过构建关键性产业集群,发展区域内的环保领军企业,从而引领整个地区环保产业更加壮大。

(三)环境保护执法面临严峻挑战

自2016年以来,我国相继颁布了"大气十条""水十条""土壤十条"以及《中华人民共和国环境保护税法》等环保法规。与此同时,环保监管工作逐步展开。自2016年初中央环保督察在河北省试行以来,2016—2017年已实现对全国31个省的全面覆盖,问责超过1.7万人次。环保执行虽已取得显而易见的成果,然而依然面临多个严峻挑战,例如,现行部分企业及社会民众仍未适应环保政策新常态,仅依据短期企业利润损失进行片面判断,忽略了环保收益,以及对经济社会进步的深远影响。全面贯彻落实党的二十大精神,必须深刻理解并践行"绿水青山就是金山银山"的核心理念,实施力度空前的生态环境保护措施。因此,各相关机构在执行法律时须避免过度依赖行政举措,根据法律规章与市场准则衡量企业行为,确保环保执法在严惩违规行为的同时,兼具人本关怀。

二、环保产业投融资中存在的主要问题

(一)环保行业投融资总体水平较低

在环保投入方面,一些发达经济体比我国有更成熟的经验。据观察,只有当环保投资占据一国国内生产总值的1%—2%之时,方可有效阻止环境状况继续恶化。而若要使环境得到明显改善,则需将环保投资增至同期国内生产总值的3%—5%。以国内生产总值中的环境污染防治投资占比作为评估标准,我国在此领域的投入力度并未有实质性提升。自2005—2013年,该项比例始终保持在国内生产总值的1.29%—1.59%。2014年,中国环境污染治理投资达到峰值9 575.5亿元,2015年减少,2016年恢复,2017年达到9 539亿元。2006—2017年,复合年增长率达到12.68%(如图3-5所示)。

图3-5 全国环境污染治理投资总额及占国内生产总值比重

资料来源:中国生态环境统计年报。

与此同时,在"十二五"规划初期阶段,英国环保投资已占本国国内生产总值的5.27%,法国同样高达5.26%;相较之下,意大利仅有3.13%,而日本则创纪录地达到6.16%。自2012年以来,我国也开始了对于"环境污染治理直接投资"这一概念的深入分析和揭示。经过调研发现,实际上,污染控制设施的直接投入仅占据污染控制总投入的一半左右,这大大低于此前我们预测的总投资规模。大多数城市环境基础设施投资无法确定为直接环保投资。从2010年到2021年,我国环境污染控制总投资占国内生产总值的比例普遍下降(如图3-6所示)。

图3-6 环境污染治理投资总额占国内生产总值比重
资料来源:中国生态环境统计年报。

据观察,排除"水"费用后的环保投资额明显减少,其在国内生产总值的比重也相应降低。依据环境污染治理投入占社会固定资产总投资的比例数据显示,自2005—2013年,仅有约2%的社会固定资产投资用以改善环境。在此范畴内,以"三同时"原则进行的环保投入仅占据了总投资额的约0.7%,主要投入于前期污染治理工作。低投入的环境保护不利于治理环境污染,甚至无法防止新污染的出现,也无法解决历史上积累的环境污染问题。到2020年,国家环境污染治理投资总额达10638.9亿元,占国内生产总值的1.0%,占社会固定资产投资总额的2.0%。其中城镇环境基础设施建设投资额为6842.2亿元,占比64.3%,投入454.3亿元治理老工业污染源,建设项目竣工验收环保投资额为3342.5亿元,占比分别为4.3%、31.4%。

(二)政府对环境治理的投入不足,中央财政占比特别低

通常而言,我国环保投资过分依赖政府投资,但这并不代表这些投入充足或过剩。实际上,我国政府的环保投资仍显不足。环保产业具有显著的正外部效应,因此政府财政资金对于环保项目的干预,不仅能引导并促进环保产业的发展,还能有效提升环保项目的经济效益和社会效益。采用财政激励手段,有助于逐步实现环保项目外溢效应内生化。在国际上,政府财政资金参与环保治理投资主要体现在以下几个方面:绿色信贷贴息政策、绿色信贷担保、价格补贴、政府采购、绿色债券免税以及设立绿色银行等。近年来,从我国环保财政支出的数据来看,环保类财政支出呈稳健上升态势,但其占全国财政支出比重仍然偏低,一般约为2.5%,主要资金流向为"211环境保护"相关计划。目前,国家已经初步建立了一套以部门为主、各级财政为辅、中央和地方共同参与的多元化资金投入机制,并取得显著成效。但有消息称,"211环境保护"预算主体具有很强的统计功能,资金保障功能薄弱。从整体上看,环保财政支出存在着一定程度的问题。有些地方主体是"渠道无水",主要是支出执行不力。另外,部分地区存在财政资金使用效率不高,甚至出现挤占挪用等现象,导致环保专项资金使用效益低下。由于地方政府财政投入的不足,部分已建污染控制设施因运营成本得不到保障,出现运行不到位或者停工等问题。我国在环境保护方面的财政支出也表明,中央政府在环境保护领域的总支出中所占比例很低,2009—2013年,这一比例低于3%。这种情况不利于全面、跨区域的环境污染治理的发展。

(三)绿色金融类型少,绿色信贷程度低

我国绿色金融发展水平相对滞后,在产品多样性和质量上有待提升。当前市场上绿色金融产品类型较少且结构简单,如仅有商业银行推出了绿色信贷和能效融资这两种产品,而其他多元化的绿色金融产品则未能充分发挥其潜在优势。由于我国金融体系过分依赖于银行信贷(占据社会融资总额超过90%),以及金融机构环保投资政策引导机制不够完善,一定程度上限制了环保领域的资金投入。一方面,环保项目的经济效应不明显导致大部分银行对其兴趣不大;另一方面,需要贷款的环保项目主体多为中小企业,融资担保能力的匮乏使得他们难以获得贷款。然而,现阶段仍面临环保融资平台产品稀缺及环境金融品种单调等困境,金融与资本市场对环境治理尚待推动。截至2013年,全球有79家金融机构采用赤道原则执行80%的项目融资,但在我国内仅有兴业银行与其挂钩。2013年出台的《绿色信贷统计制度》规定了12种节能环保项目和

服务的绿色信贷统计范畴及其每年的节能减排效率,涵盖了银行绿色信贷的现实状况。据报道,2013 年,兴业银行绿色信贷在其总贷款中的比重高达 13.1%,居业内之首。相比之下,多家银行这一比例均处于较低水平,其中中国工商银行仅为 6%,中国建设银行为 5.6%,中国银行和招商银行分别为 3.4% 和 5.2%。另外,浦发银行为 8.6%,平安银行略低于平均水平,为 1.3%。

(四)社会化环保投融资机制不完善,投资回报难以保障

现行阶段,社会化资金正逐步投入环保治理领域,主要是以各种 PPP 形式,参与污水处理及其他相关环境设施的建设和运营。在社会化投入规模较大的污水处理设施等领域,依然未能实现市场化运营,统计数据显示,我国内地城市污水处理设施中 50% 左右的运营份额由社会力量承担,然而仅有大约 5% 的工业污染治理属于社会化运营范畴,且工业污染占据总污染量超过 70% 的比重。环保行业投融资规模存在重大短板,究其原因在于市场机制构建尚不健全,导致社会资本无法获得理想利润,资金涌入受阻。具体表现在以下几个方面:首先,现行的法律规章制度尚需改良和完善,环境执法效果不佳,故企业在涉及环保问题时更偏向支付罚金而非更新环保设备;其次,现有投资方式,特别是行政审批程序,依然如故,市场配置资源的决定性地位亟待确立;最后,价格体系需进一步改进,预期价格与实际价值存在偏差,政府价格主管部门有责任重新定位定价标准。这种不合理的价格机制阻碍了社会资本的进入。此外,虽然目前已出现诸如上市融资、地方政府债券等方式为环保筹集资金,但相关配套政策仍需完善,这些差距进一步制约了社会资金流向环保领域。

三、"第三方治理"发展存在问题

(一)环境污染控制特许权制度的缺陷

鉴于水污染治理行业涉及诸多利益方,而且各方之间的竞争与合作频繁,再加上治理过程漫长且效益恢复缓慢以及公益性质突出等复杂因素,致使水务特许协议的内容繁复,在实际执行过程中易产生纷争。尽管特许经营协议的内容列于《关于加快市政公用事业行业市场化进程的意见》和《市政公用事业特许经营管理办法》第九条,但现行法规仍未能完全满足当前水污染治理特许经营

的需求,无法有效起示范及调整合同条款之效用。水资源特许协议兼具公法与私法性质,其技术层面展现出行政机关运用私法以契约形式实现环保公共目标的特点。然而,当涉及污水处理等需强化政府干预及垄断的行业时,以特许经营权为基础的协议在公法与私法界定上变得越发模糊。更为复杂的是,处于法律框架尚未完善的地带实施污染控制协议实属不易。尽管当前城市污水处理领域已经以 PPP 特许经营协议模式为主导,但仍存在着因水污染治理领域法律制度堪忧导致的第三方企业行政救济不足的问题。为此,我们有必要采取措施,如强调预防性原则、实行责任担当机制等,从而防止协议履行过程中的责任推卸以及不负责任行为的发生。

(二) 污染责任不明

现行体制法规之下,环保工作常面临违约责任和行政责任界定困难,与第三方环境管理利益相关者之间也易触发矛盾。具体来说,待完善的环境服务评价指标体系使得在对环境服务协议中的法律责任判定上相当复杂,治理责任往往通过合同形式进行外包,其中,排污企业的污染防治责任可转向合同约定的环境服务提供商,第三方治理当事人或对治理结果影响不利。但就法律层面来看,第三方治理当事人属于合同范畴内的环境治理责任承担者,而非法定意义上的污染防治责任承担者。环境服务公司作为第三方治理群体成员,并无法律规定其必须履行污染防治义务。换言之,若出现排污违规行为,在行政处罚中,首要责任依然归于排污企业,与第三方污染治理公司无关。对于特定的水污染问题,其流动性及时效性制约了责任分配。譬如,当污水排放不尽如人意时,举证证明水源本身存在问题或是处理方式存在不当极其困难。因此,万一出现污染问题,水污染治理公司便难以澄清自身。

(三) 缺乏市场准入和退出机制

当前环境污染第三方治理尚处在探索阶段,市场监管混乱。主要在于环境服务收费标准的缺失,加之水质控制过程漫长,短期内无法准确评估治理成效;此外,水污染问题的复杂性进一步加大了对防治效果的评价难度。水污染具有地域性,各地环保企业之专长亦不尽相同。若缺乏甄别机制,非专业污水处理企业寻求合适的第三方治理合作对象犹如盲人摸象。此外,排污企业对第三方治理企业的实际运营情况了解有限。面对需求高度专业化且技术要求极高的水污染治理任务,如操作不当,就极易引发污水企业对水污染的失控局面。将污水处理业务交给第三方治理企业,既可节约时间与成本,又能大幅提升效率。此外,适时性也是决定水污染控制成功与否的关键因素。再者,政府对环境监测的关注度高,企业排放标准低,这使得排污企业对治理服务企业的依赖度也相应增加。然而,一旦第三方治理企业未能履行合同约定,排污企业将面临巨大风险。

第三节 完善我国环境市场体系的对策建议

一、新时期我国环保产业发展的对策与建议

(一)完善政策法规和市场机制

在"十三五"规划实施期间,我国深入贯彻创新、协调、绿色、开放、共享的新发展理念,推动新时期环保政策法规不断完善,污染治理、监督管理和问责机制也得到全面提升。然而,我国环保产业具有典型的政策依赖性特征,市场化程度尚待提高。相较于美国、日本等环保产业领先国家,我国在相应的税收优惠、财政支持、金融服务等激励措施方面尚有不足。为此,我国政府需加大财政、税收、价格、金融、投资等政策支持力度,以构筑更为健全的产业发展政策环境,进而有力推动环保产业持续健康发展。

(二)创新驱动发展促进成果转化

科技创新是环保产业持续发展的根本,以此激活产业发展驱动力。我们计划制定"核心企业驱动产业集群成长"发展策略,采取多元措施推进环保产业现代化升级。首先,首要任务在于提升自主研发及创新能力,发掘现有资源潜力,激发产业凝练创新实力。同时,积极参与"一带一路"倡议,拓展国际产能合作,铺设公司国际化发展路径。其次,运用新兴能源和新材料,革新传统生产模式,研发具有国际竞争力的新型设备和工艺技术,构筑高效、环保、智能、安全的环保产业链。此外,构建环保产业科技创新平台,吸纳国内外优质科研资源,携手行业领袖企业和杰出人才,实现科技共享,助力创新成果孵化。运用已有环保

产业园区的优势,吸引各类资源联动,组建产学研互动联盟,加速创新成果转换。最后,完善和改进环保领域先进技术研发支持系统,增强中小企业自主研发信心,引领全产业协同发展。

(三) 优化投资结构,加强政府引导

政府投资对于环境保护产业的稳定发展处于举足轻重的地位。然而,环保产业面临着资金需求旺盛、周期漫长、效益难以显现等问题。鉴于环保产业所提供的公益服务性质,初期大多数的开发成本均由政府承担,在其步入市场经济后,因其发展潜力受到金融资本的热烈追求。在此过程中,海量资本涌入,而众多低效投资也随之而来。要解决此困境,政府应对投资方向和结构予以引导与调整。具体措施包括:积极拓展多元化投资来源,丰富融资途径,全力推行PPP、BOT 及绿色环保基金等模式;应密切关注环保领域税收优惠政策,加大金融机构对环境保护企业技术改造项目的信贷支持力度,有效解决环保行业融资难题,激发业界创新动力。

(四) 把握战略红利加快"走出去"

"一带一路"倡议赋能中国环保产业新活力,助力国内企业与海外公司构建深度合作体系。我国环保企业通过参与"一带一路"建设,不仅能够实现技术转移与技术创新,而且有助于拓展业务领域和提升管理水平。"一带一路"倡议符合全球绿色发展的大势所趋。在这一背景下,"一带一路"各国将加快推进环境保护立法进程,并加强区域合作。随着周边部分地区资源短缺、环境破坏及生物多样化不足等问题日益严峻,我国环保产业的全球化进程具有重要的战略意义,对推动相关方实现可持续发展大有裨益。以完备的产业体系为支撑,加上部分尖端科技已跃居全球顶尖,成本合理且品质非凡的产品是我国环保产业推行国际化策略的核心竞争力所在。在经济全球化背景下,各国政府也越来越加大对环保领域的投资力度,环保产业将成为未来全球投资热点之一。我国环保产业的"走出去"战略在需求和供给两个方面都表现出了坚实的基础。但仍不可忽视的是,我国环保产业的"走出去"也受到了语言、文化、法律等方面的差异的制约,这是因为部分中小环保企业的国际化水平相对较低。国内环保行业外投规模尚待提升,且管制机制欠缺,也制约了其走向国际市场的进程。因此,亟须出台细化的外向型策略,包括完善法律法规、制定海外投资准则,构建"一带

一路"国际产能合作框架,以及为大中型国企与中小型企业联手出海扩张注入激励因素。同时,需要强化政府指引,加大政策支持力度,以保障优质的公共服务供给。借助亚洲基础设施投资银行、丝路基金等资源,推动绿色"一带一路"建设,助力环保产业的全球化发展。

二、新时期创新环保市场投融资机制的对策与建议

(一) 转变政府职能,营造政策环境,促进环保产业发展

环保产业受宏观政策影响的程度甚于常规产业,故政策法规的完备及有力监管对维护该产业公平竞争环境至关紧要。鉴于产业发展的困境和束缚,政府规划及相关政策显得格外关键。现阶段需着重推进三项工作:首先,实施资源环境价格与税收体系变革,设计科学合理的项目回报机制,如先前已实行的电价调整与城市污水收付费制等;其次,构建严格的节能减排责任制度并完善问责机制,借力而为,推动环保产业的持续发展;最后,加大环境监管力度,消除地区保护主义干扰,使更多环保设备、产品和服务得以进入市场。

(二) 加大政府对环境保护的投资力度,提高政府投资引导能力

当前,我国正积极推进各地、各行业降污减排工作,然而政府对于环保投资的限制尚未严格执行。政府应该像重视教育、科技投入那样,明确加大环保投入,比如,明确提出"两个不低于"的环保投入目标要求:各级政府环保投入增速不低于当年 GDP 增速,增量不低于上年。鉴于中央政府环保投入比重偏低的现实,根据事权与财权匹配原则,适当加大中央环境保护投入力度,优化政府内环保资金投入结构。在明确环保投入力度的同时,政府应研究确定环境保护投资的统计口径,建立环境保护投融资效益评估体系,防止环保投资的"虚化"和"盲投"。展望未来,政府须多样化地扩大环保投入规模,承担起污染防治主体责任,通过向环境服务外包企业购买服务、优惠贷款、融资担保等多种方式,辅之以财政激励、金融机构风险与回报补偿以及风险投资公司环保投资等手段,充分调动社会资本力量,共同推动环保事业发展。

(三) 大力发展环保市场,推进环境污染第三方治理

依据全面深化改革相关决议,我们应加大力度推动环保市场发展,运用节

能减排、碳排放及排污、水质等相关权益交易模式,并建立市场化运作体系,以吸引更多社会资本投向生态环保领域。同时,大力推广环境污染第三方治理模式,力求通过市场力量解决我国环保事业所遇到的挑战,防止生态环境持续恶化。第三方治理具有两大显著优势,其一,专业公司负责专业作业,改变了过去企业非专业且无法自主控制污染的现状;其二,将"污染者付费"改为"污染者自负",即企业在产生污染后无须直接应对,但需支付相应费用,交给第三方专业公司处理,从而实现多重收益:首先,有效提高污染治理的效率,降低环境风险,推动污染治理的专业化;其次,有效提升环保行政执法效率,使得执法重点从广泛的排污企业转移到有限的专业环保企业。在此过程中,需要注重第三方治理的实施效果,政府要在原有职责基础上,进一步发挥出市场力量,甚至可以下放部分"裁判"权力。同时,政府应完善相关法规准则,及时弥补市场漏洞,督促指导服务,并加大监管力度。在实施过程中,应注意发挥行业协会、社会组织等机构的作用,逐步建立以行业项目绩效为依据的信用评估体系,纳入行业诚信信息库,形成推荐名单和黑名单等多元评价机制。

(四) 大力推广 PPP 投融资模式,提高模式适应性

在 PPP 模式下,政府与私企携手构建和管理基础设施,旨在将民资注入环保行业,提升环保水准。PPP 投资模式须稳中有序地推进,深化政府与社会资本的协作作为革新导向,实现政府职能的适时调整。此过程中,政府从公共产品的直接"提供者"转变为社会资本的"合作者"及 PPP 项目的"监管者"。PPP 模式运转的重要构成要素包括:遵循风险收益对等原则、严谨制定合同,以及政府与社会资本对于项目风险的合理分配。在此期间,建设与运作风险由社会资本负责;而法律政策变动、自然灾害等不可预见因素引起的风险则由各相关方自主承担。在运营方式的决策上,视收费基础是否清晰且能否完全消化投资成本,政府有可能颁发单项工程许可证,运用建设-运营-转让(BOT)模式或建设-持有-营运-转让(BOOT)模式。若项目难以负担运营支出且需要政府资助或进行资源配置,政府可提供额外补贴或直接投资、持股等支持,亦可采用建设-运营-转让(BOT)、建设-自我经营(BOO)等策略。至于无"使用者付费"机制,主要依赖"政府付费"回收投资的服务项目,政府或许可考虑通过采购手段,采取自营或是委任第三方专业团队进行管理。

(五)持续推进绿色金融创新,丰富环保产业投融资工具

对我国环境金融现状及环保需求进行反思,可知当前环境金融需要遵循全面规划,包括绿色信贷、绿色证券,环境污染责任险、环境产权交易、资产证券化、环保基金及融资租赁等多个构想。此外,设有专门开展环保特色业务的绿色银行,设立环保产业基金,发行环保彩票等创新尝试亦需重视。因此,政府主管部门应坚定信念,鼓励推动这些革新的绿色金融行为,同时保持耐心以应对可能出现的金融创新失败及其风险。在此基础上,结合国内外先进经验,设置恰当的优待政策给予支持。

三、新时期推进环境污染第三方治理的对策建议

(一)提供特许经营协议范本

通过严谨规范特许经营合同细则,切实降低合同争端风险,有力助推污染防治专属经营的稳健持续发展。鉴于核心权利义务条款与污染治理特许经营紧密相连,所签条约需依照法律规定,明确各方面权益、责任和修复方案及实施标准等关键要素。在此,仅以水污染治理特许协议为例,普遍认同参与者由政府及第三方公司构成。达成协议时,需详尽阐明如下要点:首先,协议具备法律效应,各方均需严格履行;其次,协议具备柔韧性,可依据双方共同意愿随时进行调整;最后,应对违约责任划分机制做出明晰规定,依法追究任何违反协议行为的应有责任。

(二)明确各方责任

针对环保管理第三方制度框架下,排污企业责任清晰度有待提高的问题,明确责任划分有利于推动污染防治工作的推进。笔者基于违约责任与行政责任两个层面,对政府、排污企业及其代表的第三方机构的角色定位进行探讨。违约责任是指公民或企业在违背约定时需要承担的民事责任,而本文所关注的两类责任均指向第三方污染控制体系下的三个主要参与者,即污染排放者、环境治理服务提供商,以及政府。据此,可从以下三个角度进一步明晰各方责任:首先,在业务合同中,如存在隐匿实际情况、数据不足或虚假陈述,导致实际效

果未达预期,那么委托企业应当承担由此产生的污染负荷;其次,环境治理机构应为自己所管辖领域的工作负责。第三方治理主体对委托方进行欺骗,污染物处理达不到标准,造成委托方不合格,致使委托方蒙受损失,应承担违约责任。最后,明确污染者与第三方治理主体的责任。如委托方与第三方治理主体均有部分缔约过失责任,在达成协议之前,当事人应当依据过错大小,对缔约过失负相应责任。

在行政责任领域,作为环境治理主导者的相关职能部门假如违规或未充分履行环保行政责任,便须承受相匹配的行政处罚。行政责任有如下三种形式体现:首先,让排污企业对其造成的环境污染负责。此职责已经由法律明确界定,故而,排污企事业需要承担主要责任;其次,针对违背法律、规章制度以及技术标准的第三方环保机构,若存在违法排放与信息披露等疑问,则须承担相应行政责任;最后,如果排污实体与第三方环保机构皆牵涉到违法情况时,应该根据各自犯错程度进行责任分担。

(三) 完善市场准入和退出机制

我国在环境治理领域的第三方治理市场准入制度尚待进一步提高。受政府监管不足影响,污染治理市场主体在竞争过程中面临困难。为解决此问题,我们亟须设立并完善统一的注册和申请制度,以助推第三方污染治理机制的建立和市场结构的优化。首先,实施严格的注册制度,规定项目审核主体、内容及流程;其次,通过设定规范社会资本进入标准,引进兼具先进技术和丰富实践经验的社会资本,激发水资源污染治理第三方市场的活性。另外,我国已经建立了污染治理企业信用评价体系,如《环境保护法》和《社会信用体系建设规划纲要(2014—2020年)》中强调加强环境保护领域的诚信建设,为此,我们应对公共环境服务企业进行定期评估,支持声誉良好、技术优异的环保公司发展,维护环境业良性竞争秩序。然而,值得注意的是,治污工程一般运营周期长达数十年,并且随着技术不断革新,污染治理设施亦需维持适时更新,这给第三方环境治理企业带来严峻挑战,尤其是运营时间可能显著延长。鉴于此,建立完善的市场退出机制尤为关键。当前,国内污染第三方市场退出机制仍然有待改进。为此,我们主张增强资本流动性,以便健全退出机制。比如,过去资金流动性较差,导致一些投资者选择退出,这可以视为第三方治污市场发展的主要障碍。面对这一问题,我们鼓励第三方污水污染控制项目与资本市场深度结合,充分运用包括产权与股权交易市场在内的各种机制,拓展项目退出通路,放大资本流动性,从而吸引更多的社会资本投入第三方水污染治理领域。

第二部分　我国环境治理社会化资金投入研究

随着我国环境形势日趋严峻和环境风险的积聚增长,探寻有效的环境多元共治理模式成为解决当前我国环境问题症结的关键"药方"。国外的理论研究和实践探索已经指出社会资本在环境治理中能够"担当大任",事实上,由社会资本所驱动的社区治理、民间治理等自发式环境治理集体行动在国外早已盛行,并产生了极为明显的效果。本部分在考察我国环境治理的社会化资金投入现状的基础上,通过分析我国环境治理投融资模式及其影响投入要素,以及环境治理领域投融资存在的问题,针对性地提出了我国环境治理社会化资金投入对策建议。

第一章 我国环境治理的社会化资金投入现状

第一节 社会化资本的概述

社会资本的概念多次出现在国务院及各部委的文件中。《国务院关于鼓励和引导民间投资健康发展的若干意见》第11条明确规定:"鼓励民间资本参与市政公用事业的建设。支持民间资本进入城市供水、供气、供热、污水和垃圾处理、公共交通、城市园林绿化等领域。鼓励民间资本积极参与市政公共企事业单位的改组改制,具备条件的市政公用事业项目可以采取市场化的经营方式,向民间资本转让产权或经营权。"根据统计,资金来源分为国家预算资金、国内贷款、利用外资、自筹资金和其他资金;而投资者可划分为:中央、地方、国内、中国香港、澳门和台湾地区的商人、外商投资、国有和国有控股、集体和私人个人。

第二节 我国环保资金投入现状

一、我国环保投融资政策持续改善

加大环保投资力度,就是要达到环境保护的目的,为实现中华民族伟大复兴的中国梦提供重要保证与物质支撑。改革开放以来,我国环保投融资政策不断完善,其演变历程如图3-7所示。

在"十二五"规划期间,我国环境保护投融资政策取得了显著成效且有所突破,环境金融体系已日渐成熟。引入诸如第三方治理、政社合一等崭新的方式,对环境污染进行有力治理,多元化的环保投融资体系已经初步确立。为了更加积极地推动落实《大气污染防治行动计划》《水污染防治行动计划》以及《土壤污

图3-7 我国环保投融资政策演变历程

时间轴（自左至右）：
- 排污收费、环保"三同时" 1979-09
- 中央环境保护专项资金 2004
- "211"环境保护科目 2007
- 国家重点生态功能区转移支付 2008
- 环境污染第三方治理 2013-01
- 污水处理费征收 2014-12
- 环保PPP 2015-04
- 构建绿色金融体系 2016-08
- 环境保护税征收 2018-01
- 绿色发展价格机制 2018-06
- 事权和支出责任划分 2020-06
- EOD模式 2020-09

阶段划分：
- 企业主体阶段 1979—2003年
- 政企并重阶段 2004—2012年
- 多元投资阶段 2013年至今

染防治行动规划》，中央财政为此设立专项基金，以全方位地助力环境保护治理工作。严格遵循《中共中央、国务院关于加快推进生态文明建设的意见》与《生态文明体制改革总体方案》，秉持创新、协调、绿色、开放、共享的新发展理念，着力打造并完善绿色金融系统。更值得注意的是，国务院已批准在浙江、江西、广东、贵州、新疆等地区设立绿色金融改革创新试验区。为充分挖掘市场机制的潜力，国务院办公厅发布了《关于推行环境污染第三方治理的意见》，极力推广基础设施和公共服务领域内PPP模式的运用，并出台了一系列政策法规，以激发市场力量，吸纳更多社会资本共同投入环境保护事业（见表3-3）。

表3-3 我国环境保护政策发展变化

时间	政策	内容
2005年	《国务院关于落实科学发展观加强环境保护的决定》	提出了三大政策措施：首先，要推行有益于环保的经济政策；其次，运用市场机制鼓励污染控制；最后，各级政府应将环保投资作为财政支持的重中之重，且需要每年加大其投入力度。还需加大对污染防治、生态保护、环境保护试点示范及环境保护监管能力建设等环节的资金投入
2006年	设立了"211环境保护"科目	财政部正式将环境保护纳入政府预算支出科目，并首次设立"211环境保护"科目，使环境保护在政府预算支出主体中占有一席之地，为建立环境保护财政体系奠定了坚实基础，这是我国环保财务管理的一个重大进展
2011年	《国务院关于加强环境保护重点工作的意见》	实行一套环保经济政策，包括将环保划入各级年预算，逐步提高投入比例，高度重视本级环保能力建设资金的分配，特别是在重点流域水污染防治方面需要加大资金投入
2012年	《国务院关于印发"十二五"节能减排综合性工作方案的通知》	分析了我国节能环保产业的现状和形势；明确了政策机制驱动、技术创新引领、重点项目驱动、市场秩序规范、服务模式创新的基本原则；并提出了七个方面的政策措施

(续表)

2013年	党的十八届三中全会提出"用制度保护生态环境"	要建设生态文明,需要构建一个系统完整的生态文明体系,落实最严格源头保护制度、损害赔偿制度与责任追究制度,健全环境治理与生态修复体系,以制度维护生态环境
2015年	修订《中华人民共和国环境保护法》	做好生态文明宪法和生态环境保护管理的顶层设计;全面推进环境保护"十三五"规划编制,抓紧编制污染防治、总量控制、生态保护、核安全专项规划
2016年	《控制污染物排放许可制实施方案》	明确2020年前完成涵盖全部固定污染源排污许可,建立污染物排放控制许可制度,做到"一证"管理
2018年	修订《中华人民共和国水污染防治法》	水污染防治应坚持以防为主、防治结合的原则、综合治理原则,优先保障饮用水水源,严格控制工业污染,治理城市生活污染,控制农业面源污染,积极开展生态治理工程的建设、防范、治理,改善水环境污染与生态破坏
2019年	18部门关于印发《农村人居环境整治村庄清洁行动方案》的通知	在全国范围内集中组织开展农村人居环境整治和村庄清洁行动,带动和推进村容村貌提升
2021年	《关于推动生态环境志愿服务发展的指导意见》	鼓励各地组建多种类型的生态环境志愿服务组织,加强对生态环境志愿服务组织的培育扶持

资料来源:作者整理。

二、我国环保投资规模总体保持增长态势

从2010—2015年可以看到,政府在环境保护方面的支出总额一直在增加。支出规模从2010年的1 200.03亿元增加到2015年的2 170.83亿元,增长80.9%。从增长率来看,除2011年和2013年相对缓慢(增长率分别为4.5%和7.1%)外,其他年份均保持较高增长率,2015年达到近年来的增长高峰,虽然财政环境保护支出保持了较高的增长率,但节能环保支出占比有所下降,从2010年的49.4%下降到2015年的45.2%,下降了4.2个百分点,减少的部分被节能利用所占据。2015年,环境保护财政支出占国内生产总值的0.32%,比上年提高0.03个百分点,占财政支出的1.23%,提高了0.03个百分点。环境保护财政支出占国内生产总值和财政支出的比例变化相对

一致,2010—2015 年呈现先降后升的变化特征。2016—2018 年,全国生态环境保护相关财政支出规模 24 510 亿元,年均增长 14.8%,高于同期财政支出增速 6.4 个百分点。

2011—2015 年,全社会环保投资增势强劲,总额达 4.17 万亿元,以 9.9% 的年平均增长率增长,较"十一五"期间增长 92.8%。同期,环保投资占国内生产总值的比例约为 1.43%,对比"十一五"略有提升,增加了 0.04 个百分点。其中,污染治理设施所获直接投资达到惊人的 2.06 万亿元,较"十一五"期间大幅增长了 68.6%。而污染控制设施的直接投入对环境保护的贡献率高达 49.5%。值得一提的是,"十二五"期间,污染治理设施直接投资占 GDP 比重从 0.6%—0.8% 波动,与"十一五"时期基本持平。另据统计,到了 2017 年,全社会环境保护投资占国内生产总值的比例已升至 1.15%;2019 年,政府财政环保支出更是达到了 7 390.2 亿元,相比 2007 年(仅有 995.82 亿元)翻了近七番。2019 年政府环保支出在一般公共预算支出中的占比更是高达 3.1%,比 2007 年的 2% 提高了整整 1.1 个百分点。进一步分析可以发现,2007—2019 年,政府财政环保支出以每年 18.2% 的速度稳步增长,而一般公共预算支出则以每年 14% 的速度增长。正是因为财政环保支出的增长率超过了一般公共预算支出,其在一般公共预算支出中的比重也随之逐年上升(如图 3-8 所示)。①

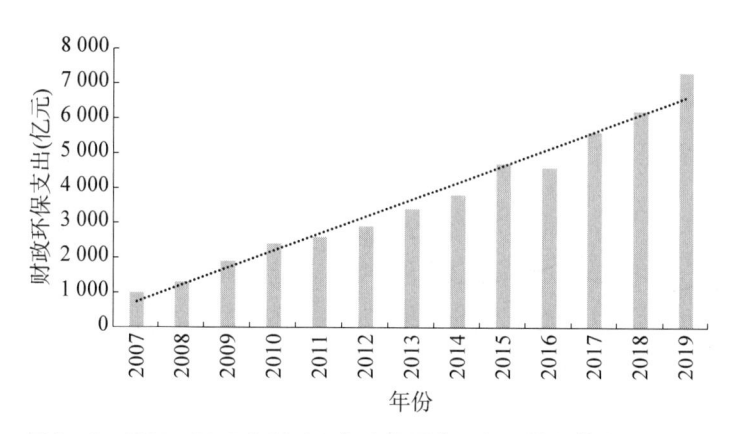

图 3-8 2007—2019 年财政环保支出及占一般公共预算支出的比例

资料来源:整理自历年中国统计年鉴。

---

① 数据来源:https://www.sohu.com/a/504521147_121123780

三、我国环境保护投资的地区差异大

2011—2015 年,我国东部、中部及西部地区的环保持续投入分别为 19 981.2 亿元、9 672.7 亿元以及 9 984.6 亿元,合计囊括了全国环境保护投资的 50.4%、24.4% 及 25.2%。尽管中西部地区在区域环保持续投入方面存在显著差异,但与"十一五"时期相比,其增幅仍颇为明显。其间,东部地区环保投入同比增长 70%、中部及西部则分别提高了 144% 及 167%,年均增长率分别达到 6.9%、17.1% 及 15.2%。因此,从 2011—2015 年的发展趋势来看,我国从西向东呈现出环保投入持续稳步增长的特点,其中中西部地区的增长趋势更为明显。

四、我国在环境保护方面的社会投资持续增加

在 2011—2015 年,依据我国年度政府预算报告中的信息显示,"211 环保"专项支出共计 17 658.1 亿元。相比于 2011 年的 2 640.98 亿元,到了 2017 年增至 4 802.89 亿元,增长高达 81.9%。换句话说,这 6 年间年均增长达 16.7%,远超全国财政支出年平均增长率(12.6%)。其中,仅节能环保方面的总支出就达到 8 289.5 亿元,占据整体支出的 46.9%;而中央财政环境保护支出更是高达 2 883 亿元,相较于"十一五"时期的 1 566 亿元,几乎实现翻倍增长(如图 3-9 所示)。

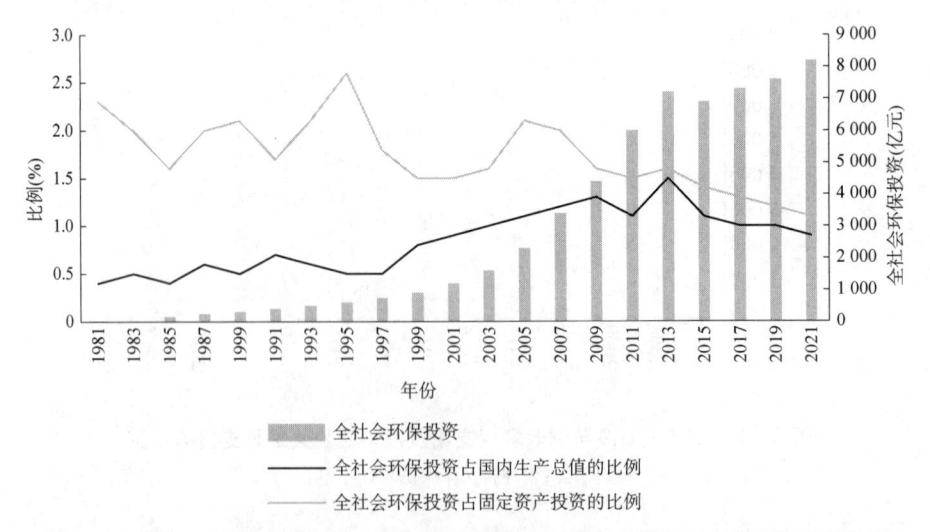

图 3-9 1981—2021 年中国社会环保投资及占国内生产总值和固定资产投资的比例
资料来源:由中国生态环境统计年报整理而得。

第三节　我国现行环境治理资金结构现状

一、政府投资为主

环境保护中投资额的多少,从某种程度上体现着一国对于环境保护工作的高度重视。政府在环境治理方面的投入,是提高环境质量的一个有效途径。从20世纪70年代后期开始,我国对环境污染控制投资对于提高环境质量、保障经济发展所发挥的巨大作用给予了足够的重视,并且始终坚持加大投入。《环境保护法》颁布前,环境治理资金均由国库单一供给。直到"谁污染、谁治理"的原则确立,这一僵化状况方得以突破。现阶段,我国环境治理投资仍主要依赖政府财政,其对环保事业的支持与贡献显而易见。据统计,我国70%以上的环保资金来自政府或公共部门。尽管我国中央政府在环境保护领域的投资每年都有一定程度的增长,但是仍然不能应对环境的严峻形势,资金缺口较大。"十二五"期间,中央政府加大了对环境保护领域的投入。2011年、2012年和2013年,国家中央政府对节能环保的投资分别为2 641亿元、2 963亿元和3 383亿元,占当年社会环保投资总额的40%—50%。2010—2020年,我国对节能环保产业的投资随着国内生产总值的增长而增长(如图3-10所示)。

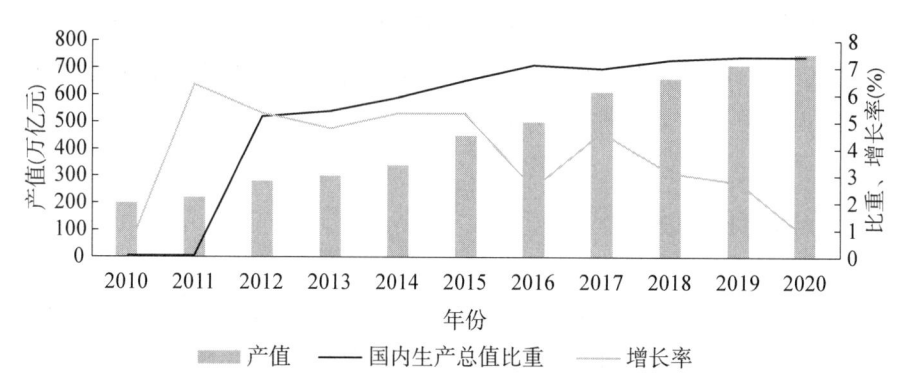

图3-10　我国节能环保产业产值、增长率及占国内生产总值总量的比重
资料来源:根据国家统计局、发改委和生态环境部官网资料,经作者整理而得。

但也出现了许多问题。环境保护总投资在国内生产总值中所占比重非常低。从国际经验及有关资料看,一国对环境污染控制的投入占其国内生产总值的 1%—1.5%。只有投资达到 2%—3%，环境污染才有可能基本治理，环境质量才会提高。在过去十年中，我国环境投资的比例一直在 1.5% 左右徘徊，最高时达到 1.84%，却一直没达到 2% 的标准。这代表着我国刚刚达到了能够控制环境恶化的水平，远远没有达到能够改善环境状况的水平。环保资金投入不足不仅与经济发展水平直接相关，更重要的原因有以下几点：

第一，对环保投资的重视不够，环保投资不像基本建设支出、文化教育、科学卫生支出那样是一个独立的支出主体，在该预算框架下，各级人大无法对环保投资实施高效监督，进而导致地方政府投资意愿低迷，以及环保投入波动频繁。同时，私营企业对环保投资亦并不积极响应，环保行业因其显著外部性，并不受民间资本青睐。

第二，环境治理投资结构不合理。我国环保投资倾向于工业污染治理及城市环境基础设施工艺等领域，此中涉及环境管理组织构建与区域性环境整治的投入相对匮乏。尽管我国城市基本设施环保投资逐年递增，然而由于城市化进程加速和大中型城市规模迅速扩大，此类投资的负债情况有所加重。

第三，环保投资资金使用效率低。我国环境治理存在机构繁多且缺乏精细分工和专业化等特点，导致管理效率低下且资金投入相对浪费。其中，环保投资基金未能充分发挥效益的原因包括以下几点：首先，预算约束机制尚未完善，监督措施未能到位，一些企业可能滥用防治污染经费或将资金用于人员编制、装备购置等，而并非实际投入减排设备中；其次，竞争机制模糊不清。现行的环保投资及管理模式无法适应市场化的全面趋势。例如，设计欠佳、处理设施与技术工艺问题，以及工程品质较低、管理能力不足等问题都使得竞争机制缺乏效率，从而增加了环保资金筹集的难度。

二、以市场手段为补充

1979 年《环境保护法（试行）》首次提出了"谁污染、谁治理"原则。1982 年《排污费征收暂行办法》强制排污企业缴纳环保费用。因此，政府不再是唯一的环保经费提供者，企业也需承担部分环保支出。随着新公共管理运动的兴起，以市场机制为主导的环境治理手段逐步显现。当前我国正在积极探索环境治理市场化路径：构建与实施排放交易制度、推广污染的第三方治理、整合政府与社会资本共同参与环境治理（如 PPP 项目）。然而，诸多难题仍然摆在面前：第一,排污权交易制度虽已经基本确立,但是,目前还没有建立起全国范围内的统一排污权交易市场。此外,我国目前尚存在法律法规扶持力度不够、排污权核定定价的前提工作尚未配套到位、排污权二级交易市场活跃度低等诸多问题。第二,第三方治理在我国也处于探索阶段。尽管全国环境污染第三方治理体系正在逐步有序推进,但环境污染第三方治理体系建设仍存在诸多问题和障碍。第三,我国环境治理PPP模式中,社会资本仍面临参与度低、难以满足资金需求等问题。

三、社会资本偶尔参与

有关专家强调,公众参与对于环境法规制定及执行至关重要,但尚无法对环境治理资源施加明确影响。理由在于,大部分环保组织属于制度外机构且受限,通常需要地方政府引导。目前,社会资本用于环境治理仍面临诸多困境。首先,尽管环境非政府组织数量迅速增加,但资金筹措仍存在难题。相关调查显示,76.1%的国内民间环保组织资金来源不稳定,22.5%尚未筹得资金,仅81.5%能获得至多5万元捐款。资金不足导致超过60%的非政府环保组织缺乏独立办公室,96%的全职员工为中低收入群体,高达43.9%的志愿者无偿工作,甚至72.5%的组织无法提供失业医疗等福利。其次,社会资本参与环境治理的途径不尽如人意。虽然政府鼓励群众参与环保,但实际上大多数政府更注重提高环保意识和规范环境行为,缺乏实际推动机制。即使公众有意参与,也面临缺乏实际参与路径的困扰。

第二章　环境治理投融资模式和问题分析

第一节　我国环境治理投融资模式

一、政府财政投入模式

我国环境治理基础设施建设主要投资者和管理者均来自政府部门。环境治理的投入渠道仍然是国家财政投入，具体表现为以下两个方面：(1)国家和地方各级财政资金配套。如浙江省桐庐县农村生活污水处理工程资金由县财政统筹省、市、县配套项目资金，按350元/人(村实际在册人口)的标准补助到村，不足部分由乡镇、村自行解决。其特点如下：融资渠道单一，地方配套资金受各级财政状况影响较大，尤其是中西部地区地方财政困难，配套资金难以到位，导致资金缺口大；同时，该投资形式也不利于将民间资本引入相关治理工程建设中，缺乏市场竞争机制。(2)为不同类型的项目整合国家和地方资金。例如，湖北省宜都市计划整合国家"民间和公共援助"、农民"一建三改"、农村饮水安全等项目资金，在不打破原有项目用途的情况下，捆绑农村水环境治理项目资金。其特点是该模式可以弥补单一项目资金不足的劣势，避免工程重复建设或"半截子"工程；但不同部门项目资金整合需要由政府牵头，要有统一整体规划，才能取长补短、充分发挥不同项目资金的作用。

二、银行贷款融资模式

银行贷款融资模式是指由政府出面搭建投融资平台，以独资的方式设立公司，公司的项目法人是政府有关部门，由有关部门负责管理的融资模式。从工程规模来看，选择对应的企业来施工，并且以银行贷款的形式筹措资金。其特点是银行贷款具有一定的隐蔽性，与其他融资方式相比，对融资主体的约束力较低;同时,鉴于地方政府信贷的存在,也为获得低成本建设资金提供了便利。但该融资方式也有一定弊端。数据表明,约占地方政府投融资平台偿债来源的45%来自土地出让金的收入,成为地方政府名副其实的"第二财政"。这导致投融资平台所涉及公益性项目的偿债来源过于单一,尤其在当前国家房价调控政策趋紧的情况下,地价一旦大幅贬值,地方政府投融资平台倚重的土地出让金将给平台带来毁灭性打击,可能面临无法偿清巨额债务的局面。

三、产权抵押融资模式

产权抵押融资是指借款人在政策允许范围内,以其依法有权处置的产权为抵押标的物向金融机构进行资金融通的行为。"新土地改革"以"土地流转"这一核心关键词为主导,近年我国土地转让比例大涨至当前约26%,承包权与经营权逐渐规范化。在此基础上,我国众多区域创造并实践了独特的典型模式:

1. 浙江省嘉兴市两分两换

自2008年4月起,浙江省委决定将嘉兴市设为全省城乡混合改造先行区,运用"两分两换"策略,即将宅基地产权分离,农户土地承包权保留;同时,利用搬迁机会,将土地使用权公开转让,以此实现居住用地的产权替代,并通过提供社会保险来代替土地承包经营权。这一策略旨在促进集约化经营以及人口集中居住,推动产业结构与生活模式的变革。

2. 重庆市的地票交易

"地票"是指经过土地管理部门验收合格的农村集体建设用地,包括宅基地产权及其附属设施、乡镇企业用地等以及农村公共设施,多余指标则可经由乡村土地交易所公开市场交易。根据国务院授权,重庆农村土地交易所自2008年12月4日起正式运营。仅在成立当天,重庆市首个300亩地票指数就以2560万元的高价售出。至2013年末,该交易所共完成地票交易13.15万亩,交易总额达267.26亿元,每亩价格平均约203万元。

3. 吉林省土地收益贷款

自2012年起,吉林省已逐步施行以土地预期收益为担保的土地收益担保贷款制度。农户将其承包土地收益权的2/3转至由政府主导成立的财产融资公司,以此确保贷款活动中农民的权益得到充分保障。截至目前,全省已有22

个县市区域完成发放贷款操作,共实现约 2.96 亿元的交易额。

4. 四川省成都市还权赋能

在 2007 年 6 月,成都市获批成为全国首个城乡综改实验区。翌年,成都市发布了《关于加强耕地保护及深化农村土地和房屋产权制度改革的意见(试行)》,明确新一轮产权制度改革以"权利回归、赋权"为核心理念,重在赋予农民对农业生产资料(包括使用权、经营权)及其衍生权益的掌控。成都全市范围内对农村土地及房屋进行全面测量核定,已明确承包地、宅基地及集体建设用地的产权归属。针对无法直接分配至农户的集体资产,需将其股权份额量化落户农村家庭。截至 2012 年底,成都市已基本完成确权发证工作,累计颁发各类产权证书及股权证书共计 877.68 万份。农民凭借所持证件享有充分的权利,包括土地的转让权与交易权。这是我国首次将法律法规规定的产权落实到每一位农民手中。其特点是必须建立完善的资金管理办法,不得超支和挪用,做到专款专用;需强化确权颁证、抵押登记、价值评估、流转处置等关键环节工作机制;加强对专项资金的监管,并完善风险分担机制,使其发挥最大效益。

四、定向融资模式

定向融资也属于私募融资,是指非公开发行,只向特定数量的投资者提供融资,限制在特定投资者范围内流通和转让。如浙江省湖州市德清县依托"五水共治"行动开展的"五水共治"定向融资计划,由德清县城市建设发展总公司代替政府向浙江资产金融资金交易中心申请发行德清"五水共治"定向融资系列产品。其特点是用户可通过在融资网站注册会员、绑定银行卡或到银行柜台办理等方式,将认购款汇入交易中心指定募集资金总账户即可。该定向融资计划起息后满 5 个交易日即可转让,灵活方便,投资者可以随时通过交易平台转让变现,理财收益根据实际持有天数计算。投资"五水共治",不但可以使客户获得较高收益,而且有效地破解了治理资金匮乏难题。

五、BOT 项目融资模式

BOT(build operate transfer)就是把政府计划好的项目交给民间投资建设运营一段时间,然后政府收回来运营。如广东省清远市的相关项目,政府作为项目责任主体,省政府指定专业从事水利等基础设施建设的省属国有企业代省政府出资和持股,与清远市政府共同出资设立融资平台,负责综合示范区内的水利、交通、土地管理、高标准农田等公益性项目的投融资建设,资金不足的部分由融资平台融资筹措。项目建设开始后,每年从省、市两级财政中的水利防洪减灾、涉农等专项资金中列支部分资金,用于平台公司融资贷款的还本付息。公益性项目建成后移交给清远市政府,市政府负责项目后续运营、管理。

六、PPP项目融资模式

PPP(公私伙伴关系)投资和融资模式是公共部门和私营企业之间的长期合作关系,是由社会资本进行设计、建设、运营,以及维护基础设施等工作。政府部门有责任对基础设施、公共服务等价格、质量进行监管,再经过"用户支付"与"政府支付"获得投资回报。近年来,随着中国PPP模式的兴起,政府正逐渐避免过度干预企业发展,以及为公益性垃圾处理等环境保护环节直接拨款,转为借助市场机制,鼓励私企接手相关基础公共环保项目,以此缩减财政开支并推动金融市场健康发展。过去数年,中国政府已出台多项政策,以鼓励社会资本参与公共环境保护基建,推进政府与社会资本合作融合。据了解,仅2017年上半年已有多部重要文件发布,如《关于2017年深化经济体制改革重点工作的意见》《关于进一步激发社会领域投资活力的意见》及《关于创新农村基础设施投融资体制机制的指导意见》。值得一提的是,在2015年《中华人民共和国环境保护法》施行后,中央便预测我国环保产业在"十三五"期间有望成为国民经济的支柱产业,这无疑凸显了环保行业对资金的强烈需求。因此,引进社会资本提供环境保护等公共服务,无疑将迫使环保业态革新,同时将为我国金融服务市场创新注入动力。这种模式重视社会资本的参与,可以激活社会存量资本,为环境治理筹集资金。

七、"个人投资为主,政府以奖代补"模式

"个人投资为主,政府以奖代补"模式是指个人业主出资兴建水环境治理工程,在项目验收后,政府按有关规定进行补贴的融资模式。如浙江省桐庐县农家乐污水处理工程主要由业主投资建设,政府实行以奖代补。其特点如下:私

人投资便于水环境治理工程建设和管理,但私人投资规模有限,难以发挥规模效应。"以奖代补"能充分发挥财政资金的杠杆作用,激发群众参与热情,鼓励群众参与农村环境和公共设施等惠民项目。"以奖代补"的资金往往由上级政府部门直接发放给终端参与单位或个人,可以减少上下级政府部门之间的流通环节,防止资金流失,提高使用效率。但政府应规范"以奖代补"程序,制定奖励和补贴办法,明确资金投入方向、补贴标准和实施主体,同时要健全申报程序,加强监督管理,提高奖补透明度,做到专款专用。

第二节 影响我国环境保护投入的要素分析

一、经济发展水平的影响

改革开放以来,我国经济发展水平显著提高。2007 年,我国财政收入仅为 51 321.78 亿元,而 2020 年,财政收入达到 182 895 亿元;2007 年国内生产总值为 270 232.3 亿元,2020 年国内生产总值为 1 015 986 亿元。客观数据揭示,我国经济在过去几十年飞速崛起之余,能源节约和环境治理的投入与财务收益及国内生产总值的增长呈同步攀升态势,这显然证明了经济发展对环保事业的有力支持。反之,国家的经济实力则直接影响环境保护投资的可持续性。因此,探讨中国总体经济规模与环境保护投资之间的关联显得尤为必要。在此前提下,我们有必要针对全国各省、自治区、直辖市的情况进行详细对比研究,包括华北、东北、华东、华中、华南、西南以及西北七大区域。华东的地区生产总值(地区 GDP)远高于其他地区,经济发展水平遥遥领先,其次是华北地区。在环保投入方面,华东地区的节能环保投入也大于其他地区。研究表明,社会发展水平在节能环保投资中起着基础性作用,两者呈正相关。

二、人文地理因素的影响

节能环保领域的投资深受人文地理因素的影响。一方面,区域内的人口密集程度、生活习性、基础设施状况以及公众环保认知度等人为因素均会对此投资产生重大的推动或制约效应。另一方面,自然环境中的水资源及绿化覆盖面积等因素亦会直接体现出节能环保投资的优劣与高低。一个地区的绿化越好，环境破坏程度就越低，所需的节能环保投资也就越少。在人文地理因素中最重要的因素是一个地区的人口密度，人口密度决定了一个地区的城市建设、生活环境以及人们的生活习惯等各种人文环境。

2005年我国的城市人口密度为138.33人/平方千米，到了2020年我国的城市人口密度达到了148.77人/平方千米[①]，中间虽有小幅下落，但是稳中有升。根据2007—2020年我国城市人口密度和节能环保投资数据，随着城市人口密度的增加，节能环保投资也呈现上升趋势。当城市人口密度略有下降时，对环境污染的总投资也略有下降。我国地理环境深受水资源及植被覆盖率的影响。两项重要数据——水资源总储备量以及城市公园绿地总面积恰当诠释了我国现今水资源及植被覆盖率的水平。2014—2020年，我国水资源总储备量由27 266.9亿立方米攀升至31 605.2亿立方米（见表3-4）；而同期内，我国城市公园绿地总面积也由190.75万公顷猛增至331.2万公顷。这段时间里，我国绿化水平有明显提升，公园绿地面积呈现稳步增长态势，水资源储备也保持相对稳定，相应的节能环保投入更是持续上涨。2007—2020年城市公园绿地面积和环保投入数据显示我国城市公园绿地面积和环境污染治理投资都呈上升趋势。

表3-4 2014—2020年我国水资源总量等数据统计情况

年份	水资源情况				
	总量（亿立方米）	地表水资源量（亿立方米）	地下水资源量（亿立方米）	地表水与地下水资源重复量（亿立方米）	人均水资源量（立方米/人）
2014年	27 266.9	26 263.9	7 745.0	6 742.0	1 987.6
2015年	27 962.6	26 900.8	7 797.0	6 735.2	2 026.5
2016年	32 466.4	31 273.9	8 854.8	7 662.3	2 339.4
2017年	28 761.2	27 746.3	8 309.6	7 294.7	2 059.9
2018年	27 462.5	26 323.2	8 246.5	7 107.2	1 957.7
2019年	29 041.0	27 993.3	8 191.5	7 143.8	2 062.9
2020年	31 605.2	30 407.0	8 553.5	7 355.3	2 239.8

资料来源：国家统计局官网。

---

① 数据来源：https://www.kylc.com/stats/global/yearly_per_country/g_population_density/chn.html。

三、地域污染状况的影响

节能环保投入的主要目的就是解决一个地区的环境污染问题,因此一个地区的环境污染状况直接决定了该地区所需的节能环保投资力度,环境问题越严重,就越需要更多的资金投入来改善该地区的环境问题。环境污染主要涉及大气、水源和土壤,从废气污染和废水污染两个方面分析:2014—2020年我国的二氧化硫排放量和废水排放总量体现了我国目前废水和废气污染的近况,2014—2020年我国二氧化硫排放量和节能环保投入数据显示我国的二氧化硫排放量逐年下降,而环保投入波动式上升,说明加大节能环保投入使得我国的空气污染问题得到了一定的改善;2014—2020年我国废水排放总量和环保投入的数据显示了废水排放总量和环保投入呈相反方向变动,说明环保投入越高,废水排放总量越低。

四、科技水平提高的影响

我国高度重视科技发展,并在此领域投入大量资金,科技领域也获得了令人瞩目的进展和卓越成果。科技创新推动了我国企业优化结构,提效增产,实现行业革新,也引导部分高污染型企业向环境友好型企业转型。因此,科技进步决定了能源节约和环保投资的规模和方向。据统计,科技发展滞后的区域多存在产业基础薄弱、高污染型企业比重较大、生态环境严重受损等现象,进而促使环保投资需求激增。我国近年科研经费及环保投入数据显示,科研预算逐步攀升反映了我国现有科技实力及政府支持科学研究的决心。以2007—2020年间的全社会研究与试验发展经费(R&D经费)支出为例,我国在2007年的支出总额仅为3 710.2亿元,然而到了2020年,这一数字大幅跃升至24 393.1亿元,是2007年的近6.6倍。2020年,我国研发总投资达到24 393.1亿元,同比增加2 249.5亿元,实现10.2%的增幅,虽较2019年有所下滑,减少了约2.3个百分点,但研发投入强度(占国内生产总值比重)却进一步提升至2.40%,相较2018年提高了0.16个百分点,有望打破过去11年的纪录。综合以上各因素,我国近期科研经费投入呈现稳中有升的态势,迫切需要产业升级的产业群体数量庞大,能源消耗和环保投资需求随之显著增长。

五、能源消耗水平的影响

任何一种能源的开发和利用都会对环境产生不同的影响。煤炭、石油、天然气等大量能源的消耗,使得由能源消耗所引起的环境污染问题凸显。为解决能源消耗带来的环境污染问题,势必要加大节能环保的投入。2007—2015 年,我国能源消耗总量不断上升,节能环保的投入也呈上升趋势。结合 2007—2015 年我国各地区电力消耗总量趋势,分析不同地区的能源消耗水平与节能环保情况,可看出,能源消耗量大的地区往往节能环保投资力度也较大,如华东地区的能源消耗量大于华北地区,节能环保投资力度也比华北地区大。

第三节　我国环境保护领域投融资存在的问题分析

一、投融资规模仍然偏小

从"十五"开始,我国环保总额占 GDP 的比重超过 1%,2013 年已经达到 1.59%,但相对于国际环境质量改善标准,我国仍然差距较大。国际实践证明,当环保阶段性投入水平达到经济总量的 2%—3%时,才能确保环境质量持续改善。值得注意的是,全球绝大多数先进工业国用于环境保护的资金总额占国内生产总值的比例相对较高,例如,美国 2%(20 世纪 70 年代)、日本 3.4%(20 世纪 80 年代末)、德国 2.1%、英国 2.4%等。因此,虽然我国环保资金投入在不断增长,但与之相对应的总体规模仍需进一步扩大。

二、投融资增速不稳定

尽管我国环保投资的年增长率持续攀升,但整体呈现出较大波动性,尚未呈现稳定增长态势。这种现象或与其主要由政府基金构成的单一投资主体模式密切相关。例如,2007—2010 年,环保投资增速变化或与应对国际金融危机及四万亿投资政策导向有关;而 2011 年投资规模大幅缩水,亦可能受到我国国内生产总值增长率下降的影响。

三、资金来源的单一模式没有改变

尽管环保经费实现逐年增长,然而仅凭单个投资者难以支撑整个环保事业。据统计,2013年度针对城市环境基础设施的投资占环境污染治理总投资额的57.8%(5 223亿元);聚焦于老工业污染源的治理投资则占据了9.4%(849.7亿元);而"三同时"方案中的建设项目投资亦达到了32.8%(2 964.5亿元)。值得注意的是,城市环境基础设施建设的资金主要来自政府的财政预算,工业污染治理方面则有相当一部分来源于污水处理补助以及其他形式的政府资助。据此推算,政府在环保领域的投入至少应占总支出的一半以上。相反地,一些污染防控表现优秀的工业化国家,如瑞士,公共部门、私营机构及个人均需共同承担环保投资的重任。具体而言,瑞士公共部门所承担的环境保护投资仅占总投资的25.8%,私营部门和家庭投资分别为34.5%和39.7%。

四、环保资金使用效率低下

当前,环境保护资金投入的成效尚待提升,主要源于财政资本作为环保投资主渠道的制约。一方面,投资总额不足导致环保设施建设、维护及运营陷入停滞甚至空置,政府对基建的投入超出治污预算,很大程度地限制了环境的改进。另一方面,部分建设项目未能结合地方实际需求进行规划。鉴于此,虽然环保资金筹措与运作至关重要,但是其利用效益有待提高。

第三章 我国环境治理社会化资金投入对策建议

第一节 积极拓宽融资渠道,增加全社会对环保领域的投资

一、增加对环境保护的财政投入

中央应继续加大对环境保护的投入,逐年扩大大气与水污染防治的专项资金规模。通过对规划目标的评价,公开环境保护的投资信息,迫使地方政府在环境保护方面投入大量资金。各级政府对环保的财政投入有了很大的提高,环保投入在国内生产总值中的份额增加至2%—3%,保障环保工作经费充足。

二、加快设立环境保护基金

借鉴境外基金设立经验,参照政府指导框架构建专项环保基金,充分发挥公共支出效能,倡导社会资本加大关键行业投入力度,有针对性地引导水土污染防治工作。国外经验对我国环境保护基金建立和使用的启示:(1)设立国家级环境保护基金,各省市可根据自身需要设立专项环境保护基金,由国家与地方资金共同补充。同时构筑国家和地方多层级融资平台及资金管理体系,规范企业和社会投融资行为,拓宽环保投资渠道,实现环境保护的长期投入,以期缓解中央财政在环保领域承受的压力。(2)健全基金循环滚动、多渠道的投资机制。环境保护基金应具备多元化融资途径,以确保投资的长期稳定性,如中央专项基金的注入、政府向金融机构提供援助、银行投入、跨国水质监测标准存款、重污染行业企业环保存款以及环境污染补偿金、环境税费,等等。除此之外,还可从运营收益、社会救助服务、国际捐赠、公众捐款以及其他来源获取资

金。通过回收贷款本息及购买政府债券、金融债券、公司债券等手段,确保资金储蓄稳定,维持规模不变,从而有效降低基金对政府财政支出的过度依赖性。(3)明确集中投资对象。比如,安全饮水流动资金基金提供低于市场利率的低息贷款,用于负担地方债务进行再融资并支持污染控制工程的建设与运营。该基金主要聚焦于公共卫生、民生问题严重的环境保护及生态恢复等领域。例如,癌症多发地区的污染防治、跨地域的生态补偿以及生态敏感区域的环保投入等都是其投资重点。除了低息贷款,基金还提供补贴、减免费用和以奖励代替补贴等方式来支持项目的建设与管理。(4)对基金进行针对性的管理。为确保环境保护基金相关规定完善且有效运行,我们需设定明确的申请、分配以及运用程序。同时,设立授权的环境保护基金管理组织(如"基金管理有限公司"或"信托银行"),以负责整个资金筹集、投入和维护的运作过程,从而保障该基金在市场竞争中保持专业能力并稳定发挥作用。

三、积极探索发行环保彩票

针对中国目前面临的环保问题,推出环保彩票是一种有效的做法。利用环保摇号机制募集社会资金,并根据摇号管理规定,实行专款专用,主动增加对环保的投资,这还能让社会对环境保护的关注程度得到提升。为了实现环保目标,政府投入了巨额的资金,以达到治理环境污染的目的。但是某些环保专项经费还有很大的缺口。在进行环境保护的过程中,既要重视资源的利用,又要重视发展环境工业、生态工程等,各个领域都需要巨额的经费支持。因此应采取创新的方式,以应对融资难的问题。借助中国日益繁荣的彩票市场,推出环境保护彩券,不失为一种有效的做法。

四、实现环保投资主体多元化

从政府和社会两个层面同时加大环保投资力度。以环境保护基金、环境领域 PPP、环境污染第三方治理为抓手,完善财政、税收与金融支持政策,创新资源组合开发,健全投资回报机制。鼓励地方开展环保投资项目或政策试点,树立标杆、引领示范、总结经验、推广复制。具体来讲,政府可以通过公私合作模式、财政贴息、税收激励政策、政府绿色采购制度等政策措施引导企业和个人的环保投资行为。

第二节 调整投资重点，构建合理的环境保护投资结构

一、适当调整环保财政投资重心

一方面，环保财政资金适当倾向工业污染源治理领域，注重提高环保投资效率。我国环保投资效率不高主要表现在城市环境污染治理设施和工业污染治理设施的建设和运营管理的效率不高，特别是部分相关设施不能正常运行或未达到设计的预期效率和效果。另一方面，需要改变重建设轻管理现象，将环保设施管理和运行成本纳入项目可行性论证内容，建立相应的资金保障机制。

二、整合现有环保投资项目，提高环保资金使用效率

当前，在我国发生了一些环境危机。我们应在目前财政相对紧张的情况下，在确定了总体规划的基础上，着重解决那些关系到人民生活和健康的重大问题。环保专项资金由国家财政拨款安排，按总预算安排，按资金缺口安排，以"集中办大事"的原则安排。

第三节 完善环保市场化机制，提高环保投资效率

一、积极引入市场化竞争机制

首先，此举有助于打破环保产品生产和定价的国家垄断，促进环保产业领域中的公平竞争，进而减少资源浪费。其次，对于倡导社会责任的环境资源型企业来说，他们有动力去自我约束和提高资金使用效益。最后，应充分利用行业内部的分工合作与规模经济效应，通过分包服务等方式将对环保技术要求较高的工作委托给专业公司处理。

二、增加环保技术投资

加强环保科技研发,特别是对新型化学原料加大投资,提高环保设备和项目的履行效率,保证其最大效果的发挥。强化环保专业人员队伍建设,提高环保专业人员的综合素养。

三、建立环保投资服务市场体系

需加速构建如贴现公司、建筑公司、环境科技顾问公司及审计公司等全能环境投资中介团队。按环保投资者对相关服务单位的高标准,政府可充当中介力量,发布创新且实用的环境技术,核准环保标识。

第四节 加强环境保护基础研究,完善环境保护投资保障机制

一、完善环保投资法律法规

主要目的是明确环保财政责任,巩固环保金融体系,引导规范环保投资行为,平稳支持环保企业与项目发展,增强社会投资者的信心。

二、建立资源环境价格体系

全面体现市场供需、资源稀缺度与环境修复效益等因素,进而合理调节资源与环境价格。同时,我们需要适时调整污染物排放费用,并加大排污企业的经济处罚力度,以确保排污企业重视环境保护。

三、加强环境监督管理

强化环保及污染防治工作的基础能力(如监测、督导以及预警),全面增强

监管部门职员的综合素质与实操技能。建立污染防治区域协作机制并同步完善资源环境承载力监测预警系统。此外,需将排放许可与总量控制政策紧密联系起来,同时加大对违规企业的惩罚力度。再者,政府有责任提高信息公开透明度,以充分发挥广大公众的舆论监督效应。

第三部分　我国环境治理PPP模式推进研究

近年来,随着我国生态文明建设的推进,环境保护产业迅猛发展。但由于环境保护具有较强公益性,长期以来,我国环境保护产业主要依靠政府财政投资,资金来源渠道相对单一。当前我国经济发展已步入新常态,财政收入增速放缓,仅依靠政府财政投入,已无法满足日益增长的环保投资需求。引入PPP模式,已成为解决环境保护资金短缺的有效途径。

第一章　国内外环境治理 PPP 模式实践

PPP 模式(Public-Private Partnership)是一种公私合作模式,旨在通过政府和私营部门的合作,共同提供公共产品和服务。环境治理 PPP 模式可以有效解决环境治理领域的资金缺口、技术落后、管理不善等问题,实现环境治理的可持续发展。环境治理 PPP 模式具有提高经济效率和时间效率、增加基础设施项目的投资、提高公共部门和私营机构的财务稳健性、改善基础设施或公共服务的品质,以及促进私营机构的稳定发展等优点。同时,环境治理 PPP 模式已经在国内外得到广泛应用。

第一节　PPP 模式在国外的环境治理实践

发达国家的环境治理 PPP 模式具有较长的历史和较丰富的经验,可以为其他国家提供借鉴和参考。与此同时,发达国家的环境治理 PPP 模式具有较完善的政策和监管制度,可以为其他国家提供规范和保障。发达国家的环境治理 PPP 模式具有较高的创新性和适应性,可以为其他国家提供启示和动力。例如,澳大利亚在实施 PPP 模式时,注重与当地的社会、文化、经济等条件相适应,采用了多种灵活的合作方式,如联合开发、特许经营、特许权转让等。日本在实施 PPP 模式时,注重与当地的法律、制度、习惯等相协调,采用了多种创新的融资方式,如项目融资、基础设施基金、信托等。下面将主要介绍几个发达国家在践行环境治理 PPP 模式时的主要成果。

一、英国苏格兰斯特灵水务公司项目

自 1992 年起,英国首倡采用公私合作伙伴关系,开创了私人融资计划(PFI)模式。这类新型投资模式的最大特色是以政府出资吸引私人投资者投

入更多长期投资资金,从而使政府持股比例由原本的10%上升到20%—25%。这一举措有效解决了资金短缺造成的融资难题,充分发挥了民间资本的专业力量。然而,虽然引入公私合作伙伴关系有助于长期债务融资,尤其是通过资本市场融资,但其合同形式增加了政府在处理环境管理风险方面的压力,例如,因环境污染、法律及保险等问题引发的成本增加等。

斯特林水务公司将以30年的特许权,对苏格兰西洛锡安及爱丁堡的5个废水处理工厂进行更新及改建。苏格兰行政院以竞标的形式选定了社会资金,采用设计-建造-融资-运营-维护(DBFOM)模式开展PPP尝试。自从政府接手了5个废水处理工厂,斯特林水务公司总共投入了1亿英镑用于设计、建造、操作和维护的相关更新。在此过程中,斯特林水务公司的废水水质得到了进一步的改善,其水质已完全符合欧洲地区的要求。与此同时,在淤泥处理过程中也进行了循环利用,并用于农业生产。这个工程案例赢得了"1999欧洲水案例"的融资奖项,并被苏格兰环保署承认。

二、澳大利亚阿德莱德水务项目

在利用PPP方式进行重大基建工程建设方面,澳大利亚在全球处于领先地位。20世纪80年代初,澳大利亚为应对快速发展的基建所引起的资本缺口,将PPP作为一种新兴的投资方式引入基建中。澳大利亚的PPP模式通常采用建立专门的项目公司(SPV)的方式。专门的项目公司与政府签订了一个为期20—30年的建设与运作资金的项目合约。如果专门的项目公司无法完成合约,那么政府将会在任何时候对其进行跟踪;在合约期满时,该工程的资产将无偿地转交给国家。20世纪80年代,澳大利亚PPP的实践证明,项目合作在一定程度上是有效的。20世纪90年代以来,澳大利亚政府开始青睐私人资本,同时将更多的建设和运营风险转移给私人资本,导致私人资本负担沉重,融资困难。自2000年以来,澳大利亚政府吸取了教训,制定了专门的法律措施,使其能够最大限度地利用国家与民间的资源,从而达到"共赢"的目的。

在合作项目中,社会组织担任承包角色,主要负责水质监测、设备运转和保养、环境监察等事务,全面管理涉水和废物制造及处理的工厂及其管网。同时,兼顾收入提升、客户关系维护、流域治理及服务标准确立等职责。而南澳大利亚水务公司作为实益所有人,掌控资金预算,进行总体投资规划。自执行以来,公司顺利完成各项计划,年度资产管理达标率为99%,为拓展至墨尔本市及新西兰等海外市场奠定良好基础。就金融方面而言,借助PPP运行模式,南澳自来水公司节约了近2亿元的开支;从社会效益和环保层面看,项目采纳前沿第三方质量监察机制与环保技术,建立健全的污水处理流程。此外,项目还启动开发程序以精益求精地改善污水处理过程,重构及升级营运中心,力求提升热线咨询和紧急事件回应效率。

三、加拿大萨德伯里的污泥处理项目

在全球范围内,加拿大被认为是PPP模式实践最好的国家之一。1991—2013年,加拿大共推出了206个PPP项目,总额达630亿美元,涉及十个省份,涵盖交通、司法、医疗、住房、环境以及国防等领域。

加拿大萨德伯里以采矿业而闻名。常规的处置淤泥的方式一般是用垃圾掩埋,但是多年来,人们对于这种方法处置淤泥所产生的恶臭颇有微词。萨德伯里污泥处置工程是加拿大首例由政府主导的污水处置公私合营工程。在该工程中,由政府和民间投资商签署的"DBFOM"协议,由民间投资商来承担建设费用超出协议范围的风险;在建成、试运营结束后,才能给社会资金带来收益。工程完工后,将收取75%的成本,余下的成本将在20年后逐渐回收;社会资本主要是为了达到所需的环保认证标准;社会资本方承担污泥处置和A类生物固体的生产。若不能满足,则由政府方面扣减款项;在合同期间,社会资本方负责按照行业标准进行设备维护。该方案的执行,为加拿大政府在20年里节约近1110万美元,同时发挥了社会资本在资金、技术等方面的作用,产生了良好的经济与社会效应。

根据上述发达国家环境治理PPP模式的实践经验可以得出:发达国家的环境治理PPP模式注重项目的准入、评估、监督和风险管理,建立了一套完善的政策和制度框架,保证了PPP项目的质量和效益;发达国家的环境治理PPP模式注重项目的全生命周期成本和收益分析,采用了物有所值、财政可持续性、阶段式成本估算和风险预测等方法,确保了PPP项目的经济效率和时间效率;发达国家的环境治理PPP模式注重项目的创新性和适应性,根据不同的社会、文化、经济和法律条件,采用了多种灵活的合作方式和融资方式,实现了项目的长远规划和持续优化。

第二节　国内环境治理 PPP 模式实践

作为一种有效的污染控制手段,政府与社会合作的环境污染控制模式在经济发达国家得到了广泛采用,我国部分地区也开展了相应的探索。考虑到我国区域发展现状,欠发达地区的成功经验更值得研究与借鉴。

一、湖南碧源水污染治理工程

(一) 项目概况

城市发展过程中的环保缺失,导致湖南省益阳市水污染严重,水质达标率低至 80%。为了有效改善水质、借助社会资源和借鉴现有治水经验,以及缓解财政压力,益阳市政府于 2011 年决定与北京碧源科技有限公司联手创立湖南碧源水务有限公司,以 PPP 模式共同研发和运营涉及辖区水污染防治项目。这一举措赋予了湖南碧源水务有限公司长达 30 年的水污染治理和防治专营权。其预定计划显示,未来十年内该公司日均处理污水能力将达到 50 万吨。依据双方约定,PPP 项目的特许合约涉及两个阶段:前 15 年需达成水质国标,后续 15 年则在水质达标后自动续约,否则重新审批。协议中尚未做出具体投资回报设定,此项目由湖南省城市投资公司以及北京碧源科技有限公司共同分担运营风险。同时,经益阳市政府正式指派一位代表出任该公司的独立董事,监管湖南碧源水务公司的日常运营。从项目执行到市场推广,皆以整治、输送水污染、提升产量为主旨。

(二) PPP 模式下的水污染治理合作机制

1. 共同决策和利益分享

湖南碧源水务公司已根据污染物治理目标制定了详细对策,并与相关监管部门形成共识。关于环保设施建设和运营成本及售出价格等事项,计划由监管机构与该公司按照行业实际情况进行深入探讨后决定,并按投资份额分享年度收益。

2. 风险分担

合作协议中没有约定固定的投资回报率，这使得政府部门获得了大量的水污染治理资金。湖南碧源水务公司利用其水处理技术和管理经验，通过特许经营权获得稳定和可持续的收入。这种双赢模式使得分担风险成为必然。

3. 政府履行监督职能

首要任务包括施工与成本管理的监督。市政府业已设立监督机构，专司项目建设及运营开支监管之责，以确保PPP项目的如期推进并顺利运营，同时对运营开支做精确分析，以PPP项目建设及运营所采材料的质量、数量以及价格作为主要审核对象，通过招标采购等手段对大规模采购进行全面管制，对于小额和零散的采购则通过审批程序进行管控。此外，水污染治理成本及水价的调整均需经过专业第三方评估机构的评估，并提交至相关政府部门审定后实施。城市供水价格监管也尤为重要。供水属于民生范畴，因而水价深受政府监控。PPP水污染治理项目涉及的处理费和再生水售价均须在政府监管框架内施行，确保其合理性。益阳市的PPP项目则采取收益率监管措施，按照全市供水公司水价加上合理成本调整，以税收为基础，加上法定利润核定水价。此外，质量监管亦不可忽视。PPP水污染治理项目的核心在于提升污水治理能力、改善水环境。无论在成本管理上，还是价格管控上，改善水质和环保质量始终是我们的出发点。若合约中约定的水务公司未能达成符合标准的治理与防护要求，必将遭受政府主管部门严厉罚款。

（三）PPP模式下的项目公司管理

湖南碧源水务有限公司依照PPP项目特性及需求，建构了一套完善的管理体系，全面负责该项目的建设、运营与管理工作。该体系的完善与否严重影响到项目实施的成败。我们明确划分了公司股权，湖南益阳城市投资有限公司与北京碧源科技有限公司作为益阳市政府的代表，共同持有项目股份，双方权益及股权比例清晰明了。同时，湖南碧源水务有限公司全权负责项目的建设及运营；而政府部门与北京碧源科技有限公司作为投资者，对项目的管控力度受限，设立独立董事与监事，能够确保政府监管与社会监督以及企业内部监察相辅相成。

二、贵阳南明河环境综合治理二期工程

(一) 项目概况

贵州省贵阳市的"母亲河"南明河总长约 210 千米,流域总面积达 6 600 平方千米。然而随着区域经济快速发展,南明河及其支流如石溪河等的水环境质量已然降至五级,天然净化能力深受打击。为了彻底解决这一污染难题,贵阳市政府采取坚定策略,依托市场化、试点先行的理念,引入具备先进技术、充足资金以及高度社会责任感的社会资本,采用 PPP 模式开展对南明河的全面治理。据此,借助已有资源,在流域内实现整体规划设计,将南明河环境综合整治分为两个主要部分:二期工程以强化水质优化、管理支流水系及改造污水处理设施为主导任务,具体划分为两阶段处理。第一阶段:兴建新庄二期、花溪二期等四座污水处理厂(每日污水总处理量可达 42.5 万立方米)及相应配套管网系统,同时新增污泥循环处理设备(每日可处理 500 吨污泥),进一步完善主河道的污水截流与生态恢复环节;第二阶段:新建造金阳二期、金白、莞城河等共计三座污水处理厂(每日污水总处理量预计能达到 14 万立方米),着手南明河生态修复工作,并对花溪河支流水系展开深度治理。此外,为了确保南明河流域生态及水质持续提升,构建出一套完备的网络化流域环境监控体系。

(二) 项目实施情况

该项目的实施,使南明河段水体质量得到了连续、高效的提升(2014 年 8 月—2016 年 3 月)。干流主要污染物指标化学需氧量(COD)达到地表水三类水质标准,大部分河段氨氮达到地表水五类标准。污水的污染问题得到了有效的解决。通过对河流的治理,河流的水环境发生了根本的改变,河流的水质有了很大的提高,河流的底栖植被覆盖率由原来的 15% 提高到了 70%,河流的生态和卫生状况得到了很大的改善。南明河环境治理已成为国内乃至国际城市采用 PPP 模式进行流域治理的成功案例。该项目真正做到了"少花钱、多办事、办好事"。

(三) PPP 运营模式

该工程总体预算高达 27.27 亿元,约 6.27 亿元属于项目公司自备资金(至

多占据23%),有21亿元左右的庞大需求须由项目公司自行筹集。自PPP协议签署至今,项目公司已建立境内外联合融资机制,借助国家开发银行及中国银行的鼎力支持,成功申请到长达10年的基准利率优惠自主贷款。为了确保实现合理投资回报,此项目采用了PPP融合方案,通过特许经营与政府购买河道服务相结合。相关的特许污水处理厂以及污泥处理中心预定运营寿命长达30年,然而河道服务项目的运营周期仅定在10年内。已获授权的贵阳市政府随后与市城管局签署相关PPP合作协议,并连同其他股东各自签订股权、融资、建设、工程四项合同,使贵阳市"南明河"二期水环境综合治理PPP合同体系更加完整。政府将依据社会投资者的努力成果进行绩效评估,按实际需要支出所需费用以维持工程进展的顺利推进。贵州省各级环境行政部门将实施夜间、晚间的例行巡检及突击检查计划,同时设立全时在线、迅速有效的环保举报热线"12319",为市民提供服务。

三、云南大理洱海截污工程

(一) 项目概况

针对云南省大理白族自治州财力不足而污染亟待整治的情况,政府采用PPP方式对洱海生态进行治理,并进行了社会资本的引进。大理环洱海流域截污工程主要包括:污水处理厂、洱海流域截污干渠、河道截污管、村庄连通管道、污水提升泵站和污水厂尾水回收利用等,项目范围包括洱海附近8个镇。截至2020年,这一工程已覆盖17.9公顷的土地。按照"一次规划,分阶段实施"的思路,在洱海东部、北部和西部地区,分别建设6个污水处理厂和相应的污水处理系统。

(二) 项目实施情况

大理全民健身中心周边区域的污水收集管网于2016年9月完成;在双廊、道色、上关、万桥、溪州、大理等地,也有6个新的废水处理项目正在进行。该工程完成后,覆盖面积将达6641平方千米,2050年,将覆盖652.8万余名居民。居住区和河流的截污管网覆盖率均达100%。当时,污水处理厂的日处理容量已达1.18万立方米/天,2020年达5.4万立方米/天,出水水质可达A类。在此基础上,对生活污水进行区域化处理,实现生活污水的收集、处理及回收,从而达到减少湖泊污染、水资源循环利用的目的。

(三) PPP 运营模式

该项目总投资额为 34.68 亿元,包括政府发放的建设时期资源保护费 6.58 亿元;剩余部分资金由项目公司来自筹或吸引。项目公司主要以股权融资与债务融资相结合的方式进行筹资,具体结构如下:项目公司本金为 8.43 亿元,债务融资 19.67 亿元。作为项目实施核心环节之一,大理洱海周边地区截污工程采用了"特许经营+政府采购服务"的 PPP 模式,污水处理厂采取 BOT(建设-运营-转让)方式,合作周期长达 30 年;同时,截污管道、提升泵站、生态塘以及水库等设施也采用 PPP 模式,而再生水资源利用项目及其他项目则选择了 DBFO(设计-建设-融资-运营)模式,合作周期为 18 年。上述各项目皆由政府出资作为购买服务的需求方,将建设与运营维护成本分拆,并逐项支付给相关工程企业。

四、国内 PPP 模式实践经验总结

通过以上几个典型的 PPP 示范工程,我们可以得知,应让专业人干专业事,以综合效益为导向,来推动流域水环境综合整治。在实施过程中,社会资本方是唯一的、最后的责任人,他们对整个流域的治理效果负有全部责任。在一定程度上能够促进该工程在流域尺度上的整体实施,提高该工程在规划上的科学、合理程度,并长远地考虑该工程在技术上的经济、可行性,为该工程的顺利实施以及该工程在该地区的长远发展奠定基础。

(一) PPP 模式的推广有利于促进政府职能转变、简政放权、优化服务

政府致力于提升市场透明度与监管力度,实施了简政放权策略,充分释放市场能量。政府打破了过去的分散式、多头管理模式,转向了以"购买服务与过程监督"为主导,在施工环节引入第三方跟踪审计,为工程项目的顺利推进打造坚实的组织保障。

(二) PPP 模式的推广有利于资源的市场配置和专业运作

依据市场机制配置资源。在水环境质量评估过程中,政府应发挥"裁判员"

角色,而将社会资本作为"运动员",厘清两者间权责关系。社会资本具有自主驱动力,能实现设计优化、成本降低及工期缩短等功能,使之在工程生命周期内达到最优质、最低成本的状况,大幅度提高工程的公共服务效能。同时,政府将服务费支付与服务质量相挂钩,实施绩效考核,推动公共服务质量与效率显著提升,进而实现政府、企业、公民三方共赢。

(三) PPP模式的推广有利于稳增长、调结构、惠民生、促改革

PPP模式的推广有利于稳定增长、调整经济发展结构,真正惠及民生,例如,在没有动用任何国家资金的前提下,南明河二期工程已顺利实施,并且产生了很好的治理效果。该项目有效推动了城市经济发展、增加劳动就业,广大市民对其成效给予了高度赞赏,百姓切实享受到了生态文明建设的成果,实现了良好的社会效益、经济效益和生态效益。

(四) PPP的推广有利于促进技术、金融和管理创新

在水环境综合治理项目实施过程中,我国已建立起一支汇聚中外著名专家及顶尖技术团队的精锐队伍,开展了广泛而深入的基础研究以及科学论证工作。基于对国际先进技术的引进和消化吸收,我们积极推进科技创新,成功构筑了一整套系统性强且相对完善的技术支撑体系,为全面规划流域一级的整治方案制定了全新的技术路径和技术策略,以确保水环境治理能够达到预设的效果。借助金融创新手段,项目资金得以稳定、充足的获取,大大降低了融资成本并保障了项目建设效率和项目质量。此外,我们秉持"以大带小"的理念,将地方水厂运营整合至整个流域,有效优化了人力资源配给,显著降低了运营成本,确保了水环境治理项目的可持续发展。

第二章　我国环境治理引入 PPP 模式存在问题与对策建议

第一节　我国环境治理引入 PPP 模式存在问题

一、PPP 模式相关政策法规支持不足

高效运转的 PPP 模式离不开完备的法律框架和统一的政策指引。当今，英、美、日、韩等国皆制定了相应立法以支持该模式。但我国在此方面需进一步完善，加紧出台专属 PPP 制度的法律法规。当前，PPP 项目遵循了《中华人民共和国合同法》及《基础设施和公用事业特许经营管理办法》，但这些法规对 PPP 制度规定仍显不足。无法律规制导致各方权利、责任、权益再加上职能部门权力界限不明晰，加大 PPP 项目风险及不稳定性，阻碍其进一步应用与推广。然而，为了推动 PPP 模式，财政部、国家发展改革委已发布多份相关政策文件。虽然上述两个机关部门专注于不同领域的 PPP 项目，但仍存在需要磨合之处。如为了推进 PPP 法规建设，财政部早于 2016 年 1 月启动《中国政府与社会资本合作法（意见稿）》收集工作，同年 5 月，国家发展改革委则着手起草《中国公共服务与基础设施的特许经营法律》。上述两个议案引发热议，因此，为确保 PPP 项目稳定开展，必须妥善协调相关法律与政策。

PPP 模式相关法律与政策的缺失，主要体现在对 PPP 模式的税制安排上。我国尚无一部体系化的法律、规章、文件，对 PPP 模式下的环保项目运作方式所涉及的税务问题进行详尽的说明。大部分情况下，仅靠社会资本是无济于事的。同时，财政部《关于支持政府与社会资本合作的 PPP 模式的税收优惠政策的建议》也在公开征集意见，接下来为绿色 PPP 的税务管理提供更为健全的法律法规，也是可以预见的。

目前，PPP 环保项目的收费方式有三种：用户自付、政府自付、用户自付＋

政府补贴。后两类支付体系涵盖了政府针对项目运营企业及特定区域发放的专项补贴。这些款项在税务方面会被如何认定？这种认定又将如何影响工程投资的回报率呢？然而，关于何种项目应缴哪种税费，至今尚未设立明确法规。根据《财政部、国家税务总局关于印发〈资源综合利用产品和劳务增值税优惠目录〉的通知》，环保类PPP项目可在满足相应要求后，享受增值税及营业税等多项税收减免优惠。这些环保税收政策、法规旨在为环保治理领域中的社会资本广开税费优待之门。此外，部分地方也对PPP项目提供税收优惠待遇。值得注意的是，《国务院关于清理规范税收优惠政策等政策的通知》中指出，地方政府在2014年后不得自行制定新的税收优惠政策，这凸显出当前我国税收优惠政策过多、过滥现象日趋严重。

在工程转移过程中，税收问题也是一个重要因素。PPP绿色项目的收益无法预期，其持有的部分资产在到期后会被国家收回，因此，其产权的变更会加大企业直接获得收益的概率。到现在为止，在这样的情形下，国家税务总局还没有对此做出统一的安排。这主要是由于这种合作模式在我国特殊环境领域属于新事物，对于项目公司的终止和资产转让还为时过早。但是，税务处理是一个无法回避的问题，我们应当尽早对其进行厘清。

二、PPP模式的性质与社会资本投资偏好的矛盾

将PPP方式引入环境行业，可以有效地解决环境工程项目融资规模过大、担保不足等问题。但是，环境是一种公共物品，很多环保工程都是公益性质的，很难给投资方提供稳定的资金，或者只有很少的收入。另外，许多大型的环境保护工程，例如，生态建筑工程，其回收期都很长，在短期内很难产生效益。因此社会资金往往偏向于投资回报率高、回报周期短的行业。环境治理的高标准往往能带来更高的成效，但相应地，所需治理成本亦会增加。面对社会资本追求利润这一现实问题，如何在治理过程中维持可观投入、确保效益便成了关键。正因如此，我们更应重视建立以绩效为中心的利益回报制度。然而，在实际操作中，绩效评估难度大，科学的按效付费机制难以构建。此外，项目的性质各异，包括运营型、准运营型及非运营型等多种类型。针对运营型项目，收费标准明确且易于制定，收益回报模式相对简单易行；相反，准经营型项目和非经营型项目则可能面临投资与回报不成正比或者无明显回报的困境，实施收益回报机

制相对较难。但是,PPP 的投入规模大、回报周期长,因此,PPP 的发展前景具有很大的不确定性。在缺乏一个稳定的收益回报机制的情况下,社会资本的参与程度势必会降低。

所以,具有很高公益性的环境保护 PPP 并不能有效吸引社会资本。即便是拥有庞大的社会资金,对环境保护的要求也难以满足。绿色 PPP 项目的长期性和社会资金对短期利益的追逐也使绿色 PPP 项目的融资期限不匹配问题突出。一方面,工程建设要求有较长时间、较稳定的投资;另一方面,工程的前景具有不确定性,且具有一定的流动性,因此,投资人更倾向于在较短的时间内进行投资。

三、缺乏地方政府信贷

在 PPP 项目中,环境服务定价的制定与调节将直接关系到 PPP 项目收益的高低。环境管理的公益属性决定了其极强的非排他性,无法以市场化的方式对其进行定价。在这一过程中,国家通常采取财政补助或打折的方式对其进行补偿。但是,单靠国家的力量来保证社会资金的收益是非常危险的。如果政府不守信用,就会给企业带来严重的经济损失。在 PPP 模式下,政府信誉风险是环境治理工程中最大的风险。举例来说,废水治理工程是一种具有一定运营性质的工程。这些社会资金的主要收入来源于国家向其收取的废水治理费用,而其收入的不足则通过当地的财力来弥补。尽管自来水工程属于商业工程,但是大多数工程都为国家所掌控,因此其收益分配还是由国家来决定的。另外,在当前 PPP 模式下,大部分的供水工程都会涉及管网的建设。社会资金是一项巨大的投资,其回报依赖于政府向管道公司交纳的费用。从这一点可以看到,由于我国财政投入的特殊性,政府信用在我国的发展中具有举足轻重的作用。社会资金是否能够按时回收,能否实现预期的回报,与政府的信用状况密切相关。以往地方政府存在"契约形同虚设"等现象,使得社会资本在 PPP 项目中普遍存在"三怕",即怕违约、怕陷阱、怕反复发生。同时,环境保护工程的建设周期很长,还会受到通货膨胀、人工、材料等因素的影响。现实中,环境治理 PPP 项目环境服务价格调整机制不畅,政府不履约调价等问题极为普遍。如重庆某供水公司在运行的 11 年间,只涨过一次水价。目前,我国污水处理行业普遍存在着运行费用难以调节、运行费用过高的问题。

在环保PPP项目的运营中,所有的参加者都要面对其他参加者的信贷风险。在我国,地方政府的信用风险已经成为制约我国社会资本参与PPP项目的主要原因。笔者认为,政府信用风险主要包括政府履约风险与"新官不理旧账"的政府换届风险。其中,政府履约风险是指部分地方政府因缺乏经验与考量,在前期对社会资本做出失信承诺,造成合作期限缩短,乃至完全违约。举个例子,黑龙江省哈尔滨市某废水处理工程采用BOT模式,按照协议,在特许权期间,哈尔滨市政府对废水处理工程按每吨废水收取0.598元的费用。但是,哈尔滨市政府因为没有按时缴纳排污费用,拖欠了1.6亿元的费用。最终,为了抵消拖欠的款项,政府只好将另外一家废水处理公司迁往别处。另外,在PPP项目的执行中,因其历时漫长,经过转型期后,部分地方政府常出于政策或融资等原因违约或不履约,使社会资本陷入被动。同时,政府缺乏契约精神,也会阻碍绿色PPP项目的顺利进行。而在这一过程中,政府又面临着社会资本所带来的信贷风险。在建设项目的招标活动中,存在着"低价""恶意竞争"等现象。当招标人以较低的价格竞标成功后,为了追求更大的利益,往往会出现工程质量不高、工期延误、停产等现象。

四、金融市场不完善导致融资渠道受阻

PPP项目需要大量的资金和较长的运作时间,这对社会资本的融资能力是一个巨大的挑战。在发展公共-私营部门合作关系方面,筹资方面的困难依然是一个主要问题。首先,投资期限的不匹配问题。PPP项目工期通常超过20年,其资金需求具有较高的稳定性,但其工期具有较强的不确定性和流动性,使得很多社会资本难以完全参与PPP项目。他们不愿全部投入,而只是想投入一部分,这就造成了项目运营者与投资者的冲突。其次,资金来源比较容易。目前,已有的PPP项目主要是通过债权方式进行的,而权益性融资的比例较低。以商业贷款为主的债务融资模式,在国际上普遍采用的PPP模式下,由于诸多因素,目前还没有形成完善的PPP模式。虽然原中国银行业监督管理委员会颁布了《项目融资业务指南》,但是在实际操作中,很少有采用以项目收益为基础、以项目资产为抵押的模式。由于不愿承担风险,仍习惯地"躺赚",创新动机不足,未有效地解决产权结构及产权退出等问题,致使其在资金运用上存在"以产权为基础"的倾向。这一单一的筹资模式,使得筹资资本规模较

小。相对于公用事业的巨大投入来说，这只是九牛一毛。然而，目前我国PPP项目的直接融资方式主要是银行贷款，由于其高利率和短周期，很难满足大部分PPP项目的低收益和长周期的需求。最后，按揭资金短缺。近年来，随着不良贷款的激增，不良贷款比率的大幅攀升，商业银行对于贷款的态度也变得越来越审慎，这使得其对于PPP项目的贷款流程、评估标准、担保条件等都与传统贷款一致，而且都是非常严格的。而且PPP项目难以达到信用条件，有以下几个原因：第一，资产的权属不清晰，工程公司一般只有经营权，没有所有权。第二，工程公司对工程用地仅有使用权而无产权；且只有得到了政府的许可，才可以获得这些使用权。第三，PPP项目大部分处于建设阶段，其本身的存量很小，因此很难达到商业银行的按揭条件，使得本来就不太顺畅的PPP项目融资之路变得更为曲折。基于以上原因，金融机构对PPP项目的投资有很大的顾忌，对其投资也比较谨慎，这就造成了PPP项目的融资缺口较大，融资难度较大。同时，费用制度的不健全，也造成了融资的难度较大。环境治理是一项庞大的投资活动，很难通过PPP方式进行融资。其主要原因如下：第一，PPP项目对环保项目的要求是"高门槛"；在建设过程中，往往要依靠巨额的银行贷款来进行投资，这也是其高成本的原因之一。第二，环境保护工程具有公益性质，使得环境保护工程的利润空间很小。第三，由此衍生的是对环境保护工程周期较长、投资较大和复杂性较强所产生的担忧。这一切都使我国的社会资本对环保PPP项目望而却步。当前，环境保护工程的收费体系和收益渠道不够明晰，资金投入的收益机制也不够健全。

第二节 我国环境治理引入PPP模式的对策建议

一、建立健全PPP法律法规体系

由于相关法律法规尚不健全，PPP项目的实施缺少强有力的保障，也很难取得应有的效果。我们需加速PPP法律法规系统的构建和规范化进程。因此，各相关机构应深入合作以保证法规的统一性和完整性。建议在立法过程中覆盖PPP项目全寿命周期的各个阶段，包括设立、招标、投资、建造、运营以及维护，从而明确各方的权利和责任。此外，面对环保领域PPP改革的挑战，我们需要健全关于价格机制、市场准入和退出、信用约束等方面的配套法规。值得注意的是，在设定PPP制度时，必须妥善平衡它与其他现行法律之间的关系，避免出现法律冲突。地方政府应该在对有关PPP法律进行全面整合的基础上，根据本区域的实际状况和需要，对相应的地方法规和政策进行研究，从而让PPP项目能够在可预见的环境中，实现规范、有序的运作。

从税务角度来看，PPP项目所涉及的商务行为，不可避免地与税务有着紧密的联系。税务费用对投资企业的利润率、现金流量、投资方的投资收益率、经营方式等都有很大的影响。政府是工程实施主体，对工程全过程税收费用有清晰认知，对工程实施过程中的社会投资收益进行分析，对工程实施过程中的税收筹划、财政承受能力、效益评价等具有重要意义。所以，加强对税务部门的管理，是十分必要的。因此，笔者认为，我国应尽早出台相关的税收征管及优惠政策，并应由国家税务总局公布。让项目公司与当地政府对工程的经营有法律依据，尽早做好税收规划，避免税收合法性问题的发生；另外，为了提高投资收益率，应该对现行的税务优惠政策进行全面、合理的使用。财政部应在正在征求意见的"关于支持政府与社会资本PPP合作模式的税收优惠政策的建议"中进一步澄清。

二、建立严格的监督和绩效评估机制

在PPP模式中，各方承担的义务是不一样的。政府的首要职责是为市民提供最佳的公共设施与服务。公司的首要职责是为该工程的实施提供必要的资源和技术支持，从而提高工程的效率和质量。以大气污染治理为例，虽然PPP是雾霾防治中一种行之有效的资金来源，但并不能完全取代政府对雾霾的管理与决策。雾霾治理PPP是一种长期的、资金规模巨大的、涉及众多法律主体的工程。从大气污染防治和社会公众利益角度，建立起大气污染防治的风险防控体系十分必要。防范公司间的恶性竞争，防范政府间的失信行为亦应受到重视。为了避免工程风险向国家债务风险的转变，国家禁止对工程进行担保。对那些按照合同规定无法有效防治污染的工程，要按照规定及时撤资，并严肃追究责任。在此基础上，对PPP项目的实施、雾霾治理效果、专项基金的使用等进行全程监控与全面评估，并严格制定项目的盈利指标，强化各方的成本监控、审计与评估，以达到降低项目整体风险的目的。

三、完善社会资本回报机制

在提升社会资本回报、促进其积极参与PPP模式的背景下,深化各部门协调作用至关重要。为此,我们应落实优质政策,设立行政资源激励、运营补贴、投资津贴以及融资成本补偿等措施,构建稳固且可靠的投资回报体系。若PPP项目运作过程中定价及收益分配机制存在不足之处,可采纳区间弹性定价策略,设定固定的投资回报范围,并以此为基础建立考评标准,根据企业实际经营情况调整收益率。此外,还需建设高效且科学的权益保护制度,确保社会资本享有公正待遇和法定权益,同时提供适当的争议解决机制,以保障资本在出现损失后能获得合理补偿。

四、建立有效的风险分担和信用约束机制

PPP项目是一种具有复杂性、参与主体多、结构复杂等特点的项目。合伙人之间不可避免地会有不同的利益和义务。唯有构建政府与企业间强大协同、风险分担及共享利益的格局,才能实现各方求大同存小异的项目宗旨。此外,针对投融资方式需加以改良,使之多元化;对于环保产业链上下游利益分配予以均衡,杜绝重建设轻运营现象以提高环保PPP项目收益率。在此过程中,政府与企业均应坚守公平原则,实事求是,坚定信念,遵循诚信准则,且承担应尽职责,强化风险管控,防止将风险过度转移给合作方。企业主要承担投融资、建设、运营和技术风险,政府主要承担国家政策、标准调整变化的宏观风险,双方共同承担不可抗力风险。我们还需改善投资回报机制与利润分配方式,减轻社会资本对区域政府偿债能力与信誉风险的担忧,保证企业应收账款得以快速回笼,从而升级地方政府的参与度。

为确保风险分摊准确无误,各参与方需结合各自优势,设法控制风险。鉴于法规及政策变动等因素带来的风险,由政府承担更为适宜;而项目建设运营中的成本及服务质量风险,则由社会资本承担。为此,我们需要尽快建立并完善信用机制,防范潜在的信贷风险。对于政府来说,更应加强合同管理意识,明确合同内容,避免因误解或不当义务引发问题。同时,社会资本也应对自身行为有所规范,确保工程建设和运行过程的合理性和稳定性。同时,要充分利用

社会各界的监督力量,建立健全第三方的信用评价制度,以约束政府与社会资金之间的不诚信,从而推动PPP项目健康有序地发展。同时,继续推进风险共担和收益共享。PPP项目的成败,取决于各主体间如何公平、高效地进行风险分摊、收益分享,而这就要求合理的资金配置。通过分析国际、国内的一些案例,我们不难看出,要想实现环境污染的第三方治理,必须让政府与社会资本之间形成一个合理的关系,让社会资本既能获得利益,又能保证安全,这样才能更好地发挥他们的积极性和专业精神,才能最大限度地改善环境污染治理的效果。

五、加大金融创新力度,拓宽融资渠道

推动PPP创新模式发展——PPP环保产业基金将有助于解决中低利润环保项目的融资困境。PPP绿色产业基金集项目融资、建设、运营于一体,通过"项目打包"的方式,实现了"高收益"和"低收益"的一体化。通过对各层级利益的累加,可以有效地减少工程组合的总体风险,并为低收益的工程组合提供融资。"融资-建设-运营"一体化的经营方式,可以更好地激发项目的积极性,使项目的主动性得到最大限度的发挥。绿色产业基金是一种新型的绿色金融投资方式,基于此,我国政府应积极推进创新型PPP模式的构建,加强对金融机构及社会投资者绿色投资的引导,促进绿色金融发展。在此基础上,完善PPP绿色产业基金投资收益机制、资本流动机制等配套机制,探讨设立环境治理第三方投资基金。借助政银双方力量,设立环保第三方治理引导基金,为民营环保基金(公司)输送权益及债务融资,助力环保基金设立及营运。此外,可考虑设立政金合资企业,实施政治金融合作基金股权制商业化运营,或由多家国内金融机构协同设立专业基金,在优惠政策扶持下进行环境保护投资。以上方案皆有助于解决目前我国环境第三方治理建设资金匮乏的瓶颈问题。

子课题四
可持续发展取向的环境治理技术体系创新

本子课题开展的主体功能区和生态安全屏障建立、环境预防与突发性污染事故应急机制、环保督察巡视与环境监测机制、监管体系构建等管理技术的研发、集成与应用,实为我国环境治理理念之提升、事业之发展。

第一部分　空间布局：主体功能区布局和生态安全屏障建立研究

主体功能分区以环境资源承载能力、当前发展密度和发展潜力为基础，对生态功能和经济社会发展方向进行考量，从区域空间发展适宜性的角度，将土地空间划分为四个主要功能区：优化开发、重点发展、限制发展和禁止发展，重点关注制度、战略、规划和政策等政府管理需求。而生态安全屏障是一个区域生态系统的结构、功能和过程维持不受或少受外界环境破坏与威胁的状态。它呈现出多层次和有序化的稳定格局，对周边地区的生态环境起到屏蔽和保护作用。生态安全屏障是维持区域内、外生态安全与可持续发展的复合体系。本部分研究了我国重点生态区域保护和生态安全建设。

第一章 我国主体功能区划概述

第一节 主体功能区划分的技术与方法

一、基本定位

《国家主体功能区规划》国发〔2007〕21号是一部具有战略性、基础性和强制性的综合性规划,其实施具有重要现实意义。城市规划是国民经济和社会发展总体规划、人口、区域、城市、土地利用、环境保护、生态建设等方面的重要基础。此项计划重要之处是对各方面之发展给予了指引与支援。笔者从资源环境承载力、现有开发强度、未来开发潜力三个方面对我国主体功能区进行了分类。各地区应针对自己的实际情况,采取相应的发展策略、思路和模式。这一区别性发展路径的划分,突出了各地区在自然条件、发展水平等方面的差别。

主体功能区的划分不仅仅是为了实现经济增长,更重要的是要促进人与自然和谐共生。在这种理念下,经济系统与社会、生态系统的协调发展变得更加重要。这意味着在发展过程中,需要充分考虑到生态环境的保护和可持续性,以确保经济发展与环境保护相协调。《国家主体功能区规划》的相关研究为我们提供了一种新的思路。通过对各个区域的发展方向和重点进行合理的划分,能够最大限度地将各个区域的优势发挥出来,从而提高资源的使用效率,减少对环境的污染,对生态环境进行保护,最终达到经济、社会和生态的和谐发展。这将为我们国家今后的繁荣稳定打下一个坚实的基础。

"十二五"规划中,主体功能区的提出已上升为国家战略,如箭在弦。"十四五"规划提出,要进一步细化主体功能区的区划,加强区域整体开发,促进区域整体开发,保障国家重点发展目标的实现。这是一项在全国范围内都具有重要战略意义的规划,将在全国范围内形成一个以主体功能区为中心的新的全国空间发展规划体系。

二、主体功能区

我国的主体功能区可分为四种类型：优化开发区、重点开发区、限制开发区、禁止开发区。其中，优化开发区是已有较高土地利用强度和资源环境承载力开始下降的地区；重点开发区是资源环境容量大，经济发达，人口集中的地区；限制开发区是指具有较低的资源环境容量，较低的生态环境质量，以及具有重要生态功能的地区；禁止开发区是指生态环境极度脆弱、生态功能丧失或无法恢复的区域。具体如下：

1. 优化开发区

优化开发区是指在土地资源开发强度已经达到一定程度，但资源和环境承载力已经下降的地区。这些地区通常是国家或地区发展水平最高、发展基础最好、竞争力最强的区域。要实现区域经济的可持续发展，就必须通过科技进步与体制创新，优化其主体功能与发展方向。通过产业结构的调整与优化，促进经济的集约发展，缓解经济、社会发展与资源与环境的矛盾。

在优化开发区中，政府和企业需要共同努力，制定合理的规划和政策，引导产业向高附加值、低资源消耗、低污染排放的方向转变。同时，加强基础设施建设，提高区域的综合承载能力，为经济社会发展提供有力支撑。此外，还要注重生态环境保护，实施严格的环境监管，确保经济发展与生态环境的和谐共生。优化开发区的建设和发展对于提升国家或地区的竞争力具有重要意义。首先，它可以为国家或地区提供更多的就业机会，吸纳更多的人口流入，促进人口和经济的密集发展。其次，优化开发区可以带动周边地区的经济社会发展，形成产业链协同效应，提高整体竞争力。最后，优化开发区还可以吸引国内外投资，促进技术创新和产业升级，为国家或地区的长远发展奠定坚实基础。

总之，优化开发区是国家或地区发展的重要战略方向，需要政府、企业和社会各界共同努力，通过技术进步和制度创新，实现产业结构的优化升级，推动经济社会的可持续发展。

2. 重点开发区

重点开发区依托于科技创新和体制创新，将是重点开发地区的主体功能定位和今后的发展方向。以对产业结构进行优化升级为重点，推动高质量经济增长模式的建立，减轻经济、社会发展与资源及环境的矛盾，建设成为全国或各地区发展的重要支撑区域。重点开发区的主要产业包括：高新技术产业、现代服务业、先进制造业、现代农业等。在此背景下，我国重点开发区必须强化生态环境保护，推进绿色低碳发展，以达到经济、社会与生态环境协调发展的目的。在此基础上，加强对企业的管理，促进企业转型升级，实现高质量发展。在此基础上，进一步完善交通、能源、水利等基础设施，以提高城市整体竞争力，促进城市经济发展。

重点开发区依托于发挥区域的综合优势，提升资源配置的效能，以推动人口与要素的集聚，进一步做大做强，推动产业结构优化，让人口、经济和资源环境达到和谐，将其打造成为国家或区域内经济和人口聚集的主要地区，为国家或区域经济发展提供一个重要的增长极。重点开发区需要加强生态环境保护，推动绿色低碳发展，实现经济社会和生态环境的协调发展。同时，要注重人才引进和培养，提高创新能力和科技水平，推动产业转型升级和高质量发展。此外，要加强基础设施建设，提高交通、能源、水利等方面的配套设施建设水平，提升区域的综合竞争力和发展水平。

3. 限制开发区

限制开发区是指具有较低的资源承载力、经济规模较大、人口密度较低、涉及全国乃至更大区域生态安全的地区。此类地区农产品的供应在全国或更大的区域内具有重要的影响力。限制开发区域的种类很多，其中包括草原湿地生态功能区、荒漠化防治区、森林生态功能区、水土流失严重区和其他特殊功能区五大类。限采区是我国最脆弱的地区和人地矛盾最大的地区，也是最严重的地区。因此，应按照"主体功能区"的建设和经营理念，对这一地区实施综合治理，达到恢复生态、缓解资源、环境压力的目的。

限制开发区的主体功能定位和未来的发展方向，应该是通过政策扶持，同时加强对相关区域的保护，推进超载人群的有序转移和适度开发，加强生态恢复和扶贫开发，使之成为全国性或区域性的重要生态功能区，既能保障全国性或区域性的生态安全，又能带动人口流动，实现脱贫攻坚。

4. 禁止开发区

禁止开发区是指法律划定的各级各类自然文化资源保护区和其他不允许工业化、城市化发展、有特别保护要求的重要生态功能区。在我国，禁止开发区包括国家级自然保护区、世界自然文化遗产和人文景观集中分布地区。禁止开发区的设立、划定和管理制度，以及相关的法律制度也比较完善。然而，在保护工作中仍存在诸多问题,尤其是由于禁止开发区内居民数量众多,保护和开发的矛盾日益突出。在此背景下,不少禁止开发区因受限制而陷入"环保"与"扶贫"双重困境。在这样的情况下,在某些禁止开发区中,居民为了谋生而进行的发展,往往违背了有关的保护条例,一些地区存在着不同程度的过度开采的情况。

禁止开发区的主体功能定位及未来的发展趋势应当是:严格防止人为活动对自然文化遗产产生的负面影响,实施强制保护,限制与禁止区域功能相符的产业发展,有效地保护自然文化遗产的原真性与完整性,使之成为保护自然生态环境与人文景观的重要地区,保护珍稀濒危野生动植物物种的自然集中分布区,促进人口流动的重要地区。《中华人民共和国自然保护区条例》第二十六条对自然保护区的管理做了详细的规定,禁止在自然保护区内进行砍伐、放牧、狩猎、捕捞、采药、开垦、烧荒、采石、挖沙等活动。因此,在现有的法规、政策下,保护区核心区、缓冲区等都属于禁止开发区的范畴。

三、技术与方法

指标体系的确立是主体功能区划工作中的重点和难点。当前,我国城市群主要功能分区是通过将可持续城市群的可持续发展能力、水平和潜力作为一级指标,并在其之下设定二级指标。但是,这三项一级指标包含的因素比较多,要想构建一个全面的评价指标体系,几乎是不可能的。同时,三种指数之间因空间尺度的不同而缺少比较,使得三种指数之间的划分标准难以统一。在当前的城市空间区划中,如何选择具有代表性、简单性和内在可比较性的指标是亟待解决的问题。

在指标的选择上,不同学者提出了不同的指标体系。叶玉尧等提出了一套以生态承载力、生态足迹、开发潜力、分区技术路径为主要特点的生态环境评价指标。李先坡提出,应在国家层面上构建"指标库",对指标的选取进行规范化,并将指标划分为强制性、限制性和非强制性三种类型,使指标具有一定的灵活性。马源等人以新疆为案例,提出了一套区域主体功能区划分的评价指标。石刚从生态环境承载力的角度提出了一套与之相似的生态环境评价指标。魏厚凯提出对各主体功能区的生态环境影响,不应该一味地追求生态环境质量的统一。例如:

1. 生态承载力

生态承载力是指一个区域所能提供的生态产品范围。因此,它和生态足迹之间存在一定的可比性。一个地区的可利用土地类型可以分为耕地、林地、草地、化石燃料、建设用地、水域等 6 类。不同类型的用地单位面积的生态生产能力有较大的差别,因此,在计算过程中,需要将其乘以相应的产量系数,并将其转换为生态生产均衡的面积,再将各种用地的面积相加,得出每个区域单元能够提供的生态生产面积,即生态承载力。

2. 生态足迹

生态足迹是由 Wackernagel 等学者于 20 世纪 90 年代早期为体现人们对自然环境的使用而提出的一种新的理念。最初,他们把生态足迹比作"一个承载着人们以及人们所建造的城镇与工业的巨型脚印"。近年来,以沃克纳格尔(Wackernagel)为首的加拿大生态足迹小组对"生态足迹"进行了深入的探索,并形成了一系列简便、统一的评估指标体系,提出了一系列科学、可行的评估方法。通过对该地区的经济社会发展状况进行综合评价,提出了一系列的评价指标。目前,生态足迹的计算方法较为成熟,具体如下:

$$F_E = N \cdot f_e, \quad f_e = \sum_{i=1}^{n}(a_{ai}) = \sum_{i=1}^{n}\left(\frac{c_i}{p_i}\right) \# (1)$$

其中,i 是消费品和投入的类型,c_i 为 i 种消费品的平均生产能力,p_i 为 i 种商品的人均消费量,a_{ai} 为人均 i 种贸易商品转化的生物生产面积,N 是人口;f_e 是人均生态足迹,F_E 是总生态足迹。

3. 发展潜力

区域经济发展潜力的大小,既受到区域经济发展的制约,又受到区位条件的约束。在此基础上,提出了利用土地资源总量、利用水资源总量和交通区位三项指数的综合计算方法。其权重采用特尔斐法(Delphi Method)来确定。可用土地资源可按以下方法计算:

$$R_f = R_s - R_j - R_l \# (2)$$

其中:R_s 为可用土地资源;R_f 表示适宜于建设用地,可通过构建 DEM、设定适当的坡高界限标准、抽取适宜于建筑施工的用地;R_j 是现存的建筑面积,包括城镇、乡村住宅、独立矿山、交通、专门土地、水利设施,以及土地分级中的其他土地;R_l 为基本耕地面积,指各县确定的耕地质量指标,其中 A 为基本耕地面积。可用水资源可按以下方法计算：

$$R_w = W_k - W_y \quad (3)$$
$$W_k = (W_d - W_r) \times a \quad (4)$$
$$W_y = W_1 + W_g + W_j + W_c + W_s \quad (5)$$

其中，W_k是我国可开采的水资源总量，W_y表示已开采的水资源总量，W_d表示区域年平均水量，W_r表示年均径流量，a是水资源的可开采利用系数，W_l是农业用水量，W_g是工业用水量，W_j是家庭用水量，W_c是城市公众用水量，W_s是生态用水量。

从县(市、区)到中心城市或区域交通枢纽的远近，到机场、港口等重大交通基础设施的远近等角度，对其进行综合评价。就现有的研究成果而言，对主体功能区指标的简化与复杂程度、代表性指标的选取，以及指标的区域性和可比性等方面的争论较多。

4. 分区技术路径

技术路径是最为普遍的划分方式，决定着划分方式的技术与价值导向。叶玉尧在生态思想的指引下，从区域经济发展的角度，提出了区域经济发展的主要阶段，并建立了区域经济发展的等级划分标准。湖北省的研究采用了"复杂系统工程-简化假定处理-合理分析和辨识"的研究方法。金凤军等按照"总体判定-分区评估-规划设计"的思路，对我国东北区域的主体功能分区进行了初步探讨。李先坡认为，在城市空间布局上，应将"试点"与"划分"相结合，并采用逐级指派与综合互证相结合的方法。

第二节　我国主体功能区划存在的问题

一、基本定位与基础理论仍不够明确

主体功能区划不仅是一项宏观战略规划，而且必须在特定地区实施。行政单位之间有明确的边界，而在区域内，四个主要功能区之间的一些区域并不明显，因此在整个区划中的定位并不明确。在区域控制上，主体功能分区与土地规划与城镇规划的关系不清。尽管主体功能区是战略性的、基础性的、有约束性的,但是,这是一种"非落地"的规划。在这一过程中,土地与城镇的规划是十分必要的。因此对其进行合理的调整,使其与用地、城镇等相关的空间规划相结合,成为其"落地"的一个重要环节。

主体功能区划对区域经济增长方式的促进效应得到了广泛认同,然而,一些学者却对其持有比较冷静的看法,并提出了疑问。有人提出,主体功能区最大的局限性在于,为了推动地区间的公平竞争和合作,必须将其区别于综合经济区。一些学者提出,从制度设计上看,我国主体功能区内部和外部性政策的差异性加剧了各主体功能区域之间的利益失衡;主体功能区的建设违背了市场的公平竞争规律,是一种"非帕累托最优",存在着不公正性。构建主体功能区并非治本之策。由于现实条件和学科限制,尽管学术界对于主体功能区划分的核心概念和理论基础已经形成了共识,但其内涵、划分标准和基础尚不明确,尚无系统的理论支撑,难以对实际工作进行有效的指导。目前,在区域主体功能识别和主体功能区划中,对于资源承载能力、环境承载能力、区域发展潜力等具体科学问题的认识还不够深入。从技术手段上看,在指标体系、指标选取和量化以及划分标准上,尚未形成统一的认识,且技术手段尚不完善。再者,目前大部分的区域划分研究,都建立在对各类统计性质资料进行质与量的分析之上。以地理信息系统(GIS)和遥感(RS)技术为代表的现代空间信息分析技术的应用还不够深入。

二、支持区域政策和制度保障需要进一步细化和深化

目前,对区域扶持政策的研究多停留在宏观层面,缺乏具体、细致、可操作的规范。这说明我们尚未形成一套系统的制度,可以有效地引导区域发展。而当前我国主体功能区建设最大的阻碍和难点就是缺少有效的制度保障。虽然也有相关的研究,但都没有形成具有针对性和可操作性的政策体系。

此外,现有的以"一张蓝图"为基础的规划方式已经无法适应未来发展趋势。随着社会的不断发展和变化,我们需要更加灵活和适应性强的规划方法来应对各种挑战和机遇。因此,我们需要加强对地区支持政策的研究和制定,以确保各地区能够得到有效的支持和发展。

三、面临区域发展矛盾

主体功能区强调的是"主体功能",即一个地区在发展经济、保护生态等方面所具有的主导作用。这就导致了四类主体功能区拥有着不一样的发展模式、不一样的发展机遇,这就必然会导致各类主体功能区之间的生态、环境和经济利益的不平衡,从而导致各功能区在经济、社会、环境等方面出现了区域冲突。表现在以下几个方面:

(一)承担生态功能导致发展机会的损失

在我国实施主体功能区划分级管理的区域政策中,以国家或地区为核心的生态功能区被视为至关重要的一环。为了充分发挥这些区域的生态功能,政府采取了一系列的"禁"与"限"等措施,对特定产业进行限制或取缔。这些措施旨在保护生态环境,促进可持续发展。然而,这种限制或取缔特定产业的做法也带来了一些挑战。

首先,工业化进程中产生的机遇成本不容忽视。放弃传统工业化道路、放弃资源发展、转变发展方式等都需要付出巨大的代价。这些机遇成本可能会阻碍区域经济的发展,导致工业化和城镇化进程缓慢。

其次,剥夺特定产业参与高利润率产业竞争的资格,可能会限制这些产业的发展潜力。这些产业可能具有创新能力和竞争力,但由于限制或取缔,无法充分发挥其优势,这可能会导致资源的浪费和经济效益的降低。

最后,这种限制或取缔特定产业的做法也可能给国家财政带来重大损失。这些产业可能是国家经济的重要支柱,为国家创造了大量的税收和就业机会。限制或取缔这些产业可能会导致财政收入减少,进而影响国家的财政状况。

因此,在实施主体功能区划分级管理的区域政策时,需要权衡生态保护和经济发展之间的关系。政府应该制定科学合理的政策,既保护生态环境,又促进经济发展。同时,应该加强对特定产业的扶持和支持,为其提供更好的发展环境和条件。只有这样,才能实现区域发展的可持续性和经济的繁荣。

(二)为实现主体功能而承担额外的成本

对于被限制和禁止开发的区域,其主要功能是维持其良好的环境和提供生态服务。为了实现这一目标,这些区域必须放弃一定的发展机会,同时要承担相应的生态修复与建设费用。对于我国的林牧区来说,要保护其森林及草原生态系统的服务功能,就必须禁伐、禁牧,还要在封山育林、森林防火、防治鼠虫害、草原防风固沙、水源保护、林草资源的管理与养护等方面投入巨大的资金。这意味着在这些区域内,人们不能进行砍伐树木或放牧牲畜等破坏性活动,而需要采取一系列措施来保护和管理现有的自然资源。

此外,为了减少区域内的人为破坏,有时还需要将大量的人口迁移出这些区域。大规模的人口迁移通常需要大量的安置费用,这对于地方政府来说往往是难以承受的负担。政府一般需要采取措施来帮助受影响的人们重新安置和融入新的社区,同时提供经济支持和其他必要的资源。

在实施生态保护的过程中,政府、企业和社会各界都需要发挥重要作用。政府需要制定相关的政策和法规,并加大监管力度,确保这些限制和禁止开发的区域得到有效管理和保护。企业应该积极履行社会责任,采取环保措施,避免对生态环境造成进一步的破坏。同时,社会各界也应该加强环境教育和宣传,提高公众的环保意识,共同参与生态保护。总之,被限制和禁止开发的区域虽然可能会丧失一定的发展机会,但是为了保护生态环境和提供生态服务,这些牺牲是必要的。只有通过全社会的共同努力和合作,才能实现生态环境的良好保护和可持续发展的目标。

(三) 加大经济落后地区发展的难度

在我国,生态环境脆弱地区与经济落后地区之间存在着很强的一致性。这种一致性主要体现在两个方面:一是生态环境脆弱地区的经济发展往往受到限制,导致经济落后;二是经济落后地区往往也是生态环境脆弱的地区,因为这些地区大多缺乏有效的保护和治理措施。

为了实现可持续发展,我国政府将国土空间划分为不同的主体功能区,以引导各地区合理利用资源、保护生态环境、促进经济社会发展。然而,实施主体功能区,将使欠发达地区的发展更加困难。原因在于,在目前的初步规划中,绝大多数经济不发达的地区都处于限制开发区或禁止开发区。这些限制开发和禁止开发区往往是生态环境最脆弱、资源禀赋最差、基础设施最薄弱的地区。

这意味着,从经济落后地区的限制和禁止开发区域转移出来的劳动力,不可能主要依靠经济落后地区的重点开发区域来吸纳。这些重点开发区域往往也面临着资源枯竭、环境污染等问题,难以提供足够的就业机会。这就要求大量的劳动力向中西部地区迁移,以求就业。在新的政策框架下,我国大部分经济欠发达地区的发展门槛将会更高,发展成本也会更高,发展更难。这主要表现在以下几个方面:

1. 资金投入可能相对减少

由于政策调整,政府在西部和落后地区的投资将更加谨慎,资金投入可能相对减少,这将直接影响到基础设施建设、产业发展等方面的发展。

2. 人才流失

随着东部和中部地区的发展,吸引了大量的人才流入,而西部和落后地区的人才流失问题将更加严重,这将导致这些地区发展动力减弱。

3. 产业结构调整压力增大

在新的政策框架下,西部和落后地区需要加快产业结构调整,优化资源配置,提高产业附加值。这将是一个长期且艰巨的任务,需要付出巨大的努力。

4. 生态环境保护压力增大

随着经济社会的发展,西部和落后地区的生态环境问题日益突出。如何在保护生态环境的同时实现经济发展,将是摆在这些地区面前的一大挑战。

总之,我国在实施主体功能区划的过程中,需要充分考虑到生态环境脆弱地区与经济相对落后地区之间的一致性,采取有针对性的政策措施,以促进这些地区的可持续发展。同时,也需要加强国际合作,引进先进的技术和管理经验,提高相对落后地区的发展水平。

(四) 进一步加剧区域发展不均衡

为了实现区域的主体功能,我们需要采取一系列措施来促进各地区的发展。其中一个重要的方向是鼓励限制开发区和禁止开发区内的人口向重点开发区转移。通过逐步实现人口的有序流动,我们可以逐步缩小各地区人均收入水平的差距。然而,在人口迁移的过程中,我们需要注意一个重要的机制,即择优迁移。这意味着那些对区域经济发展和地方财政收入具有潜在高贡献能力的人群更容易实现迁移。这样的机制可能会导致一些不公平的现象出现,例如,加剧区域间发展的不均衡。由于人口、要素和产业的集聚效应,有限的资源和机会往往会集中在少数条件较好的地区。这可能导致限制开发区和禁止开发区的公共服务效率逐渐降低,因为这些地区的基础设施和公共服务可能无法满足不断增长的需求。

如果我们不加以控制和管理,这种趋势可能会进一步加剧"中心—边缘"的倾向。也就是说,发达地区将继续吸引着更多的人才和资源,而限制和禁止开发区域则可能陷入相对滞后的状态。这将导致地区间的经济差距进一步扩大,社会的不平等问题也会日益突出。因此,我们需要制定合理的政策和措施,以确保人口迁移的公平性和可持续性。这包括提供更好的公共服务和基础设施,改善限制开发区和禁止开发区的生活条件,以及加强对人口迁徙的监管和管理。只有通过这些努力,我们才能实现区域间发展的均衡,促进各地区的共同繁荣和进步。

第三节　主体功能区布局的规划发展

一、与区域管治相结合的制度保障

(一)分类支持政策设计

主体功能区规划的落实与目标的实现,关键在于对其进行相应的政策规范与绩效评估。在主体功能区划分后,以"分级"为导向的"分区"支持政策的制定,就成了"分区"后最为重要和关键的一项工作。针对这一问题,很多学者开始探讨分级扶持政策。比如,张耀军针对主体功能区域的人口均衡问题,米文宝针对区域功能、区域的差异性问题,丁玉思针对区域发展目标、区域的绩效评估问题,分别提出了区域经济发展目标和区域发展目标。其中,财政政策、生态补偿政策及其多种政策的结合是当前我国生态环境保护研究讨论的热点。目前,虽然已经在财政、投资、工业、土地、人口、环境和绩效评估等七项扶持政策上有了一个基本的分析框架,但是其牵涉的部门众多,与现有政策体系的交互作用目前也不清楚。从已有的文献中可以看出,当前的政策研究主要还是以宏观的方式进行,而如何对其进行提炼,并给出具有操作性的解决方案,则是今后的研究重点。

(二)与区域管理政策相协调

主体功能区概念的提出,标志着我国地区治理体系的重大变革。因此,要进一步完善地区经营制度,就必须加强地区经营制度的配套政策建设。而对于主体功能区而言,其相关政策的制定与执行,则是一个浩大的系统工程,需要全面深入的管理体制变革。要实现这一目标,一是要加速推进地方行政体制改革,成立功能清晰的地方行政协调机构,强化地方行政工作的组织与协调;二是要根据"以人为本"的原则,调整政府组织结构及政府职能,构建符合"以人为本"的新的行政管理体系。还有一些学者提出,在城市主体功能分区的基础上,进行城市主体功能分区的调整,以实现城市主体功能分区的优化。在此基础上,通过对"问题区"理论的学习和研究,建立起一套较为科学完善的"问题区"管理制度。仅靠主体功能区的建设,不可能彻底解决整个地区的协调发展问题。因此,要根据我国的实际情况,对我国的地区政策进行适当的调整和完善。在主体功能区与行政区划的关系上,安树伟重点探讨了省级边界主体功能区的协同机理,以及在此基础上,提出了不同类型主体功能区的协同发展对策。卢中原就如何推动"两个发展"之间的良性互动,提出了若干对策。冷志明重点剖析了省级边界主体功能区的运作机理。曹子健从行政区划的角度,阐明了行政区划对城市群的影响机理,并结合现有的支持政策体系及目前的政策着力点,为城市群与行政区划的协同发展提供了切实可行的途径。

二、对现有布局进行全面改进

(一)加强主体功能区划定位研究

加强主体功能区划定位研究,要求进一步深化对主体功能区基本定位的认识,将其与"五年规划""土地利用""城乡规划"等有机结合起来,形成五位一体的整体框架,并在此框架下,构建"三大规划"之间相互衔接、相互补充、相互促进的五位一体格局。

(二)深化区划理论基础研究

强化对主体功能区的理论基础的研究,为各种类型的主体功能区的划分,尤其是对于那些很难量化区分的地区,提供了足够的理论依据。另外,在区域四大主体功能区的划分中,国家应该考虑到每一种类型的功能区的面积比例和发展程度在不同地区不能被任意确定。因此应该加速对四类功能区的面积比例限值和发展强度指标值的调整,使其可以真实地反映出制约因素。

(三)引入新技术和方法

在新时代,重点发展区要充分发挥新技术和新方法的优势,尤其要加强对信息资源的利用和整合,构建信息资源的统一平台。要提高规划的量化、科学性和空间性,就必须构建一个比较统一的地理信息系统平台,争取实现地理信息系统的资源共享。该方法既能验证分区结果的科学性,又能节约大量采集处理工作的成本。另外,应该发展出一种一般的、特定的划分方式。利用概念空间的投影法,可以提高划分的精确度;对面积较大的县,为了保证区域划分的精确度,可以选取镇、村或某1千米范围内的栅格为基本单位。

(四)加强实证研究的基础

目前的研究,基本形成了覆盖全部国土的主体功能类型区。因此,在今后的主体功能区研究中,必须重视主体功能区在不同地区之间的融合,并采取不同的政策。当前,我国只有中央和省两级的主体功能区,这两个层次的区划体现的是战略性、宏观性、引导性,而市(县)层面更能突出其在微观层面的指导性和约束性,更具有操作性。为此,应加大对市(县)一级主体功能区划的探讨,加大对跨省、跨市、跨县和跨乡等行政区划的研究力度,构建"全国—省—市—县"四个层次的主体功能区划体系。

三、基于主体功能区布局的区域生态合作

目前,我国的生态环境治理制度并没有将主体功能区作为中心,而是将重点放在了事后的监管和评估上。在区域环境治理中,以市场为基础的排污许可证交易制度受到了更多的关注,而对跨地区的其他要素管理协作机制研究较少。究其根本原因,是由于我国没有建立起以主体功能区为中心的生态资源环境治理系统,不能用系统运作规则对不同系统、不同子系统、不同层级政府及公众的生态环境管理活动进行统筹协调。在此基础上,提出了合理的规划布局,并提出了相应的生态保护对策。只有在构建主体功能区生态收支平衡体系时,兼顾不同子系统之间的权限和职责,明晰其与子目标之间的内在联系,才能使限制开发区、禁止开发区看到新的发展机遇,促进"主体功能区"战略的落实。

主体功能区间的区域生态合作机制是一种在微观区域尺度上展开的合作模式，主要关注的是横向维度上的各种功能区划。这种合作机制的核心目标是促进不同功能区域的协同发展，实现资源共享和优势互补，从而为区域内的居民和企业创造更好的生态环境和发展条件。在此模式下，以供给生态物品为主的地区和以提供工业产品为主的地区，有必要通过协商的方式开展合作。这意味着双方需要在保护生态环境的前提下，充分发挥各自优势，共同探讨如何在生态优先的基础上实现可持续发展。这种协商谈判的过程可能涉及土地利用、资源开发、环境保护等多个方面的议题，需要各方充分沟通、理解和支持。

　　区域生态合作机制是一种以自愿参与、平等协商、互惠互利、优势互补、互通有无为基本原则的合作共赢模式。在要素流动、建立共同市场、资源开发、产业发展、改善发展条件、生态环境治理与保护以及对外经济往来与贸易等领域，通过降低或消除无效竞争，构建出一种相互促进、共同发展的模式。这种模式不仅能推动自身经济发展，还能提升整体发展效率，实现"一箭双雕"。

　　为了确保区域生态合作的顺利进行，政府、企业和社会组织等多方利益相关者需要共同努力，建立完善的法律法规体系和政策措施，为合作提供有力的制度保障。此外，还需要加强信息交流和技术合作，提高区域间的协同创新能力，推动生态产品和工业产品之间的良性互动。在实际操作中，区域生态合作机制可以采取多种形式，如设立生态产业园区、开展生态旅游项目、推广绿色生产方式等。这些举措既可以满足市场对生态产品的需求，又可以为工业产品提供可持续的原材料供应，从而实现经济、社会和环境的协调发展。

　　在主体功能区，通过对具有优势功能的地区进行磋商，从而建立了一种区域生态合作机制。在主体功能区间的区域生态合作机制是在微观区域尺度上，主要是在横向维度上，以提供生态产品为主导功能的区域与以提供工业产品为主导功能的区域通过协商谈判来进行的。区域生态合作机制指的是相关地区在要素流动、建立共同市场、资源开发、产业发展等多个领域中，以平等协商、互利互惠、优势互补的方式，降低或消除相互之间无意义的竞争，从而构成一个合力互动的发展模式，在推动自身经济发展的同时，还能提升总体的发展效率。

　　生态环境保护和发展的规律性决定了区域生态合作的必要性。在我国，环境保护是一项重要的社会责任。然而政府自身的属性又决定了政府并不会成为解决生态问题的长久唯一的有效部门。政府的管辖范围、层级划分使得政府在解决外部性问题上存在一些缺陷。生态问题是无边界的，生态污染的外部性将影响政府管辖范围以外的地区。因此,任何单一的政府行动的效果都将大打折扣。同时,生态问题也是一个整体问题。应按照系统理论,充分发挥系统的优越性,以生态环境保护为目标,综合考虑生态环境保护的方式,以实现生态环境的整体优化,这对生态环境保护具有重要意义。

总之,主体功能区间的区域生态合作机制是一种具有现实意义和发展前景的合作模式,有助于推动区域内资源的优化配置和产业升级,为实现绿色发展和生态文明建设提供有力支持。在未来的发展过程中,我们应继续深化理论研究和实践探索,不断完善合作机制,为新时代生态文明建设贡献力量。

第二章　生态安全屏障的建立

生态文明是一种以生态为基础，以可持续发展为目标的文明形态。它强调人与自然和谐共生，倡导绿色、低碳、循环、可持续的发展模式。它的核心价值在于尊重自然、顺应自然、保护自然，从而达到人与自然的和谐共存。生态文明的出现，是人类历史发展到一定阶段的产物，是对以往工业文明所造成的环境问题进行的反省与修正。随着人类社会和科学技术的不断发展，人们对生态环境的关注程度也在不断加深。因此，生态文明成为全球范围内的一种发展趋势。

生态安全屏障是指在生态系统中，通过一系列保护措施，建立起一道能够抵御外来干扰和破坏的防线。这道防线不仅能够保护生态系统的完整性和稳定性，还能够保障人类的生存和发展。构建生态安全屏障，不仅要靠政府、企业和公众的通力合作，更要靠全社会的力量。生态安全屏障是指为屏障地区、周边地区乃至全国的生态安全与可持续发展能力提供保障。生态安全屏障的建立主要包括以下几个方面：

第一是生态保护，保护生态系统的完整性和稳定性，防止生态系统的破坏和退化；第二是生态恢复，对已经受到破坏的生态系统进行修复，使其恢复到原有的状态或者实现更高的生态功能；第三是生态建设，在保护和恢复的基础上，进行生态建设，提高生态系统的质量和功能；第四是生态管理，通过科学的管理和合理的利用，使生态系统能够持续、健康、稳定地发展；第五是生态教育，通过教育和宣传，提高公众的生态意识，形成全社会尊重自然、保护自然的良好氛围。

从总体上看，生态文明是特定历史时期的客观规律。生态文明是继原始文明、农业文明和工业文明之后出现的一种新型文明。"生态安全屏障"是在我们国家的社会生产实践中形成的，它并不是一个严格的科学性名词。在我国，"绿色屏障""生态保护屏障""生态屏障"和"生态屏障工程"的含义与之相似。生态安全屏障的建设是一项系统工程，只有全社会共同参与和努力，我们才能建立起一道坚不可摧的生态安全屏障，保护我们共同的家园。

第一节　国内外生态安全屏障的研究

生态文明是继原始文明、农业文明、工业文明之后产生的一种新型文明形态。生态文明建设要求以认识自然为基础，尊重自然，合理地利用自然资源，达到人与自然的和谐共生。生态文明是一种人与人、人与自然的相互关系，是人类社会发展的一个新时期。党的十九大报告将生态文明建设与经济建设、政治建设、文化建设、社会建设一起纳入社会主义现代化建设的总体布局。绿色经济指标成为关注焦点，生态文明建设与经济发展方式的转变紧密相连。国内外从生态安全、生态工程、生态修复三个方面对生态安全屏障进行了研究。我国政府高度重视生态文明建设，积极推动绿色发展，促进人与自然和谐共生。我们应关注国内外生态安全屏障研究的最新进展，为我国生态文明建设提供有益借鉴和参考。

一、国内生态安全屏障研究综述

自2003年以来，我国对生态安全屏障的研究成果逐渐增加。2020年，有近百篇关于生态安全屏障的文章发表。这些文章主要涉及以下几个方面：第一，生态安全屏障科学内涵的研究：研究生态安全屏障的定义、分类、功能、特点和构建原则等科学问题，为生态安全屏障建设提供理论支持；第二，区域生态安全屏障建设的思考与总结：分析不同地区的生态安全屏障现状，总结经验教训，提出针对性的建设策略和措施，为我国区域性生态安全屏障建设提供参考；第三，国内生态安全屏障建设会议综述：介绍国内外关于生态安全屏障建设的学术会议、研讨会和论坛的主要观点和成果，展示我国生态安全屏障建设领域的最新研究动态。此外，还有一部分文章关注生态安全屏障的监测与评估、风险评价与管理、生态系统服务功能等方面的问题，以期为我国生态安全屏障的建立提供科学依据和技术支持。

（一）对生态安全屏障科学内涵的研究

生态安全屏障是指在外部环境对其结构、功能及过程的影响下，在一定程度上保持其自身的结构、功能和过程。它呈现出多层次和有序化的稳定格局，对周边地区的生态环境起到屏蔽和保护作用。生态安全屏障是维持区域内、外生态安全与可持续发展的复合体系。关于生态安全屏障的科学内涵，许多学者进行了深入探讨。例如，王玉宽等人从理论和现实两个方面对"生态安全屏障"的科学内涵进行了剖析。然后，对生态安全屏障进行系统研究，总结其学术价值与社会现实意义，并归纳其功能。钟祥浩以中国山地为例，以"三级阶梯地貌"为基础，建立了山地生态屏障的宏观架构。该框架对保护和构建山区生态安全屏障具有重要的指导意义和支撑作用。钟祥浩认为，以山区为单元，构建山区生态安全屏障，应因地制宜。这些学者的研究为我们深入了解生态安全屏障的科学内涵提供了宝贵的参考。他们的研究成果不仅帮助我们认识到生态安全屏障对于维护区域生态系统的稳定性和可持续发展的重要性，还为制定相关政策和措施提供了科学依据。在未来的研究中，我们应该继续深入探讨生态安全屏障的构建和管理方法，加强不同地区之间的经验交流与合作，共同推动生态保护和可持续发展的目标实现。只有通过持续的努力和合作，我们才能更好地保护和维护生态环境，实现人与自然和谐共生的美好愿景。

（二）对区域生态安全屏障建设的研究

目前，国内外学者及区域生态系统主管部门对生态安全屏障的建设进行了总结与思考。这一类研究，涉及的问题很多，且很有典型意义。例如，孙鸿烈等学者通过对青藏高原生态环境问题的研究，提出了构建西部生态屏障的策略和方法。他们指出，青藏高原冰川退缩现象明显，自然灾害频发，因此需要采取有效的措施来保护和修复这一地区的生态环境。为此，国家生态安全屏障建设是提升我国生态安全水平的一条重要路径。覃家科教授也在北部湾开展了自然生态系统的研究，从退化、涵养水源、水土保持三个角度对该地区进行了全面的整治。其目的是要在北部湾建立起一种"人—自然""多层"的复合生态体系，从而达到区域可持续发展的目的。另外，安和平等学者还就贵州省毕节试验区生态安全屏障建设中的投入、资金管理等方面做了较深层次的探讨。文章指出，要保障我国生态安全屏障建设的顺利实施，就必须建立多种筹资方式，健全项目资金管理机制，以保障生态安全屏障的建设。总的来说，这些研究成果为我们提供了宝贵的经验和启示，有助于我们更好地理解和应对生态安全屏障建设中的各种问题和挑战。

(三)国内生态安全屏障建设的相关会议

国内生态安全相关学术会议的举办,对生态安全屏障建设具有重要意义,但关于生态安全屏障建设的专题会议举办较少,其中具有代表性的有中国农学会于 2008 年举办的"全国农业面源污染综合防治高层论坛",论坛集中探讨了我国农业面源污染现状、各自然区域农业面源污染现状,提出了开展海洋生态安全屏障等建设模式、项目设置及防治技术的研究。2021 年中国科学院认真学习贯彻习近平生态文明思想,深入研讨地球与环境领域西部地区院属单位"十四五"时期发展定位与重点任务,其中提到着眼于为西部地区构筑生态安全屏障。2021 年天津市政府加强滨海新区与中心城区中间地带规划管控建设绿色生态屏障工作领导小组召开会议,听取绿化、环保、工业园区治理等专项规划汇报,研究部署下一步重点任务。

二、国外生态安全和生态工程研究综述

(一)国外生态安全研究现状

作为自然科学和社会科学的交叉点,生态安全在国外被称作"环境安全",但在国内和国际上都没有一个统一的概念。从广义的角度看,生态安全的范围包括有机体的细胞、组织、个人、群体、生态系统、生态景观、生态地理区域、陆地、海洋、人类生态与生态环境等方面的安全,生态安全主要是人与自然的关系。美国环保专家布朗(Lester R. Brown)在 1981 年发表了《建设一个可持续发展的社会》一书,首次将环境问题与国际政治问题联系起来。在此期间,国外学者对生态安全的概念、外延和重要性等基本问题进行了讨论。例如,杰西卡·马修斯(Jessica·Mathews)认为,在安全中,自然环境安全应当居于最重要的位置。

20 世纪 80 年代开始,生态安全成了世界安全中的重要一环,联合国裁军和安全委员会对集体安全和共同安全做了区别,后者指的是包括经济压力、资源缺乏、环境退化等在内的非军事威胁。在 1987 年的报告《我们共同的未来》(World Economics and Development Council)中,清楚地表明:应当扩展"安全"的定义,使之包括环境恶化和发展状况恶化。20 世纪 90 年代初期,对环境

变化与安全问题进行实证研究的国际范围逐渐扩大。21世纪以来,国际上最具代表意义的生态安全研究包括:2002年,沃尔特·瑞德在世界范围内进行了为期4年的全球生态环境状况调查,对人类活动引起的生态环境变化进行了综合分析;2000年,Costanza提出了生态系统服务的社会目标与价值,并将其纳入一系列的目标和指标。IWI Seminar的研究成果主要集中在两个方面:一是建立生态评价的指数体系,二是在生态红线之内实现人地关系与生态平衡。

(二)国外生态工程研究现状

"生态工程"是美国的H. T. 奥德姆(H. T. Odum)于1962年首次提出的一种新的概念,它是基于自然界中已有的理念和技术,以解决人类社会所面临的生态环境问题为目标而进行的一门学科。1992年,美国学者米奇(W. J. Mitsch)作为主编创办了《生态工程》杂志,并确定了生态工程的研究对象、基本原则和方法,使其在国际上获得承认。在生态工程学的应用上,国外进行了大量的研究,重点关注于污水治理和湖湾治理。例如,美国于1980年在伊利湖北端的老妇河河口区,设立了一项生态工程实验基地,研究河湖交界湿地生态系统对陆地上与其下游湖泊间化学和水文的缓冲和净化功能;马萨诸塞州建立了沼泽及盐滩的生态工程,处理陆上所来废水,防止海洋富营养化,减少入海污染物质。在最近的生态工程学研究结果中,一是把现代新科技应用于生态工程,利用地理信息系统,从土壤基质、土地利用、可接受性等多方面,实现从宏观到微观的综合效应。二是从单一目标和多目标的角度,采用价值流法、生态经济法、层次分析法、能流法等方法,并对其进行了实证分析。

第二节 国内外生态安全屏障的建设

生态安全屏障是"生态安全""生态工程学""生态修复生态学"等多个领域的交叉融合,为21世纪世界生态安全与可持续发展做出了重大贡献。尽管"生态安全屏障"这一概念被提出得比较晚,但是与之相适应的"生态保护工程"已经在世界范围内得到了广泛的应用。对目前国内外已完成和正在进行的有关的生态安全保障项目进行研究,可以为我们今后更好地开展相关项目提供借鉴。

一、国内生态安全屏障建设

(一)新疆"三北"防护林工程建设的经验与实践

1979年,我国决定在西北、华北、东北("三北")三个风沙严重、水土流失严重的区域建设大型防护林工程。新疆维吾尔自治区是我国"三北"生态屏障建设的重要省份。新疆在这项国家重大项目的支持下,截至2020年9月,累计治理沙化土地2837.56万亩,完成了国家下达的126%的荒漠化防治任务,荒漠化土地面积不断减少。"十三五"时期,新疆又有25个自然保护地被划定,总面积为424.7万亩,这一举措是新疆生态保护与修复工作的一部分,有助于加快林草生态保护与修复进程。

在荒漠化的综合治理方面,截至2021年,新疆已经完成了全国防沙治沙综合试验区的植树造林4.57万亩,并建立了9个国家荒漠公园,总数达到27个,规划面积287.9万亩。从图4-1可以看出,新疆"三北"生态屏障系统在近50年的建设中,对新疆地区的经济发展、农民增收和新疆地区的长治久安等方面起到了很大的作用,具体表现在以下几个方面:

图4-1 新疆"三北"防护林工程建设与成效

1. 防治荒漠化,建立完善的森林生态体系

新疆是一个典型的荒漠化地区,是我国,甚至是世界上具有典型意义的荒漠化地区,新疆防沙治沙工程是全国防沙治沙工程的一项重点内容。首先,要将防沙治沙的规划和重大林业项目的规划有机地结合起来,进行科学合理的规划,使之符合当地的实际情况;提出了选择生态脆弱、灾害类型突出、治理后生

态环境得到显著改善的地区。其次,大力发展特色林果业,建设特色的林业产业体系,2000年以来,新疆地区林果业迅猛发展,林果面积以每年百万亩以上的速度快速扩展,一批有实力的龙头企业强势介入林果业开发。截至2023年,新疆林果种植面积稳定在2 110万亩,约占全国同类林果面积的13%,林果产业总产值超过500亿元。同时,新疆和田以红柳、大芸(肉苁蓉)等为代表,探索出一条既能解决沙漠化问题,又能增加农民收入的新途径,取得了良好的经济效益和生态效益。

2. 开发应用先进适用的生态修复技术

"三北"防护林的快速发展,推动了一批新的林业技术在全国范围内推广应用。尤其是采用节水、滴灌等造林技术,使许多地方实现"绿水青山",绿洲防护林的防护作用越来越明显,对当地的生态环境起到了举足轻重的作用。而且林木果树矮化、密栽、嫁接等栽培技术的普遍采用,使果树质量、单产等都有了很大的提升。

3. 对森林生态建设进行有效的管理

在"三北"护林网的建设中,坚持在领导岗位上落实植树造林和绿化管理责任制,将植树造林的成效与领导的政绩挂钩,增强了相关负责人的责任感和紧迫感,为"三北"护林网的建设提供了有力的保障。

(二) 甘肃国家生态安全屏障综合试验区的经验与实践

甘肃省地跨长江和黄河流域,处于青藏高原、黄土高原和内蒙古高原三大自然地带的交会处,以及中国西北干旱半干旱区、青藏高寒区、东部季风区三大自然地带的交会处,也是我国西北气候变化研究的重要区域。甘肃省自然生态环境十分复杂,也十分脆弱,近年的一些生态问题已经影响到了该地区的经济与社会发展。甘肃省相继开展了"自然保护工程"和"退耕还林"等重大生态工程,同时开展了石羊河流域治理和敦煌流域综合治理等重大水生态工程,到2020年末,甘肃省已实现了"十三五"的环境保护阶段性目标,表现在:

1. 提高生态环境调控能力

首先,甘肃将省级、市级、县级政府的环保监督队伍建设到规范化水平,并在全省城镇污水、垃圾、危险废物、医疗废物等集中处理区域内,覆盖了70%的处理设施。其次,黄河主干地区建成3座水污染自动监测点,使城区大气污染自动监测体系更加健全。各州市将建设大气自动监控体系,在全国范围内设立

1—2个土壤生态监测点,并将其与全国的土壤生态监测网及重要的土壤生态灾害早期预警体系相结合。最后,构建由监测调度、现场指挥、应急监测、放射监测等四大体系构成的省级和市级应急预警体系。针对区域内突发性环境污染事件的特征,各大城市均设置了相应的应急监控与保护设施,提升了区域内快速检测的能力。

2. 发展旱作型、节水型农业

在旱地高效节水技术的推广过程中,要注重对农民的技术培训和指导,提高他们的科学种植意识和技术水平。同时,要加强对节水农业的宣传和推广,让更多的农民认识到节水农业的重要性和优势。通过合理的种植结构调整,培育出适应干旱气候条件的耐旱节水品种,为旱地农业的发展提供有力支撑。在创建旱地节水农业示范区的过程中,可以借鉴先进地区的经验和做法,结合本地的实际情况进行规划和设计。通过示范区的建设,展示节水农业的成果和效益,吸引更多的农民参与进来。同时,要注重与科研机构的合作,加强科技创新和技术转化,不断提高旱地节水农业的技术含量和竞争力。大力发展现代农业是实现农业现代化的重要途径之一。推广日光温室、塑料大棚等现代化设施农业技术,可以提高农业生产的效率和质量。这些技术不仅可以增加农作物的产量,还可以改善农产品的品质和口感。同时,现代化设施农业还可以减少对土地资源的占用和浪费,提高土地利用率和产出效率。因此,加快推进"星火"产业带的高效农业建设,对于推动农业现代化进程具有重要意义。在旱作区,要推广全膜双垄沟播、膜下滴灌等节水新技术,调整作物结构,培育抗旱节水优良品种,创建雨养节水农业示范区。发展日光温室、塑料大棚等现代化设施农业;以"星火"产业带为依托,发展现代高效农业,是实现农业增产增效及农业可持续发展的一条重要路径。这将为实现粮食安全和乡村振兴战略提供坚实支撑,为农民增收致富创造更多机会。

3. 开展大规模的环境污染治理和恢复工作

一是祁连山及内河流域的生态修复与重建。该项目以甘肃近50年来的极端天气和气候变化为主要特征,以祁连山天然草地和水源涵养林,以及青藏高原草地为研究对象,开展相关生态修复技术研究。二是开展了黄土丘陵沟壑区生态恢复技术和模型研究。甘肃省在加强土壤保护的基础上,进行了土壤保护的基本理论研究,并在全国范围内进行了土壤保护的示范和培植。通过实施森林绿化,实现了乔、灌、草的合理布局,有效地改善了区域的生态环境,控制了土壤侵蚀。在加强环境研究计划的基础上，结合西北降雨补给区兰州北、南山区环境背景，开展雨养植物抗旱机制与适应性研究，并在兰州—白柏林区域开展生态修复与空气污染防治研究。甘肃国家生态安全屏障综合试验区建设与成效如图4-2所示。

图4-2　甘肃国家生态安全屏障综合试验区建设与成效

二、国外生态安全屏障的建设

（一）日本治山计划的经验与实践

自1911年实施《治山计划》以来，日本在一百多年的时间里取得了巨大的建设成果。虽然日本是一个自然资源极为缺乏的国家，但其林木资源十分丰富，这与其良好的营建体制有着密切的关系。到2020年，日本的人工植树造林规模已经突破千万公顷；2021年，日本内阁会议通过了新一期《森林和林业基本规划》，提出了森林、林业和木材行业"绿色增长"的新目标。其相关制度如下：

1. 严格的森林规划制度

1951年，日本政府修改《森林法》，第一次将《50年基本森林规划》《重要林产品供需长期预测》等作为一项以立法的方式确立在全国林业规划的框架下的林业经营体制。其中包括中央政府层面制定的50年期的《森林基本计划》和《重要林产品供需长期预测》；农林水产部制定的15年期的《全国森林计划》及《森林经营管理计划》和《保安林经营管理计划》；地区森林管理局制定的十年期的《地区森林计划》及市镇政府制定的《市镇森林经营管理计划》；森林拥有者制定并需上报政府机构审批的《森林施业计划》等。森林规划制度是一种将国家长远战略规划付诸实践的制度，其以政府为主导，以更好地管理和引导林业发展。

2. 优秀的森林可持续管理体系

日本林业政策的重点是加速由针叶林过渡到针阔叶混交林。日本尤其以国家林业为主，大力推广阔叶树种的引种与复种，并运用现代科技手段，保证林业资源的可回收性以降低林业成本；同时，地理信息技术已应用于日本大约1/3 的市、县、都道府县，使日本政府能够根据不同的需求，对其进行准确的获取、分析并提供相应的信息。

3. 生态资本投入充足

日本山区管理计划的资金由国家和地方政府共享。一般来说，国家承担2/3 的资金，地方政府承担 1/3 的资金。然而，国有森林管理项目完全由国家投资。据统计，截至 2019 年底，日本的森林覆盖率高达 66%，相当于森林覆盖土地面积的 2/3，其中 40% 为人工林，总面积达 52 亿平方千米。截至 2019 年 3 月，日本防护林面积超过 12 万平方千米。日本国家森林总面积为 7.58 万平方千米，占日本森林面积的 30%，陆地面积的 20%，总蓄积量为 11.5 亿立方米，其中人工林 4.67 亿立方米，天然林 6.83 亿立方米。日本治山计划森林权属关系如图 4-3 所示。

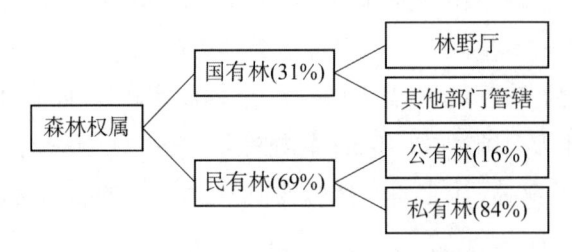

图 4-3 日本治山计划森林权属关系

（二）加拿大"绿色计划"建设经验

加拿大于 1991 年在全球范围内发起了一项举足轻重的环保工程，总投资额达一百亿加元以上，为我们日后制订环保工程计划提供了重要的借鉴。表现在以下几个方面：

1. 流域间水污染控制

加拿大主要的供水体系和美国共用，是一个国际性的供水体系。加拿大、美国于1992年建立了五大湖区的环境控制中心，并与"内陆水""麦克马斯特""圣劳伦斯"三个中心建立了联系，共同组成了一个综合性的、信息共享的国际性环境控制组织。在此基础上，加拿大政府在绿色计划中专门设置了五大湖行动计划，投资1.25亿加元进行污染效应研究及治理技术的开发，包括苏必利尔湖双边计划、污染防治规划与示范项目等。

2. 实施垃圾综合减量处置项目

加拿大联邦政府成立了一个垃圾处理办事处，负责对各种垃圾处理方案中的各个项目进行协调，同时建立了一些省级、市级机关以及一些行业单位的协调与联系机制，负责保证垃圾处理方案的执行。绿色计划中专门制定了全国废物减量规划，提出到2000年全国减少50%的废弃物。

3. 实施科技支持计划

加拿大已启动"五年规划"，以推动国内、国际上有关环境问题的研究，推进"绿色项目"的实施和发展，以及新的、高技术的环境保护技术的发展。比如《资源和能源节约技术发展和示范计划》(DRECT)投资了20万美元，用于研究、开发和验证环境和能源节约领域的创新性技术。同时，绿色计划专门设置一部分资金用于支持好的环境技术开发、示范和产业化，并建立了联邦—省环境技术网络来加强技术交流；实施环境技术产业计划，政府提供50%的基金，鼓励私人投资环境技术的示范工程，推动环保产业发展。

第三节 生态安全屏障建设的启示与借鉴

一、积极动员全社会和公众的关注，参与生态保护

笔者通过分析国内外生态环境安全建设的现状，建议在构建绿色生态安全屏障的过程中，要让公众能够及时、准确地掌握有关的信息，让公众更加主动地参与环保工作中，并且要定期进行宣传教育。德国和加拿大等发达国家，一般都会向农户提供关于土壤和水的保护政策和法规等方面的知识普及教育服务，帮助他们掌握生态种植的技巧，以及通过农业补贴来鼓励他们；同时，加强对青

少年的环保教育，使他们从小就有环保的意识，养成环保的行为习惯。随着国家对生态环境的日益关注，以及"以人为本"的理念，有关的生态保护政策也在不断地进行着调整，社会各界的积极参与将会日益增多，而社会舆论也将会对工程的审批起到重要作用。

二、科学研究与应用是生态安全屏障建设的有力支撑

国外国土风险评估是一项浩大的系统工程，其评估需要大量的实验，迫切需要相关研究机构为其提供科学的评估手段和准确的测量数据支撑。欧洲于2011年发布了一张洪涝灾害危险分布图，用于判断某一江段的洪涝灾害危险性，并在此基础上进行洪涝灾害危险性评价和洪涝灾害分区。在构建生态环境安全方面，部分国家拥有自己的智囊团、人力资源，并对相关工作给予了大量的支持，如德国土木工程学会的基础基金是1400万欧元，其中650万欧元是计划基金。与此相比，我们国家在这一领域的投入还需提高。因此，要保证生态文明建设的顺利开展，就要加强对生态环境的研究，调动科研人员的积极性和主动性，研发先进适用的环保技术，增加环保工业的投资，真正实现节能减排。

三、多方协调机制建设是生态工程建设的发展基础

在我国，生态工程实施具有地域、流域和行政上的特点。而与环保相关的各部门又存在着职能上的重叠和分离，致使环保工作受到地方政府的制约。比如，目前我国普遍采用的城市供水调水方式，严重限制了我国城市供水系统的建设与发展。"构建政府、企业、社会、公众共同参与的环境治理制度"是党的十九大报告中提出的生态文明建设指导思想，倡导引入共建理念，环境保护和环境治理领域的共同治理和共享，以及创建基于多主体参与的新环境治理模式。建立生态工程的跨部门合作机制，其主要内容是加强环保部门的统筹协调，建立一个具有较大规模、功能统一的生态环境部门，实施"国家监管、地方监管、单位负责"的高效生态环境监管体系。在此基础上，建立了环境保护目标责任制。

四、合理的可持续管理机制是生态工程实施的有效保障

生态工程的核心目标是充分发挥资源的生产潜力，防治环境污染，达到生态效益与经济效益的同步发展。近年来，我国在生态保护方面取得了显著成果，实施了一批重大的"三北"防护林工程、"三江源"生态恢复工程等项目。然而，在实施过程中，我们也面临着诸多挑战，如"人地矛盾"等问题。为了解决这些问题，我们需要加强对生态环境的保护，促进经济发展，改善民生。要实现生态工程的科学化，就必须充分利用市场的力量，激发整个社会的热情。

首先，我们可以通过采用多元化的投资、融资机制来支持生态保护工程。这包括政府投资、企业投资、社会捐赠等多种途径，以确保生态保护工程有足够的资金支持。同时，我们还可以通过发行绿色债券等方式，吸引更多的资金投入生态保护工程。

其次，实行科学的商业化经营是实现生态工程可持续发展的关键。我们可以通过发展生态旅游、绿色农业等产业，将生态保护与经济发展相结合，实现生态效益和经济效益的双重提升。此外，还可以通过建立绿色产业园区、生态科技园区等载体，推动绿色产业的发展，为生态保护提供技术支持。

最后，建立行之有效的生态补偿机制是保障生态保护工程顺利实施的重要手段。我们可以借鉴国内外的成功经验，制定合理的生态补偿政策，确保生态保护工程的利益相关方得到合理的补偿。同时，还要加强对生态保护工程的监管，确保各项政策措施得到有效执行。

总之，实现生态工程的科学化需要我们在多个方面进行努力。通过充分利用市场的力量、激发社会热情、采用多元化的投资和融资机制、实行科学的商业化经营以及建立有效的生态补偿机制，我们有信心在保护生态环境的同时，实现经济的可持续发展和民生的不断改善。

五、加快推进生态文明制度建设

为了加快落实党的十九大报告关于今后一个时期推进生态文明建设的重点任务，我们需要采取一系列具体措施。

首先，我们要积极推进绿色发展。这意味着要加快建立绿色生产和消费的

法律制度和政策导向,确保在生产过程中减少对环境的污染,同时鼓励消费者选择环保的产品和服务。此外,我们还要建立健全绿色低碳循环发展的经济体系,通过优化产业结构、提高资源利用效率等手段,实现经济发展与生态环境保护的协同发展。

其次,我们要着力解决突出的环境问题。这需要我们坚持全民共治、源头防治的原则,广泛动员社会各界力量参与环境保护工作。政府、企业、社会组织和公众都要承担起保护环境的责任,共同努力改善生态环境质量。同时,我们还要加强对环境污染的源头治理,从源头上减少污染物排放,降低环境风险。

再次,我们要加大生态系统保护力度。这包括实施重要生态系统保护和修复重大工程,如森林、湿地、水土保持等生态工程,以维护生态系统的稳定性和生物多样性。此外,我们还要加强生态安全屏障体系的建设,提高生态系统对自然灾害的抵御能力,保障人民群众的生产生活安全。

最后,我们要深化生态环境监管体制改革。这要求我们加强对生态文明建设的总体设计和组织领导,明确各级政府及相关部门的职责和权力,形成齐抓共管的工作格局。同时,我们要设立国有自然资源资产管理和自然生态监管机构,加大对自然资源的开发利用和生态保护的监管力度。此外,我们还要完善生态环境管理制度,强化法治保障,确保生态文明建设的各项任务落到实处。

第三章 重点生态区域保护和生态安全屏障的建设

通常认为,优化开发、重点开发主体功能区以经济发展为主,禁止开发、限制开发主体功能区以资源环境保护功能实现为主;优化开发、重点开发主体功能区主要承担经济功能,禁止开发、限制开发主体功能区主要承担生态资源环境保护功能。因此,笔者提出了"生态屏障"这一新概念。西部是我国主体功能区规划中划定的限制开发区和禁止开发区众多的区域之一。我国"两屏三带"的国家生态安全屏障建设战略布局,以西部为中心,辐射带动区域经济发展。同时,我们国家的几条大河的上游区域也位于西部。华北平原作为中国北方干旱、半干旱地区的重要生态功能区,是亚洲温带对气候变化最敏感的地区之一,同时也是国家的关键生态功能区。将西部地区的经济和社会发展有机地结合起来,既有利于经济的发展,又有利于保护和建设生态环境。唯有如此,才能使我国的产业结构、生产方式和生活方式不断改善,使我国的生态环境不至于继续恶化下去。

第一节 重点生态区环境保护与生态屏障建设的重要性

生态环境是指存在于地表上的一切生命活动所需的物质空间,其物质的多少、质量及结构形式的好坏对于生命的存在状况和特征具有决定性影响。同时,生物的生存、发展和活动又会影响到生态环境的形成和变迁。与人类生存和发展密切相关的所有经济活动,不论是生产、交易还是消费,都必须与生态环境保护密切相关。特别是人的生产生活活动,对生态环境产生了更为直接和深刻的影响。随着科技的进步,人类对自然的利用程度越来越高,对自然的要求也越来越高。与此同时,人类在生产、生活过程中产生的各种废物,也会对自然界中的各种物质存在形式造成一定的影响,进而影响生态系统的自我净化能力。在此基础上,我国提出了一种新的、可持续发展的新思路。在《全国主体功能区规划》中,西部地区大多属于限制开发区和禁止开发区。"两屏三带"主要分布在西部,也就是要把我们国家的"生态安全屏障"的构建放在西部。中国西部是中国乃至整个亚洲的重要生态功能区,其生态功能的实现对提高我国生态环境质量、推动经济社会可持续发展具有重大意义。只有将生态文明建设同西部的经济社会发展结合在一起,推动经济和社会的和谐发展,建立起一种可以实现资源节约和环境保护的产业结构和生产生活方式,才能使生态环境的保护达到一个更高的层次,阻止生态环境的恶化。而青藏高原生态屏障、黄土高原—川滇生态屏障、北方风沙地带则是"两屏三带"的主要构成要素。在西部大开发过程中,要实现"美丽中国"的目标,就必须加强相关研究。

一、西北草原荒漠化防治区

西北草原荒漠化防治区是我国典型的草原荒漠化、沙化集中分布区、重要沙尘源区和北方的重要生态屏障。在北京、天津等地开展防沙治沙、土壤侵蚀综合治理、退耕还林、"三北"防护林体系建设等工作。每个生态功能区应依据其所处的地理位置、自然条件、经济发展水平、人口分布等特点,并与其重要的生态功能相联系。在荒漠化防治中,应采取"草—灌—乔"相结合的措施,使荒漠化的土壤得到最大限度的恢复。对黄河上游、中游、下游的水资源进行了科学配置,对地下水进行了严格的控制,对河流的生态环境进行了保护。随着区域经济的快速发展,过度放牧、过度开采和药材采挖等行为已对草原生态环境造成了极大的损害。但是,由于经济发展滞后,当地政府在草原生态环境保护与修复中投入资金有限,草原生态环境管理方式落后,边治理边破坏的现象时常发生,已有的治理效果还不明显,草原还处于局部有所改善、整体还在恶化的状况。西部地区草原面积大,交通不便,当地经济落后,居民生活对草原依赖较强,长期积累的生态环境问题严重,短期改善面临很多困难。虽然草原作为生态屏障的功能被社会广泛认可,但出于诸多的主客观原因,草原生态屏障建设未被真正重视。

加强水资源有效利用,发展节水型农牧业,逐步减少畜牧业在地方经济中的比重。在此基础上,应大力开发其他可充分利用草原资源的产业,增加沙地牧草的种植面积,发展沙地牧草相关产业。在部分草地生态条件恶劣的区域,我国采取了"生态移民"的方式,实现了对草地、绿洲等区域的整体搬迁。利用禁牧措施,实现了草原天然植被的恢复和草地荒漠化的防治。可以一定程度地控制和发展与草地经济有关的某些行业的规模,以降低草原经济对草原生态系统的污染与破坏程度。坚决反对、制止非法狩猎,保护草原的天然生态平衡。对草原生态系统的承载力进行科学的评价,并对草原生态系统的可持续发展提出要求。发展劳务经济,把一些青壮年劳动力从畜牧业转移出来,从事其他产业,增加当地居民的非畜牧业收入,以降低对草原的依赖。多年来,西北草原荒漠化情况已有较大改观。

黄土丘陵沟壑区是我国土壤侵蚀最为严重的区域之一。以降低黄河的泥沙量为主要目标,在防止土壤次生盐渍化、防治土地沙化的基础上,我国提出了防治水土流失的对策。即做好水土流失综合治理,建立"三北"防护林,建立国家级自然保护区。以小流域为单元,以支流为主干,实行集中、大规模的综合整治。将土壤侵蚀作为主要的防治区域与主要的控制区域进行划分,将"被动修复"转变为"超前设防"。

黄土高原气候干燥、缺水,且土质疏松、范围大、沉积深度大。黄河中下游地区的土壤侵蚀问题日益突出,给水利设施建设、洪涝灾害及生态安全带来了巨大的威胁。易发生沙漠化和河道冲刷。由水土流失带来的泥沙,可以很轻易地堵塞江河和水库。要严格控制开发的规模与强度,加大对小流域的综合整治力度,在严重的土壤侵蚀区修建淤地坝。通过植树,截取径流,治理河道,开垦土地,疏通沙坝和水库,防止水土流失(如图4-4所示)。

图4-4 黄土高原水土保持区建设成效

在沙尘暴频发的区域，应建立大面积的宽林带交错的大网森林网，在农田和牧场周围建立窄林带交错的小网农业防护林，在村庄和居民点种植薪柴林和经济林。在远离居民点的地方，通过围山、禁牧、禁草、禁林等措施，大面积发展沙地植物，并辅以适宜树种，增加植被覆盖率，防止泥沙流失。转变以水草为食、以水为食的传统家畜管理方式，积极发展以稻草为食的家畜养殖业。在此基础上，采取利用坡面植物营建、排水沟等措施来减少泥沙，提高坡面稳定性等措施。利用公路防蚀、蓄水工程、小型水利工程等措施，实现农林高产高效。

二、青藏高原河流涵养区

青藏高原水土保持带是我国生态安全最大、生态功能最强的区域之一，其具备独特的区位优势和相对丰富的资源。湿地在保持水土、保护生物多样性和调节气候等方面起着重要的作用。近年来，我国在青藏高原地区开展了一系列的保护与恢复工作，使青藏高原地区的生态环境得到了一定的改善。自2001年至今，全国已完成了16万多亩的耕地、4200多亩的耕地和林地的复垦，减少了9000多亩的土壤侵蚀，使森林覆盖率增加了0.8个百分点。各主要河流、湖泊的水质状况良好，各城市的空气质量均达到了国家一级的水平（如图4-5所示）。

图4-5 青藏高原江河水源涵养区建设成效

青藏高原的自然条件和经济社会发展水平决定了它的建设有其自身的特点。青藏高原既是一个民族聚居的地方，又是一个相对贫穷的地方。出于发展受限、贫困和民族矛盾等因素的共同作用，该地区生态环境保护具有长期性和复杂性。青藏高原流域内各省份形成了一种生态补偿机制，即流域内经济发展较好的省份对生态环境起到保护作用的省份给予一定程度的经济补偿。进一步拓展和巩固退耕还林、还草的成果，做好封山育林、造林绿化工作，做好林火、病虫害的防控工作。加大对珍稀、濒临灭绝、高原特色物种的管理与保护力度。

三、西南石漠化防治区

西南地区的喀斯特石漠化治理生态区，是一个独特且具有特殊环境特性的区域。这个区域的主要环境类型是喀斯特地貌，这种地貌以其独特的地形和地质条件，对生态环境产生了深远影响。然而，由于其特殊的地理环境和气候条件，一旦发生大规模的土壤侵蚀，其修复性极低，修复难度极大。研究表明，喀斯特石漠化区的生态保护与修复状况与草地类似。虽然在某些局部地区有所好转，但是从整体上看，并未能起到遏制退化的作用。这是因为喀斯特石漠化区的生态系统本身就非常脆弱，一旦受到破坏，就很难恢复到原来的状态。此外，喀斯特石漠化区的另一个问题是森林覆盖度较差。这意味着该地区的植被覆盖度较低，生态环境的恢复速度较慢。而且，由于缺乏有效的植被保护，石漠化区域呈现出递增的趋势，这无疑加大了生态治理的难度。总的来说，西南地区的喀斯特石漠化治理生态区面临着许多挑战，包括土壤侵蚀、生态系统脆弱、森林覆盖度低等问题。这些问题的存在，使得该地区的生态治理工作变得更加困难。因此，如何有效地进行生态治理，保护和恢复喀斯特石漠化区的生态环境，是我们当前面临的重要任务。在此基础上，我们应以增林增土、强化土壤保护为主要措施，以遏制石漠化的发展。笔者通过对我国第三产业的研究，提出了一种新的发展思路。一是在不破坏植被的情况下，应大力发展农、林、草相结合的农业和生态农业。二是要大力发展劳动力输出，缓解传统农业地区劳动力输出带来的生态压力；随着人口增长，资源和环境压力越来越大；随着人们的文化素养不断提高，人们对科技的掌握、运用、保护、建设等方面的能力也不断提高。应努力把人口的出生率维持在较低的水平，要注意控制人口的增长速率和规模，要使人与资源环境、经济和社会发展保持良好的关系。三是加强对治理方式的改革，加大对新技术的运用与推广，确保治理措施的长效与持续。在治理的同时，要对某些治理方式进行适时的评价，并对其进行调整和完善。同时，要加强社会各界的环保意识,不能简单地把环保当作一种政府的职责和义务,要把石漠化治理变成一种全民的行为。西南石漠化防治区建设成效如图4-6所示。

图4-6 西南石漠化防治区建设成效

四、重要森林生态功能区

重要森林生态功能区主要分布在西部地区,以山地、丘陵为主体,地形较为复杂。由于对森林资源的依赖性,经济发展与森林资源保护之间的关系变得十分复杂。结合当地人口与资源环境、经济与社会的和谐发展,按照主体功能区域的定位,我国进行了一系列的生态移民工作。对居住环境不佳、面积不大的区域进行全面移民。以全国新型城镇化建设为契机,在西部地区开发小城镇,大力发展劳动密集型工业,合理安排移民。在此基础上,提出了一种新的、可持续发展的措施。开发生态文化,发掘西部少数民族的传统文化中的尊重自然、保护自然的积极因素,推行"绿色生活计划",激发人民保护森林的热情和积极性,推动我国森林生态功能区的建设。

阿尔泰山区的森林、草场等区域应加速农业、畜牧业的发展,以改善自然草地的紧张状况,恢复森林植被,禁止不合理采伐。川滇地区增加对该区域的投资,加强对该区域的保护,确保该区域的物种多样性,保持丰富的稀有动植物基因资源。青藏高原东南缘的森林生态功能区,为维护和恢复天然生态环境,加大了重大生态项目的投入力度。在武陵山地区,持续推进自然保护项目,以"退耕还林、还草"为重点,通过对森林、草地的修复,实现对生物多样性的保护。

第二节　针对重点生态区生态屏障建设的实现机制

根据我国主体功能区的布局来看,限制开发区域和禁止开发区域大多划分在经济发展相对落后、生态环境脆弱乃至部分地区生态形势严峻的西部地区,因此,针对西部地区的重点区域生态环境保护工作尤为艰巨、重要。要从制度上完善环境保护与建设,建立健全一套有利于环境保护与建设的法规与制度,并在此基础上积极贯彻落实。

一、树立科学的生态文明理念

坚定地树立起生态文明的理念,将其转化为对自然的热爱和保护的积极行动。这种理念不仅需要在我们的思想上得到认同,还需要在实际行动中得以体现。我们需要切实贯彻落实主体功能区战略,根据西部区域的经济发展需求和发展水平,制定出与之相适应的区域发展格局。这个格局应该能够充分满足人口、资源和环境的需求,也要考虑到这些因素之间的平衡和协调。在规划上,我们需要对生产、生活、生态三大空间进行全面的考虑和综合的规划。我们要确定出生态红线,确保生态环境具有充分的恢复空间。这不仅是对自然的尊重,也是对未来的投资。只有保护好我们的生态环境,才能保证我们的后代能够在一个健康、美丽的环境中生活。通过对我国"两屏三带"的生态环境现状的全面调研,我们已经明确了我国重点生态功能区的保护与修复对策,并加强了相关建设。这是我们对自然的承诺,也是我们对未来的期待。在新发展理念的指引下,我们将生态文明与经济、政治、社会和文化有机结合起来,形成了一套行之有效的生态屏障体系。这套体系不仅是我们保护环境的手段,还是我们实现可持续发展的重要工具。建设西部生态安全屏障,保障经济、社会、生态协调发展,是一项综合性的系统工程。这需要我们全社会的共同努力,需要我们在理论和实践中不断探索和创新。但无论如何,我们都必须坚持这一目标,因为这是我们对自然的敬畏，也是我们对未来的责任。

二、优化环境保护与建设的制度体系

开展重点生态功能区的保护、生态屏障建设专项立法，在此基础上，提出构建生态安全壁垒的总体目标、指导思想和基本原则，明确各级政府、相关部门及居民在这一过程中的权利、义务、责任及协调机制。针对这些问题，笔者提出加快西部地区生态功能区建设和生态屏障建设的对策：一是在构建生态安全战略格局的基础上，统筹协调生态环境保护、生态安全屏障和经济发展的关系，构筑生态安全屏障，完善生态补偿制度。二是在重点生态功能区、生态屏障、重点河流等地区，增加对公共服务的投入，推动基本公共服务的均衡发展。三是要对资源开发利用的区域内的资源进行合理的定价，以利于该区域经济发展。

三、转变重点生态区的经济发展方式

西部地区是一个具有人均收入水平相对较低、基础设施相对较差、生态环境相对较差、民族聚居等特点的区域。部分西部省份按照中央的要求，制定相应的发展策略，以实现经济的跨越和发展。但相关的经济发展倡议，虽然在某种程度上促进了各个地区的经济增长，但更多还是依靠投资，而不是依靠科技进步、人力资本投入、管理创新、节约资源能源，以及循环经济的发展。在中国的许多省区，经济增长主要依靠第二产业，而第二产业在国民经济中的比例较小。为了与全国接轨，加快"跨越"发展，是中国西部地区的主要战略选择。在大力发展经济的同时，应切实加强对生态环境的保护和修复工作。必须坚持经济发展和环境保护的有机结合，坚持可持续发展的道路，实现经济、社会和环境的协调发展，加快构建生态屏障的步伐。

四、加强东西部地区经济发展与环境建设的合作

西部生态脆弱，经济落后而且贫穷问题严峻。我国西部主要是以有限开发区域和禁开发区域为主的，这就加剧了西部地区发展与环境保护的矛盾，使得

西部地区生态环境保护与建设出现长期性、复杂性、系统性和综合性特征。西部地区作为国家生态安全战略格局的主要国土空间、"两屏三带"主要分布地，仅仅靠西部地区的力量建设和保护好生态环境是有难度的，要提高到国家层面来解决，必须加强东西部地区经济发展与环境建设的合作。西部地区在生态环境建设与保护中，增加了生态产品。生态产品作为公共产品，全社会都是受益者，所以给予环境保护者一定的经济补偿是必要的。生态补偿机制的原则是谁开发谁保护、谁受益谁补偿，但是市场化的生态补偿依然存在很多问题。西部地区生态环境问题是一个典型的多边外部问题，其合作解的数量化问题很难解决。产权问题不可能私有化，交易成本也很高，不可能按照科斯定理来解决，因此，要在东西部之间建立一个统一生态补偿和生态保护的国家协调组织。

五、制定完善环境法律法规，将环境保护和生态屏障建设纳入法治轨道

对西部地区的重点生态功能区，要加强对生态环境的保护，尤其要加强生态屏障的建设。当前，我国关于西部生态环境法规及生态屏障建设的立法十分薄弱，特别是关于生态屏障建设的立法更是几近空白，更缺少与西部重要生态功能区、生态保护一体化的立法。为了改变这种现状，我们需要以生态规范的立法思想为指导，尽快出台重点生态功能区保护条例等指导性文件。同时，我们还需要构建一个多元所有制的资源产权体系和资源流动使用体系，以确保资源的合理分配和有效利用。此外，我们还应建立以土地、草地、山林、水面等为主体的专有权利和以使用权为核心的专有权利制度。这将有助于保护这些重要生态区域的独特生态环境，防止过度开发和滥用。同时，我们也需要加强对西部地区的管理。对造成生态环境损害的责任者严格实行赔偿制度，依法追究刑事责任。这将有助于形成强大的震慑力，阻止人们对西部重要生态功能区的破坏行为。总的来说，我们必须从立法、管理等多个层面出发，全方位地加强对西部重要生态功能区的保护，确保这些重要的生态系统能够得到有效的保护和恢复。

六、形成重点生态区环境保护和生态屏障建设资金投入保障机制

建立西部重点生态区生态环境保护与生态安全屏障建设专项资金。中央财政代地方发行的地方政府债券，重点用于西部重点生态区生态环境保护与生态安全屏障建设。这些公债将成为我国西部重要生态区的重要组成部分，为生态保护和生态安全屏障建设提供资金支持。为了加速生态补偿资本化进程，我们将积极拓宽绿色投资渠道。其主要内容有：一是鼓励环境保护企业通过资本市场融资，实现环境保护。这一举措将会引起社会各界的广泛关注，为我国绿色工业的发展提供强大的推动力。同时，我们将积极引导民间资金，将它们投入西部重要生态功能区的生态保护、生态屏障的建设中。我们将采取多种方式，如在不改变土地产权的前提下，对部分荒山、荒沟、荒丘、荒滩等土地，通过招标、拍卖、公开协商等方式出让使用权。这样既能保护生态环境，又能充分利用土地资源，实现可持续发展。总之，建立"西部重点生态区域"的生态保护与生态安全屏障建设专项基金，以及引导民间资金投入生态保护和生态建设，将为我国西部重要生态区的绿色发展提供有力的支持，为实现生态文明建设目标贡献力量。

七、加强对重点生态区域环境保护和国家生态安全屏障建设的技术支持

在生态屏障的建设过程中，我们需要对已有的成熟生态保护技术进行有效的组织和推广。这包括建立健全的科技推广制度，确保科技成果能够顺利地转化为实际行动并得到广泛应用。同时，我们需要将工程化的方法与生态化的方法有机地结合起来，以提高生态屏障建设的质量和效果。为了实现这一目标，我们需要加大与国内外、各区域的交流与合作力度，借鉴先进的生态环境保护技术和管理经验，不断提升我国生态屏障建设的水平。此外，我们还应积极宣传生态环境保护的重要性，提高全社会的环保意识。为了更好地推动生态屏障建设，我们计划建立一个国家生态安全屏障综合试验区。在这个试验区内，我们将对生态屏障建设进行深入的研究和实践，总结出一套适合我国国情的生态

屏障建设模式。在此基础上，我们将逐步推广这一模式，并组织各大高校和科研机构进行深入的研究，以期为我国西部地区重点生态区的生态环境保护和生态屏障建设提供有力的技术支持。通过这些措施的实施，我们相信可以为各地区的生态工程开展、相关规划编制等工作提供基础资料，从而为我国的生态环境保护事业奠定坚实的基础。

八、因地制宜、有重点、有区别地分步推进生态屏障建设

广袤的西部地区拥有丰富的自然资源和巨大的发展潜力。它包括了许多重要的经济发展区，这些区域在国家的经济发展中起着关键的作用。然而，各区域在发展中的侧重点、实现途径等方面都有很大的差别。这就需要我们根据各地的实际情况，因地制宜，分类指导，突出重点，循序渐进地进行发展。同时，我们也要注重生态环境的保护，因为这不仅关乎自然的生存和发展，也关系到国家的生态安全屏障的建立。这需要我们在发展经济的同时，坚持符合自然的客观规律，也要坚持符合经济的发展规律。为了实现中华民族的可持续发展，打造"美丽的西部新城"，我们必须坚持可持续方针，坚持"以人为本"的原则。我们要避免短视行为，不能只看到眼前的利益，而忽视了长远的发展。同时，我们也要避免在施工时搞破坏，我们要尽可能地减少对环境的影响，保护好我们的生态环境。为了实现这些目标，我们需要将政府和市场的双管齐下的监督功能充分发挥出来。我们要利用技术和制度创新作为突破口，推动西部地区的发展。与此同时，还应充分发挥政府的财力、地方政策等方面的优势，广泛吸纳海内外民间资本，共同建设西部生态屏障。只有这样，我们才能实现中华民族的可持续发展，打造一个美丽的西部新城。

第二部分　应急管理：环境预防与突发性环境污染事故应急机制研究

突发环境事件是我国经济社会发展的必然趋势。在具体工作中，要把环境事件全过程管理作为主线，把风险防控作为重点，构建一套完备的现代环境应急管理体系。本部分在介绍我国突发性环境污染事故应急机制的基础上，总结了我国环境应急管理取得的重大进展和环境应急处理存在的问题，借鉴了国外环境应急管理经验，对我国环境预防和应急管理机制进行了反思，最后提出了完善方案。

第一章 我国突发性环境污染事故应急机制

第一节 我国突发性环境污染事故应急机制现状

目前,世界上许多发达国家都在大力发展应急科技,建立了跨部门、跨领域、多层次的应急科技系统。对环境突发事件的监测控制、预测预警、信息报告、应急处理和调查评估等技术进行了研究和探讨。生态环境部等部门相继颁布了一系列有关突发环境污染事件处理的法律、规章,并逐渐形成了一套完整的环境污染事件处理的法制框架(见表4-1)。

表4-1 我国突发性环境污染事故法律法规汇总

发布年份	名称	发布机关
1987年	《报告环境污染与破坏事故的暂行办法》	国家环境保护局
1997年	《关于处理水污染事故适用法律问题的批复》《关于水污染事故行政处罚问题的复函》	国家环境保护局;生态环境部办公厅
2006年	《环境保护行政主管部门突发性环境污染事件信息报告办法(试行)》	国家环境保护局
2014年	《国家突发环境事件应急预案》	国务院办公厅
2015年	《突发环境事件应急管理办法》	国务院办公厅
2020年	《国家森林草原火灾应急预案》	国务院办公厅

资料来源:作者整理。

一、我国突发环境污染事故应急计划框架体系初步建立

按照党中央和国务院的统一部署,各级各类应急预案正在紧锣密鼓地进行。《国家突发公共事件总体应急预案》是"建立健全环境污染事故应急处置机

制,提高应急处置能力,维护社会安定,保护人民生命健康和财产安全,促进社会全面、协调、可持续发展"的重大文件。该方案的颁布,为解决环境污染事故中的突发事件提供了一套应急方案。

二、我国已初步形成应急管理分级响应机制

突发性环境污染事故应急响应坚持属地为主原则,地方各级人民政府按照有关规定全面负责突发性环境污染事故应急处置工作,国家生态环境部及国务院相关部门根据情况给予协调支援。以突发环境污染事件的可控性、严重性和影响范围为依据,将其划分为四个等级:特别严重(一级响应)、重大(二级响应)、重大(三级响应)和一般(四级响应)。超出本级处理范围时,应向本级紧急救助指挥部报告,并立即启动本级紧急救助预案。根据分级管理原则,我国建立了国家和地方应急分级响应体系。在第一级反应中,由国家相关部门和部委联合组建的环保应急领导小组,负责对环保突发事件进行指挥、协调。在发生二级响应、三级响应和四级响应的时候,省(区、市)、市、县人民政府应当建立环境应急指挥部,对突发环境污染事件的反应进行指导和协调。

第二节 我国突发环境事件应急管理核心框架

一、预案建设

应急预案是"一案三制"建设的出发点和先决条件,也是开展应急工作的先决条件。应急预案,既是应急思维的载体,又是应急管理部门开展应急教育、预防、指导和运行的有力"抓手",具有重要的现实意义。我国已制定了《国家突发环境事件应急预案》,在"规范"附录 A 中对突发环境事件应急监测预案编制也做出了规定,包括组织机构与职责分工、应急监测仪器配置、应急监测工作基本程序、应急监测方案制定的基本原则、应急监测技术支持系统、应急监测防护装备、通信设备及后勤保障体系等。各级环境监测部门应根据应急预案编制提纲,编制适合当地实际情况的突发环境事件应急监测预案。应急预案的制定,应把重点放在具有本地区特点的敏感地区防护及企业行为的监管上。要建立

以例行监测与企业重点目标定期巡察监测制度,体现"以管促防、以防制控,以监测定性、以性质定论"的思路,并进一步提高预案的针对性和可操作性。

二、体制建设

应急指挥系统包括应急指挥系统、领导责任制、专业救援队伍、社会动员系统、专家咨询团队等。

(一)建立权威的应急指挥机构

需要合理地划分各个部门的职责,并明确指挥机构与应急管理相关部门之间的垂直和横向关系。在环保领域,环保部门的主要负责人是生态环境部的主要负责人,他们承担着重要的领导责任。为了有效应对突发事件,我们需要设立一个监控领导小组。这个小组由上级、下级环保部门的领导以及各部门的主管领导组成。他们共同负责协调和指导应急响应工作,确保各项措施得以迅速、准确的执行。在监控领导小组的领导下,各级环保部门将紧密协作,形成高效的工作机制。上级环保部门将向下属部门传达指令,确保任务的顺利完成。同时,下属部门的领导也会及时向上级汇报工作情况,以便上级能够全面了解事态发展,做出科学决策。除了垂直关系,横向合作也是应急指挥机构的重要组成部分。各部门之间要加强沟通和信息共享,形成联动机制。例如,当发生环境污染事件时,监测部门可以立即收集相关数据并向指挥机构报告;而处置部门则根据数据情况制定相应的治理方案;执法部门则负责对违法行为进行查处等。通过横向合作,各部门能够协同作战,形成合力应对突发事件。此外,应急指挥机构还需要建立健全的信息交流平台,确保信息及时传递和共享。通过建立统一的通信系统或网络平台,各级环保部门可以随时获取最新的情报和指令,提高工作效率和准确性。综上所述,建立一个权威的应急指挥机构是确保环境保护工作顺利进行的关键所在。通过合理划分职责、明确垂直和横向关系,并加强信息交流与合作,我们可以更好地应对各类突发事件,保护环境、维护公众利益。

(二)明确管理职能

明确管理职能,设置一套科学应急监测和响应程序,形成高效、快速、合规的各级环境监测站。加强各部门间的合作与配合,加快突发事件的反应速度。根据不同污染源造成的环境污染、生态污染和辐射污染的特点,将环境污染分类,根据环境应急事件造成的损失和社会后果等因素,构建一套规范有序的环境应急监管职能体系。为了确保环境监测工作的高效性和准确性,各级环境监测站应建立明确的管理职能,并制定科学可行的应急监测和响应程序。这些程序应该包括预警机制、应急响应流程、信息共享平台等,以确保及时有效地应对各类突发环境事件。同时,各级环境监测站还应加强与其他相关部门的合作与沟通,形成紧密的协作关系,共同推进环境保护工作。

在管理职能方面,各级环境监测站应明确各自的职责和权限,确保各项工作有序推进。同时,要加强对员工的培训和管理,提高其专业水平和责任意识,确保他们能够胜任各项工作任务。此外,还要建立健全的监督机制,加强对环境监测工作的监督和评估,及时发现问题并加以解决。在应急监测和响应程序方面,各级环境监测站应根据不同的污染源特征进行分级管理。对于不同类型的环境污染、生态污染和放射性污染,要制定相应的应急预案和技术方案,确保能够在第一时间采取有效的措施进行监测和治理。同时,要建立完善的信息共享平台,实现各部门之间的数据共享和信息互通,提高工作效率和协同能力。在应急响应速度方面,各级环境监测站要强化与其他部门的协作,加强信息交流和资源共享。特别是在突发环境事件发生时,要及时启动应急预案,组织相关人员进行现场调查和监测工作,迅速掌握情况并做出科学判断。同时,要加强与相关机构和专家的联系,及时获取专业的技术支持和指导,确保应急响应工作的顺利进行。总之,建立一套规范、有序的应急环境监测行动的功能体系是保障环境保护工作的重要环节。通过明确管理职能、科学设置应急监测和响应程序、加强部门间的协作合作等方式,可以有效提高环境监测工作的效能和水平,为保护生态环境、维护社会稳定做出积极贡献。

(三) 强化管理责任

强化管理责任是确保组织有效应对环境突发事件的关键。在构建环境应急监控系统时,要遵循权责对等的原则,统筹组织、资源、信息、行动,构建横向、纵向、网络化的环境应急监控系统,以当地环保部门为主体,构建一张完整的、覆盖较广的环境监测网络。地方环境监测部门负责收集和汇总各个监测站点的数据,形成综合的监测报告,为决策者提供科学依据。纵向环境突发事件监控体系则是以专门的环境监控机构为主,为当地政府提供上级的支援体系。这一体系充分利用上级环保机构在技术上的优势,起到技术指导的作用。上级环保机构可以派遣专业人员前往现场进行技术支持和指导,协助地方环境监测部门进行应急监测工作。他们可以提供先进的监测技术和方法,帮助地方环境监测部门提高监测水平和效率。在突发事件发生时,主管单位可以在现场进行取样、监测和分析。他们可以根据突发事件的性质和特点,采取相应的监测手段和方法,确保及时获取准确的数据。同时,主管单位还可以与其他相关部门和机构进行紧密合作,共同应对环境突发事件。通过横向、纵向的环境突发事件监测体系,可以更好地掌握环境安全状况,及时发现和处置潜在的风险,保障人民群众的生命财产安全和环境的可持续发展。

三、机制建设

应急管理机制是行政管理组织体系在遇到突发公共事件后有效运转的机理性制度。应急管理机制是为积极发挥体制作用服务的,同时又与体制有着相辅相成的关系,建立统一指挥、反应灵敏、功能齐全、协调有力、运转高效的应急管理机制,既可以促进应急管理体制的健全和有效运转,也可以弥补体制存在的不足。目前,我国的环境应急还基本停留在应急响应阶段,预测预警和事故发生后对环境恢复的投入不足。建议建立预警机制、环境风险管理机制、培训机制、应急管理机制、统一指挥机制、应急保障机制和协同有序的处置机制。环境应急监测管理机制主要包括统一指挥机制、分级负责机制、专家咨询机制、快速响应机制、质量保证机制、信息报送机制、保障机制等。

(一) 统一指挥机制

在省一级环境保护行政主管部门统一协调下,成立专门的实质性应急指挥组织,开发建设全省联网的"污染事故应急监测、处理中心"和与之相配套的操作平台。该体系在环境突发事件中扮演重要角色。首先,它可以通过采集相关案例,了解事故发生的原因和影响程度。其次,它可以抽取行业专家和环境专家的意见,为应急处理提供专业的建议。再次,它可以调配应急监测设备,对事故现场进行实时监测,以便及时发现并控制污染扩散。此外,它还可以预测污染程度,为决策者提供科学的依据。最后,它可以提出应急处理方法,指导现场人员进行有效的应对措施。这样我们就可以充分利用各种紧急情况下的资源与能力,尽量减少对环境污染的破坏。构建"统一指挥,多方响应,协同会商"的环境突发事件监控与管理新模式。这种模式不仅能够提高我们的应急响应效率,也能够确保我们在处理环境事故时,能够做到既快速又科学。

(二) 分级负责机制

为使各层级的环境监测站在各自辖区的应急监测网中进行责任划分,我们必须制定出一个具体的网络中各个层次的组织结构和责任划分方案。这一方案应当明确各级组织在应急监测网络中的地位和作用,以及它们之间的协作关系。同时,我们还需要绘制相应的组织机构框图,以便各方能够清晰地了解各个组织之间的关系和层级。此外,为了方便与相关人员的沟通和联系,我们还需要提供相关人员的联系方法,如电话、邮箱等。针对区域之间(如省与省、市与市之间)发生的突发环境事件,我们应当高度重视并采取积极措施进行应对。在这种情况下,上级环境监测站应承担起协调和组织实施应急监测的重要任务,根据事件的具体情况,制定相应的应急监测方案,并组织相关部门和人员实施。同时,还应当与其他相关单位保持密切沟通,共同应对环境突发事件,确保环境安全和人民群众的生活秩序。总而言之,要使各层级的环境监测站在各自辖区的应急监测网中发挥更大的作用,就必须将各部门的责任划分清楚,制定具体的组织结构,加强与其他有关部门的合作与交流。只有这样,我们才能更好地应对突发环境事件,保障环境安全和人民群众的利益。

(三) 专家咨询机制

在现代社会,人们面对的是一系列的安全风险,以及环境突发事件。这些地震具有高度的复合性、叠加性和非例行性。这一发展趋势不但加大了我国应对环境问题的难度,也要求我们做出更为科学和准确的决策。因而,对突发事件的科学决策,是我们开展环境突发事件必须具备的一个重要前提。要使决策科学化,就必须成立专家小组。这个专家小组将由各个领域的专家组成,他们具有丰富的专业知识和经验,能够从各个角度对环境应急监测工作进行全面的分析和研究,能为我们提供切实可行的决策建议,为我们的专业咨询提供理论指导,也能为我们的技术支持提供专业的建议和方案。通过组建环境应急监测专家组,我们可以更好地应对环境应急监测工作中的各种挑战。他们的专业建议和咨询将对我们的决策产生重要影响，使我们的决策更加科学、更加合理。同时，他们的技术支持也将大大提高我们的工作效率，使我们能够更有效地应对各种突发环境事件。总的来说，组建环境应急监测专家组是我们实现科学决策的重要步骤。他们的专业知识和经验将为我们的环境应急管理提供强大的支持，使我们能够更好地应对当前面临的各种环境安全隐患和突发环境事件。

（四）快速响应机制

快速地调查与分析，确定污染的类型（名称）、污染程度、污染范围和发展趋势，是环境监测部门应对环境突发事件的第一项工作。这就要求他们利用现有的观测数据，抓紧时间进行观测，争取在最短时间内得到最精确的资料。在此基础上，结合实验室已有的检测手段，对污染物进行鉴别、鉴定，并及时上报有关部门。《国家突发环境事件应急预案》对应急工作程序及职责分工进行了详细的阐述。突发环境事件发生后，责任单位、责任人、监督责任单位要在一小时之内将情况通报给当地的县级以上人民政府，并将其上报上级的有关专业主管机关。这一规定旨在确保信息的及时传递，以便各级部门能够迅速做出响应。《国家突发环境事件应急预案》附录"规范"则强调了应急监测报告的及时性和快速性。所有的应急监测报告都应以提供准确、及时的数据为目标，以确保事故处理的顺利进行。如果提供的监测数据不及时，就可能会导致事故处理的延误，从而影响到环境保护的效果。同时，也要从突发公共卫生事件的处理中吸取教训。"规范"建议黄金时段为 1 小时，黄金时间为 10 分钟。这意味着，环境监测部门需要在事故发生后的 1 小时内完成初步的应急监测工作，并在事故发生后的 10 分钟内将初步结果报告给相关领导和部门。这样的时间限制旨在提高应急监测的效率和准确性，以便更快地应对突发环境事件。

四、法治建设

我国的环境突发事件应急管理法律体系是一个规则和模块的结合体。中央人民政府及省、市、县、镇（区）人民政府的纵向应急管理和国务院部委、地方行政局的横向管理，形成了具有中国特色的应急管理法律体系。现在普遍存在的问题是在安全生产管理的法规中设置应急救援管理的相关内容。比如，《建设工程安全生产管理条例》第六章第四十七条规定，县级以上地方人民政府建设行政主管部门应当按照本级人民政府的要求,制定本行政区域内建设工程重大安全生产事故应急救援预案。第五十条规定,建设单位在发生生产安全事故的情况下,应当及时、如实地向负有安全生产监督管理职责的部门、建设行政主管部门或其他有关部门报告,并对伤亡事故进行调查、处理;特殊设备如有意外情况,应当及时上报特种设备安全监督管理机构。接到报告的部门应当按照国家有关规定如实报告。《国务院关于全面加强应急管理工作的意见》还对应急管理法律制度提出了以下要求:完善应急管理法律法规。要抓紧做好《应急法》立法准备并在颁布后实施,研究制定配套法律法规和政策。国务院有关部门应当及时做好法律法规草案的起草和草案的修订工作,以及相关规则和标准的修订工作。各地要按照有关法律、行政法规的规定,根据当地的实际情况,建立健全相应的法律法规。我国突发环境事件应急管理核心框架"一案三制"如图4-7所示。

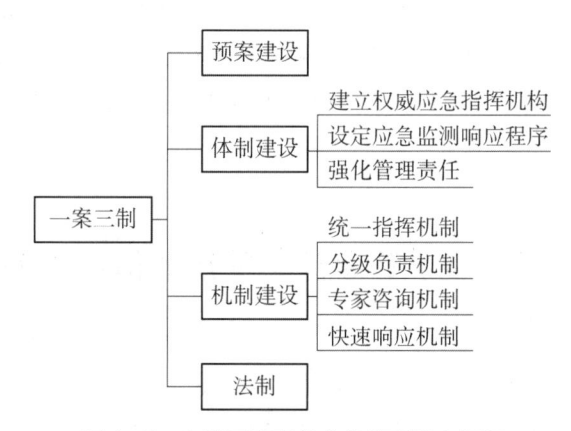

图4-7 突发环境事件应急管理核心框架

第二章　我国环境防治与应急管理机制

在新的时代背景下,亟须对环境应急管理进行深入的研究,并对其进行战略上的调整,在整个环境应急管理中始终贯彻全过程理念,并将其转变为环境风险防治策略,强调在环境应急管理中风险防治的中心位置,不断提升环境应急管理的保障程度。环境管理战略转型对环境应急管理提出了新要求,在实际工作中,需要以全过程管理为主线,以风险防控为核心,建立完善的现代环境应急管理体系,健全环境应急管理法制机制,不断提升环境应急能力,健全应急管理机构,突出预防优先,强调有急必应,提高群众服务质量和效果,做到重大环境风险可知可控,有效遏制突发环境事件高发态势,通过预防、应急处置、事后处理的各个环节,最大限度地减少突发环境事件对群众健康和生态环境的损害。

第一节　我国环境应急管理取得重大进展

近年来,我国环境应急管理体系建设取得重大突破。许多环境应急管理相关的文件和政策相继出台,为我国加强突发事件的预警和应急管理提供了保障。同时,多元主体的协同合作,对于我国的环境突发事件应对能力的稳定提升,也起到了很大的作用。然而,在目前的情况下,我国的环境安全状况并没有得到根本性的改善,环境风险依然十分突出,且总体上呈现出数量多、成因复杂、危害性大等特点。

一、省级环境应急管理机构框架基本建成

为了适应环保事业的发展,国家环保总局于2002年设立了"环保突发事件与事件调查中心",承担起了全国环保突发事件和事件监测工作的职能。2005

年"松花江"污染事故的发生，使人们更加关注环保事故的处理。2006 年，国家环保总局又将环境执法监管和应急处置工作分离出来，并对其功能进行了重新界定，使得我国的环境应急处置能力有了很大提高。通过十几年的努力，我国已初步形成了省际环境突发事件的治理结构，有相当数量的省际区域已经形成了自主性的环境突发事件治理体系。

二、环境应急法律法规制度建设深入开展

2020 年修订的《中华人民共和国固体废物污染环境防治法》对突发环境事件做出了专门规定。2014 年，随着《国家突发环境事件应急预案》的颁布，对突发环境事件的分类、指挥体系、工作流程等进行了详细的规定，使我国的环保应急工作走上了轨道。基于此，国家各级行政区域突发环境事件应急预案陆续出台。2015 年，《突发环境事件应急管理办法》进一步明确了环保部门和企事业单位在突发环境事件的应急管理中的职责，规范了工作内容，理顺了工作机制。2020 年，国务院办公厅印发《国家森林草原火灾应急预案》，强调生命至上、安全第一的理念，进一步压实责任和问责。我国环境应急法律、法规及制度体系如图 4-8 所示。

2004年	《中华人民共和国固体废物污染环境防治法》
2005年	《国家突发环境事件应急预案》
2008年	《中华人民共和国水污染防治法》
2010年	《突发环境事件应急预案管理暂行办法》
2011年	《突发环境事件信息报告办法》
2015年	《突发环境事件应急管理办法》
2020年	《国家森林草原火灾应急预案》

图 4-8　我国环境应急法律、法规及制度体系

三、环境应急能力标准化建设取得重大成果

为进一步提高全国环境应急能力，早在 2010 年，国家环境保护部就下发了《全国环保部门环境应急能力建设标准》，在全国全面开展环境应急能力标准化

建设,并将江苏、辽宁两省分别列为标准化建设"示范"和"试点"省。多年来,环境保护部通过向中央政府申请专项经费,加大对全国环境紧急救援力量的规范化投入力度,一些关键区域的环境紧急救援设备和救援水平有了明显的提高。

四、成功预防和处理了具有重大社会影响的突发环境事件

随着我国环境应急管理的不断深入,提出了一种新的、可持续发展的环境应急体系。近年来,我国发生了多起环境危机事件,并取得了显著的社会效益。例如,对2008年我国南部出现的低温现象,汶川、玉树、雅安等重大自然灾害造成的二次环境影响,以及对北京、上海、奥运会、残奥会、世博会等重大事件中的环境保护,进行了妥善处理。近几年,国家相继攻克了诸如"7·16大连石油漏油事件""12·30中石油管道泄漏事件"等一批重大环境危机事件,成绩斐然。

五、环境治理应急联动机制稳步推进

在突发事件应急响应和救援中,要加强部门间环境应急联动机制建设,有效预防和妥善处置应急处置不当引发的次生环境突发事件。城市应急联动系统是一个多层次、多部门、多功能、动态、由各种相互联系的元素所构成的复杂系统。其中,硬件系统主要是指对突发事件进行联动处理的组织、决策机构,而软件系统则是对该系统进行动态操作的规则与原则。通过多年的努力,我国已初步建立了以"一案三制"为主要内容的突发事件处理制度。一是建立了一套"横向到底"的突发事件应急救援计划系统;二是构建"统一领导,综合协调,分级负责,属地管理"的突发事件应急管理制度;三是建立由预防准备、监测预警、救助处置、恢复重建等四个环节组成的突发事件处理体系;四是制定突发事件应对法律。随着突发事件应急管理体系的基本建立,我国各部门在应对危机时,采取了相应的应对措施。此后,我国政府间应急联动系统的构建就进入一个快速发展阶段,并在实践中获得了一定的成效,这为政府间应急机制的构建提供了新的思路。

第二节　环境应急处理中存在的问题

一、当前环境安全形势依然严峻

随着国民经济的发展，石油化工等高危险行业的日益增多，我国已经进入环境危机的高发时期。2018 年 5 月下旬至 6 月上旬，我国东北三省先后发生 3 次特大森林火灾。所幸的是，这些突发性的环境问题都被及时解决了，并未引起重大的环境影响。近年来，在以 2008 年"云南阳中海砷污染事件"、2009 年"湖南浏阳镉污染事件"和 2010 年"大连新港原油泄漏事件"为代表的一些突发环境事件的发生和处置过程中，暴露出一些问题，如：不能及时上报环境突发事件的情况，不能及时处理环境突发事件等。因此，面对严峻的环境安全形势，当前的环境应急管理具有前所未有的重要性和压力。我国近年来重大突发环境事件见表 4-2。

表 4-2　近年来重大突发环境事件（不完全统计）

2007 年 5 月	2007 年 6 月	2008 年 6 月	2009 年 7 月	2010 年 7 月	2010 年 7 月	2012 年 1 月	2020 年 3 月	2021 年 1 月
太湖水污染事件	巢湖、滇池蓝藻暴发	云南阳中海砷污染事件	湖南浏阳镉污染事件	福建紫金矿业溃坝事件	大连新港原油泄漏事件	广西龙江镉污染事件	黑龙江伊春鹿鸣矿业有限公司3·28尾矿库泄漏事件	嘉陵江1·20甘陕川交界断面铊浓度异常事件

资料来源：作者整理。

二、基层环境应急能力建设亟待加强

在当前的情况下，我国在处理环境突发事件方面的能力存在着明显的不平衡性。具体来说，市级和县级的环保工作相对薄弱。尽管大多数市级环保部门已经设立了专门的机构来处理环境突发事件，但这些机构的规模大多相对较小，人员数量也较少。这就导致了我国一些各地区的环境突发事件处理工作基

本上处于空白状态，也缺乏专门负责处理这种突发事件的专业人才。从人才素质的角度来看，我国的环保专业人才的专业素质并不高，相关工作经验也相对较少。这就意味着他们在面对环境危机的时候，可能无法及时上报和处置这些事件，也可能无法很好地进行自我防护。这种情况无疑会加大环境突发事件的处理难度和风险。再从装备的配备情况来看，我国的环保装备的不完备和落后也是一个应重视的问题。这些问题使得这些装备无法完全发挥出对环境突发事件的救援作用，从而影响了我国环保部门应对环境突发事件的效率和效果。

三、环境风险管理薄弱

在一些地区建设项目的审批过程中，环境风险评估制度的执行并不够严格。对于企业的环境风险防控措施的审批要求，往往未能达到规定的标准。这就意味着，一旦项目建成并投入使用，就可能会留下一些环境安全隐患。这种情况在全球范围内都存在，尤其是在我国，工程建设中缺乏有效的公共参与机制，导致了工程建设中存在诸多问题，有些甚至带来了严重的环境问题。在日常环境管理的过程中，一些环保部门不能主动地对企业存在的环境风险隐患进行调查，同时，也不能将公开报告和日常检查中发现的环境风险隐患全部掌握在自己手中，甚至对这些问题敷衍处理，或者是以罚代改。这种做法虽然可以暂时解决问题，但是对于问题的根本性解决并无帮助。而且，这样的做法往往会使问题一次又一次地被压制，一旦这些问题爆发出来，就会造成严重的环境后果。这种情况的存在，不仅对环境造成了严重的影响，而且对企业的正常运营带来了不小的困扰。因此，我们需要寻找一种更加有效的方式来解决这个问题，以确保建设项目的审批能够严格按照规定进行，同时要保证企业在建设过程中能够有效地控制环境风险。

四、企业环境风险意识不强，应急准备不足

近年来，我国的环境问题日益严重，环境突发事件的频繁发生，不仅对我国的生态环境造成了严重的破坏，也暴露出我国部分企业在面对这些突发事件时，应对措施的不足和缺失。首先，在环境风险预防设施的建设过程中，企业往往会遇到一些问题。这些问题主要表现在没有建立和执行相关的风险预防措

施和应急设施上。这意味着，一旦环境突发事件发生，企业就可能会因为缺乏有效的预防和应对措施，而无法及时有效地处理问题，从而加大了环境事件对企业的影响。其次，在应急物资的储备上，许多企业过于注重安全生产，而忽视了对应急物资的储备与管理。这导致在遇到环境突发事件时，企业的应急物资可能无法满足应对需求，从而使得企业在应对环境突发事件时显得力不从心。最后，在应急计划的管理与演练中，计划的制定有时会缺乏针对性和可操作性。这意味着，即使企业有完善的应急计划，在实际操作中也可能无法发挥出应有的效果。这不仅会影响企业应对环境突发事件的效率，也可能会增加企业的损失。因此，对于我国的部分企业来说，提高对环境突发事件的应对能力，需要从加强环境风险预防设施的建设、改善应急物资的储备与管理，以及提高应急计划的针对性和可操作性等方面进行改进和完善。

第三章　国外环境应急管理的经验借鉴

突发性环境事件的发生，不但会导致重大的经济损失，而且会对生态环境、人类健康和社会经济发展产生严重的危害。在这种情况下，想要有效地防范和处理突发性环境事件，就必须建立起一套完善的环境风险管理制度。为避免突发环境污染事件给人类的生存和发展带来极大的威胁，许多国家都十分重视对突发环境污染事件的应急管理。本书就如何构建与完善我国的环境风险管理体系进行了初步的探讨。笔者旨在通过对国内外有关研究的系统性梳理，归纳出国外主要国家在环境风险综合管理、法律制度建设、应急响应、风险预测与评估、跨区域合作与公众教育等领域的实践与启示，为我国政府制定新的应急管理策略、提升应急管理能力、提升应急响应效能等提供科学依据。

第一节　国外环境应急管理的经验

一、日本的环境风险管理：有健全的法律制度保障

日本在环境风险方面的研究主要集中在自然和人为两个方面。以全面防灾管理为核心，构建了一个以"防灾减灾—危机管理—国家安全"为核心的国家危机处理系统，并将其作为一个整体来考虑。

日本对环境突发事件的处理，已有较为完备的立法。《原子能灾害应对特别措施法》《国家大城市政府和县发生灾害时广域救援协定》及《13个主要城市发生灾害时相互救援协定》等基本法律，都在《灾害应对基本法》和《自然环境保护法》中，对救灾责任、救灾制度、救灾规划、防灾救灾、灾后恢复重建做出了明确的规定。另外，还制定了一系列预防灾害、程序和组织方面的法律。形成了一个完整的灾害预防、应急危机反应与处置、生态修复的法规体系，对生态系统中的各种风险进行了全方位的法律保障。从制度上看，日本以原来的"灾难中

心"为核心,构建了一套以国家层面为核心的灾难应急管理系统。各级政府行政长官为总司令,并对相关的危机处理机构进行直接领导。日本还大力提倡构建"危难社会",并以全民教育的方式,加强全民的防灾、减灾、救灾、自救、互助等方面的宣传;通过与私人及公营组织的协作,实现社会各个领域的资源的有效整合;构建灾害预防通信系统,形成灾害救援与突发事件的垂直与水平的信息网;在此基础上,构建"公众救助—共同救助—自我救助"的多主体协同应急机制,发挥社会各主体的作用,提升环境风险管理的效率。

二、英国环境风险事故管理:明确分工和数据共享

英国于2004年制定《国内应急法》,对突发事件进行了规范,具体包括:对突发事件进行预测和评价;目标明确的防范措施;紧急计划;紧急情况演习;紧急情况处置计划;紧急处置和训练;突发事件的处理计划;各个部门的职责划分、协调与沟通。在保障机制上,英国建立了应急管理委员会、战略协调委员会、科技委员会等机构,初步建立起一种以突发事件为中心的应急管理制度。在总理之下,突发事件处置部门负责处理危机事件;环境署已组建和建立了一支针对灾害事故的战略协调小组;科技理事会由卫生保健部门或当地公共卫生部门牵头,负责为战略团队提供科技支持。另外,英国还积极开展了环境风险预报工作,并在此基础上构建了一个基本的风险评价数据库,以提升对环境风险的预防能力。紧急反应队将即时的仿真数据传送给策略协调员,策略协调员依据仿真数据,制定应对方案,并将警告信息传达给大众。英国环境署、健康环保署等相关机构已在全国范围内构建了较为完备的风险评价数据库,为灾害仿真研究提供了重要的理论依据,并根据仿真结果指导灾害处置,有效地减少了灾害的损失。

三、美国环境风险事故管理:全面防灾和统一协调

美国于1976年颁布了《国家紧急状态法》,1979年成立了联邦应急部门,1992年制定了《联邦紧急状态计划》,1994年修订了《联邦应急计划》,规定了27个部门的响应责任,制定了详细的工作程序,并在此基础上形成了一个完整的应急管理体系,形成了一个可持续的应急管理体系。美国联邦紧急事务管理

署负责领导和支持全国范围内环境风险的应急管理，下设国家安全协调、国家公民志愿队、地区管理和国际事务4个综合性办公室，以及减灾局、备灾局、紧急救援局、灾后重建局4个职能型业务部门和1个紧急事务援助运作中心，在全国还设有10个直属的地区分部和1个紧急事务援助中心、1个消防学院和1个培训中心。通过减轻、备、应、振四项工作，收集全国各地自然灾害的相关信息，并进行分析、处理和传播，为灾区提供及时周到的紧急救援和危机预防。

第二节 国外环境风险管理对我国的启示

一、以防灾预警和应急管理为主线，完善环境应急管理体系

在国家的发展战略中，环境突发事件的发生是以"全程"为主线的。只有对事前预防进行了全面的强化，将事中应对工作放在了重点位置，并对事后管理给予了足够的重视，才能将突发环境事件和它的危害降到最低。世界上许多国家的实践，目前已经步入了构建综合防灾体系，开展预警与突发事件处理的新阶段。我国应转变过去过分强调环境危机的处理方式，而加强对环境危机的事前防范与事后治理。以预防为主，对风险进行全面排查，将其扼杀在萌芽状态；要做好事后监管，认真查找问题的根源，及时处置，吸取经验教训。从组织体制等方面，以不断提高应对突发环境事故的能力为目标，修改应急预案，组建新的组织机构。在此基础上，结合国际上已有的环境风险预警、防控与修复技术，构建环境风险数据库，提升环境事件的预警、防控与修复能力。

二、以有效性为重点，加强环境风险应急能力建设

从各国经验和我国现有环境应急法律体系来看，完善的环境应急法律体系明确规定了环境应急管理的体制机制、主体责任、实施规范、应急对策、灾后重建等内容，是环境风险应急管理的根本依据和保障。为此，在《中华人民共和国突发事件应对法》《国家突发公共事件应急预案》《突发环境事件应急预案管理暂行办法》的基础上，通过对环境污染综合防治、预警和应急反应的分析，使环境污染得到有效治理。

在制度机制层面,要结合我国的行政制度和政府管理的实际情况,以快速反应和提高应急减灾的实效作为首要目的,按照全过程管理的法律、法规,纵向构建一个从上到下的管理系统,充分保证风险与应急处置的快速高效,在横向上,构建跨地区、多部门协同的多部门协同合作管理系统,提升应急处置的效率。同时,充分利用"12369"绿色举报电话的品牌作用,创新宣传、教育方式,积极组织现场模拟演习,增强公众"自助""共同帮助"的意识,以减轻环境危机带来的危害。在技术支撑上,重点关注我国的生态安全问题,重点开展生态安全问题的预警工作,为我国生态安全建设提供科学依据。

三、加强安全体系建设,确保应急效果

为了确保在应急情况下,如自然灾害、公共卫生事件等,能够迅速提供必要的装备、资金和物资等应急保障,我们需要建立一个完善的应急保障平台。这个平台不仅可以提供必要的资源,还可以为参与者提供系统化的培训和实际的模拟演练,以提高各级政府和应急管理人员的决策能力、指挥能力、协调合作能力和紧急处理事件的能力。此外,我们还需要通过一系列的教育和培训活动,提高公众的防灾减灾意识和灾难救助能力。这不仅可以帮助他们在灾难发生时保护自己和他人,也可以减少灾难对社会经济的影响。为了保证这些措施的有效实施,我们需要有一套完整的法律和规章体系。这套体系应包括关于防灾、灾害应急、灾后恢复、金融措施等方面的规定,以确保中央政府、地方政府和普通民众都能够认真履行自己的责任。在实际的操作过程中,我们需要强调环境风险应急反应的效率和效果。这需要我们在地区间加强协作,提升环境突发事件的处理能力。同时,我们还需要大力发展信息技术和科学技术,加强对环境突发事件的信息传递和风险预警。最后,我们需要改进融资渠道,以便能够加大对环境风险的投入力度。这不仅可以提供更多的资金支持,也可以提高我们的应对能力。总的来说,需要从多个角度出发,全方位地提升应急保障能力。

第四章　我国环境预防和应急管理机制的反思
——以太湖流域的水体安全应急为例

第一节　太湖流域突发环境污染事故的威胁

一、工业经济发达，企业密布，污染因子多

太湖流域是我国长江三角洲经济发展的中流砥柱，是我国经济最发达、大中城市最密集的地区之一。上海、苏州、无锡、常州、杭州、嘉兴、湖州、镇江是流域内的8个主要城市。同时，大约2/3的区域也被列入了综合实力国家百强。太湖地区自改革开放后，经济和社会得到了快速的发展：2006年，创造了全国11.6%的国内生产总值和22.1%的财政收入，单位土地面积的收入约为全国平均水平的57倍；人均GDP达4.7万元，是全国平均水平的3.4倍。值得注意的是，六大重点污染行业（纺织、造纸、石油加工、化工、医药和化纤）的产值占该地区产值的1/4。快速的经济发展导致太湖周边企业较多，尤其是污染较重的第二产业企业比例达到52%，带来极大环境风险。

二、各类工业园区促使风险源聚集程度升高，污染风险加大

为了解决太湖周边点源污染问题，国家及当地政府力图推进清洁生产和循环经济，将企业集中起来，建立了各种生态工业园区。例如，2004年国家环境保护总局批准设立的苏州高新区和苏州工业园区，成为国家生态工业建设示范园区；2006年建立的张家港保税区暨扬子江国际化学工业园、昆山经济技术开发区和无锡新区等。然而，在实际调查中发现，与当初建立的初衷相违背，大多数工业园区，仅仅是简单地把工厂集中。从理论上看，这种模式似乎可以起到集中治污的效果，然而在实践中，反而造成了"集中排污"的困境，带来了更大的

污染风险。例如,暴发蓝藻最严重的梅梁湖区域就临近苏州高新区。

三、水源污染严重,突发的水污染事故容易引发供水危机

太湖水是重要的饮用水源。如果污染事故发生在水源地附近,城市供水将中断,后果将是灾难性的。2004 年,太湖流域 47 个集中式饮用水水源地的总供水量为 54.8 亿立方米,只有 30 个饮用水水源水质合格,合格供水量为 22.1 亿立方米,合格供水率为 10.3%。长江、钱塘江等主要水源地的原水质量均达到了标准,低于标准的原水不能作为本地河流的饮用水。江苏省太湖流域的集中式饮用水源地共 11 个,2008 年太湖流域集中式饮用水源取水总量为 8 040 万立方米,达标水量为 2 674 万立方米,达标率为 33.2%。无锡太湖贡湖沙渚和苏州太湖金墅港、渔洋山、寺前村、吴江水厂等 5 个直接从太湖取水的集中式饮用水源地水质均超标。

四、突发性水污染事故具有突出的不确定性和流域特征,难以应对

交错的太湖水系的流域属性决定了水污染事故具有很大的不确定性和其他流域特征。首先,由于太湖流域面积广阔,河流众多,事故水域存在很大的不确定性。污染可能发生在湖泊或饮用水源、湖泊内外和附近水域。污染发生地区的不确定性带来了不同的风险。其次,水体受到污染后可能迅速扩散,危害很容易被放大。由于水体中污染物的迁移,水体中的污染物会持续地发生变化,水体中的水动力因子也会将水体中的污染物重新分散开来,从而形成多个污染区。这直接造成了应急主体不明确。比如,当一个污染事件位于两个或者更多区域的边界时,就很难确定污染源。因此,协调成为首要任务,未能及时或延迟协调就可能会错过最佳处理时间。

第二节 太湖流域突发性水污染事故应急机制问题分析

在流域内,一个体系完整、运转良好的应急机制应该是流域与地方应急职

责明确、预警迅速、准确、可靠,应急监测和处理快速、高效,信息报告渠道畅通。在此,以太湖流域突发性水污染事故风险为例,分析突发性水污染事故预警和应急机制各环节存在的问题及原因。

一、部门与地方政府之间协调不力

同全国其他流域一样,太湖流域也是一个长期的分区管理体系。所以,对突发性水污染事件的处理,也是按照这一体系进行的,实行省级、市级分级管理。建立应急机制的主体是生态环境局和其内部的环境紧急反应中心。但因涉及水利、交通、公安、消防、城建、供水、通信、气象等部门,环保部门及应急处置部门之间的协同作用十分有限。所以,一旦出现严重的水环境污染事件,就需要地方政府来协调有关部门的工作。不过,即使地方政府负责协调,各部门之间的合作与配合仍然是一大问题。例如,发生一起工厂爆炸污染事故,消防局到达现场就扑火,反而将污染物冲进了水里,造成了二次污染;或公安局到达现场马上就封锁现场,使其他部门不能够及时得知现场信息做出反应,这种情况常常发生。

太湖盆地包括三个省份和一个城市。流域地貌的复杂性和水体污染的跨行政区域分布,对区域间的协调提出了更高的要求。当前,我国的重大水污染事故采取属地管理的原则,跨省市的突发事件,由两市主管部门联合负责。但长期以来,我国的流域水资源区划体制存在着多个层级、多个部门、多个层级的功能分工不清、缺少交流与协作等问题,致使应急响应信息无法有效传递。这还经常导致利益冲突、地区争端和事故处理效率低下。

《中华人民共和国水法》明确,由于流域的特点,必须按照流域与区域管理相结合的原则,对水资源进行统一管理,从流域角度进行全面立法,建立应急机制。太湖也建立了其流域管理单位即太湖流域管理局,但从实际调查中发现,其主要功能是水利部的下属机构,只进行水量管理,不涉及水质管理,其主要职能是进行水质监测和管理调水,而没有污染管理的权力。虽然在其职责中规定"负责职权范围内的水行政执法查处水事违法行为,省际水事纠纷的调处工作",但实际上其法律地位薄弱,并且职责中也没有应急工作内容,因此一旦发生跨流域的污染事故,太湖流域管理局不能担当协调责任。因此,目前太湖流域仍没有一个部门或机构能够担负起流域内突发性水污染事故的统一应急协调工作,太湖流域管理局是水利部在太湖流域、钱塘江流域和浙江省、福建省(韩江流域除外)范围内的派出机构,代表水利部行使所在流域内的水利行政主要职责,为具有行政职能的事业单位。

二、预警能力弱,预警不及时

预警是应对环境突发事件的首要环节,对环境问题进行有效的防范与控制是非常必要的。太湖流域突发水污染事故的预警能力,从无锡水危机的应对中可见一斑。蓝藻的暴发,不是被政府部门和预警发现的,而是被当地民众反映出来的。然而,当地政府对基层发出的危机信息不够重视,没有采取任何实质性行动,既没有预警,也没有应急响应。直到事态恶化才召开紧急会议,成立太湖蓝藻暴发应急指挥部进行紧急处理。可以想象,在没有警告和准备的情况下立即做出反应,增加了问题的复杂性和难度。太湖流域预警机制的严重缺陷主要在于以下原因:

第一,长期以来,一些地方政府和官员的绩效考核更关注 GDP 的增长,对环境指标的重视不足,导致政府官员无法有效监测太湖流域的环境污染,环境保护往往让位于经济发展。由于缺乏有效的激励措施,太湖流域突发环境污染事件频发;同时,当地政府对环境污染事件的防范意识较弱,对环境污染的早期预警与应急机制建设并未引起足够的重视。

第二,防范措施的缺失。在突发事件发生之前、之后的各个时期,采取相应的防范措施,要比单纯地处理事故本身更为重要。由于太湖流域突发环境污染事件频发,有关部门尚不能对其进行全面防控,难以做到早期预警与有效处置。

第三,在信息收集、沟通和报告方面存在严重缺陷。主要表现在以下几个方面:(1)水环境监测站点数量少,部分无水站布设。(2)数据交流不畅,各部门之间存在交叉、重叠、协作不足,缺乏一个统一的信息平台。一般情况下,相关信息收集和报告机构在发生了环境污染事故后,应当更加注意信息的更新和及时汇报。在日常情况回归常态后,往往忽视了信息的更新,导致了数据的滞后。(3)信息更新落后。通常,在环境污染事件发生之后,有关的负责资料搜集与上报的单位更注重资料的更新与及时上报,而当每天的局势恢复正常时,经常忽略对资料的更新,造成资料数据的落后。(4)水质工作者对水质的认识不足。水情监测点的工作人员都是在靠近水域的地方工作的,他们能够及时地监测到水污染。但是,目前我国对水污染事件的认识还不够深入,部分水质站没有相应的检测设施,仅靠感觉难以准确判定事件的严重性,信息不及时,预警延迟。

第四,缺乏应急决策和应急评估工作。对已经发生的突发性污染事件,无法在尽可能短的时间内快速评估其危害性,给出预警信息。目前,这方面的评估和预警技术作为应急机制研究的一小部分,没有得到足够重视。许多设备和专家收集水质,但没有相应的系统和足够的资金来分析和传输数据,因此无法达到预警的效果。应急评估机制不及时、不准确的后果是,包括环境保护主管部门在内的行政人员没有充分了解污染事件的严重性和紧迫性,采取的措施不能满足实际需要。

三、应急速度慢,应急预案不完善导致应急处理变成事后处理

突发性水污染应急处置最重要的是突出"急、快"的特点。当前,我国对水体污染等突发事件的应对并未充分体现应急响应的特征,即以事后处置为主,处置滞后于事态发展。这主要是由于各部门的职责划分不清,责任缺失,应急资源分配不合理,防灾措施不够及时,人员培训不够,等等。这些原因都是应急预案的组成部分,因此一些突发水污染事件的应急处理变成了事后处理,最终归结为应急预案的不完善。

首先,应急计划缺乏法律依据。长期以来,包括应急机制在内的应急工作立法在我国没有得到足够的重视。2003年"非典"暴发以后,全国上下都高度关注突发事件,但是我国没有一部针对突发公共卫生事件的专门立法,而多以行政法规和部门规章为主。由于缺少基础性的立法,政府无法在紧急情况下的紧急资金的调拨和征收、对有关组织或个人进行奖励或惩罚等方面行使强制权利。因而导致应急资源的匮乏和应急工作责任的缺失。

其次,缺乏基于流域管理的总体规划。2006年1月,国务院印发《国家突发公共事件应急总体预案》,国务院各有关部门编制了国家专项预案和部门预案,国家应急预案框架体系初步形成。目前,国家和地区两级的应急计划已经陆续出台。鉴于水污染的流动性特点,流域层面仍缺乏协调工作的应急计划(或响应计划),涉及跨省(地区)保护问题,以反映流域防控布局的完整性、协同性和凝聚力。缺乏总体规划,导致跨区域水污染事故发生时,区域间协调职能和责任不明确,影响了应急响应速度。

再次，应急预案不重视事前预防。预案中多数只是对可能发生事故后的情况和形势加以预计，对事故发生后应对措施制定较详细、没有明确事故发生前的预防措施。例如，很少详实地对每个存在环境安全风险的工厂企业的设施进行调查，对重点工业污染事故排放隐患建立企业档案，因此一旦发生重大污染事件，我们往往措手不及。

最后，预案纸面化，缺乏演练和培训。实践演练是应急机制的一个重要而容易被忽视的环节。当前，从突发事件应急预案的制定和起草过程来看，主要是由相关行政机构依据《宪法》和相关的法律、行政法规起草，下级行政机关的应急预案需要上级行政机关的审批，但存在一部分政府部门和企业把制定应急预案当成一种书面工作，很多应急预案没有与实践相结合，也没有经过专家的论证。

四、应急支持系统不完善

第一，财政支持不配套。应急机制必须有充足的资金保障。尽管环境保护法明确规定了环境污染事故的成本，但现有的所有权和执法制度往往未能明确清理污染和赔偿的义务与责任。同时，也缺乏适当的保险制度来承担环境灾害的风险和损失。国家在治理太湖上投入巨资，而大部分还是花费在治污、调水工程上，缺乏对应急机制建设的支持。应急机制建设这部分主要由当地政府负担，而地方政府对突发性水污染事故缺乏警惕性，对应急资源的配置投入很少。

第二，技术支持欠缺。紧急措施失当，技术支持欠缺导致现场决策失误或延误。突发性的水污染事故的处理需要专业的技术指导，防止出现松花江污染事故处理过程中消防灭火的水非但没有控制住，可溶于水的苯化合物反而导致污染物进一步漫延的错误。因此，突发性的水污染事故的处理需要专业的技术指导。不仅如此，目前也缺乏对相应负责人的技术培训。

第三，信息透明度低，公众参与度低。应急信息的充分性和真实性是公众实现知情权和开展自救的基础。每一个应急信息系统相对完备的国家都有一套规范有效的应急信息通报系统。但是，目前我国的应急信息发布速度较慢，且重大信息相对缺乏，还出现了隐瞒事件，影响了有关部门的决策，侵害了民众的知情权，并埋下了一定的社会隐患。传统经济和政治体制及其惯性的影响导致了与环境保护相关的公共知识储备不足、公共基础薄弱和参与机制缺陷。

第三节　我国环境污染事故发生的博弈分析

近几年,国家和地区不断加大对环保工作的投入,这与经济发展方式的转变相辅相成。在取得一些正面成绩的同时,我国目前的环境状况仍然十分严峻。环境污染事件频发,严重影响着人们的生产、生活。针对频发的环境污染事件,国内外学者从多个视角对其成因进行了研究。因为每次环境事件的发生,都会牵涉多个利益相关者,且彼此间有明确的利害关系,所以我们可以利用博弈论对其进行更深层次的研究。博弈论为我们提供了一个理解和分析环境问题的有力工具。通过深入研究各主体之间的利益关系和策略选择行为,我们可以更好地把握环境治理的关键因素,为制定有效的环境政策提供理论支持。笔者从中央政府、地方政府、排污企业和公众四方面分析我国环保问题。通过建立三群体博弈模型,刻画我国环境污染防治工作的复杂性与系统性,阐释其形成机理,并提出应对措施。

一、中央政府与地方政府之间就环境问题的博弈分析

在计划经济时期,中央权力相对集中,对行政系统的"绝对服从",有利于中央颁布的各项政策的执行。在改革开放过程中,为了满足社会主义市场经济发展的根本要求,国家把部分行政权下放给了各级地方,因此,地方政府在行政管理和公共管理等领域都有了一定的自主权。在新的历史条件下,地方政府出于自己的利益和现实的需要,逐渐与中央政府在某些领域进行了利益博弈。这一博弈既反映在经济发展的各个方面,也反映在保护环境等方面。地方政府在追求经济发展的同时,也需要承担环境保护的责任,这也体现了我国政府在经济发展与环境保护之间寻求平衡的决心。

在这一博弈过程中,国家和地方政府各自负责制定和执行环境政策。在博弈的过程中,中央政府会尽可能地减少环境事故可能造成的经济和社会负面后果,而要实现这种利益要求,就需要通过多种有效的途径,尽可能地获取中央政府在环境政策中对环境污染的惩罚和监督措施,并根据这些因素对自己的利益进行全面的考量,从而制定出对自己有利的政策,并采取相应的行动。

在这里,假设仅是中央政府和一个地方政府博弈,U_a 和 U_b 分别代表中央政府效用和地方政府效用。环境问题的出现,不仅会给国家带来经济、政治等方面的收益,还会给国家带来直接的影响,这也关系中央政府在国际上的声誉。中央政府的收入函数 $I(m_1;p)$,m_1 指中央政府对地方政府监督力度,p 指环境事故发生的概率。一般来说,当环境事件发生的频率越高,中央政府就越有可能对当地政府进行监管,即 m_1 是 p 的函数 $m_1(p)$。由此得出,中央政府效用函数的最大化形式为:$\max U_a - I(m_1;p) - i(m_1) - t(p)$。其中,$i(m_1) + t(p)$ 为中央政府所需支付的总成本,$i(m_1)$ 是指中央监管地方政府的费用,即 $i(m_1)$ 会随着 m_1 增大而增加;$t(p)$ 指由中央政府在一次环境事件中造成的损失,这一损失会因环境事件的发生而增大。

假定地方政府是一个理性人,地方政府会在博弈中毫无疑问地追求自己的利益。地方政府最大化效用函数是 $\max U_b = E(m_2;m_1) - e(m_1) - s(m_2)$。其中,$E(m_2;m_1)$ 是地方政府收入函数,m_2 是地方政府对污染企业的监督力度。并且 m_2 是 m_1 函数,即 $m_2(m_1)$,即地方政府对污染者的监督程度与中央政府的监督程度有着直接的关系。中央加强监管和处罚,必然会加大对排污单位的监管力度。$e(m_1) + s(m_2)$ 为地方政府所发生的总成本,其中 $e(m_1)$ 指由于中央政府监管力度大,因而监管费用增加。也有可能是由于当地政府监管不力,被中央察觉并受到惩罚而产生的损失,也可以理解为间接成本。$s(m_2)$ 指的是当地政府监管排污所需的费用,也就是监管力度越大,监管费用就越高,这是当地政府监管的一种直接费用。

由此,中央政府和地方政府都期望自己效益最大化。在这里,中央政府和地方政府必然会形成一套均衡的法则,以使中央与地方间达成一种平衡:

$$\frac{\partial U_a}{\partial p} = \frac{\partial I}{\partial m_1} \cdot m_1' + \frac{\partial I}{\partial m_1} - \frac{\partial i}{\partial m_1} \cdot m_1' - t'(p) = 0$$

$$\frac{\partial E}{\partial m_1} = \frac{\partial E}{\partial m_2} \cdot m_2' + \frac{\partial E}{\partial m_1} \cdot \frac{\partial e}{\partial m_2} \cdot m_2' - s'(m_2) = 0$$

因此,p 与 m_1 之间可能存在一组最优值,可表示为 $m_1^* = A(p^*)$;同理,m_1 与 m_2 之间可能存在一组最优值,可表示为 $m_2^* = B(m_1^*)$。公式表明,中央监管强度和地方监管强度都有一个最优的组合,而中央监管强度和地方监管强度也有一个最优的组合。中央与地方政府只有在两者都得到最优价值时,才能使两者都获得最大的效用。然而,就目前的现实而言,中央和地方政府在实现自身利益最大化方面存在着诸多问题。因而,当前中央和地方监管强度、中央监管强度和环境事件暴发率这两个关联变量均偏离最优值,存在配置不当现象。

二、地方政府与污染企业两者之间就环境问题的博弈

一般而言,当地政府的行动与所在区域的经济发展水平有着直接的关系。当人们意识到"市场失灵"的必要性时,往往会把"理想政府"与"市场失灵"做比较。换句话说,他们会把当地政府看作一个不偏不倚,没有任何特殊利益的组织,并且相信自己有足够的知识储备。但现实中,各方面的缺陷导致了在解决上述问题时出现了一定的偏差。另外,地方政府往往涉及各种利益群体,而当地税收主要来源于本行政区域内的企业,这就使得地方政府的决策无法做到绝对公平,在贯彻中央政策时,往往以自身利益为先,与辖区企业之间的关系更为特别。只有从博弈论的角度对两者的行为进行研究,才能更好地认识这种复杂而微妙的关系。

在一个仅存在一个地方政府和一个污染者的博弈中,污染厂商面临着两种不同的选择:一是在不增加环保投入的情况下,通过"寻租"的方式获取利益。二是不去寻租,因此要承担本该投资于环境治理的成本,并且要缴纳一定的罚金。地方政府监督污染者是要付出代价的,污染者寻租也是要付出代价的(见表4-3)。

表4-3 地方政府与污染企业博弈分析变量及含义

变量	含义
C_1	地方政府对污染企业进行监督所发生的成本
C_2	政府不对污染企业进行监督所承担的成本①
R	污染企业在正常生产情况下的正常收益
S_1	污染企业正常生产时进行的环保投入②

---

① 包括中央政府对其的惩罚及自身政绩减少等。
② 如果污染企业对政府进行寻租,则此支出不仅不发生,反而成为污染企业的额外收益。

(续表)

变量	含义
S_2	污染企业对地方政府进行寻租而发生的成本
S_3	地方政府选择监督策略时对污染企业的处罚

一般情况下，S_1 会大于 S_2 与 S_3 之和，否则污染企业也不会选择对地方政府进行寻租。假设 $S_1 > S_2 + S_3$，在此条件下，不存在纯战略的纳什均衡，因此分析求解混合战略下的纳什均衡（见表4-4）。

表4-4 地方政府与污染企业的博弈分析

污染企业		寻租	不寻租
地方政府	监督	$S_2+S_3-C_1, R+S_1-S_2-S_3$	$-C_1, R$
	不监督	$S_2-C_1, R+S_1-S_2$	$-C_2, R+S_1$

这里，地方政府对污染企业进行监督的概率设为 x，不进行监督的概率为设 $1-x$；污染企业对地方政府进行寻租的概率设为 y，不进行寻租的概率设为 $1-y$。E_b 表示当地政府的预期利润，E_e 表示排污单位的预期利润。具体分析如下：

若 x 为固定值，则污染企业对地方政府进行寻租（$y=1$）和不进行寻租（$y=0$）时，污染企业的期望收益分别为 $E_c(x,1)=R+S_1-S_2-xS_3$；$E_c(x,0)=R+S_1-xS_1$，解 $E_c(x,1)=E_c(x,0)$，可得 $x^*=S_2/(S_1-S_3)$，即当地方政府监督概率大于 $S_2/(S_1-S_3)$，污染企业最优选择是进行寻租；当地方政府监督的概率小于 $S_2/(S_1-S_3)$，污染企业的最优选择是不进行寻租；当地方政府监督的概率等于 $x^*=S_2/(S_1-S_3)$，污染企业可随机选择。

若 y 为固定值，则地方政府对污染企业进行监督（$x=1$）和不进行监督（$x=0$）时，地方政府的期望收益分别为 $E_b(1,y)=yS_2+yS_3-C_1$；$E_b(0,y)=yS_2-C_2$，解 $E_b(1,y)=E_b(0,y)$，可得 $y^*=(C_1-C_2)/S_3$，即如果污染企业寻租的概率小于 $(C_1-C_2)/S_3$，地方政府的最优选择是不监督；如果污染企业寻租的概率大于 $(C_1-C_2)/S_3$，地方政府的最优选择是监督；如果污染企业寻租的概率等于 $(C_1-C_2)/S_3$，地方政府可随机选择是否监督。

因此，混合战略的纳什均衡是 $x^*=S_2/(S_1-S_3)$，$y^*=(C_1-C_2)/S_3$，即

地方政府对污染企业以 $S_2/(S_1-S_3)$ 的概率进行监督,污染企业以 $(C_1-C_2)/S_3$,对政府进行寻租。地方政府在博弈中的均衡值 x^* 与污染企业的寻租成本 S_2、污染企业的正常生产时的环保投入金额 S_1、地方政府对污染企业的处罚金额 S_3,有直接关系:当 (S_1-S_3) 为固定值时,若 x^* 增加,S_2 也会随之增加,即随着当地政府监管水平的提升,污染者将通过寻找更多的寻租来达到平衡;如果 S_1、S_2 为固定值,S_3 会随着 x^* 的提高而提高,即不断加强的监管将使当地政府对污染者处以更高的罚款。

我们知道,污染企业在博弈中的纳什均衡值 y^* 与地方政府的监督成本 C_1、地方政府不对污染企业进行监督时所承担的成本 C_2、地方政府选择监督策略时对污染企业的处罚 S_3 有直接关系:当 (C_1-C_2) 为固定值时,y^* 会随着 S_3 的增大而减小,即污染者寻租的可能性与当地罚款数额成反比;如果 C_2、S_3 为固定值,则 y^* 会随着 C_1 的增加而增加,这表明随着地方政府对污染者的监管力度的加大,污染者获得权利的可能性也会增大。相反,如果地方政府对污染者的监管力度较小,污染者就会减少其寻租的可能性。

由于目前我国仍以 GDP 为主要衡量指标,而地方财政收入又和企业的经济利益密切相关,因此地方政府和企业间的利益一体化倾向日益明显。由此,当前,我国环保部门对排污单位进行监管的概率远远低于其均衡的概率 x^*,而排污单位进行寻租的概率也远远大于其均衡的概率 y^*,从而直接引发了环境事故。

三、社会公众与污染企业之间的博弈

在环境保护方面,企业有两种情形:一是企业有足够的环境保护投资,但收益相对较低,能达到环境保护排放标准;二是企业对环境的投入不够。在污染物排放达到标准的情况下,公众与污染物可实现和谐共处;当污染企业的排放达不到标准的时候,则会直接影响到社会公众的健康等利益。为了维护自身的利益,公众会通过各种途径对污染者的行为施加影响。目前,诉讼救济是解决这一问题的最有效途径。设变量见表 4-5,则社会公众与污染企业的博弈关系分析见表 4-6。

表4-5 社会公众与污染企业博弈分析变量及含义

变量	含义
R	企业的利润
F	减少的环保投入金额
G	被社会公众诉讼被地方政府处罚金额
P	需赔偿社会公众金额
L	社会公众受污染影响的利益损失
C	社会公众的诉讼的总成本[①]

表4-6 社会公众与污染企业的博弈分析

污染企业	达标		$(R-F, 0)$	
	不达标	社会公众	诉讼	不诉讼
		诉讼成本 高	$(R-P-G, P-C_1-L)$	$(R, -L)$
		诉讼成本 低	$(R-P-G, P-C_2-L)$	$(R, -L)$

在不完备的信息环境中,公众是一种信息上的弱势群体,他们不能正确地理解诉讼费用,并且他们所获得的补偿利益并不足以补偿高昂的诉讼费用,即出现 $C_1<P<C_2$ 的情况。若高成本的发生概率为 x,则低成本的概率为 $1-x$。社会公众选择诉讼时的收益 $V_1=x(P-C_2-L)+(1-x)(P-C_1-L)=x(C_1-C_2)-C_1+P-L$,社会公众选择不诉讼时的收益 $V_2=x(-L)+(1-x)(-L)=-L$。因此,当 $V_1>V_2$ 时社会公众就可以选择诉讼,即 $x(C_1-C_2)-C_1+P-L>-L$,求解得 $x<(P-C_1)/(C_2-C_1)$,所以,当高成本的发生概率满足 $x<(P-C_1)/(C_2-C_1)$ 时,大众将会走上法律的道路。由于没有障碍的资信,大众可以了解法律的成本。但是,由于各地政府对污染者的监督和地方性规章存在不健全之处,补偿利益和诉讼成本在两者间存在着权衡的可能性,即补偿利益大于诉讼成本,或者补偿利益大于诉讼成本。

所以,当诉讼成本大于赔偿收益时,即当 $P<C_1<C_2$ 时,$P-C_1-L<-L$,且 $P-C_2-L<-L$,此时无论诉讼成本为多少,社会公众都不会选择诉讼,社会公众的收益为 $-L$。当社会公众选择不诉讼时,企业有两种选择,即排

---

① 当诉讼成本较低时表示为 C_1,成本较高时表示为 C_2,因此 $C_1<C_2$。

放不达标时的收益 R，或者排放达标时的收益 $R-F$。显然，企业会选择排放不达标。当诉讼成本小于偿收益时，即 $C_1<C_2<P$ 时，$P-C_1-L>-L$，且 $P-C_2-L>-L$，居民显然会选择诉讼。当居民选择诉讼时，企业的两种选择，分别为排放不达标时的 $R-P-G$，和排放达标时的 $R-F$。当 $R-F<R-P-G$ 时，即当企业的污染治理小于企业面临的惩罚和赔偿时，污染企业会选择达标排放。反之，当 $R-F>R-P-G$ 时，企业会选择不达标排放。

四、降低环境污染事故的政策措施

这个分析仅仅是对简单博弈模型的一个初步探讨，它只是冰山一角。为了使其更具可实施性，我们进行了一些简化处理，这导致一些关键的、客观的博弈条件未能被完全纳入我们的分析框架中。然而，即使如此，我们仍然能够从这个分析中提炼出一些有价值的政策建议，这些建议对于我国环境污染事故的控制和管理具有重要的参考价值。

首先，我们需要大力推进环境相关的法治建设，这是减少污染的第一步。法治建设可以为环境保护提供明确的规则和指导，使各方在行动时有法可依，有章可循。同时，我们还需要强化中央政府对地方政府的监督管理活动。中央政府作为国家的最高行政机关，对地方政府的行为有着决定性的影响。通过加强监督，可以确保地方政府在执行环保政策时不偏离轨道，从而保证环保政策的落实和执行。

其次，我们需要削弱地方政府与企业之间的紧密利益关系。这种紧密的利益关系往往会影响地方政府的决策，使其在面对环保问题时可能会优先考虑企业的利益，而忽视或牺牲环保。因此，我们需要通过各种方式削弱这种利益关系，提高地方政府针对污染企业的监督活动的有效性。同时，我们还需要促使地方政府加大对污染活动的处罚力度，以此来震慑那些可能会违反环保法规的企业。

最后，我们需要推进社会信息平台建设，提高环境领域的信息公开度和透明度。社会信息平台可以为公众提供一个获取和分享环保信息的渠道，使公众能够更方便地参与环境监督体系。公众的参与不仅可以增加环保监督的力量，也可以提高公众的环保意识，从而形成一种良好的社会氛围，推动环保事业的发展。

第四节 我国环境污染事故预警和应急机制的完善

一、确定各方的责任范围

（一）地方政府管理职责

在当前的社会环境中，政府在应对环境突发事件时的责任和角色正在逐步得到明确和改善。目前，我国大部分省份已经设立了应急办公室，并建立了一套较为完善的信息调度系统，这为政府提供了全面协调和处理突发事件的基础。然而，由于各种客观因素的影响，当面临一些特殊的环境事件时，政府部门之间的职责划分并不清晰，有时会出现责任推诿、互相扯皮的现象。为了解决这一问题，我们需要进一步加强政府部门的综合协调能力。首先，我们需要明确在紧急状态下，政府的环境应急管理职责是什么。例如，美国《紧急状态法》规定，在紧急情况下，政府部门可以执行超出常规程序和限制的特定紧急职能，目的是最大限度地减少紧急情况对人民生命财产安全造成的不利影响。这表明，在紧急状态下，政府应根据紧急情况的特殊性，在应急启动、舆论引导、信息披露、物资和救援力量的配置等方面发挥主导作用。这意味着，政府在这些方面的工作不能由单一部门来完成，而需要各级政府共同参与和协作。

因此，我们需要进一步加强各级政府在环境应急管理中的综合协调和资源保障作用。这不仅包括提高政府的应急响应能力，还包括加强政府间的信息共享和协同工作，以确保在面对环境突发事件时，能够迅速、有效地进行应对，保护人民的生命财产安全。

（二）政府职能部门的监管职责

在政府的领导之下，各个政府部门需要按照他们所承担的法定职责，积极地做好突发环境事件的预防、处理和处置工作。通常情况下，公众倾向于认为所有环境突发事件都是由环保部门来主导处理的。然而，这种观点并不完全准确。实际上，根据国家法律法规的规定，其他部门也负有相应的环境保护和应急管理责任。例如,海事部门主要负责处理海上和内河船舶交通事故导致的突发环境污染事件,因此,对于这类事件,相应的处罚权也归属于海事部门。同样地,交通运输部门则负责处理由交通事故引发的环境污染事故。

对于一些主要的、由企业违法排污导致的突发环境事件,环境保护部门应当主动组织实施应急处置、应急监测和责任追究等一系列全过程管理措施。在某些情况下,如果必要的话,环境保护部门甚至可以要求政府协调相关部门参与事件的处置工作。这样的做法可以确保环境突发事件得到及时、有效的处理,从而最大限度地减少其对环境和公众健康的影响。

(三) 企业主要职责

我国在2015年6月5日实施的《突发环境事件应急管理办法》中,明确指出企业作为突发环境事件管理的第一责任主体,需要在突发事件的三个阶段承担10个方面的主要责任。这些责任包括:

第一,在进行日常管理的时候,企事业单位应该对突发环境事件的风险进行评估。这意味着企业需要对可能面临的环境风险进行全面、准确的评估,以便采取相应的措施进行应对。第二,企业要建立健全突发环境事件的风险防控措施。这包括制定详细的应急预案,确保在突发事件发生时能够迅速、有效地进行应对。同时,企业还需要将演练记录做好,以便随时查阅和总结经验教训。第三,企业要对环境安全隐患进行调查和处理。这意味着企业需要定期对生产经营活动中可能存在的环境安全隐患进行检查,发现问题及时整改,确保环境安全。第四,企业要制定突发环境事件应急预案。预案应包括事件的预警、报告、处置、救援等各个环节的具体措施,以确保在突发事件发生时能够迅速启动应急预案,降低事故损失。第五,企业要对环境应急能力保障进行强化。这包括加强环保设施建设、提高员工环保意识培训、完善应急物资储备等方面的工作,以提高企业在应对环境突发事件时的应对能力。第六,在突发事件的应急处置中,企业要马上采取行之有效的行动。这意味着企业需要在第一时间采取紧急措施,防止事态进一步恶化。第七,企业要将可能会发生的事故告知相关的单位或个人,将事故上报给地方环保主管部门。这样可以让相关部门及时了解事故情况,便于进行调查和处理。第八,对于所产生的损失,企业要负法律责任。这意味着企业对环境突发事件中产生的损失,应当依法承担相应的法律责任。第九,对发生重大及以上突发环境事件的企业一律暂停整改。这意味着对于严重影响环境安全的企业,在整改期间将暂停生产活动,直至达到相关标准要求为止。第十,不符合相关企业环境安全标准的企业不予复工。这意味着企业在恢复生产前必须确保其环境安全符合国家标准要求。此外,积极鼓励重点环境风险企业以奖励代替补偿的形式采取防范措施,提前加强防范能力。这意味着政府可以通过奖励措施鼓励企业加大环保投入,提高环境管理水平。

(四)公众监督责任

在当今媒体形式多样化的大背景下,各类媒体和公众对突发环境事件的关注度逐渐提升。这主要得益于媒体的广泛传播和公众的积极参与,使得环境应急管理工作得到了前所未有的重视。为了充分发挥公众的监督管理责任,我们需要加强事前、事中、事后各级环境应急管理水平,确保环境安全得到有效保障。在国外,公众参与和信息公开被视为加强环境应急管理的重要手段。通过广泛的信息公开,公众可以及时了解环境事件的发生情况,从而提高自身的环保意识和行动力。同时,政府和企业也可以借助公众的力量,共同应对环境危机,提高应急响应的效率和效果。

然而,在我国,这一制度的建设仍处于起步阶段,公众参与度有待大幅提高。为了更好地发挥公众在环境保护方面的作用,我们需要以《中华人民共和国突发事件应对法》为依据,加快制定一套有关环境保护的强制性法规。这些法规将有助于规范企业的环境行为,提高企业的环保意识和责任感。与此同时,我们还需要加速研发与之相适应的环境危机管理相关的技术标准,例如,企业的环境危机应对能力评估标准。这将有助于企业更好地识别和应对潜在的环境风险,降低环境事故的发生概率。此外,我们还应该充分关注信息披露所带来的一系列的环保利益。公开企业的环境风险和应急计划等信息,可以让公众更加了解企业的环保状况,从而形成对企业的有效监督。这将有助于推动企业在环保方面的改进和创新,实现可持续发展。最后,我们要加快建立完善的信息公开体系,积极推行有关公司环境风险和应急计划的公开制度。这将有助于促进公众监督权力的行使,让每个人都能参与环境保护的事业。只有这样,我们才能共同应对环境危机,保护我们赖以生存的地球家园。

二、应急能力综合提升

(一) 要积极推动规范的环境应急能力

在目前复杂多变的社会环境下,各级环保部门要牢牢把握住我国将持续增强环境应急能力建设的有利机会,积极推动我国环境应急能力标准化工作,努力将我国的环境应急工作推向一个新的高度。市、县两级环保部门要积极主动与地方政府机构编制、财政等部门协调沟通,争取在资金和政策上的支持。同时,他们还需要在最短的时间内组建起环境应急组织,并配置好相应的工作人员和所需的装备,以确保在发生环境应急事件时,能够迅速、有效地应对。

此外,各省市的环境保护机构也需要充分利用自身的人才和技术力量,加强对企业环境保护机构的跟踪指导,做好企业环境保护机构的基层环境保护工作。这不仅可以提高企业的环境管理水平,还有助于提高整个地区的环境保护水平。

在环境应急物资储备上,要采取政府储备、委托储备和协议储备相结合的方法,逐步实现与民政、水利、卫生等部门之间的信息资源共享,以减少综合储备成本。该方法可以有效地提高应急物资的使用效率,降低资源浪费。在环保应急队伍建设方面,应充分发挥环保行业的优势,加强环保行业的环保工作力度。这不仅可以增强环保队伍的专业能力,还可以提高环保工作的质量和效率。总的来说,各级环保部门都需要积极行动起来,共同推动环境应急能力的提升,以更好地保护我们共同的家园。

(二) 强化环保应急队伍的专业化建设

针对目前我国环境安全工作的严重现状,我们必须采取更为积极有效的措施来应对。其中一个重要方面就是加大对基层环境应急队伍的业务能力等方面的要求。这意味着我们需要不断加强对应急队伍的培训和教育,提高其专业素养和应对能力,以更好地应对各种紧急情况。在当前环境保护工作中,业务能力和执法能力是至关重要的。只有具备扎实的业务知识和技能,才能更好地理解和解决环境问题;而执法能力的提升,则能确保环境保护工作的有效实施和执行。因此,各级环境保护部门要高度重视业务能力和执法能力的提升,通过加强培训、学习和交流,不断提高自身的综合素质和工作能力。同时,各级环境保护部门还要结合各自区域的工业特征,制订有针对性的紧急情况下的应急演习计划。这些演习可以模拟各种突发环境事件,让应急队伍在实战中锻炼自己的应急处置能力,发现问题并及时提出解决方案。通过这样的演练,可以检验和评估应急队伍的实际应对水平,发现不足之处并改进和完善。此外,各级环境保护部门还应加强与相关部门的合作与协调,形成合力。环保工作涉及多个领域和层面,需要各方共同努力才能取得更好的效果。因此,加强与其他部门的沟通和协作,共同制定应急预案和应对措施,将有助于提高整体的环境安全水平。总之,针对我国环境安全工作的严重现状,我们应当加大力度提高基层环境应急队伍的业务能力和执法能力。同时,各级环境保护部门要结合区域特点开展有针对性的紧急情况下的应急演习,及时发现问题并提出解决方案。只有通过持续的努力和改进,我们才能更好地保护我国的生态环境,确保人民群众的健康与安全。

(三)加强环境应急体系和联动机制建设

各级环境保护部门应当高度重视并及时制定或修订辖区突发环境事件总体应急预案,以应对可能发生的各类环境突发事件。在制定应对措施时,要综合考虑重点水源地、生态保护区和跨国省界区等特定条件,制定相应的应急预案。充分发挥环境应急预案在突发环境事件预防、应对工作中的纲领性作用,在突发环境事件发生时做到科学、规范应对。同时,有条件的地区可尝试制定并发布应急物资、人员、专家及队伍建设与管理制度,规范应急准备工作,并为应急能力建设打下良好基础。此外,各级环保部门还要充分发挥消防、交通、水利等部门的职能,加强与其他部门的协调配合,形成合力应对环境突发事件。特别是在信息收集与处理方面,要建立健全信息共享机制,确保各部门之间的信息沟通顺畅,提高应急处置的效率和准确性。总之,各级环保部门在制定和实施环境应急预案的过程中,要全面考虑各种因素,确保预案的科学性和实用性。

三、加强环境风险管理

(一)认真执行建设项目风险评估制度

各地的环境主管部门需要严格遵循《关于进一步加强环境影响评价管理防

范环境风险的通知》这一政策指导,对各类工程项目进行深入的环境风险评估。这包括对工程的实施过程进行全面的审查,以便及时发现并解决可能出现的问题。对于任何一项工程,如果其环保设施不能满足规定的要求,或者无法在卫生防护区域内完成群众的搬迁工作,那么这样的工程将一律被拒绝。这是为了保护公众的健康和安全,防止因工程建设而引发的环境污染和生态破坏。对于那些可能存在的环境风险,或者公共投诉集中的企业和区域,环保部门还应组织进行环境影响回顾性评估。这种评估旨在更深入地了解这些企业和区域的环境安全状况及其环境影响。通过这种方式,我们可以更好地预防和应对环境风险,同时能更好地解决可能引发的社会稳定问题。总的来说,环保部门的工作是全面的,既包括对现有环境的管理和保护,也包括对未来环境风险的预防和控制。希望通过这样的努力,为公众创造一个更安全、更健康的生活环境。

(二)加强日常环境管理

为了确保环境保护工作的有效性和持续性,我们必须加强对重点监测单位的日常工作环境监管。这需要我们转变工作作风,以更加严谨、细致的态度来对待每一项工作。同时,我们要做好各项工作的规划和组织,确保各项任务的顺利进行。在环保检查中,一旦发现违法问题,我们必须立即发出环保检查通知。这不仅是对违法行为的及时制止,还是保证执法有证据的重要手段。我们需要通过这种方式,让所有相关方都明白,环保法规不是摆设,任何违反规定的行为都将受到严厉的处罚。各级环保监察机构必须按照"谁巡查,谁负责"的原则,制定环境安全隐患排查台账。这个台账应该详细记录每一个环境风险和隐患的排查情况,包括问题的发现时间、地点、原因等详细信息。同时,对于每一个问题,都应该"一案一档""一源一档",以确保每个问题都能得到妥善处理。对于环境风险和隐患,我们要进行彻底整治。对于那些无法彻底整治的地方,我们应该一律责令停产。这是对环境保护工作的严肃态度,也是对公众利益的有力保障。对群众举报的环境风险隐患,各级环保主管部门要进行调查。要充分利用群众的监督,认真核查。如果发现环境违法行为和风险隐患,我们不能有任何姑息之心,必须按照法律规定对其进行严格的处罚。这是我们对环境保护工作的责任,也是我们对公众的承诺。

(三)做好企事业单位环境应急预案备案工作

企业的突发事件应急计划,作为加强企业应对突发事件能力的关键措施,具有不可忽视的重要性。对企事业单位应急预案进行备案，不仅能够有效地提升企事业单位对环境风险的认知和意识，还能够促使其在日常运营中更加注重预防和应对各类突发事件。在备案过程中，企事业单位将全面评估自身的环境风险状况，包括潜在的危险源、可能引发的事故类型，以及可能造成的影响范围等。通过深入的分析和研究，企事业单位能够更加清晰地了解自身的薄弱环节和风险点，为制定科学合理的应急预案奠定坚实基础。同时，备案工作还有助于规范企事业单位的应急处置流程。应急预案是企业在面临突发事件时的行动指南，其制定的合理性和可操作性直接关系到应急处置的效果。通过备案工作，企事业单位可以明确相关部门、单位和人员在应急处置中的职责和任务分工，确保各个环节紧密衔接、高效协同，最大限度地减少损失和影响。此外，备案工作也是构建"横到边、纵到底"的应急预案体系的前提。这意味着应急预案不仅要覆盖企业内部的各个层级和部门，还要涵盖与外部环境相关的因素和影响。只有建立起全方位、立体化的应急预案体系，企事业单位才能更好地应对各类突发事件，保障员工的安全和企业的正常运营。

综上所述，企事业单位的突发事件应急预案不仅是加强企业应对突发事件能力的重要手段，还是构建科学有效的应急预案体系的基础。通过备案工作的推进，企事业单位的环境风险意识和应急处置能力将得到全面提升，为可持续发展提供坚实的保障。

四、完善突发环境事件的预警系统

《国家突发环境事件应急预案》规定了环境保护主管部门及企事业单位具有突发环境事件信息报告制度。这些规定初看是将突发环境事件的预警工作进行分工，但是分工过于笼统，在实际工作中可操作性比较差，并且也没有明确安全监管、卫生、气象等有关部门的职责分工。该预案还规定了预警级别按照事件发生的可能性大小、紧急程度和可能造成的危害程度分为四级，由低到高依次用蓝色、黄色、橙色和红色表示，但是具体怎么划分并没有规定，这就导致了划分标准的不确定性，预警级别应按照一定的标准予以确定，以减少其不确定性。

同时，这份方案也将警报的等级划分为四个等级，分别以蓝、黄、橙、红四种颜色来区分，但其划分标准尚不明确。为了降低预警的不确定性，需要按照特定的标准来设定预警等级。

  在环境突发事件中,政府、企业、机构等的快速反应能力直接影响到其对突发事件的反应能力。针对目前我国的实际情况,应当建立由安全监督、卫生健康、气象等部门共同组成的环境危机预警体系。建立和完善环境危机预警系统,首先要做好环境危机的监控工作。环境突发事件的监测能够准确地反映出环境的危害情况,从而确定危害的范围与程度。

第三部分　监测监管：环保督察巡视与环境监测机制研究

督察制度在国内外各领域均积累了一定的经验，在环境保护方面，已经奠定了以环境保护考核为先导，以环保督政约谈为依托的督察工作的实践基础。本部分在介绍国内外环境保护督察巡视建设成果的基础上，分析了我国环境保护监督体系现状及存在的问题、我国环境监测的现状及存在问题，并分别提出了完善方案。

第一章 我国生态环境保护督察巡视的建设

正如其名,中央生态环境保护督察是以党中央的名义在环保方面进行的督察活动,它的实施主体是党中央、国务院,它的工作范围是环保方面,它的工作方法是监督检查。这是一套符合我国国情的环保管理体制:从"企业监督"到"政府监督",最后到"党政同责"。目前,我国环保监察体制在不断地发展,在推动各级党组织落实环保责任和解决重大环境问题上,发挥了重要作用。

第一节 中央生态环境保护督察制度的理论基础

一、理论概述

笔者拟将"垄断"和"责任"两种理念相融合,推动"企业"和"政府"在环境保护问题上的"责任天平"再平衡,减少"寻租""不作为"和"不到位"。中央环境保护督察的根本目的在于解决环境问题以及找出导致环境问题出现的原因,也就是通常所指的市场失灵与地方政府管理失灵的问题。

我国环境问题呈现出阶段性特征、演变趋势及历史累积性效应,长期形成的"以企业为'靶'、以政府为'箭'、'以箭射靶'的监管模式,只注重企业的社会责任,而忽略了政府对环境问题的治理。传统的环境管理体系把企业作为"靶子",只注重企业的环保责任,却忽略了政府监管不力和政策不当等原因造成的负面环境外部性,引发了环境责任"失衡"。责任政府理论是公共管理理论中的一个重要概念,认为政府应该对公众负责,保证公共利益的最大化。构建责任政府的关键是要建立有效的激励与问责机制,以确保政府有效地履行其职能,提升运行效率。同时,也可以通过绩效管理,使公民或其他组织能够直接或间接地参与公共事务之中,保证政府的行政行为规范化,使公众能够约束政策的制定和执行，从而提高政府决策的科学性。在中国式的现代化建设和中国特色社会主义的建设进程中，我们对公共行政学的研究已经有了很大的成就。中央生态环境保护督察制度以环境污染的负外部性、环境的公共品属性、公共选择理论、权力监督制约理论等为理论依据，将督察的责任理论、系统理论和协同治理理论引入其中，共同强化环保工作的力度。

二、督察责任理论

督察责任理论是一种关于环境保护与管理的理论，其核心思想是将中央生态环境保护督察机关作为国家环保意志的代言人，承担着国家推动地方环保责任的重要任务。在环境问题日趋严重的今天，构建生态文明已成为全世界的共识。在此基础上，"督察员"的职责观强调了"督察员"在解决"环境保护"问题上的"主动"和"担当"。监察职责论的核心价值在于其正确、科学地履行其职责。这意味着督察机构在履行职责过程中，不仅要关注工作的成效，还要注重实际效果，避免形式主义和官僚主义的出现。这就要求督察机构在工作中要真正发挥其应有的作用，而不是为了完成某项任务而开展督察工作。

此外，督察责任理论还强调了督察的社会效益和环境效益。这意味着督察机构在履行职责过程中，不仅要关注环境保护的实际效果，还要关注环境保护对社会、经济等方面的影响。这就要求督察机构在工作中要全面考虑各种因素，确保环保工作既能达到预期目标，又能为社会和经济发展创造良好的环境条件。总之，督察责任理论为我们提供了一个关于环保督察工作的重要指导思想。在这个理念的指导下，我们应该认识到环保督察的重要性，努力提高环保督察工作的实效性，为国家生态文明建设和可持续发展做出更大的贡献。同时，我们还应该关注督察工作的社会效益和环境效益，确保环保工作既能保护环境，又能促进社会经济的健康发展。

三、督察系统理论

从制度上讲，国家生态环境保护督察与地方党委、政府及其相关部门、企事业单位、人民群众和生态环境构成了一个有机整体。这一体系具有整体性、差异性、关联性、动态性和开放性等特征。

首先,生态环境的整体性决定了督察内容的整体性和系统性。这意味着在开展环保督察工作时,需要充分考虑到生态环境保护的全局性和系统性,确保各项政策措施协同推进,形成合力。其次,各地生态环境的差异性决定了督察内容的差异性。这就要求在开展环保督察时,要因地制宜,针对不同地区的实际情况制定具有针对性的督察方案,确保各地区生态环境保护工作取得实效。再次,制度上的相关性,要求督察组要与当地党委、政府、企事业单位、民众等互动,并与当地民众进行有效的交流与协作。这有利于加强各部门间的情报交换、协调合作,形成一股合力推动生态环境保护工作。同时,制度本身的动态性也要求监察制度要随时代发展,不断地适应外部环境的变化,不断地调整和完善监察制度,才能保证制度的正常运行。这要求环保督察工作要紧密结合国内外生态环境保护的新形势、新要求,不断调整和完善督察策略和方法,确保督察工作的有效性和针对性。最后,系统的开放性决定了督察机构应加强与外部环境的信息交流,汲取外部能量,增强系统的稳定性和活力。这包括借鉴国际先进的生态环境保护经验和做法,加强与国际组织和其他国家的合作与交流,共同应对全球生态环境挑战。

总体而言,这一有机的环境监测体系有着清晰的职能与目的。而要达到上述目的,就必须构建一个与之相适应的物质、能量和信息交换系统。为此,必须从科学的组织结构和人员结构、健全监督体制、健全工作机制、加强法治建设等方面着手,即建设一个良好的监督体制。在这个过程中,我们要始终坚持共产主义、社会主义和中国政府的指导原则,维护中国人民、政府、领导人,以及国际盟友的权益和形象。

四、督察的协同治理理论

督察的协同治理理论,是一种强调多方参与和合作的环境治理模式。其核心思想是:生态环境保护督察制度的实质是保护环境权益,保障公众利益。该理论认为,既然生态环境保护督察是公益性质的,那么,凡是与环境权益相关的主体,不管是政府部门,还是企业、团体、个人,都应该积极地参与到环境保护的进程之中。协同治理强调的是合作和"正和博弈"的理念。在这种理念下,各方并不是相互竞争、相互排斥的关系,而是通过相互合作,实现共赢的局面。这种合作不仅体现在共同解决环境问题上,也体现在共同推动环境保护的发展上。

在协同治理中,政府、企事业单位、社会组织和公众等协同主体方,虽然各自有各自的利益诉求,但在相互制约的同时,也需要相互促进、相互协作。只有这样,才能更好地实现环境利益的维护,实现公共利益的最大化。

总的来说,督察的协同治理理论是一种以合作为核心,以实现环境利益和维护公共利益为目标的环境治理模式。它强调各方的共同参与和协同作用,旨在通过合作实现共赢,共同维护我们的生态环境。

第二节　中央生态环境保护督察制度的意义

生态环境保护督察是在环保方面对权力进行约束和监督的一种方式。在监督的过程中,监督主体和被监督主体之间必然存在着某种矛盾,这既导致了管理资源的浪费,又增加了社会管理成本,损害了公众的环境权益。在重视监督的同时,也不能忽略监督主体的管理责任,以免激化矛盾。协同治理在本质上要求督察方与被督察方能够平等对话,建立一定的合作关系,共同开展环境治理。检验者要尽可能地避免冲突,检验者要加强与被检验者的交流,突出检验者的协作和检验者对环境治理的责任,由过去只注重监管检查,转变为监管检查与协同治理的同步,使治理向同一个方向发展。在此基础上,通过强化受管制地区的治理资源整合,促进受管制地区内环境利益相关者的环境协同治理,实现对受管制地区环境利益相关者的有效管理。环保监察体系将我们国家的体制优势发挥得淋漓尽致,它把环保工作从过去的单一化,提高到了一个新的、紧密融合在一起的新层面,使执政党的政治责任与政府的行政责任紧密配合,权责融合,使环保的地位和力度得到飞跃。这对我们国家的环保工作和我们国家环保事业的发展,都有着巨大的促进作用。

第三节　中央生态环境保护督察制度的演进

一、2014年之前:以"企业监管"为核心的环境监管体系

我国《环境保护法》第 7 条明确了"县级以上地方人民政府环境保护行政主

管部门,对本辖区的环境保护工作实施统一管理"。在此项法定权力的基础上,我国的环境保护主管机关在2002年正式设立了环境保护执法和监督检查的专责机关,并将其命名为"环境监察机关"。同时,考虑到环境问题的跨区域性、克服地方政府对环境执法与监督的干扰,原国家环保总局开始尝试建立跨区域的环境督察机构,在2002年首先成立了华东、华南环境保护督察中心。2005年底,国务院发布《关于落实科学发展观加强环境保护的决定》中专门强调"健全区域环境督察派出机构,协调跨省域环境保护,督促检查突出的环境问题",进一步推动建立区域环保督察机制。2006年,西北、西南、东北环境保护督察中心相继成立;2008年12月,华北环境保护督察中心成立,按照行政区划层层设置的环境监察机构和按照地理区划设置的六大区域督察中心,共同构成了我国环境监管体系。

从部门职责看,根据原国家环境保护部2008年成立时的"三定方案",环境监察局的主要职责是"监督环境保护规划、政策、法规、标准的执行""协调解决跨区域的环境纠纷",华北、华东、华南、西南、西北、东北区域环境督察中心的职责是"承担所辖区域内的环境保护督察工作"。就部门定位而言,环境监察机构是代表环保部门直接行使监督检查权力的机构,而六大区域性环保督察中心是原国家环境保护部的派出机构,受原国家环境保护部委托行使相应的监督权力,特别是环境政策法规在地方的落实情况。

二、2014年后:以"监管"为核心的环境保护综合监管

企业监督作为一种重要的环保监管制度,因对当地政府环保政策和规定的落实不力,其缺点越来越明显。在此基础上,环保部门逐步将环保监管的重心从对企业的监管转移到了对政府的监管,以此来促进地方政府切实履行其环境保护责任。在此基础上,环境保护部于2014年印发《环境保护部综合督察工作暂行办法》,提出由"企业监管"转变为企业监管和政府监管,强调"政府监管"的目标,并将"监督"作为重点,在国家层面上,将"监管"作为一项重要内容。根据原国家环境保护部公布的2015年《全国环境监察工作要点》,省级环保部门每年应当对所辖地级市的30%开展环保综合督察。同时,环境保护部门进一步拓宽了"约谈"的适用领域,颁布了《环境保护部约谈暂行办法》,将约谈纳入督促中。

环境保护部于2014年开始实施的环保一体化监督具有四大特征：一是监督对象的一体化，由"政府-相关职能部门-企业"实现一体化监督；二是监督的综合性，主要包括监督政策的落实，监督政府的履职，监督企业的遵纪守法；三是要有综合性的方法，要采取多种方法来进行监察；四是这一战略的目标是全方位的，它不仅要从解决一个方面着手，而且要使国家在政策制定过程中，更要把环保作为一个整体来考虑，以促进整个生态文明的发展。总的来说，"监管"作为一种一体化的环保监督方式，对于各地政府落实环保职责发挥了良好的促进作用，部分区域的生态环境状况得到了改善。

三、2016年起：体现"党政同责"的中央生态环境保护督察

虽然从2014年开始的环保一体化督察成绩斐然，但仍然有两大突出问题：一是各级环保部门对各地的检查和约谈"杀伤力"不够；二是忽略了地方党委的环保责任，单纯"督政"并没有涉及党委相关责任，终究是治标不治本；在此背景下，把各级党组织也纳入政府的监督体系中，实行"党政同责"，已经成为一种社会共识。2015年，《环境保护督察方案（试行）》在"环保督察"基础上，将"环保督察"提升为"环保监察"，标志着中国在环保监管体系与监督基础上的重大改革，是新时期环境治理改革与制度构建的一个关键环节。

《中央生态环境保护督察工作规定》于2019年由中共中央办公厅、国务院办公厅印发。相较于《环境保护督察方案（试行）》，该规定有以下几个特点：第一，更突出了坚持和完善党对监察工作的领导；第二，更突出了纪检监察的职责，不仅对被巡视的对象提出了纪律要求，而且还中央环保督察和督察员等进行了明确的规定；第三，从顶层设计上充实完善了督察制度，比如，将"中央"与"省"相结合，并将"常规督察""专项督察"和"回头看"三种模式进行了细化。我国环境保护督察制度的演进过程如图4-9所示。

图4-9 我国环境保护督察制度的演进过程

第四节　环境保护督察制度在国内外的实践

目前督察制度在国内外各领域均积累了一定的经验，环保领域也打下了以环保考核为先导、环保督政约谈相承接的督察实践基础。但是，从整体上来说，我国的制度建设在正规化方面仍有欠缺。

一、环保督察制度在国外的实践

督察制度在国内外都有相当程度的实践。其中监察工作的法理依据更为充分，各部门的职责更为明确，监察工作的体制也更为健全。俄罗斯、美国、法国都在土地管理、农业管理、规划和遗产保护管理等领域进行了比较有代表性的实践。

俄罗斯的国土监察采取了"政府主导"的行政模式，具有强大的法制基础，属于多个部门共同参与的垂直行政模式。一是法律和规章对监察体制进行了全面的保障。二是多部门协作、纵向经营。联邦房地产注册地籍测量局，农业部的耕地使用检查局，以及资源环境部的生态环境检查局，都承担着监督的责任。

美国和法国的监察体制，以农业、规划和文化遗产为重点，并建立了监察体制。美国农业部实行了农业监察制度，在农业部设有一个监察主任办公室，下面有副监察主任和监察主任助理，对农业政策的实施进行监督。法国设立了一个文物保存监察系统。文化部在各省设立了一个由国家建筑师组成的代理机构，负责文物保护政策的推广、文物工程的审批和全省的监理工作。

二、环保督察制度在国内的实践

我国的督察实践，包括土地督察、警察督察等，已经形成了较为规范的制度体系。第一，纪检督察制度。纪检督察制度是我国党内监督、反腐倡廉的一项重要制度。第二，建立了全国范围的国土监察体制。自2006年以来，一是设立了专业的国土监察组织，配备了相应的人力资源。二是派出9个监察机关到各地,代替国土资源总局对国土资源进行监察和监管。三是做好相关的人事安排。全国国土监察机构共 360 人,其中 1 人为正部级(专职国土监察)主任,67 人为正部级干部。四是确定督察的形式和内容。开展日常督察、审计督察和专项督察,并监督了各级领导干部履行职责的监督。第三,警察督察系统。这种监督机制在公安机关内部是同步的、动态的,能够发挥监督的督促检查、服务保障、预防和制约监督的功能。

"监企督政、督政为先"的环境治理新模式,是继"城市综合治理定量考核和总量控制约束性指标考核"后出现的一种与环保督察更为相近的新型环境治理问责机制。从 2014 年 9 月开始,国家环保总局开始对部分省市环保部门进行约谈。环保督察约谈是在新常态下探索出来的一种政府环境问责制,但该机制的重点是对地方政府的监管,并且是一种"非常态"的督察。我国环境监管督察对象变动情况如图 4-10 所示。

2002—2014 年国家环境监管督察对象
- 被曝光"企业"责任类 75%
- 被曝光"党政"责任类 25%

2014—2016 年国家环境监管督察对象
- 被曝光"企业"责任类 68%
- 被曝光"党政"责任类 32%

2016—2018 年国家环境监管督察对象
- 被曝光"企业"责任类 25%
- 被曝光"党政"责任类 75%

图 4-10　2002—2018 年历年环境监管督察对象变动情况

第五节　环境保护监督体系存在的问题及完善

一、环境保护监察制度的法律困境

(一)环境保护监督的法律依据

从目前我国环保督察制度所包含的三类督察类型看(环境监管及区域环保督察;环保综合督察;中央环保督察),第一种类型在《环境保护法》中已经有较为明确的法律依据。但审视环保综合督察和中央环保督察的法律依据，仍有值得斟酌之处。

（二）环境保护综合督察的法律依据

根据2014年修订后的《环境保护法》，环保部门所开展的综合督察的直接性依据是第67条，即"上级人民政府及其环境保护主管部门应当加强对下级人民政府及其有关部门环境保护工作的监督"之规定。从文意上分析，该条款确立了两种方式的上下级监督：一是上级人民政府对下级人民政府环境保护工作的监督，属于上级政府对下级政府监督的范畴；二是上级人民政府所属的环境保护主管部门对下级环境保护主管部门的监督，属于上级"条条"对下级"条条"监督的范畴。根据我国"单一制"国家体制，这两种监督方式不仅可以从《环境保护法》找到法律依据，而且具有宪法性法律依据，具体分别为《地方各级人民代表大会和地方各级人民政府组织法》第59条和第66条。这为国务院对各省级政府、国家生态环境部对各省环保部门所开展的环保督察提供了直接性法律依据。

但是，就目前环保综合督察的重点——生态环境部对地方政府的"督政"而言，其法律依据存有疑义。从《环境保护法》第67条的文意上看，无法推出"上级人民政府环境保护主管部门对下级人民政府的环境保护工作进行监督"之含义；从《环境保护法》立法解释看，立法机关认为，这种监督方式"在宪法和地方组织法上没有直接规定"，并未给予直接认可。从这一意义上说，无法从现行立法中找到生态环境部对地方政府进行"督政"的直接法律依据。从理论上分析，上级职能部门（条条）与下级政府（块块）之间属于同一行政级别，不存在"命令—服从"的领导与被领导关系。就目前生态环境部对地市级政府环保工作进行的综合督察而言，尽管两者在行政级别上存在"部（省）级—厅级"的差别，但并无任何行政隶属关系，基于行政科层制的基本原理，同样不能认为两者构成领导与被领导关系，或者具有任何科层制内的权威关系，也就不能适用行政体系内层级化的监督机制，显然在合法性上需要更为充分的依据。

（三）中央生态环境保护督察的规范效力

《中央生态环境保护督察工作规定》是我国现阶段进行环保督察的最直接的法律基础。就立法机关而言，由中共中央、国务院共同颁布的《中央生态环境保护督察工作规定》的法律效力，应从"政府""党"的角度对其加以考察。一方面《中央生态环境保护监察工作规定》是一部党内法律,其名字却是"工作规定",没有使用专门名词来表达,不满足《中国共产党党内法规制定条例》中"党内法规"的表达方式的要求,故其本质上是一部"党的规范性文件",而非"党内法规"。另一方面《中央生态环境保护督察工作规定》对《党政机关公文处理条例》第9条第5款"共同发布公文时,应采用共同发布的公文号码"做出了明确的规定,但对其在行政体系内的合法性却存在较大的争议。

二、环境保护监督机构的法律地位

从组织法的视角考察,我国现行的环保监察制度可分为两大类。一是由生态环境部下属的6个地区环保督察所组成,一是由国务院及一些省、直辖市组成的"环保督察领导小组"。由于"法治国家"与"法治政府"的构建,两者均有自身的缺陷与认同上的两难境地,具体表现在:

(一) 区域环境保护监督中心的组织困境

十几年来的环境规制工作表明,由于其"派出机构"的法定地位以及"公共机构"的性质,地区环境规制中心的作用受到很大的制约。这一问题在近几年并未完全解决,致使各地区环保监察机构很难满足现行环保监察制度的发展需求:(1)在职权上,区域环保督察中心的权力来源于生态环境部的委托,并无法律法规的直接依据。(2)从组织结构和运作模式来看,这个中心是一家"从事公共管理的公益性事业单位",不是生态环境部的一个正式的内部组织,与地方政府没有任何的行政上的联系,这极大地制约了促进、处理、内部交流、职工组织认同感,以及其他的激励措施。但由于其"公共机构"的性质,难以赋予其独立的执法权力,并且在追究责任时,也常常要追究其工作人员的责任,从而造成权力与责任的错位。(3)在实践中,因其与生态环境部的功能与组织结构"同构",大量的工作只是为了完成由生态环境部的司局安排的一些普通或临时性的工作,而其实际的工作却与地方的环保部门存在一定的交叉,导致了执法重复等问题。

(二) 生态环境保护督察工作领导小组的组织局限性

从本质上讲,生态环境保护督察工作领导小组由国务院及部分地方各级政府共同组建而成,是国家行政系统中的议事协调机关,其首要责任是对跨部门重大工作进行组织和协调,与那些承担着日常功能的各类常设行政组织有着很大的区别。然而,就法治国家、法治政府的建设而言,现有的生态环境保护督察工作领导小组在设立依据、组织权限等诸多方面都有一定的限制:(1)在组织权威上,"国务院环境保护督察工作领导小组"的组长由生态环境部部长担任,即由承担该领导小组具体办事职能的部门(生态环境部)首长担任领导小组组长,而不是由更高层次的领导人(从低向高依次为:国务委员、国务院副总理、国务院总理)担任组长。由于"领导小组"并非常设机构,其权力具有衍生性质,主要由成员在原单位的职权及其在整体权力体系内所处位置决定。可见,目前"国务院环境保护督察工作领导小组"并非高层次的议事协调机构,其在环保督察工作的决策、协调和开展上缺乏足够的政治权威,能否有效发挥预期的"组织协调"功能存有疑义。(2)在职权范围上,"国务院环境保护督察工作领导小组"是中央政府所设立的专门机构,在政府机构序列中属于《国务院行政机构设置和编制管理条例》第六条所规定的"国务院议事协调机构",在职权范围上显然无法涵盖我国政党体系内各级党组织的行为,《中央生态环境保护督察工作规定》也并未在党的最高权力机关中设置相应的"中央领导小组"或其他工作机构。从这个角度看,"国务院环境保护督察工作领导小组"只能管"政"不能管"党",与中央环保督察"党政同责"的基本原则有所偏差。(3)在运行机制上,《中央生态环境保护督察工作规定》对中央环保督察的准备、进驻、报告、反馈、移交移送、整改落实等工作流程进行了较为详细的规定,但对"国务院环境保护督察工作领导小组"的运作机制缺乏具体规定,无从确定该"领导小组"开展活动的具体程序与具体要求。各地制定的《环境保护督察方案》也存在类似的问题。这就使得"环境保护督察工作领导小组"的存续极度依赖于外部资源投入和领导人意志,缺乏自我运行的内生机制;一旦外部资源供给不足或领导人关注重点转移,就极易在实践中被虚化而逐渐"销声匿迹",无法为环保督察制度的持续运行提供组织保障。

三、环保督察责任追究中的法律问题

(一)环保督察问责与环境保护目标责任制的重合问题

严格问责是近年来我国不断加强环境保护监管体系的一个重要方面。按照《中央生态环境保护督察工作规定》及地方政府出台的环保督察实施方案,现行的中央环保督察的责任主体分为三类:(1)组织部门的责任追究分为两类:一类是以考核、评估、调整、解聘等为主要依据;二是对于工作中出现问题的党员,组织上要视其表现而定,如调离、引咎辞职、责令辞职、撤职、降级、通报、重组等。(2)纪检监察机关的职责,即根据"有关规定",对在督察过程中发现的重大生态环境问题进行的党纪和行政处分。工作中存在的失职行为,构成违法行为的,应当向有关机关移交司法机关。(3)环保部门的问责制,是指在执法过程中,对企业和个人所犯下的环境违法行为,由环保部门承担的行政和法律责任。对有犯罪嫌疑的,应当向公安机关移交。从法治体制的构建和对权力的加强两方面来看,还有一个很突出的问题:随着我国生态文明建设的深入发展,生态环境保护中出现的新问题得到国家重视,也被纳入"环境保护目标责任制"之中,例如,2017年2月中共中央办公厅、国务院办公厅印发的《关于划定并严守生态保护红线的若干意见》,提出"地方各级党委和政府是严守生态保护红线的责任主体",要求建立相应的考核评价机制。2018年6月发布的《中共中央国务院关于全面加强生态环境保护坚决打好污染防治攻坚战的意见》,确立我国环保工作的重点为七大攻坚战。2020年3月,中共中央、国务院印发《关于构建现代环境治理体系的指导意见》,提出要建立健全环境治理体系,为推动生态环境根本好转、建设生态文明和美丽中国提供有力制度保障。

从整体上看,政府环境保护目标责任制与考核评价制度已经形成了全面系统的法律制度体系,对实现环保目标的情况进行了考核、评价和问责。目前,我国的环境保护督察工作已呈现出"制度化""常态化"的特征,因此,在实际操作过程中,势必会与现行的环境保护目标责任制度和环境保护绩效评价制度在某种程度上产生重叠。特别需要指出的是,经过十几年的发展,"环境保护目标责任制"已经在实际工作中形成了一套针对大气、水体、土壤和主要污染物减排等特定领域的具体评估制度,已经成为我国环境法治的一个重要内容。在环保督察中"加入"一项综合性的环境问题,极易造成"多头检查"和"重复问责",从而使地方和相关部门无法正常开展工作。我国环保工作的"常态化"监管与责任追究,与"环保工作目标责任制"这一法治体系相适应,是我国环保工作亟待解决的重大课题。我国常见的环保督察法律法规见表4-7。

表 4-7　我国环保督察法律法规汇总

2014 年修订	2015 年	2016 年	2017 年	2018 年	2020 年
《中华人民共和国环境保护法》	《水污染防治行动计划》	《土壤污染防治行动计划》《"十三五"节能减排综合工作方案》	《关于划定并严守生态保护红线的若干意见》	《中共中央国务院关于全面加强生态环境保护坚决打好污染防治攻坚战的意见》	《关于构建现代环境治理体系的指导意见》

资料来源：作者整理。

（二）问责过程中党内法规与国家法律的衔接与协调

就问责的依据而言，《中央生态环境保护督察工作规定》及各地制定的环保督察实施方案并未进行明确，只是泛泛规定"按照有关规定处理""依法依规进行处理"等。根据目前我国环境保护法治体系，能够予以适用的问责依据主要包括两类：一是国家法律中的相关依据，主要有《公务员法》第九章、《环境保护法》第 68 条对违反监管职责的责任人员进行行政处分的规定；二是对党政领导干部进行生态环境问责的相关党内法规，主要有 2015 年 8 月中共中央办公厅、国务院办公厅印发的《党政领导干部生态环境损害责任追究办法（试行）》。在督察问责中，上述两方面的依据应当如何有效衔接并加以适用，需要加以认真厘清。

从监督责任的客体上看，目前党的规章和国家的法律有较多的重合。《党政领导干部生态环境损害责任追究办法（试行）》明确了《公务员法》和《环境保护法》的规定，地方各级党委和政府及其相关部门的主要负责人都要负起相应的责任，可见，"地方政府及其机关的主要负责人"与"地方政府及其相关机构的主要负责人"存在重叠现象。《宪法》《中国共产党章程》对党内法规的要求是遵循宪法和法律，因而从效力上看，可以认为是"软法律"，其强制力主要来源于内部纪律，对非党的领导没有约束力。为了达到"最严格的环保"这一目的，我们认为，由中共中央、国务院共同印发的规范性文件，既适用于"党"，也适用于"政府"。通过分析可以发现，以上两种解释和适用方案都有其自身的合理之处，因此，亟须对党内法规与国家法律在监督问责过程中的衔接与配合进行更深层次的认识，以防止问责依据混淆和问责标准不同的情况发生。

(三) 缺乏问责程序和结果不透明

可操作性强的法定程序,是使行政责任能够在法治轨道上实现可持续发展的重要保证。程序是区分法治化和人治化的唯一手段,也是制约法治化进程的唯一手段。在可操作的层次上,无论是现行的综合性环保监察,还是中央环保监察,都没有对责任追究的可操作性的规定。在《中央生态环境保护督察工作规定》中,仅仅明确了责任的主体和责任的形式,而责任的确立、责任的具体标准、责任的具体流程、责任的复审和补救措施,这些都没有具体地体现出来,责任的过程也不够完善。尤其是关于追究责任的认定,在实践中,"失误""失职""不力""失当""违反……法规"等模棱两可的词汇被大量使用,导致责任追究、责任认定始终没有一个客观的标准,导致了对环境监管责任追究的程序性、规范性等方面存在的不足。从督察工作的实际情况来看,2019 年的中央环保督察在被督察省份无疑形成了"问责风暴",第一批 8 个中央环保督察组共向当地政府各督察组受理转办的 18 732 件群众举报(未计重复举报),被督察地方和中央企业已办结 6 761 件,阶段办结 4 119 件。

另外,当前环境监察的责任追究还不够公开透明。责任追究结果的不透明、程序规范的缺失,使得社会公众、环境机构等无法充分发挥其对环境监管的作用,从而导致环境监管工作的封闭化,形成"权力黑箱",背离了法律法规的开放、透明原则。环境监察责任追究的程序是否具有公开性和透明性,是环境监察体制法治建设的一个重要方面。在问责制进程中,人们难以消除"保护官员"的怀疑,这一点不能被忽略。

四、环境保护监督体系的完善

(一) 加强法治引导

从现实的需要出发,以执政为本,制定党的方针和政策。在此基础上,我们党提出了"绿色发展"这一理念,并把"绿色发展"和"五大目标"有机结合起来。面对当前的社会发展形势,党中央迫切需要转变地方政府的观念,转变发展观念,转变保护生态环境的观念,承担起治理环境问题的责任。为此,制定环境保护条例就显得尤为重要。

法律是一种稳定、严厉的制度，对环境监督制度的法治建设起到了重要的推动作用。一方面，我国的环保法规体系需要法律规制。我国在经历了几个世纪的工业化进程后，出现了大量的环境问题，而环保监察系统是国家对环保进行长效管理的一种有效工具。另一方面，就我国监督体系的设置而言，又可将其划分为"党的监督"与"党政的监督"。要想对这一领域进行监管，就必须要有法律支撑。

环境督察制度的建构需要进行顶层思考和设计，即从政策和法律的视角来构建此项制度。党的十八届四中全会审议通过了《中共中央关于全面推进依法治国若干重大问题的决定》，根据会议精神，党内法规体系也是社会主义法治体系的一部分，是国家治理体系和治理能力的重要体现。党的十九大明确提出，坚持依法治国和依规治党有机统一，加快形成覆盖党的领导和党的建设各方面的党内法规制度体系。所以在构建环境督察制度的设立上应当把一般法规规范和党内法规有机地结合起来，搭建起一项具有层次性、实效性、创新性的生态文明制度体系。

（二）统一和完善"企业监督"和"政府监督"制度

为遏制环境污染和破坏，加强政府环境监督职责，2012年原国家环境保护部发布实施了《环境监察办法》。《环境保护法》第24条规定了监察机构具有现场检查的权力，还明确环境监察机构依据职权的监督行为属于行政执法性质。在应对环境问题上，相关法律和法规已然赋予政府充分的职权和手段。不过，为实现国家治理体系和治理能力现代化以及完善生态文明制度，如何督促政府行使职权成为社会关注的焦点。

政府对环境问题的治理没有完全履行职责，因为"政府是公共产品与服务的输出者，长期以来的垄断性主体地位使其产生寻租行为，公共问题背后可能隐藏着行政的不作为或不到位"，甚至产生严重的权力寻租现象。政府的环境职权有一个重要的作用就是处理经济生产活动的负外部性，增加企业治理污染的责任，提高企业的生产成本。这给权力的寻租留下了巨大空间。此外，过去的一段时期内，对党政干部的政绩考核主要依赖于GDP指标，而且地方GDP又直接支撑着财政收入，所以地方政府主观上缺乏积极作为的动力。因此，政府在针对环境问题上开展综合性、专项性督察是解决环境问题的有效途径。

环境督察制度主要由《中央生态环境保护督察工作规定》《党政领导干部生

态环境损害责任追究办法(试行)》《关于开展领导干部自然资源资产离任审计的试点方案》等规定的"党政同责""一岗双责""离任审计试点""督察巡视""督察约谈"以及"督察报告"制度构成。《环境保护法》的"环境目标责任制""环境考核评价制"与环境督察制度遥相呼应。环境督察制度应当与政府的环境保护职责以及监督管理职权相结合,共同构成环境监管体制。政府环境保护部门在环境保护规划、环境目标考核、重点污染物排放控制、环境行政审批、排污费管理、环境监测以及环境监察等方面都应当纳入环境监察的范围。环境督察制度严格督促政府履行职责,政府就必须严格监督污染企业和个人。这样才能使法律责任承担形成一个监管闭环,不让权力产生真空,把环境监督权力"关进笼子"。

(三)完善环境监理责任制

1. 实施环保监督,首先要明晰党政职责

根据有关精神,环境监察主要是对党中央、国务院在环境保护方面的重大决策部署,环境保护的法律、法规、规划以及重大的政策和措施进行监察,对环境问题和治理情况进行监察,并对责任的履行情况进行监督。在目前的环境政策制定、环保项目立项审批、环境执法监管、环境信息公开等方面,构建起统一负责、分工负责、全面负责的责任制度,让责任清单既能作为党政领导干部履行环保职责的主要依据,又能作为党的领导干部选拔任用的重要依据。

2. 建立民主、科学和有效的评估机制,是衡量环境监察系统能否有效运行的标尺

在评价党政领导干部的职权时,需要客观、公平的评价体系。这就要明晰环境质量目标责任和考核评价体系,为环境保护督察制度的深入开展提供经验和技术,构建环境保护督察权力体系。现阶段,环境督察权力体系可以分为环境监督检查权、环境督察督办权、环境督察处置权、环境督察问责权、环境督察保障权五大类。

3. 构建环保监管机构

我国现行的环境监察制度主要有五个方面,即环境监督检查权、环境监察处理权、环境监督处置权、环境监察问责权、环境监察保障权。监督检查权是指环境监察机关有权对地方党委、政府的环境保护政策和规定的执行情况,以及对环境违法犯罪的处理情况进行监督检查。监察处理权,是指环保监察机关在

发现某一地区的环保工作中,如果有潜在的危害较大或者有较小的违法情况,应立即发出《监督整改意见》,要求该单位在规定的时间内对该地区的环保工作进行监督检查。监督处置权,是指环保部门在接到《监督整改意见》后,对当地政府完成或没有完成的情况,要立即上报督察员。监察问责权是指在环保部门中,如果环保部门在调查过程中,对当地政府的相关部门进行问责制。环境监察机关的工作人员,应当按照法律规定,对其进行处罚。对环境规制权力的界定,有利于制定具体的规制措施,促进规制体系的落实。

第二章 我国环境监测的现状与特点分析

第一节 我国环境监测现状

环境监测就是对各类环境质量要素进行系统的调查研究,并对这些要素进行辨识与综合分析,以此来判断环境质量或污染水平及其变化趋势,为国家的环境治理与环境建设工作提供借鉴。作为一项基本的、不可缺少的工作,它是非常有意义和不容忽视的,没有了环境监测的支撑,环保工作就会处于消极的状态。因此,对环境监测有一个全面的认识是非常必要的。近40年来,我国在环境监测领域取得了丰硕的成果,初步形成了具有中国特点的环境监测技术和管理体系。在减少污染、污染源调查、水资源规划等领域做出了重要的贡献。然而,我们应当清醒地认识到,当前的环境监控工作还存在许多不足之处。我国环境监测工作的发展进步,具体表现在以下几个方面。

一、监控团队不断壮大,具备一定的监控能力

2019年,全国监测房屋面积317.1万平方米,监测业务支出199.7亿元。环境监测仪器38.9万套,仪器设备原值396.6亿元。全国环境空气监测点8688个。地表水水质监测断面11310个,集中式饮用水水源监测点6684个。环境噪声监测点79079个,污染源监测重点企业40272家。我国2001年城市空气质量各级别监测情况如图4-11所示。

二、环境自动监测能力进一步提高

在此基础上,对环境自动监测技术进行了深入的探讨与研究,并取得了丰硕的成果。目前,全国已有70多个城市实现了大气环境质量的自动化监控;截

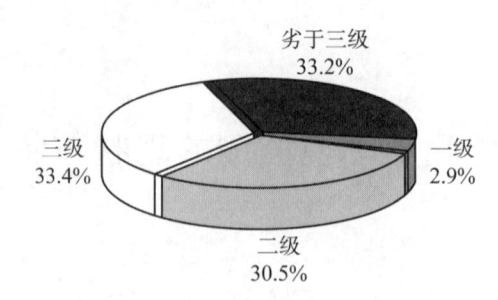

图 4-11　2001 年全国 341 个城市空气质量分级比例

资料来源：中国生态环境状况公报。

至 2022 年，建立了全国 31 个省份的环境监测信息的卫星通信系统，并在 10 个省级以上的水情自动监测点进行了监测；在淮河流域及一些省份开展了污染源排放污染物在线自动监控的试验，并取得了一定的成效。我国 2020 年城市空气质量各级别监测情况如图 4-12 所示。

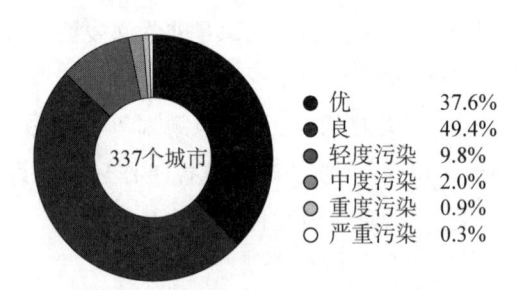

图 4-12　2020 年全国 337 个城市空气质量各级别天数比例

资料来源：中国生态环境状况公报。

三、环境监测和科学研究的快速发展

在当前环保事业蓬勃发展的背景下，一大批著名的环保技术专家和环保业务骨干在国内不断涌现。他们在环境保护领域展现出了卓越的才能和专业素养，为我国环境治理事业做出了重要贡献。环境保护领域的专家、技术骨干围绕环境容量、排污许可、空气污染预测预报技术、污染物排放总量管控等重要科学问题开展了较为系统、深入的研究。他们运用先进的科学技术手段，结合国内外的实践经验，为解决我国环境问题提供了有力的支持。

在环境容量方面，专家们深入研究了各种生态系统的承载能力，为合理规划和管理资源提供了科学依据。他们还关注到人口增长、工业化进程等因素对环境容量的影响，提出了一系列切实可行的建议，以保障生态环境的可持续发展。在污染许可证制度方面，专家们对现行制度的不足进行了深入剖析，提出了完善污染许可证制度的方案。他们认为，应加大污染源的监管力度，提高污染许可证的申请门槛，确保企业在生产过程中严格遵守环保法规。在空气污染预报与预报技术方面，专家们通过大量实验和数据分析，不断提高空气质量预报的准确性和时效性。他们的研究成果为政府部门制定空气污染防治措施提供了有力支持，也为公众了解空气质量状况提供了便捷的途径。在污染物排放总量控制方面，专家们研究了各种减排技术和措施，为企业提供了一系列节能减排的建议。他们还积极参与政策制定，推动政府出台更加严格的污染物排放标准，引导企业走绿色发展之路。总之，这些环保技术专家和环保业务骨干的研究成果在我国环保事业发展中发挥了重要作用。他们的努力不仅提高了我国环境治理水平，还为全球环境保护事业树立了典范。在未来的日子里，我们期待他们继续发挥专业优势，为建设美丽中国贡献更多智慧和力量。

四、环境监测技术体系的形成

目前，我们已经拥有了超过 400 种不同的针对污染因子的方法和标准，这些污染因子包括空气污染、水污染、土壤污染等各种类型的环境问题。对于每一种污染因子，我们都已经有了相应的控制标准和监测方法。更为重要的是，我们已经开始初步建立起一套有中国特色的环境监测技术规范、环境监测分析方法、环境质量标准和环境质量报告系统。这套系统不仅具有科学性，而且充分考虑了中国的国情和环境问题的特点，能够更好地服务于中国的环保工作。

在我国的部分区域，对大气污染的预估及部分城市进行的大气污染预报，已经在公众中引起了很大的反响。这些预报不仅提供了关于空气质量的信息，而且提醒了公众关注环境问题，提高了公众的环保意识。这种公众的参与和关注，无疑为我国的环保工作注入了强大的动力。

第二节　我国环境监测工作存在的问题

一、环境监测队伍整体素质需进一步提升

目前,我国的环境监测人员的整体素质已经无法满足当前日益严峻的环境保护形势和工作的实际需求。这主要表现在对环境监测人才的引进、管理和培训等方面缺乏足够的竞争和激励措施,导致大部分监测组织的人才结构存在不合理现象。具体表现在监测队伍的知识结构陈旧,专业水平参差不齐,尤其是复合型高端监测人才的匮乏,这无疑加大了环境监测工作的困难。因此,我们的环境监测工作人员必须跟上时代的步伐,及时更新自己的专业知识,提升自身的业务能力。随着我国社会经济的快速发展,各种新型污染源不断涌现,环境污染问题日益严重,应急监测工作的难度也在不断增加。然而,现有的监测力量相对薄弱,装备和技术等方面严重滞后,这使得我们在应对环境污染问题时显得力不从心。

更为严重的是,目前大部分的监测工作仅停留在"量"而非"质"的层面上。我们对监测数据、监测质量等基础科研与技术研发工作相对缺乏深入系统的认识,这不仅限制了环境监测事业的发展,还使得我们无法有效地解决环境污染问题。总的来说,我们需要对环境监测人员进行更严格的选拔和培训,提高他们的专业素质和业务能力,同时加大对环保设备和技术的投入,以适应当前环境保护工作的需要。

二、资源配置不合理

环境监测工作离不开先进的仪器和装备,没有先进的仪器和装备,监测工作就会停滞不前,就算是专业技术再好的监测人员,如果不能利用先进的仪器和装备,也很难完成高质量的监测工作。此外,国内一些监测站的仪器由于年代久远,不能及时更新,许多设备损坏后,很难找到合适的零件,甚至不能进行维修,一定程度阻碍了国家监测技术的发展。

我国的环境监测在资源配置上存在两个主要的问题,这两个问题都对环境

监测工作产生了不利影响。首先,资金投入不足。这主要表现在基础设施配套不到位,例如,监测站的设备更新、维护和升级等方面,由于资金的缺乏,往往无法及时进行必要的设备更新和维护,影响了环境监测的效率和准确性。其次,资源配置手续、制度上的不健全。这主要体现在资源的配置过程中没有充分考虑到实际需求和使用效果,导致了资源的浪费。比如,在某些基层监测站,设备购置多为少数人员说了算,未与监理单位协商,更无制订购置设备的计划与方案。在此背景下,对大型仪器设备的质量、售后服务和技术人员的培训等问题常常被忽略,致使新购置的仪器设备在使用过程中发生故障而不能及时、有效地解决。另外,新设备购置后的开箱检验和设备的安装调试,更是无人问津。这就造成了我国环境监测设备购置与利用之间存在着很大的矛盾。因此,我们需要对这些问题进行深入的研究和改进,以提高我国环境监测的效率和准确性,推动环境监测工作的健康发展。

三、监测技术能力不足,无法有效控制监测质量

在环境监测中,存在着许多影响其质量的因素,其中,监测技术是至关重要的一个环节。然而,当前在技术、设备和人员素质等方面,我们仍面临着一定的挑战与差距。目前,一些环境监测仍然要在实地手工取样,然后将其送到实验室进行仪器检测。这种传统的方式虽然在某些情况下仍然有效,但在效率和准确性上存在一定的问题。

一般情况下,各个级别的环境监测站都把重点放在了实验室内部的品质控制上,而忽视了对整个环境监测品质的全面管理。这包括对监测过程的监管,以及对自身工作的自律性要求。由于缺乏全面的管理和有效的监管,环境监测系统不能很好地发挥作用。同时,现有的污染源缺少实时、动态的监控手段,这使得我们不能及时、准确地了解其污染状态。这不仅影响了我们对环境污染情况的了解,也使得政府的决策无法得到及时、必要的数据支撑。这种情况无疑加大了环境治理的难度,也对我们的环境保护工作提出了新的挑战。

第三节　我国环境监测工作存在问题分析

一、对环境监测的现状和重要性认识不足

在当前的环保管理领域,许多环保部门和负责环保工作的人员并未充分理解环境监测工作的重要性及其在整个环境保护体系中的核心地位。因此,他们的工作重心往往偏向于对污染问题的终端处理,即只在已经出现污染的地区进行调查和监测。这样的工作模式导致我国的环境监测工作一直停留在"被动"的状态,无法实现"全方位深度"的环境管理。出现这种情况的主要原因在于,政府对环境监测的行政行为和技术监督职能的认识上存在差距,认为监测工作可有可无,致使监测系统在实施环境技术监督职责中缺乏依据,影响了对环境监测的经费投入。监测工作被逐步边缘化,管理机构很少关注、研究、运用监测信息,使监测信息未能充分发挥在环境执法监督中的技术支持基础作用。总的来说,我们需要改变当前的状况,提高对环境监测工作的认识和重视,将其作为环境保护的重要手段和工具,以实现环境管理的全面提升。

二、监测资金投入不足,监测设备陈旧

环境监控工作具有很高的科学性,依赖于先进的检测技术和精密的监测仪器。这些设备不仅能够准确捕捉到环境中的各种变化,还能对数据进行精确的处理和分析,从而为环境保护提供有力的技术支持。环境监控装置在设计时既要体现其自身的功能特性,又要考虑到其在实际应用中的可信度及污染防治效果。这就要求我们在设计和选择监测设备时,要充分考虑其性能、稳定性和可靠性,以确保监测数据的准确性和有效性。

然而,监测经费的短缺,一直以来都是制约监测站建设的一个主要原因。监测站点的设备更新、替换或添加都需要大量的资金投入,而目前很多地区的环保部门面临着经费不足的问题。这导致一些监测仪器和装备是陈旧或半陈旧的,无法适应新形势的需要。这不仅影响了监测工作的开展,还制约了环境污染治理的效果。与此同时,随着社会经济的不断发展,环境污染的类型和含

量不断增多,传统的监控手段已无法适应当前的环境变化。例如,大气污染、水污染、土壤污染等问题日益严重,传统的监测方法已经无法满足对这些问题的实时、准确、高效的监测需求。因此,我们需要不断创新和完善环境监控技术,以应对日益严峻的环境挑战。为了提高环境监控工作的科学性和有效性,我们需要加大资金投入,更新和升级监测设备,引进先进的监测技术和方法。同时,我们还需要加强环境监测人员的专业培训,提高他们的业务水平和技能,从而确保监测数据的质量和可靠性。只有这样,我们才能更好地为环境保护提供决策支持,为建设美丽家园贡献力量。

三、监测人员配置不当,影响监测工作

环境监控是一项至关重要的任务,需要由具有高质量专业技能的人员来执行。这些专业人员不仅需要具备深厚的技术知识,还需要熟练掌握各种操作技能。然而,令人遗憾的是,尽管这些要求明确且重要,但在一些地方,对环境监控的重视程度仍然不够。在这些地区,人们并未充分认识到人事安排在环境监控工作中的重要性。他们可能会随意放宽对监督者的挑选标准,甚至出现了职业错位的情况。这不仅可能影响到环境监控的效果,还可能导致环保工作的质量和效率下降。因此,我们需要重视这个问题,提高对环境监控工作的重视程度,确保由高质量的专门人才执行这项重要的任务。

四、环境监管不严,环境监测弱化

现实中,部分环保部门对环境监督工作置之不理,主要表现为:一是对排污费用的收取不进行监督,不按监督结果收取费用,而改为与有关人员协商,收取人工费用,这种做法既影响了执法的效率,又给执法人员创造了许多可乘之机。同时,对于工程竣工验收,污染防治设施的运行,以及对环境污染防治相关的诉讼,也往往只是例行的程序。在发放环境许可证时,不需要申报和核查,而只需要支付一定的费用即可。这不仅降低了环境监测的作用,还降低了一些企业和组织对其重要性的认识,还造成了环境管理与环境监测工作的严重脱节,使得监测人员难以掌握污染源的位置、浓度、种类及变化规律,进而制约了监测工作的开展,降低了监测工作的公信力。

第三章　我国环境监测与预警体系的系统设计

第一节　环境监测与预警体系建设概述

系统设计就是将系统的功能需求转换为一种功能表述，并加以描述、组织、构建的过程。建立环境监测预警系统，是一个由理念到职能、再到有效运行的系统。笔者围绕"综合反映我国环境质量状况与变化趋势、污染源动态跟踪、各种突发环境事件的环境影响精准预警"这一关键功能需求，构建基于"综合体现环境质量状况及变化趋势、污染源动态跟踪、各种突发环境事件的环境影响精准预警"的环境监测与预警体系。我国环境监测预警体系建设框架如图 4-13 所示。

环境监测预警体系
- 服务层
  - 政府决策支持
  - 公众参与
- 咨询层
  - 质量评价
  - 风险评估
  - 预报预警
  - 趋势预测
  - 调控模拟
- 监测层
  - 环境质量监测
  - 污染源监测
  - 应急监测
- 支撑层
  - 装备能力
  - 信息系统
  - 法规标准
  - 机构体制
  - 人才队伍

图 4-13　我国环境监测预警体系建设框架

第二节　我国环境监测与预警体系的系统设计

一、服务层建设具体内容

服务层次是指环境监测预警系统的规划、决策、管理、发布和响应的能力，它的对象是政府和公众（机构和个人）。在此基础上，通过政府的政策制定和社会的广泛参与，来达到整个环境监控与预警体系的整体目标。目前，我国已经建成的环境监测与预警系统，能够在政府和公众两个层面上为其提供相关的数据与信息，从而使其能够直接参与到社会、经济的政策制定中，为其发展提供技术和信息支撑。具体有：

1. 政府决策支持系统

该系统包含四个子系统：（1）中长期规划决策支持子系统，包括方案评估模块、方案筛选模块和专家交互模块；（2）内部层次式的信息交流子系统，由各部门之间的信息交流和各部门之间的信息交流两个部分组成；（3）环境污染突发事件的紧急处理决策支撑子系统；（4）警报检查、验证及对外解除子系统。

2. 公众参与制度

该系统包含三个子系统：（1）公共信息查询服务子系统；（2）公共线索报告子系统；（3）公众参与环境决策论坛子系统。

二、咨询层建设具体内容

咨询层是指在环境监控与预警体系的概念性架构中，对报警技术部分进行分析。为了更好地实现服务层面的功能，需要对业务层面进行管理。顾问层利用从监视或其他有关途径获取的数据。所有的资料都要进行加工，然后转换成资信，以便做出决定。从原始数据到决策支持信息的过程实际上是咨询层操作的过程。按照该体系的总体建设目标，将重点研究如何通过监测数据进行中长期演变趋势分析、短期变化预报、风险评估以及决策仿真。具体有：

1. 现状评价体系

该系统包含六个子系统：（1）环境质量评价子系统；（2）环境质量评价标准

和方法查询子系统;(3)污染源评价子系统;(4)污染源评价标准查询子系统;(5)以往污染事故查询子系统;(6)环境媒体及相关基础信息子系统。

2. 风险评估体系

该系统包含三个子系统:(1)环境风险识别专家子系统;(2)环境风险量化和定期评估分级子系统;(3)环境风险监测目标更新和监测方案调整子系统。

3. 短期预测预警系统

该系统包含四个子系统:(1)在线数据统计分析和趋势预测子系统;(2)环境质量数值模拟子系统,包括空气、河流、湖泊、地下水质量模拟等模块;(3)环境质量短期预测子系统;(4)报警分类和报警输出子系统。

4. 中长期趋势预测系统

该系统包含三个子系统:(1)场景分析和设计专家子系统;(2)污染状况与环境质量演变趋势预测子系统;(3)相关策略规划查询子系统。

5. 控制方案设计和仿真系统

该系统包含六个子系统:(1)风险控制和应急预案模拟子系统;(2)先前报警处理的反馈评估子系统;(3)污染应急技术和处置方法查询子系统;(4)应急专家列表和专业查询子系统;(5)紧急情况查询子系统;(6)应急预案查询子系统。

三、监测层建设具体内容

监测层主要体现环境监测预警体系概念结构中的监测环节。这一层次的信息是咨询层次的重要输入。为了保证整个监控与预警体系的生存与运转,必须对其进行设定。具体有:

1. 环境质量监测系统

该系统包含五个子系统:(1)大气环境质量监测子系统;(2)水环境质量监测子系统;(3)声环境质量监测子系统;(4)生态环境质量监测子系统;(5)土壤环境质量监测子系统。

2. 污染源监测系统

该系统包含四个子系统:(1)大气污染源监测子系统;(2)水污染源监测子系统;(3)噪声污染源监测子系统;(4)固体废物污染源监测子系统。

3. 应急监控系统

有两个子系统：①预警子系统；②监控子系统；③报警子系统。

四、支撑层建设具体内容

这些支撑层次与其他层次并不一致，但其内容与整个系统的建设密切相关。要实现这一目标，就需要对其进行标准化，并建立运行支持层。技术支持层为监测、咨询、服务等方面提供制度、人才、经费等方面的支持，为构建环境监测与预警系统奠定了基础。在此基础上，对支撑层建设按照内容进行划分，可以分为体制机制、法规标准、信息系统、装备能力和人才队伍建设五个部分。

（一）体制机制建设

体制机制建设在环境监控和预警体系中扮演着至关重要的角色，它们是实现有效管理和运作的关键媒介。随着社会的发展和技术的进步，人们对监控与预警工作的需求也日益增长。为了满足这些需求，我们需要对体系结构和运行方式进行深入思考和改进，以适应不断变化的环境和社会背景。为了确保环境监控和预警工作的高效性和准确性，我们建立了一套完整科学的管理体系。这套体系不仅具备较高的实用性，而且能够灵活应对各种复杂情况。通过科学的方法和先进的技术手段，我们可以实时监测环境中的各种指标，及时发现潜在的风险和问题，并采取相应的措施进行预警和干预。这样一来，我们可以更好地保护环境、预防灾害，为社会的可持续发展提供有力支持。

在建立这套管理体系的过程中，我们充分考虑了各方面的因素，包括技术可行性、经济合理性及社会可接受性等。通过对现有技术和资源的充分利用，我们努力实现了成本效益的最大化，也保证了管理体系的可靠性和稳定性。此外，我们还注重与相关部门和机构的合作与交流，共同推动环境监控和预警体系的不断完善和发展。总之，制度是环境监控和预警体系运作的媒介，而完善的管理体系则是保障其高效运作的关键。在未来的发展中，我们将继续加强制度建设和管理创新，不断提升环境监控和预警工作的水平和能力，为构建美丽宜居的社会做出更大的贡献。

（二）法规标准建设

制定和完善我国的环境监测和预警系统对于保护环境、维护生态平衡以及确保人民健康具有至关重要的作用。要做到这一点，就必须在现有的法律、标准和技术规范的基础上，对环境监测技术规范及环境监测设备的选择标准和维修管理体制，以及环境监测数据的管理与利用进行完善，对各监测机构的责任与权力进行界定。

第一，加强环境监测技术规范的制定和完善是关键。这需要我们密切关注国内外最新的环境监测技术和方法，及时将其纳入我国的技术规范体系中。同时，要注重对现有技术规范进行修订和更新，以适应不断变化的环境监测需求。通过不断优化和完善技术规范，提高我国环境监测的准确性和可靠性，为环境保护决策提供科学依据。

第二，完善环境监测设备的选用标准和维护管理制度也是重要的一环。在设备选型上，要充分考虑设备的性能、可靠性、易用性和成本等因素，选择适合我国国情的设备。在设备维护管理方面，要建立健全设备维护档案，定期进行设备检查和维护，确保设备的正常运行和数据准确性。此外，还要加强对设备供应商的监管，确保设备质量和售后服务。

第三，加强环境监测数据的管理和使用制度是保障环境监测工作顺利进行的基础。要建立健全数据收集、处理、存储和传输的规范和流程，确保数据的真实性和完整性。同时，要加强对数据的保密和使用权限的管理，防止数据泄露和滥用。此外，还要建立数据分析和利用机制，将环境监测数据与环保政策制定、污染治理等工作相结合，为环境保护提供科学依据和技术支持。

第四，明确监测单位的职责和权力是环境监测工作有效开展的重要保障。监测单位要按照职责分工，认真履行各项监测任务，确保监测数据的真实可靠。同时，要保障监测单位的权益，为其提供必要的资金、技术和人力支持，激发其工作积极性和创造力。

综上所述，制定和完善我国的环境监测和预警系统是一项系统性、复杂性的工作，需要我们从多个方面入手，全面加强各项工作保障。只有对环境监测技术规范、设备选择标准及维护管理体系进行改进，强化环境监测数据的管理与利用，明晰监测机构的责任与权力，才能真正做到保护环境，维持生态平衡，达到可持续发展的目的。

（三）信息系统建设

在我国的生态环境保护工作中,信息化发挥着至关重要的作用。环境监控与预警系统的设计与实现,是确保整个系统高效、准确和安全运行的关键因素。随着科技的不断进步和信息技术的广泛应用,我国在生态环境保护领域逐渐引入了先进的信息化手段。环境监控与预警系统的设计与实现,不仅能够实时监测和收集各类环境污染源的数据,还能通过数据分析和模型建立,及时预测和预警潜在的环境风险,为决策者提供科学依据和决策支持。

首先,环境监控与预警系统的设计与实现,可以大大提高整个系统的效率。传统的环境监测方式往往需要大量的人力物力投入,而信息化技术的应用可以实现自动化、智能化的数据收集和处理,大大减少了人力资源的消耗。同时,通过大数据分析和人工智能算法的支持,系统能够快速准确地识别出异常情况,及时采取措施进行干预和治理,从而提高整个系统的反应速度和工作效率。

其次,环境监控与预警系统的设计与实现,对于保证准确性也具有重要意义。信息化技术可以通过传感器网络、遥感技术等手段,对环境数据进行全方位、多层次的采集和监测,从而避免传统监测方法中可能存在的信息遗漏和误差。同时,系统还可以利用先进的数据分析和模型建立技术,对大量数据进行深入挖掘和分析,从而更准确地判断环境状况和风险程度,为环境保护决策提供可靠的依据。

最后,环境监控与预警系统的设计与实现,对于保障环境安全具有重要作用。通过实时监测和预警系统的应用,可以及时发现并应对各类环境风险事件,避免或减少环境污染事故的发生。此外,信息化技术还可以将环境监测数据与其他相关数据进行关联分析,发现潜在的环境风险隐患,提前采取预防措施,从而降低环境事故的发生概率和影响程度。

综上所述,在我国的生态环境保护中,信息化是一个非常重要的环节。环境监控与预警系统的设计与实现直接关系到整个系统的效率、准确性与安全性。只有充分利用信息化技术的优势,不断创新和完善环境监控与预警系统的设计和应用模式,才能更好地保护我国的生态环境,实现可持续发展的目标。

（四）设备能力建设

监控设备、网络设备和办公设备是环境监测预警系统运行的物质基础。装备能力建设要从监测级、咨询级和服务级三个层次着手。其中,监测层面的装备能力建设主要包括对环境质量(如空气、水、声音、土壤、生态)进行监测,并建立监测点。

在监控层的装备能力建设中,需要建立一套完善的环境监测网络,包括空气质量监测站点、水质监测站点、噪声监测站点和土壤监测站点等。这些监测站点通过传感器等设备实时采集环境数据,并将数据传输到数据中心进行处理和分析。同时,还需要建立一套高效的数据传输系统,以确保数据的实时性和准确性。

咨询层的装备能力建立在开发数据挖掘分析软件、建立咨询专家数据库的基础上。数据挖掘分析软件可以对大量的环境监测数据进行深度挖掘和分析,从而发现潜在的环境问题和趋势。而咨询专家数据库则可以存储和管理各个领域的专家知识和经验,为决策者提供专业的咨询意见和建议。

商业级别的装置功能集中在软件开发上,其中包含诸如项目评价、决策辅助等软件系统的发展。项目评价软件可以对环境监测项目进行全面评估,包括项目的可行性、效益和风险等方面。而决策辅助软件则可以为政府和企业提供科学的决策依据,帮助其制定合理的环境保护政策和措施。除了以上三个层面的装备能力建设,还需要注意系统的可靠性和安全性。环境监测预警系统需要具备高可靠性,确保在任何情况下都能正常运行。同时,系统还需要具备一定的抗风险能力,能够应对突发事件和灾害等紧急情况。此外,系统的安全性也是至关重要的,需要采取有效的安全措施保护数据的机密性和完整性。

综上所述,构建环境监测预警系统的装备能力需要从监控层、咨询层和服务层三个层面进行综合考虑。建立完善的监测网络、开发高效的数据分析软件和建立专业的咨询专家数据库,可以为环境保护工作提供科学依据和决策支持。同时,还需要注重系统的可靠性和安全性,确保其稳定运行并保护数据的安全。

(五)人才队伍建设

在人才队伍建设方面,我们需要以准确定位和合理投资为基础。这意味着我们需要明确目标和期望,然后根据这些目标和期望来投资人力资源。同时,我们也需要对人才进行准确的定位,确保其技能和经验与工作环境和需求相匹配。此外,还需要改革我们监测人才的管理体制和用人机制。这可能包括改变招聘流程，引入新的评估标准，或者改变培训和发展计划。我们需要确保管理体制和用人机制能够有效地吸引、保留和发展人才。此外，还要调整人才结构，这可能意味着需要增加或减少某些类型的人才，或者改变人才分布状况。我们需要确保人才结构能够满足业务需求和发展目标。科学确定环保监测中心的工作任务和人员配备标准也是我们的重要任务之一。我们要根据业务需求和发展目标来确定工作任务，然后根据这些任务来确定需要的人员配备标准。充实环境监测等相关专业技术人员是另一个重要的任务。我们要通过各种方式来吸引和保留这些专业的人才，例如，提供具有竞争力的薪酬和福利，提供良好的工作环境和发展机会，以及提供有竞争力的职业发展路径。最后，我们要解决当前人力短缺和长期超负荷的问题，并对其进行分工。这可能意味着我们要重新分配人力资源，或者为员工提供更多培训和支持，也需要确保员工知道自身的角色和责任，并且有足够的资源来完成工作。

子课题五
市场友好取向的环境治理新政策研究

本子课题研究集中阐释的我国政府、企业、公众共治的环境治理体系政策的框架和实施战略,无疑是我国环境治理体系构建之强有力的政策保障,成为我国环境治理体系的有机组成部分。

第一部分　我国生态文明建设的环境财税架构研究

环境财税政策是一种调节环境污染以保护环境的经济手段,是从环境保护角度考虑和制定的财税政策,包括环境税、与资源和环境有关的税收和优惠政策、消除不利环境影响的财政补贴政策和环境收费政策。环境财税体制主要分为环境财政政策和环境税收政策。环境财政政策主要是财政支出政策,主要包括:污染治理投资、财政转移支付以及政府绿色采购等。环境税收政策主要是财政收入政策,主要包括征收各种环境税收、征收排污费和税收优惠等。财政支出按经济性质分为购买支出和转移支出;与环境治理有关的购买性支出主要是污染治理投资和政府绿色采购;与环境治理有关的转移支出主要包括财政补贴和税式支出。财税政策是目前政府最常用的环境治理经济手段。与"命令—控制"式手段、许可证交易等措施相比较,财税政策推动环境治理更具有灵活性、长期性,更加符合市场经济的规律。(这里包括环境财税收入、环境财税收入分配和环境财税支出,即资源地的环境保育支出。)环境财税收入是与环境资源相关的企业在生产经营中缴纳的税费,分为普遍使用税费(即企业所得税)和环境资源专门税费(即资源税、资源租金税和权利金等);收益分配是指能源资源相关财政收入在各级政府间的分配关系,是各级政府财权的体现;资源地环境保育指各级政府运用财政资金对资源地生态环境进行保育,是各级政府事权的体现。本部分在概述我国环境财税政策和剖析国内生态建设的财税政策实例的基础上,研究并设计了我国环境税收政策体系和环境财政政策体系方案。

第一章 我国环境财税政策概述

第一节 建立健全我国环境财税政策体系意义

一、建立健全环境财税政策体系的重要背景

近年来,随着国家战略层面对环境治理的统筹考虑,公众的环保意识逐渐觉醒。在税收改革方面,国家已逐步开始考虑环境保护和治理。例如,消费税加征一次性餐具、实木地板等,车船税则按汽油排量计征等。但这些措施只表明了政府对环境保护的意识和态度,远没有达到用税收改变环境消费行为的目标。现有的资源税更多的是为了加强资源管理,促进资源的合理有效开发利用,但对生态环境的保护力度不够。因此,我国现行的与环境有关的税种亟待实现绿色化,环境税收制度应该随着国家税收改革的进程而建立。

二、建立健全环境财税政策体系的重大意义

《中华人民共和国环境保护税法》作为我国第一部促进生态文明建设的单行税法已在第十二届全国人大常委会第二十五次会议上获得通过。在环境问题日益严重的现状下,人们对环境保护税法寄予厚望,但不能指望一部法律就能解决所有环境问题。构建环境财税政策体系,应充分地体现公共财政政策的资源配置、行为引导和资金保障三大作用,同时结合公平高效、奖惩原则,以生态文明建设任务为出发点,从资源开发、生产、流通、消费等各个环节着手。

首先,征收环境保护税只是整个环境财税体系的一部分。在推进环境保护税征收的同时,还应加强各税种的配合,形成有利于环境保护和促进生态文明建设的环境财税体系。比如,有奖有罚,奖罚分明,强化税收减免政策。通过对有利于环境保护的行动实施税收激励,我们可以补偿环境保护利益的正外部

性，并体现"环保主义者的利益原则"。在现行的环境税收体系中，增值税、企业所得税、出口退税等优惠政策均是不可或缺的一部分。从世界各国的实际情况来看，有些国家已经采取了减免企业所得税的措施，有些则下调了增值税和车船使用税，目的就是减轻企业的负担。例如，韩国政府规定，对新能源公司所需要的进口货物及设备的关税减半。挪威、波兰、罗马尼亚、瑞典、土耳其等国也相继实施了相关的税收减免。中国应立足于生态文明的需求，从多角度构建环境财税体系，将环境财税体系逐渐融入我国的税制改革之中，对现行的环境财税政策不断地改进，并结合其他税务政策，构建和健全环境财税体系。

其次，环境财税制度是生态文明体系建设不可或缺的一部分。欲有效处理环保问题，不仅要有税收的支持，还要有国家产业政策、货币政策、投资政策、汇率政策、信贷政策等方面的协同合作，由此形成推动我国生态文明建设的强大动力。对于环境保护，除了税收征收的显著效果，还有公开污染信息等手段。例如，在中国香港地区，有关污染物排放的信息将在环境保护部门的网站上公布，所有信息都将向公众公开和透明，以便动员公众参与环境治理。公众的监督将给企业带来压力，推动企业采取更加环保的措施。环境问题不是一两天形成的，环境质量的改善将是一个缓慢的过程。我国环境财税政策主要内容见表5-1。

表5-1　我国环境财税政策主要内容

类别	内容
财政政策	污染治理投资、财政转移支付、政府绿色采购等。
税收政策	对资源税、消费税、城市维护建设税、城镇土地使用税、耕地占用税等起到了一定的制约作用；其中，增值税和企业所得税是起到激励作用的主要税收优惠。

资料来源：作者整理。

第二节　我国财税促进环境治理的作用机制

一、财税促进环境治理的机制框架

我国的环境财税政策本质上是一种"激励—制约"的制度安排。具体而言，主要有两个方面:一是激励制度。政府鼓励地方政府积极开展环境治理,通过直接投资污染控制、财政转移支付、政府绿色采购和其他金融政策,促进企业在环境保护方面的发展。利用税收优惠,减少企业的生产成本,增强企业的竞争能力,对环境资源进行合理配置,提高资源利用效率,从而改善环境品质。二是制约机制。通过征收和排污费等手段,限制了大规模的经济发展,增加了污染物排放的费用,促进了企业的能效水平,也促进了企业的工业结构的优化和升级。

在财政政策方面,主要包括污染防治投入、财政转移支付和政府绿色采购三个方面。在这些方面,一般不会有个人进行污染防治的投资;政府间的转移支付,包括财政补贴、专项环境资金等,通常由个人负担。而以环保投入为主要内容的纵向专项转移支付,也会对环境治理产生直接作用。政府绿色采购是指政府通过向企业购买大量的环境产品和公共服务,以提高企业的环境行为。

税收政策通过征收环境税(含排污费用)与税费优惠两种方式来推动环境治理。对环境税费的课征能够将环境污染主体带来的负外部效应内化,从而提高环境污染主体的经济成本,降低环境污染的排放量。税收优惠可以减少私营部门的生产成本,并激发他们的环保积极性,从而达到节约能源、减少排放的目的。两种方式方向不同,但目标一致。它们都旨在促进环境治理和改善环境质量。财税政策促进环境治理的作用机制如图 5-1 所示。

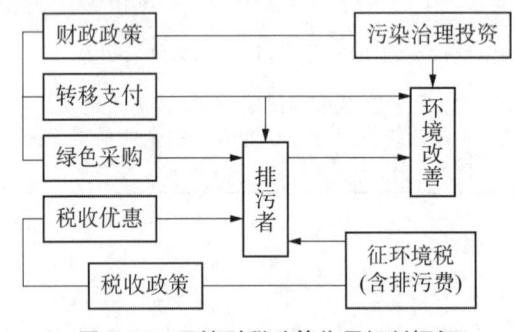

图 5-1 环境财税政策作用机制框架

二、财政政策促进环境治理作用机制

财政促进环境治理的功能机制是通过实施以下三类财政政策来实现的。

具体有:

(一) 治污控污投资

污染控制投资专门用于环境治理,具有明确的政策方向和重要的实践价值。投资强度是影响其规模和效率的重要因素。第一,通过充足的资金投入以保证不同类型的企业均能承担起污染控制的责任。第二,实现区域间环境治理水平的均衡。在重点污染区域,通过对其直接资助实现区域间的环境差距均衡。环境治理的"非排他"和"非竞争"特性决定了"搭便车"行为是环境保护中的一种常见行为,也就是企业和个体因自身利益而不愿意直接参与环境治理中来。所以,在我国进行环境治理时,必须加大治污投入,才能更好地提高环境质量。

(二) 财政补贴

财政补助是我国政府转移支付制度的重要组成部分。在这一章中,笔者主要从财政补贴的角度对我国转移支付机制进行探讨。对生产者进行财政补贴,可以起到正面的导向作用,也可以对生产者和消费者都起到正面的导向作用。财政补助之所以成为环境管理工具,有三个理由:一是适当补偿因积极防治污染而在市场竞争中处于不利地位的生产者;二是通过对低污染产品的消费者提高价格补助,以鼓励环境友好型消费;三是预防对生态系统造成的污染与损害。因为存在被迫谋生和贫穷导致对生态的损害。比如,政府通过一定的粮食补贴来激励农户,以降低农户对林地的采伐和草地的过度开发。

财政补贴的形式分为两类:(1)一次性补贴。政府通过专门的财政账户向生产者直接拨款,资助他们的生产行为。(2)支持性补贴。政府以协议的形式对满足政府补贴要求的企业和个人进行财政补贴,即政府在规定的时间里按照条件定期对有关单位或人员进行补助,以政府补贴提高企业排污的机会成本。排污企业不仅要交税,还会被处以各种惩罚,更得不到国家的财政补贴。因此,财政补贴不仅能够降低对环境的污染,还能促进企业技术进步、产品升级。

(三) 政府绿色采购

美国、加拿大等国都制定了相应的法律、规章,要求对获得了环境保护证书的商品优先进行采购,这是环境金融政策的一项重要内容。日本政府还制定了一项政策,要求消费者购买环保产品。欧盟对"绿色产品"的界定分为四个层面:"绿色产品""技术应用""功能""购买过程"。所谓"绿色产品",就是从原料、加工、包装、物流、运输、产品利用、资源消耗、环境污染和报废后的处理等方面,都要做到"绿色""生态"。在此基础上,提出了"绿色采购"政策,以推动环保科技的推广与开发。

政府实施绿色采购,不仅是一种重要的宏观调控手段,而且是一种促进我国经济发展的有效途径。其推动环境治理的机制有以下几点:第一,政府绿色采购可在一定程度上推动企业"绿色生产";要使政府成为最大的消费者,就需要提高公司的管理水平,改进公司的生产工艺,达到节能减排的目的,提高公司的环保意识,减少企业的污染,推动资源的循环和再利用,减少或消除产品对环境和人类健康造成的不利影响。第二,推行绿色并购,可以促进环保产业的发展,建立可持续的生产制度,培育绿色产品和产业,开发绿色科学技术。第三,推行"绿色采购"能有效促进绿色消费市场的建设,增强全民环保意识。

三、税收政策促进环境治理作用机制

环境的正外部性能使其他企业受益,负外部性则会使其他企业受损。在这种情况下,环境外部性给企业带来的效益与成本,就不能以市价来衡量。因此,当市场机制不起作用时,就会出现"市场失灵"现象。单纯依靠市场的自我约束,不仅不能扩大正外部性,而且不能防止负外部性的产生。税收政策作为一种弥补"市场失灵"、促进资源配置效率提高的制度安排,通过税收促进环境治理,其影响机理:一是提高优惠力度。加强对环保行业的税收优惠,使企业的生产积极性得到提升,同时激发其他企业的采购热情,从而达到节约能源、减少温室气体排放的目的。二是要加大污水处理的费用。当企业支付的税款超出了他们的管理成本时,他们会自然而然地选择治理污染。具体有以下措施:

(一)征收环境税

环境税的征收是市场调节手段之一,鼓励企业或个体根据市场发出的信号,采取相应的措施,以规范其生产、消费的行为。只有通过合理良好的环境税收体系,才能使企业或者个体在追求自身利益的同时,达到环保目的和取得社会效益。通过征收环境税可以降低对环境的危害,降低对资源的浪费,达到节约能源、降低排放的目的。主要表现在两点上:一是对资源开采、原材料输入和产品生产等中间投入环节征税,一方面将导致原材料的价格和成本上涨,从而会促使企业提升生产效率、节约能耗;另一方面也会使企业通过提高价格把附加的税费转嫁给消费者,从而降低最终消费,达到节能减排的目的。二是通过对最终消费环节征税,提高产品价格,降低消费支出,实现节约能源。从实质上讲,这两种方法都是以物价变动为导向的社会行为变化。

从长远来看,征税对生产者的激励作用主要表现在,鼓励企业研发节能技术,提高资源利用率,降低能耗和生产成本。对消费者而言,征税的长远效果在于,他们会减少消费高耗能、高污染的产品,取而代之选择其他低耗能且低污染的环保产品,从而推动环保产业的发展,促进经济转型和可持续发展。在工业生产中必然会产生污染。因此,税收的目的并不在于消除污染,而在于促使生产者降低污染物的排放。我国环境保护税税目税额见表5-2。

表5-2 我国环境保护税税目税额表

税目	计税单位	税额	备注
大气污染物	每污染当量	1.2—12元	
水污染物	每污染当量	1.4元—14元	
固体废物	煤矸石	每吨	5元
	尾矿	每吨	15元
	危险废物	每吨	1000元
	冶炼渣、粉煤灰、炉渣、其他固体废物(含半固态、液态废物)	每吨	25元

(续表)

税目	计税单位		税额	备注
噪声	工业噪声	超标1—3分贝	每月350元	在每个单元的边界上存在多个噪声超限的,按照最大的超标率计算应缴税款;如在100米范围内,有两个或三个以上之噪声超限,依两个单位计。 同一企业有多个办公地址时,应分别申报纳税所得额,并按累计计征。 白天超过或夜间超过规定标准的,由白天计算,夜间计算,累加计算。 企业纳税年度超过15个工作日的,减半征收税款。 对于经常在夜间发生的突发性的工厂边界超限噪声,分别以当量声、峰值声两个指数中超过分贝值的一项作为计税依据。
		超标4—6分贝	每月700元	
		超标7—9分贝	每月1400元	
		超标10—12分贝	每月2800元	
		超标13—15分贝	每月5600元	
		超标16分贝以上	每月11 200元	

资料来源:作者整理。

(二)收取排污费

排污费是指国家对超过规定标准的排污行为所征收的一种费用。排污费用的产生机理类似于税收的产生机理。当排污收费的定价高于企业的边际治理成本时,企业将会采取措施治理排污;当排污收费的定价低于其边际处理成本时,企业将自愿支付排放成本,并不断将污染物排放到外部环境中。因此,要使排污职能机制真正发挥作用,收费标准的确定是关键。当治理费用小于其边际治理费用时,企业则会愿意交纳排污费用,并持续向外排出污染物质。所以,要使污水处理的作用真正发挥出来,就必须建立一个合理的收费标准。排污税最早由德国开始,1904年,德国开始收取污水排放税。1976年,德国颁布了《水源排放废水征税法》,这是世界上首部关于排污费征收的法律;从1981年起,德国对将污染物排入公共水域的企业或私人收取费用,并按其排污种类及排污总量确定费用。据经济合作与发展组织(OECD)的一项调查,目前国际上已有较多国家制定了排污费用制度,具体内容包括:废气、污水、固体废物、土壤污染和航空器噪声等方面。

排污收费对企业环保行为的激励机理为:收费对企业的节能减排具有激励作用。在征收排污费的同时,厂商会积极地进行生产工艺改进,尤其是降低污染的工艺,以维持原来的既定利润。当公司的经营效率增加、生产工艺改善、单位产品制造成本下降时,公司的真实收益将增加。

(三) 税收优惠

环境税收优惠是一种以环境治理为目标,由政府对纳税人的节能减排活动给予一定程度上的补贴,通过纳税杠杆达到减轻其税负的税收政策。为推动环境产业的发展,同时为阻止国外的污染工程的流入,西方国家对环保技术的研究、开发与转让普遍应用税收优惠政策。环境税激励不仅可以促进环保技术的发展,加快环保基础设施的建设,还可以促进节能减排,协调地区发展,促进国民经济的全面、协调、可持续发展。环境税收优惠的机制是指政府以牺牲部分税收利益为代价,实行税收减免优惠,让纳税人从中获益,降低其税负,鼓励其积极开展环境保护技术的研发、环保服务的提供等工作。从实质上说,作为政府为实现环境治理公共政策目标而采取的重要措施,税收优惠是一种虚拟的政府财政支出。税收优惠在环境治理中起着引导和激励作用。从长远来看,生态文明建设应该是推进我国生态文明建设的重要途径。

环境税收优惠主要体现在:实行加速折旧、递延纳税、减免税款等措施来减少企业经营成本,同时对企业实行税收优惠政策。通过对环保产业实施优惠税率,降低其他企业购买环保服务及设备的成本,从而为其提供间接税优惠。总之,从长期来看,在对环境进行治理的过程中,间接税收激励能够推动新的经济增长点,也就是推动环保行业的发展。我国环保产业发展类别见表5-3。

表5-3 我国环保产业发展类别

产业类别	产业内容
生产经营环保设备或产品	主要指废水、废气、固体废物的治理设备、噪声控制设备、放射性与电磁波污染防护设备、环保监测设备等
综合利用资源	主要指废渣、废水、废气的综合利用,废旧物资回收利用等
提供公共环境服务	主要指污染削减技术、环境管理、污染削减工程设计和施工等各种服务

资料来源:作者整理。

第三节　我国环境财税政策问题分析

一、我国环境财税政策存在的问题

（一）政府权力与财政权力的不对称

权力分工是构建与健全环境投资与融资制度的一个关键条件与依据。政府权力与财政权力的有机统一，是各级行政机关切实履行职责的必然要求。总的来说，目前有关金融体制的规范性文件中，有关政府之间的权力分配的内容还是太过原则性，更多的是倾向于宏观的，缺少具体的、明确的、分类的指导性规定。在环保和污染防治的实践中，政府和市场之间存在着一种模糊的边界，中央和地方环境权力没有分开，权力划分和财政权力的详细目录尚未形成，这些均形成财政环境保护预算投资理论框架体系的障碍和制约因素。此外，还经常与不健全的转移支付系统相结合，导致国家的财政资金，特别是中央的资金出现严重的滞后，出于各种因素，基层的财政环保投资没有完全落实到位，导致大量的环保责任转嫁现象。在1994年对分税财务和税务体制进行改革的时候，按照行政归属关系进行的收入分配的方式在很大程度上还保留着，但是在对中央和地方的财务权限进行分配时，并没有对将来的环保责任进行全面的考虑。由经济发展引起的越来越多的环保问题，加之国家间的环境权力界限模糊，导致财权与事权的冲突日益加重。具体表现如下：第一，在环境保护权力划分问题上，中央政府与地方政府、政府与市场的分权不够清晰。这主要体现在：一些应由中央政府负责并能对全国及地区产生外溢作用的环保工作缺少有力的资金投入和资金保障。如若不能及时、有效地发挥这些市场与地方政府的作用，将会给国家经济与社会发展带来巨大的环境风险。同时，地方政府在环境治理、市政基础设施、环境治理等领域的投入，也对地方财政投入提出了更高的要求。但是，目前我国环境保护事权界定不明确、财权与财力不明确等问题，导致地方政府对中央的"推诿"行为时有发生。第二，地方政府间的环保权力界定不清，财力与权力不相配；首先，在防治环境污染方面，具有明显的外部性。其效益与效应一般都集中在流域与区域，具体的执行主体也都集中在一定的行政区划之内。如果没有一个有效的制度安排，很容易造成上游和下游的权力与财权的错位。其次，从中央与地方之间的财税分配和中央与地方之间的环保权力的配置方式来看，两者之间有较大的不同。例如，中央政府对大中型企业的税收负担很大程度上是由中央政府来负担的，而对环境污染的控制则落在了地方政府的肩上。地方政府承担了很多历史上遗留下来的环境问题，例如，企业倒闭后的污染治理等，导致了贫困、落后地区的资金短缺。此外，"属地管理"与"非属地管理"的共同责任分配模式已不适应跨区域、跨流域环境保护与治理的需求。《中华人民共和国环境保护法》第16条明确了地方政府对其管辖范围内的环境质量负责，并对其进行治理。这说明中国目前的环境治理制度是以属地为基础的。如果按照地域原则来进行环境管理，易受到地方保护主义的干扰，进而影响到流域环境的治理。地方政府只对本地环境负责，如果污染的外部性对本地经济的发展有益，那么地方政府就会倾向于采取地方性的环保行动。在此基础上，环境保护"三同时"制度、环境影响评价制度和限期整改制度等一系列法律法规的出台，将极大地制约环保措施的执行力度。例如，流域水环境作为一种公共资源，既具有整体性，又具有相关性，不受行政区划的影响。某一地区的水源一旦受到污染，就会对该地区的生态环境产生不利影响，其主要特征是地区之间的交叉污染。流域内的跨境水污染问题，是我国长期以来所遵循的"属地"原则在环境治理中的体现。因为上游排污企业对下游河流造成了一定的污染，而对于上游排污企业，下游地方政府没有权力去追究其责任，也无权要求其减排或补偿。而与此同时，对于上游地方政府来说，也缺乏约束污染环境者的激励。出于跨境环境利益与效应的不可分离，加之"搭便车"等原因，很多地区对建设处理排污设施持观望态度，或建成也未投入运行，造成排污控制投入严重不足。最后，我国地方尤其是基层政府的环保职责与财政政策扶持的状况不相适应。按照"层级责任制"的要求，当前，我国的环保工作大多是由各级政府来承担的。自分税制以来，我国存在着财政权力由中央向地方层层汇聚与财力层层下放的现象，导致基层财政运行日益吃紧。而基层政府则面临着"上有政策，下有资金"的宏观调控，其政策开支越大，资金供应越少。上级部门所制定的财政支出政策，将对其财政收支状况、环境保护投入等产生重要的作用。

当环境权力与财政权力配置不清、非对称时，其结果更为显著：一是更易加剧当地政府的保护行为。现有体制下的权力与财政权力不相适应，造成了中央和各地方的利益冲突,使得各地方政府在实施环保措施与拨付预算时,往往会优先考虑前者,而将环保或治理的任务交给中央政府或其后任。一般情况下,出于对当地税源和各级行政机关的权益保障的考虑,对当地经济财政和税收贡献有重要影响的"高污染、高能耗"的企业和工程,往往受到当地政府的青睐。当发生大规模跨地区、流域等环境污染问题时,地方政府往往将其视为上级政府的责任。即使本地企业没有污染,他们也不能保证其他地区的企业没有污染。因此就采用听之任之的态度。二是中央政府的转移支付并没有很好地改善目前当地的环境保护投资状况。从财政与财政关系上看,中央财政收入趋向于中央。由于地方财政收入具有很大的不确定性,许多地方的财政状况都比较艰难,因此,中央必须担负起较大的转移支付责任与费用。目前,我国对中央转移支付的立法规定还不够完善,没有从根本上解决权力不对等和资金不匹配的问题,从而导致转移支付体系的不合理配置,这使得解决地方政府在环境保护方面的投资不足问题变得更加困难。

(二)财政分权影响环境治理支出

分散开支是地方政府实际拥有自主权的表现。因此,地方政府在财政分权程度越高时,其利他动机就越强。分税制实施后,中央对财税立法权限过大、支出责任过大等情况,造成了财政收支失衡。由于利他主义动机,地方政府在扩大公共开支的同时,也存在着财政赤字问题,因此,中央应以转移支付等手段予以解决。在现有的转移支付体制下,中央对地方政府的关注程度越来越高,并通过转移支付来影响地方政府的经济行为,从而导致了地方政府对中央政策的服从。此外,越是利他主义的地方政府,其目标功能越符合本地区居民的实际需要。所以,从主观上看,地方政府更愿意把转移支付当作一项公共产品,而非直接用于经济建设。因此,当财政支出分散程度提高时,利他者会更加克制自身行为,降低收入差距,更加靠近中央政府,进而提高环境治理水平。财政分权,特别是财政支出的分散,不是造成环境治理投资不足的根源;适当的权力下放可以扩大地方政府的自治程度,促进其在利他主义、利己性等激励下改善环境治理,但因不完善的转移支付机制而削弱其动力;地方政府过分放权引发的财权和事权不对称,造成了转移支付的低效,这是造成环境治理投资不足的主要因素。

（三）转移支付制度不完善

1. 垂直转移支付系统存在局限性

支出的多元化表明了当地政府实际上已经实现了自治。因而，随着财政权力下放，地方政府具有更大的利他动机。实行分税制以后，中央在财税立法上的权限过大，支出责任过重，致使我国的财政收支出现了严重的不平衡。在此背景下，地方政府在扩大公共支出规模的同时，也存在着一定的财政赤字，因此，必须通过转移支付等手段予以解决。在当前的转移支付体制下，中央越来越强调对地方政府的关注，并通过转移支付的形式对其实施管理。此外，地方政府对社会的利他程度越高，其目标函数也越与本地居民的真实需求相吻合，因此，在主观上，地方政府倾向于将转移支付作为一种公共物品，而不是直接投入经济建设中。所以，如果政府的支出差异化越大，其利益主体就越能约束自己的行为，减少收入差异，并向中央政府靠拢，从而改善其环境治理。财政权力下放，特别是支出权力下放，不是造成环境治理投资不足的根源；适当的权力下放可以扩大地方政府的自治程度，促进其在利他性和利己性的激励下改善环境治理，但是在转移支付机制不完善的情况下，这种动力被弱化了；目前，地方政府权力下放过大，财权与事权之间的不对称性，造成了财政转移支付的低效，这已成为制约我国环保事业发展的主要因素。另外，中央转移支付的规模是根据当年中央预算执行情况来确定的，具有一定的随机性和不确定性，财政拨款要到下一年度决算时才能落实，已无法满足生态环境建设与保护的迫切需求。这说明，垂直转移支付只是一小部分区域间的利益协调，其力度和范围都十分有限。

2. 横向转移支付体系薄弱

虽然部分地区已开始探索利用区域之间的协调和协作来应对横向转移支付问题，但是无论从经典金融理论，还是从实践的角度来看，立足于生态补偿的横向转移支付在我国的实际应用中还比较薄弱，这表现在以下几个方面：

（1）转移支付系统的设计滞后。当前，我国以垂直管理为主导的转移支付体制，尚未建立起省县间横向转移支付体制。由于缺乏有效的横向转移支付，制约了转移支付功能的发挥。从制度设计目的上看，均衡区域收入分配是中央政府确立这一体制的重要动因。在制度设计方面，对省际外部性内部化这一问题的考虑仍有欠缺。当然，这并不包括生态补偿。

（2）我国政府间转移支付制度的缺位。与国际金融理论相比，我国部分学者基于垂直转移支付理论提出了"水平转移",即由发达地区向贫困地区的直接迁移,通过改变区域间的利益格局,实现区域间的均衡。这里的横向转移支付不包含地区间的贸易往来。

(3) 我国财政转移支付制度缺乏现实依据。与垂直型生态补偿相比,水平型生态补偿的理论和实践还很少。目前,只有广东和浙江两个经济发展较快的省开展了这方面的工作。从全国的角度来看,生态环保服务可以说是一顿"免费午餐"。我国在构建基于生态补偿的横向转移支付体系方面,还没有可供借鉴的经验。生态补偿机制的核心是要解决由利益溢出所引起的生态服务地区之间的低效率问题。然而,从国际转移支付的比较来看,很少有国家采取具体的、规范性的措施来实现这一过程。尽管有些国家在整州(省级)间存在着某些特殊用途的利益外溢,但是其实施的方式与内容比较含糊。在中国很多地方,缺少横向的生态补偿机制,导致了目前很多地方环保工作进展缓慢。

(4) 环保专项资金使用效率低。与其他国家相比,中国环境保护专项资金的使用效率较低,因此提出三种解决方案:一是加快资金落实。各级财政部门积极会同生态环境保护部门,按照财政资金管理要求,进一步加大资金拨付力度,切实加快落实中央和省级生态环境保护专项资金。特别是对党中央、国务院做出重大决策部署的中央直接资金,要求各县(市、区)财政部门进行全过程、全链条、全方位监测,积极联系生态环境部门,密切跟踪资金落实情况,加强分析研判,采取针对性措施,全面提高资金使用效率。二是加强项目管理。各级财政部门积极配合生态环境部门,确保推动项目实施的要素,严格按照仓储项目内容推进实施。对经考核不能开工的项目,及时收回资金,用于生态环境领域其他已入库项目。三是加强监督检查。对于专项资金落实率滞后的县(市、区),财政部门督促项目责任部门认真查找原因,提出切实有效的措施,明确责任,专人负责,推动专项资金落实工作取得实质性进展。财政部门通过不定期监督检查、绩效评估和第三方审计,督促问题及时整改。

二、我国环境税收政策存在的问题

(一) 缺乏独立的环境税

在现行的税收制度中,没有单独设立环保税。环境治理和生态保护对税收和排污收费体系的依赖性很强。由于没有一套独立的环保税收制度,很难建立起一套专门的环保税收制度,很难对其进行有效的、强有力的打击。种种情况说明税收制度不能仅靠自身发挥调节作用。另外,成本制度缺乏税法的强制性与稳定性,其成果难以巩固或深化现有的成就。在我国,环境税的开征主要是从环境税种与税收征收两个方面入手。

(二) 资源税制度不合理

我国从 1984 年开始征收资源税,资源税是世界上第一个与资源、环境有关的税种,对环境的治理起到了积极的推动作用。2004 年,我国对含碳氢化合物、某些矿物的税率做了相应的调整,并取消了原来对有色金属征收 70% 的优惠。新疆在 2010 年开始实施资源税改革,为我国西部地区的资源税改革揭开了一页新的篇章。2016 年,我国对《中华人民共和国资源税暂行条例》进行了第二次修改,将成品油按销售额的 5%—10% 计征。在设计之初,对某些矿产按其盈利程度分别征收累进的资源税。其主要目的是调节资源结构和发展状况引起的资源开发企业之间的收入差异。自 1994 年 1 月 1 日开始,实行新的资源税,即对所有采矿、制盐企业和个人实行统一征收和差别调整的资源税。征税范围扩展到各种矿产,无论矿产种类还是无矿产资源,都要征收收益税。从某种意义上讲,资源税是"版税"。此外,由于 1994 年的分税制将资源税划归地方税种,因此,在调节税收差异性方面遇到了一些困难。这样,我国现有资源税的各税种性质和现有的矿产资源补偿费已开始向统一方向发展。在征税基础上,以销售收入、自用收入代替开发收入,这种做法在某种程度上也造成了企业对资源的不合理利用。在征收标准方面,实行按数量和定额的统一征收。在此基础上,依据我国资源税调整资源差异性所得的立法精神,对不同税种、不同纳税人实行不同税率。目前,我国以矿产资源储量与开发状况为主要依据,对矿产资源进行分类、确定资源税。但是,尽管十年来矿山的开采和存储情况有所改变,但是,赋税不能因开采情况的改变而改变。

(三) 环保税收优惠不合理

税收是对环境污染进行控制和实现生态补偿的一种有效途径。我国 2018 年 1 月 1 日起正式施行了专门针对环境保护的税收。在此之前,相当长一个时期只针对部分税收进行了税收优惠。从一定程度上来说,这是一种"保护人的赔偿"，是一种税收优惠，是一种生态补偿。其中包括：

1. 增值税的优惠政策主要有三大类

第一种是对各种资源进行综合利用的产品。例如，利用废弃物制造建筑材料，免征增值税；对水泥实行增值税抵扣，可以立即退税；对利用废旧沥青混凝土制成的沥青砼，应按规定缴纳增值税，并及时退还；对粉煤灰块、煤矸石块、炉底渣块，加征6%的增值税；对一些新型墙体材料的出口实行减半征收。第二个领域是废品处理的税务激励，比如，对于废旧材料回收利用的企业，收购废旧材料，免征增值税；对于制造业企业从废品、废旧物资经营者那里购进的废品、废旧材料，可以享受10%的减税。第三个方面是对那些使用洁净能源生产的产品实行税收激励措施，这些产品不会对环境产生影响。例如，小规模的水电，可适用6%的简易税率；对风力发电所得的税收，按应纳税所得的50%计算；三峡电站和二滩电站对发电所得的增值税，如果超过8%，则应先征，然后再退。

2. 营业税政策规定

对于病虫害防治、植物保护以及相关技术训练所获得的收入，应当予以免税。这一政策的出台旨在鼓励和支持农业领域的发展和创新，以保障农作物的健康生长和农业生产的可持续发展。病虫害防治是农业生产中不可忽视的重要环节，直接关系到农作物的产量和质量。为了提高农民的病虫害防治能力，政府决定对相关的技术训练所得进行免税优惠。这意味着农民可以通过参加病虫害防治技术培训课程，学习最新的防治方法和技巧，从而提高自身的专业水平，更好地应对病虫害的挑战。植物保护也是农业生产中不可或缺的一环，涉及农作物的生长发育、品质保持以及环境保护等方面。为了鼓励农民积极参与植物保护工作，政府对相关的技术训练所得进行免税优惠。这将为农民提供更多的机会和动力，通过学习和掌握植物保护的知识和技能，推动实现农业生产的可持续发展。此外，政府还意识到技术训练对于农业现代化和农村经济发展的重要性。因此，除了病虫害防治和植物保护方面的技术训练所得免税，还将对其他与农业相关的技术训练所得给予同样的优惠政策。这将有助于培养更多的农业技术人才，推动农业科技的进步和应用，提升农业生产的效率和竞争力。总之，营业税政策对于病虫害防治、植物保护及有关技术训练所得的免税优惠，将为农民提供更好的发展机会和条件，有利于促进农业的可持续发展和农村经济的繁荣。同时，这也体现了政府对于农业领域的关注和支持，为实现粮食安全和农业现代化目标做出了积极的贡献。

3. 消费税政策规定

根据消费税政策的规定，除了对汽油、柴油、汽车、轮胎及其他污染产品征收增值税，自1999年1月1日起，含铅汽油消费税的税率由每升0.2元调整为每升0.28元。对制造、出售低排放车辆的企业实行减税政策。这一举措旨在进一步减少环境污染和促进可持续发展。新的消费税将对一些特定的消费品和服务进行征税，以鼓励人们更加环保地消费。这些消费品和服务包括高能耗的家电、塑料制品、一次性餐具等。通过对这些产品的征税，政府希望能够引导消费者选择更加环保的替代品，从而减少对环境的负面影响。此外，新的消费税还将对一些奢侈品和高档消费品进行征税。这一举措旨在调节社会财富分配，减少贫富差距，并鼓励人们更加注重可持续的生活方式。奢侈品和高档消费品的征税将使得这些商品的价格上升，从而降低其吸引力，促使人们更加注重实用性和环保性。为了确保新的消费税政策的顺利实施，政府还将加大税收征管和监管力度。相关部门将加大对纳税人的宣传教育力度，提高纳税人的环保意识和纳税意识。同时，政府还将加强对市场销售环节的监管，打击偷逃税款和非法经营行为，确保税收的公平性和合法性。

4. 所得税政策规定

主要内容是：按照国家有关规定，利用废旧资源生产的企业，可以在5年内享受免税优惠；对从事节能减排和环境保护等领域的外资企业，其取得的技术转让所得，在国家税务机关批准后，按10%减征。对具有先进技术和条件的企业，实行税收减免。

5. 城市维护和建设税

城市维护和建设税是一种专门用于城市建设和市政建设等环保项目的资金筹措方式。通过征收这一税费，可以为城市的环境保护事业提供必要的资金支持，从而产生积极的影响。

首先，城市维护和建设税的征收可以促进城市的可持续发展。随着城市化进程的加快，城市面临着日益严重的环境问题，如空气污染、水污染和垃圾处理等。这些问题需要大量的资金来进行治理和改善。通过征收城市维护和建设税，可以为环保项目提供稳定的资金来源，推动城市环境的改善和保护。

其次，城市维护和建设税的征收可以鼓励企业和个人参与环保事业。税收的征收可以通过提高环保项目的优先级和资金投入，吸引更多的企业和个人参与到环保项目中来。这样一来，不仅可以增大环保项目的实施力度，还可以提高社会对环保事业的关注度和参与度。

此外,其他房地产税种,如城镇土地使用税和耕地占用税等,也在农田水利和土地利用方面给予了一些优惠政策。这些税收政策的实施,旨在鼓励合理利用土地资源,保护农田水利设施,促进农业可持续发展。例如,对于农田水利设施的建设和维护,可以给予一定的税收减免或优惠;对于合理的土地利用,可以降低土地使用税的税率或免征。这些优惠政策的实施,有助于提高农田水利设施的使用效率,促进农业生产的发展,同时有利于保护土地资源,实现可持续的土地利用。

综上所述,城市维护和建设税及其他房地产税种在城市环保事业和农田水利土地利用方面发挥着重要的作用。通过征收这些税费,可以为环保项目提供必要的资金支持,促进城市的可持续发展;同时,通过给予优惠政策,鼓励企业和个人参与环保事业,保护农田水利设施,实现可持续的土地利用。这些措施的实施将有助于构建绿色、宜居的城市环境,推动经济社会的可持续发展。

上述税收优惠政策对于降低环境污染,提高资源综合利用效率起到了积极的作用。但是,这些税收政策对真正促进环境治理与保护的作用远不够。具体而言,首先,在当前的税制中执行环境保护政策时,所采用的税收优惠措施的方式比较简单,它的作用主要限于减免税,因此获益范围比较狭窄,缺少了针对性和灵活性,力度也比较小。其次,消费税和资源税对环境保护的监管不够完善,税率过低,税收差距过小,征收范围狭窄,对环境保护监管不够。

(四)排污费征收管理中存在的问题

当前,排污费作为一项重要的环保措施,已成为国家环保事业发展的一项重要内容。其不足之处有:第一,收费标准不尽合理。由于排污收费不高,部分企业对排污费用的支付没有给予足够的关注。设立这个收费是为了提高公司的成本,让他们把注意力集中在这上面,从而达到降低污染、环保的目的。但是,由于税收的不合理,企业在生产经营活动中往往采取"付费"而非"购置"的方式。第二,立法水平相对较低。排污费只是一项规章制度,虽然它也是强制性的,但其法律效力与税法仍有很大差距。它不具有征税的特点,而且由于中国自古以来倡导的人情世故,很容易出现打感情牌的问题,因为关系好,你可以少收一些费用,毕竟它的征收并不那么严格。在收费的过程中,收费时间还没有确定,这是相当随机的,这也是收费最初制定时没有达到效果的原因。第三,征收范围不合理。就征税范围而言,它仍然相对狭窄。它只针对一些工业企业生产后发生的现象征收,在过程中和居民生活中不收取费用。征收范围小也使得公民对环境治理和环境独立保护的意识较弱,因此会出现这样或那样的问题。如果仅靠政府根本无法控制,这种征收方式在节约资源和保护环境方面的作用将非常有限,甚至可能加剧资源短缺,破坏生态环境。目前,我国仍存在着部分污染源未纳入排污费的问题,排污收费与治理成本之间存在着一定的差距,排污收费标准有待进一步提高。

第二章　我国生态建设的财税政策的案例分析

第一节　三江源生态保护区的财税政策实践

一、三江源生态保护区的基本情况

三江源生态保护区(以下简称三江源区)是中国最大的淡水水源地,地处长江、黄河和澜沧江三大水系的发源地,不仅是青藏高原物种多样性最丰富的地区,还是研究亚洲和北半球甚至世界范围内气候变化的重要突破口。该地区地理位置独特,资源丰富,生态功能明显,是国家重要的生态功能区,也是全国首个生态保护综合试验区。《青海三江源自然保护区生态保护和建设总体规划》确定总投资75亿元的资金投入,并在此基础上进行了详细的规划。该区域面积占青海省面积的21.13%。2011年11月,国务院批准设立青海三江源国家生态保护综合试验区,这是中国第一个国家级生态保护综合试验区。2016年,经中央批准的全国首个国家公园体制试点——三江源国家公园体制试验正式启动。三江源国家公园在建设过程中,以制度创新为手段,逐步建立起一套完整的生态保护管理体制。2013—2020年,国家投入160.6亿元在三江源流域开展二期的生态保护建设工程,主要采取围网、黑土滩治理和鼠害控制等技术手段。通过二期工程,三江源区生态保护与修复工作取得显著成效,实现了水资源、草场、生物多样性、经济收入、可持续发展等"五增"目标。不同季节三江源区生态环境如图5-2所示。

图 5-2　不同季节三江源区生态环境

二、三江源生态保护区的经济特征

(一) 经济总量小,区域经济价值远小于生态价值和社会价值

2012—2020 年,三江源区 GDP 总量为 1515.79 亿元,年均增速为 7.90%。虽然小有发展,但是由于地理位置和人口的限制,这个地区的经济规模仍要进一步发展。三江源区在 2020 年国内生产总值在青海省国内生产总值中所占比例为 12.12%,其人均国内生产总值仅为 24158 元,与全省平均水平相差甚远。相对于其具有的独特的生态和社会价值,三江源区经济在全省大局中占比较小,在全国大局中占比更小。

(二) 产业结构过于单一,改善生态和保护环境的压力巨大

2012 年,三江源区三大产业结构的比例为 29.09∶43.84∶27.07,2020 年为 25.36∶40.38∶34.26。第一产业比 2012 年减少了 3.73%,第二产业减少了 3.46%,第三产业增加了 7.19%。长期以来,三江源区畜牧业作为区域经济的主导产业,但受资源、自然条件、生态条件的限制,其发展极为缓慢;三江源区是一个以电、采、畜产品加工为主的地区,但总体规模偏小,工业基础薄弱,工业结构相对简单,发展相对缓慢。三江源国家公园的建立,促进了以旅游、商贸、交通等为主导的服务产业的快速发展。仅玉树州,从 2016 年到 2020 年,就接待游客 329.5 万人,获得了 21.4 亿元的旅游收入,开创了三江源区的生态文化旅游新局面。但是,由于受自然、历史、基础设施等因素的制约,农村劳动力的流动对经济增长的促进作用十分有限。所以,在很长一段时间里,该地区的经

济发展还是以电力、矿产和能源为主。

(三) 资源优势没有成为经济优势,经济发展严重滞后

三江源区内有十多种矿产资源,包括煤、金、铜、锌、汞等。有的矿石不但质量好,而且蕴藏量大。虽然拥有丰富的自然资源,但是与经济发达地区的社会发展状况相比,该地区的经济发展状况较差。与此同时,经济基础和发展条件的限制,使得其生产成本比其他地区要高很多,所以对本地资源的开发大部分只是进行了初步的利用,对资源的深度加工和再利用的水平较低,各个产业链都比较单一,而且还比较短。总之,该区域前向产业、后向产业和侧向产业发展滞后,从而导致中下游工业的发展不够成熟,工业发展表现出封闭、粗放的特点,经济发展存在着严重的滞后。

三、三江源生态保护区的财税问题

(一) 三江源区生态与经济发展不协调是影响生态保护和建设的根本问题

当前,三江源区生态、经济和人为因素的相互矛盾,形成了一个相互影响、相互制约的"怪圈"。人类的不合理行为导致贫穷与生态脆弱,两者之间的矛盾日益尖锐。生态建设问题,长期困扰着三江源生态区的经济与社会发展。目前还没有从根本上遏制生态环境恶化的势头。这一现象的根本原因是:未实现生态与经济协调发展,未将生态效益与牧户增收结合起来,未实现生态与经济的良性互动。

(二) 金融体系不畅是影响生态保护和建设的制度性问题

1. 财政权力与行政权力的失衡

三江源区长期存在财政自给能力低下、州县财力与权力结构严重失衡等问题,已成为制约三江源流域经济发展的"瓶颈"。如果仅仅依靠州、县政府的财力,要实现生态环境保护的目标十分困难。特别是在"营改增"以后,过渡时期,中央和地方都承担了增值税,而企业所得税的比重达到了40%,这就导致了地方财政收入的减少。三江源区的经济发展状况并没有得到很好的改善,使得三

江源区的经济发展面临着严峻的挑战。

2. 生态补偿制度有待进一步完善

从2010年开始,三江源区在该地区范围内建立生态补偿制度,有效地推动各类生态保护项目的开展、农牧民的生产和生活水平的提高。但是仍然存在着很多难题,比如,对生态补偿的融资和管理系统缺少顶层设计;三江源县财政困难,缺乏可持续稳定的生态补偿资金来源;赔偿范围很小。"三江"周边还有与其生态作用、战略作用相当的"禁限"区域,但不在其生态补偿的范畴内;受财政资源限制,薪酬标准较低。

3. 生态建设资金来源单一

当前,三江源区经济规模相对较小,这导致了生态建设资金来源的单一性。由于缺乏多元化的资金来源,社会资本在生态建设中的吸纳能力相对较弱。目前,生态建设经费主要依赖于国家出资,而银行贷款和农牧民自筹的资金比例较小,这严重限制了生态建设的深度和强度。首先,国家出资是三江源区生态建设的主要资金来源。政府通过财政拨款、专项资金等方式向生态建设项目提供资金支持。然而,由于该地区经济规模较小,国家出资的金额相对有限,无法满足生态建设所需的大规模投资。其次,银行贷款在生态建设中的作用相对较小。由于三江源区经济发展水平较低,银行对于生态建设项目的风险评估较高,往往不愿意提供大规模的贷款支持。此外,由于生态建设项目的特殊性,其回报周期较长,风险较大,这也限制了银行贷款在生态建设中的应用。最后,农牧民自筹资金在生态建设中的比重也较小。由于农牧民收入水平相对较低,他们很难承担较大的自筹资金压力。此外,农牧民对于生态建设的重要性认识不足,缺乏主动参与的积极性,这也限制了农牧民自筹资金在生态建设中的作用。

(三) 税收制度不完善是影响生态保护和建设的制度性问题

1. 增值税

首先,增值税的征收是一个非常复杂的问题。增值税税率、征收率档次设置过多,给企业带来了一定的负担。目前关于推动三江源区生态保护与建设的财税政策研究不够深入,影响了税收征管的科学性。其次,对太阳能光电产业而言,增值税政策的激励作用是有限的。对于自产太阳能发电企业,征收50%的增值税,在税收方面的激励明显不足。

2. 消费税

三江源区是中、藏药的发源地,这里的中、藏药包括冬虫夏草、贝母、红景天和雪莲等。草原生态环境恶化,生态环境恶化。但是,这些中、藏医药原制品未征消费税,严重损害了当地的生态环境。

3. 所得税

第一,企业所得税的税前扣除力度不够。三江源区以资源型经济为主,现行企业所得税法规定,取得采矿权、生态环境修复与治理、安全生产、资源退出等费用不能纳入企业成本,也不能在应税收入中扣除,这就造成了外部成本不能被内在化,从而导致了生态环境的损害。第二,优惠对象较窄。目前,三江源山区由于具有高寒、生物资源丰富、无公害等特点,尚未被纳入《西部地区鼓励类产业目录》。第三,三江源地区的工业企业无法获得税收减免,这就制约了三江源区特色生态工业的高效发展。

四、三江源生态保护区财税政策建议

大力推动三江源区的生态保护与建设,不仅要充分发挥财政对生态文明的"助推器"作用,更要为实现生态与经济的良性互动打下坚实的基础。通过优化财政制度结构,改进税收政策,进一步理顺财税与生态文明的关系,寻找财政制度、税收制度、税收政策与生态文明制度的最佳组合,以生态文明的理念为指导,建立以生态文明为核心的财税制度与税收政策。

(一)建立三江源经济与生态发展互动战略,为生态与经济良性互动奠定坚实基础

1. 三江源区要实行"三江源"经济和生态协调发展战略

三江源区作为我国重要的生态屏障,拥有着独特的地理环境和丰富的自然资源。为了更好地保护这片宝贵的土地,确保其生态环境的持续稳定,我们必须采取一系列有效的措施,实施三江源区经济与生态的协调发展战略。

首先,我们要充分认识到三江源区在国家生态安全中的重要地位。由于其特殊的区位条件,三江源区在维护国家生态平衡、保障水源安全、调节气候等方面发挥着不可替代的作用。因此,我们必须将生态保护放在首位,将之作为区域发展的终极目标。

为了实现这一目标,我们需要采取一系列生态工程措施。这些工程旨在保护和恢复三江源区的生态系统,提高其自我修复能力,确保生态环境的长期稳定。同时,我们还要实施区域生态补偿制度,通过对生态环境保护做出贡献的地区和个人给予适当的经济补偿,激励更多的人参与到生态保护工作中来。

此外,我们还要加强生态消费的推广和普及。生态消费是指在满足人们基本生活需求的同时,尽量减少对环境的破坏,提倡绿色、低碳、环保的生活方式。通过推广生态消费,我们可以引导人们转变消费观念,形成绿色生活方式,从而为生态环境保护提供有力的支持。在此基础上,我们要积极挖掘具有区域特色的优势资源,发展具有区域特色的生态产业。这些产业不仅可以带动当地经济发展,提高人民生活水平,还可以为生态环境保护提供技术和资金支持。通过发展生态产业,我们可以实现经济发展与生态建设的双赢,推动生态与经济的良性互动。

最后,我们要关注生态扶贫和生态富裕问题。通过实施一系列的生态保护和产业发展项目,帮助贫困地区的群众脱贫致富,实现生态与经济的共同发展。这样,我们既能够保护好三江源区的生态环境,又能够促进当地经济社会的繁荣发展,实现人与自然和谐共生的美好愿景。

2. 建设特色生态经济体系

三江源区位于青海省,是青藏高原的重要组成部分。该地区拥有丰富的自然资源和独特的生态环境,因此,对其进行有效的开发与利用具有重要意义。

首先,三江源区的特点主要体现在其丰富的水资源、矿产资源和生物资源上。这些资源为该地区的经济发展提供了强大的支撑。同时,三江源区的生态环境独特,具有极高的生态保护价值。因此,如何在保护生态环境的同时,合理开发利用这些资源,成为一个重要的课题。

为了实现这一目标,我们可以重点发展生态能源产业。例如,水电、太阳能和风能等可再生能源的开发利用,不仅可以满足区域内的能源需求,还可以减少对环境的污染,实现经济与环境的双赢。同时,我们还可以通过实施品牌管理,提升三江源区的品牌形象,吸引更多的投资和人才。

在品牌管理方面,我们可以从管理体制、品牌形象和管理方式等方面进行创新。例如,我们可以建立一套完善的管理体制,确保资源的合理分配和使用;我们可以通过各种方式提升三江源区的品牌形象,使其成为国内外知名的生态旅游目的地;我们还可以通过引入先进的管理方式,提高资源开发的效率和效益。

通过以上措施，我们可以以特色品牌带动和推动三江源区的经济发展，形成青藏高原独特的生态产业体系。这不仅可以提高三江源区的经济竞争力，还有利于保护和改善该地区的生态环境，实现可持续发展。

（二）构建金融与生态保护良性互动的金融体系

1. 建立与权限和支出责任相适应的制度

为了加快中央与地方之间的收入分配总体规划研究，我们需要合理配置中央与地方税收的比例。这意味着我们需要对现有的税收制度进行评估和调整，以确保中央和地方政府都能够获得足够的财政资源来支持各自的发展需求。同时，我们还需要完善中央与地方转移支付制度，并加强转移支付力度。这可以通过增加中央对地方的财政支持来实现，以确保地方政府能够更好地履行其职责和提供基本公共服务。此外，我们还需要清理和整合与财政事权不匹配的中央与地方转移支付，以避免资源的浪费和重复使用。

通过推动中央与地方之间的财政分配关系更为合理，我们可以建立一个与财政资源和事权相适应的财政体制。这意味着中央政府应该承担更多的责任和支出，而地方政府则应该更多地依靠自身财政收入来支持本地的发展。这样的财政体制将有助于提高财政效率和公平性，促进经济的可持续发展。

为了解决长期经费不足的问题，我们必须加强三江流域的生态环境保护和建设。这需要适当提高青海省地方税收收入的比例，以增加地方政府的财政收入。同时，我们还需要提高三江源区税收收入的比例，以确保该地区的生态环境得到有效保护和修复。

总之，加快中央与地方之间的收入分配总体规划研究，合理配置中央与地方税收的比例，完善中央与地方转移支付制度，并加大转移支付力度，清理和整合与财政事权不匹配的中央与地方转移支付，推动中央与地方之间的财政分配关系更为合理，建立与财政资源、事权相适应的财政体制，以及加强三江流域的生态环境保护和建设，是解决长期经费不足问题的重要举措。这些措施将有助于实现财政资源的合理配置和经济的可持续发展。

2. 进一步完善生态补偿机制

在充分认识到三江源区生态环境保护的重要性之后，我们需要构建一个以国家补偿为主，地方政府补助为辅，全社会共同参与的生态补偿制度。这样的制度旨在确保三江源区的生态环境得到有效保护和修复。为了实现这一目标，我们首先需要建立一个完善的生态补偿制度。在这个制度中，国家将承担主要的责任，通过提供资金和技术支持来帮助地方政府进行生态环境保护工作。同时，地方政府也需要积极参与，通过提供地方财政支持和政策引导，推动生态补偿制度的实施。此外，全社会都应该认识到生态环境保护的重要性，积极参与到生态补偿工作中来，共同为三江源区的生态环境保护做出贡献。

在此基础上，我们还需要建立一个专门的三江源生态修复基金。这个基金将主要用于支持三江源区的生态修复工作，包括水源地保护、水土保持、植被恢复等方面的工作。通过这个基金，我们可以更好地调动各方面的资源，为三江源区的生态修复提供有力的支持。

为了更好地实现三江源区生态修复的目标，我们还需要研究构建"上、中、下游"生态补偿机制。这个机制将根据不同地区的水资源状况和生态保护需求，制定相应的生态补偿政策。具体来说，我们可以按照"用水格局""用水规模"和"用水面积"等原则，对用水区域进行生态修复。这样，我们可以确保生态补偿政策的公平性和有效性，从而实现三江源区域生态修复的目标。

总之，通过建立完善的生态补偿制度、设立专门的生态修复基金以及研究构建"上、中、下游"生态补偿机制，我们可以有效地保护和修复三江源区的生态环境，为实现可持续发展奠定坚实的基础。

3. 完善三江源国家公园社会化投资和多元化运营机制

三江源国家公园在建设过程中所面临的一大挑战便是资金短缺。为了解决这一问题，我们可以借鉴美国的金融、市场和社会开发模式。在此基础上，我们建议通过人大立法明确国家公园在国家经常性财政支出中的定位。

具体来说，这种投资方式主要包括以下几个方面：首先，国家投入，即由中央政府提供资金支持；其次，地方投入，地方政府也要承担一定的投资责任；再次，个人投入，鼓励社会各界人士参与到三江源国家公园建设中来，共同为保护生态环境做出贡献；此外，集体投入也是一个重要方面，各类企事业单位可以通过捐赠、资助等方式支持公园建设；最后，银行贷款也是一种有效的资金来源，可以借助金融市场的力量为公园建设提供资金支持。

通过构建以"财政—市场—社会"为主体的多元化投资方式，我们可以充分发挥各方面的优势，共同推动三江源国家公园的建设。这不仅有助于解决资金短缺的问题，还能够提高公园建设的效益和可持续性，为保护我国珍贵的生态资源做出更大的贡献。

（三）优化税收制度，构建税收与生态保护良性互动的制度保障

1. 充分发挥增值税资源配置作用

首先，我们需要对增值税税率进行综合优化，以使其达到"中性"。这意味着我们需要调整现有的税率结构，使其更加公平和合理。具体来说，我们提出降低增值税税率到两级的方案，即在全面实施营改增并经过过渡期之后，继续17%的基准税率，11%的税率下降到8%，6%的税率上升到8%。这样的调整能够促进市场资源的合理配置，提高企业的运营效率，从而实现税收保值的目标。

其次，为了支持新能源产业的发展，我们需要为其提供更多的税收优惠。以太阳能光电产业为例，我们可以将其增值税率从当前的17%降低到8%。这样的调整将有助于降低企业的生产成本，提高其竞争力。此外，我们还可以考虑对太阳能光伏行业实行全额税收政策，即征收增值税后，将退还的资金用于再投资与开发。这样的政策将有助于推动太阳能光伏行业的技术创新和产业升级，为我国的新能源产业发展提供强大的支持。

2. 充分发挥消费税对经济的调节作用

为了实现我们设定的目标，我们需要将税收惩罚和税收优惠有机地结合起来，以期对绿色消费产生积极的影响。在此，我们以中药、藏药为例，阐明消费税对经济的调节作用。

首先，我们要关注的是中、藏药用植物的初级产品，如虫草、贝母、红景天、雪莲等。对这些植物初级产品实行消费税征收是一种非常有效的措施。这些植物资源在保护生态环境和促进草地生态建设方面具有不可替代的重要性。通过征收消费税，我们可以对这些植物的采集和销售进行限制，从而有效地减少过度开采和滥伐现象。这样不仅可以保护生物多样性，还可以维护生态系统的完整性。这对于我们保护地球家园，实现可持续发展具有重要意义。

其次，消费税的征收还可以提高国家税收水平。例如，通过对中、藏药用植物初级产品征收消费税，我们可以增加国家财政收入，为政府提供更多的资金用于生态环保和草地生态建设。这将有助于改善生态环境质量，提升人民群众的生活品质。

此外，消费税的征收还可以引导消费者转向绿色消费。随着消费税的征

收,中、藏药用植物初级产品的价格可能会上涨,这将进一步激发消费者对绿色消费的需求。消费者将更加关注产品的环保性能和可持续性,从而推动绿色产业的发展和壮大。

在这个过程中,政府和企业也需要加强宣传和教育,让更多消费者了解绿色消费的重要性,认识到绿色消费对于环境保护和社会发展的积极作用。同时,政府还需要加大对绿色产业的扶持力度,为企业提供优惠政策和资金支持,鼓励企业研发更多环保、节能的产品,满足消费者的需求。

总之,通过有机结合税收惩罚和税收优惠,我们可以有效地引导消费者转向绿色消费,保护生态环境,促进草地生态建设,提高国家税收水平,为实现可持续发展做出贡献。

3. 优化企业所得税的行业导向作用

首先,我们可以考虑扩大企业所得税税前扣除比例。这意味着企业在计算应纳税所得额时,可以从其收入中扣除更多的费用。具体来说,我们可以将矿业权收购费用、生态环境修复费用、安全生产费用和资源退出费用纳入税前扣除范围。这样做的目的是鼓励企业更加关注环境保护,因为这些费用都是为了保护环境而产生的。通过增加税收减免,我们可以激励企业采取更多的环保措施,从而促进可持续发展。

其次,我们应该将三江源区的重点、特色和优势产业纳入政策重点支持范围内。这些产业包括生物制药、藏医药和优质青稞酒等。这些产业在三江源区具有良好的发展前景和投资前景,因此应该得到政府的支持。为了进一步鼓励这些产业的发展,我们可以对其主营业务收入的比例进行适当调整,将其下调至70%。这样一来,企业可以更多地将利润用于再投资和扩大生产规模,从而推动整个地区的经济发展。

最后,从事民族特色产品批发和零售业务的企业如果无法开具相关发票,我们可以采取一种灵活的纳税方式。根据这些企业向农牧民购买产品的实际费用,在纳税时可以予以抵扣。这样做的目的是鼓励这些企业与农牧民建立合作关系,促进农产品的销售和农民的收入增长。同时,这也有助于保护和传承民族特色产品的文化价值。

综上所述,通过扩大企业所得税税前扣除比例、将重点产业纳入政策支持范围,以及灵活处理民族特色产品批发和零售企业的纳税问题,我们可以促进企业的环境保护意识,推动生态产业的发展,以及促进农产品的销售和农民的收入增长。这些举措将有助于实现经济、社会和环境的协调发展。

4. 加强资源税在生态环境保护中的作用

首先，我们需要对资源税进行改革。这一改革的灵感来源于河北省的资源税试点经验。通过对资源的合理利用，我们可以构建一个有效的资源约束与利益补偿机制。具体来说，我们将对森林、草地、水域和沙滩等自然资源进行征税，以实现资源的合理分配。这样做不仅可以保护这些宝贵的自然资源，还可以维护三江源的生态环境，确保其水质的纯净和生态的多样性。

其次，我们还需要对税收进行整合。为了防止重复征税，减少征税的阻力和费用，提出在简单税制的基础上，把城镇土地使用税、土地增值税和生产安保费三者有机地结合起来，并对各个税种的经济调节功能进行界定。

5. 建立环境保护税征管合作机制

首先，我们需要加强与环境保护部门之间的紧密合作。为了实现这一目标，我们提出了一种"自费申报，环境检查，税务征收"的新型税收方式。具体来说，纳税人在每个纳税年度内，都需要如实上报其所排放的污染物的种类和数量。这些信息将由环保部门进行核查，以确保其准确性。在核查完成后，环保部门会根据其核定的污染物排放量来对纳税人进行征税。这种方式不仅能够确保税收的公平性，还能够有效地鼓励纳税人减少污染物的排放。

其次，我们需要加强中央和地方之间的税收合作。为了确保所申报的环境税收材料的准确性，我们将对涉及环境税收的材料进行严格的会计处理。这包括对材料的收集、整理、分析和报告等各个环节进行严格的质量控制，以确保所提供的信息的真实性和准确性。

最后，我们需要强化政企间的协作，以激发企业参与环保的积极性。我们将充分利用环保税的功能，通过提供各种激励措施，鼓励企业采取更加环保的生产方式。这不仅有助于提高企业的生产效率，还能够帮助改善我们的环境质量。

（四）完善税收政策和生态、经济、税收良性互动的政策体系

1. 建立健全支持生态文明建设的税收优惠政策体系

建议修订《环境保护、节能节水项目企业所得税优惠政策目录》，将三江源生态建设与修复纳入其中，并建议修订《环境保护、节能节水项目企业所得税优惠目录》，将三江源生态建设与修复纳入其中，并将《三江源生态保护和建设项

目企业所得税优惠政策目录》作为试点项目单独编写。这一举措旨在加强对三江源区生态环境的保护和修复工作,促进可持续发展。

为了进一步推动三江源区的绿色发展,我们建议增加对三江源区企业的节能和保护投资的税收优惠。通过给予这些企业在环境保护、节能节水、安全生产等特种设备方面的税收优惠,可以激励企业加大投入,提高资源利用效率,减少环境污染。

此外,对于三江源区农业生产企业,我们建议给予增值税和所得税等优惠政策的支持。农业生产是三江源区的重要支柱产业,通过给予这些企业税收优惠,可以减轻其负担,提高其竞争力,进一步推动地方经济的"绿色化"发展。

通过修订《环境保护、节能节水项目企业所得税优惠目录》,将三江源生态建设与修复纳入其中,并增加对三江源区企业节能和保护投资的税收优惠,以及对三江源区农业生产企业给予增值税和所得税等优惠政策的支持,我们可以更好地保护和修复三江源地区的生态环境,推动地方经济的可持续发展。这些措施将为三江源区的绿色转型提供有力支持,为未来的经济发展奠定坚实基础。

2. 建立定期评估机制

税务机关应当成立专门的工作团队,负责对节能和环保政策进行评估和调整。这个团队应该定期进行评估、分析和调整,以确保政策的有效性和适应性。

在节能和环保领域的税收优惠方面,相关法律法规中应明确规定评估标准和调整时机。这样可以确保政策的透明度和公正性,也方便企业和公众了解和遵守相关政策。

此外,如果有关能源、环保等方面的税务政策发生变动,税务机关必须与社会各界进行协商。这样可以充分听取各方的意见和建议,确保政策的合理性和可行性。

3. 加强监督和处罚

在执行税收优惠政策的过程中,税务机关需要采取更为严厉的处罚措施。这主要体现在对那些在违法认定、优惠政策放宽或实施不严等方面存在失职行为的企业或个人进行严肃处理。同时,税务机关还需要对企业进行随机抽查,以确保减免税优惠政策没有被越权设定。为了达到以儆效尤的目的,税务机关必须加大处罚力度。这意味着对于那些违反税收优惠政策的企业或个人,税务机关将采取更为严厉的措施,以警示其他可能存在违规行为的企业或个人。

三江源区具有其特殊的地区情况，决定了在其经济发展和生态保护的过程中，必须将行政手段和法律手段相结合。这不仅是为了规范那些不合理的社会和经济行为，更是为了通过运用财政和税收等手段，有效地控制生态破坏。

在这个基础上，三江源区还需要走一条工业生态发展的道路。这意味着在发展经济的同时，也要注重生态保护，实现经济发展和生态保护的双赢。为此，三江源区需要大力发展区域生态工业，通过这种方式，既可以促进经济发展，又可以保护生态环境。

第二节　江苏太湖的专项资金政策实践

为了加大太湖治理力度，切实承担起地方政府改善环境质量的责任，江苏省从 2007 年起建立了省级太湖治理专项资金投入政策，每年省级财政安排 20 亿元，专门用于太湖治理各项工程任务。太湖治理 2007—2021 年前后成效对比如图 5-3 所示。

图 5-3　太湖治理前后成效对比

一、基本情况

（一）资金安排由来

2007 年 9 月，为推进江苏省太湖流域水污染防治工作，江苏省政府发布了《关于江苏省太湖水污染治理工作方案的通知》，提出省政府每年安排专项资金,支持太湖引排、清淤、污水处理、生态修复、监测预警等重点工程建设。按照要求,从 2007 年起,省财政每年安排 20 亿元,重点支持总体方案和实施方案中所列的十二大类项目,以及省政府提出的年度重点工作。

(二) 资金安排程序

第一,由江苏省发展和改革委员会牵头,会同江苏省财政厅、环保厅、太湖办四部门向江苏省政府上报省级治太专项资金年度项目安排建议方案。方案经省政府批准后,由江苏省发展和改革委员会同江苏省有关部门下发申报通知,并牵头组织各市和省各有关部门进行项目申报。第二,由江苏省发展和改革委员会委托省工程咨询中心对各地和部门申报的材料进行初步审查。第三,经初步审查通过的项目由江苏省发展和改革委员会牵头,组织省有关部门集中会审,也可委托中介机构进行项目核查。第四,根据会审和核查结果,江苏省发展和改革委员会提出年度专项资金项目安排计划,报送江苏省财政厅。第五,江苏省财政厅视需要,进一步组织财政核查,然后核拨资金。

(三) 总体安排情况

2007—2012 年,江苏省级治太专项资金共安排 6 期,计划补助资金累计约 105 亿元,已安排约 103 亿元,共支持了 4 700 多个项目,带动全社会投入 850 亿元。拨付给流域五市补助资金共约亿元,其中无锡市 32.2 亿元,苏州市 29 亿元,常州市 14.5 亿元,镇江市 5 亿元,南京市 3.2 亿元;支持江苏省省直项目和跨区域项目补助约 20 亿元(包括走马塘、新沟河、新孟河引排通道建设和太湖水环境监测预警、城镇污水厂除磷脱氮等)。按补助类别统计,城镇污水处理和垃圾处置、农村环境及农业面源综合治理工程和生态修复项目补助金额相对较多。分别占总补助资金的 33%、19%和 14%。从补助地区所占比例来看,无锡市、苏州市相对较高,分别占五市总补助额的 38.3%和 34.5%。前 6 期资金安排基本体现了工作方向和工作重点,对太湖水质改善起到了重要作用。

(四) 相关配套制度建设

为保证省级专项治太资金能发挥出更好的引导示范作用,江苏省有关部门

陆续建立了一系列配套制度,对资金申报、安排、使用和后续管理做了较为全面的规定。具体有:

1. 规定日常管理的办法

2020年4月,江苏省财政厅和江苏省发展和改革委员会先后牵头会同有关部门制定出台了《江苏省太湖水污染治理专项资金使用管理办法》和《江苏省太湖流域水环境综合治理专项资金项目管理暂行办法》。2014年,江苏省政府办公厅印发了《江苏省太湖流域水环境综合治理省级专项资金使用和项目管理暂行办法的通知》。围绕专项资金项目,管理办法详细规定了省有关部门和地方的管理职责、使用范围、责任主体、支持方式、申报要求、实施和监督管理、责任追究等内容。

2. 建立全过程监管制度

项目申报和审查均需经过各级发展和改革委员会、财政、太湖办、环保及行业主管部门批准,项目建设和完工建立跟踪审计、绩效评估、督察等制度。每年年初,江苏省太湖办牵头根据各部门在督察检查中发现的问题,向审计厅提出当年审计重点;江苏省审计厅依据《江苏省审计条例》有关规定,对省级治太专项资金分配、使用、管理以及项目建设的绩效情况进行跟踪审计;江苏省发展和改革委员会、财政厅、太湖办根据各自职责,联合或分头对省级治太专项资金使用情况、项目建设等情况进行监督检查、绩效评估。

3. 提高项目建设水平

自2010年起,省行业主管部门陆续出台了各类治太工作任务和工程项目管理办法、建设规范、验收标准,包括江苏省太湖流域农业面源污染治理工程项目建设考评要点、江苏省太湖水环境综合治理专项资金农业面源污染治理类项目验收规范、太湖流域控制性种养水葫芦技术规范、工业点源项目验收管理细则、太湖生态清淤土方工程检测评估技术方案、《关于规范太湖生态清淤工程竣工验收管理工作的通知》、清淤项目和节水项目等验收管理办法、太湖流域池塘循环水养殖工程建设指导规范、《江苏省太湖流域湿地恢复项目建设导则》《江苏省太湖流域水环境综合治理专项资金湿地建设项目验收细则》《江苏省太湖流域湿地监测体系建设方案》等。2012年,江苏省发展和改革委员会印发了《江苏省太湖水环境综合治理专项资金项目验收管理办法》,进一步明确了专项资金项目验收的范围、原则和程序。

二、治太专项资金政策实施工作存在的问题

省级治太专项资金作为引导资金,有效带动了全社会治太投入,为太湖连续6年实现"两个确保"目标、顺利完成治太方案各项任务奠定了坚实的基础,但是工作过程中还存在一些突出问题。

(一)支持重点有待进一步体现

总体而言,省级资金支持的项目小而分散,80%的项目补助额度不到100万元,不容易体现资金绩效。首先,水质改善最终目标要求未能充分体现。由于省级治太专项资金有关管理办法均围绕如何支持治太项目,并没有和地方水质改善目标有机结合,因此资金安排过程更多关注项目是否符合申报的类别和程序等要求,而对项目究竟能对水质改善起多少作用,没有给予重点关注。其次,重点地区也未能得到重点支持。太湖上游地区是治太的重点地区之一,但是由于现有的资金安排政策要求地方必须建立相应的配套资金,而太湖流域上游地区财力相对下游地区偏弱,因此与所肩负的治太重任相比,宜兴市、常州市金坛区等重点地区得到省级治太资金的支持力度相对较小。最后,重点治理类别、重点污染物治理也未得到重点支持。按照太湖流域污染贡献占比分析,农业面源氮、磷污染贡献率占40%—60%,但是前6期仅获得省级治太专项资金支持18.8%;工业点源高锰酸盐指数和氨氮污染贡献率也占30%—40%,而获得的省级治太补助也仅占3.7%;治湖先治河,河流治理应该作为太湖治理的一项重要措施,但是河网综合整治和小流域水环境综合治理等项目在省级资金安排上也没有获得重点支持,合计仅占总补助资金的5.7%。

(二)相关工作有待进一步衔接

2015年前,省级治太资金项目安排和省级目标责任书制定两项工作由不同的部门主管,江苏省发展和改革委员会负责牵头组织资金项目安排,江苏省太湖办负责组织编制目标责任书,治太职能各有侧重,因此存在某些脱钩现象。一是时间进度不一致。资金项目安排跨度较长,即使年初启动,也要到下半年才能下达资金。每年目标责任书于年初启动,第二季度就由省政府和各市各部门签订。二是项目安排不一致。两者虽然均来源于国家总体方案和省实施方

案,但是往往由于工程项目实施时间有弹性,当期资金安排滞后,地方往往在资金不明确的情况下"等米下锅",不把部分项目在责任书中予以体现,地方治太责任主体的职责未能在责任书中通过治太项目的落实予以充分体现。同时,也造成即使项目列入目标责任书,一旦得不到资金支持,就会出现大规模调整的情况。例如,2013年治太目标责任书调整数目达到128个,占总数的6%。三是考核结果不一致。两个部门分别牵头对治太工程进行考核,由于标准不一,即使同一项目也可能出现不同考核结果。

(三) 项目管理有待进一步规范

项目管理有待进一步规范,具体表现在以下几个方面:一是部分项目申报审核把关不够严格。在项目申报过程中,地方行业主管部门对项目申报材料指导不力、把关不严,省行业主管部门难以对众多项目的建设内容、规模、工艺、成本、是否重复申报等进行严格审核,项目建设内容不具体、建设要求不明确、重复申报、虚报投资、地方财政假配套等现象比较突出。二是项目过程管理监督不足。不少项目存在建设规模或工艺未达到要求、验收管理滞后等现象。三是部分项目建设程序不规范。一些农业面源污染治理类项目,存在基本建设程序不规范、实施内容与设计不符、财务管理不够严格、建设进度滞后等现象。四是项目长效运行、考核奖惩机制亟须健全。不少已建成项目运行不正常、停运甚至毁弃,未能发挥应有的环境绩效。也未建立省级治太专项资金项目管理考核机制,重审批、轻管理的问题依然突出。

(四) 地方政府的财权和事权有待进一步匹配

"县里权力芝麻一样小,责任西瓜一样大。"治太工作也是如此。治太任务基本交给地方政府组织实施。2007年以来,江苏省太湖治理共投入1000多亿元,建设了4000多项治太工程,其中地方政府财政投入和社会投入占总投入80%左右。由于省级20亿元的资金安排权基本掌握在省级部门,每年为了获得更多资金支持,地方有关部门也花费了大量精力在"跑项目、要资金"上。为了完成任务,很多地方政府举债治太,现在普遍进入偿还期,还债压力非常大。而且当前融资平台也非常困难,政府筹集资金难度上升。因此,地方对省级资金依赖度也在上升,对于一些财力困难的地方和无资金来源的治理类别,引导资金变成了主导资金。地方也越来越希望上级政府能在资金分配和使用上给予更多的倾斜，能够实现事权和财权的逐步匹配。

三、完善省级治太投入机制的对策

2014年，江苏省政府出台了《江苏省太湖流域水环境综合治理省级专项资金使用和项目管理暂行办法》，明确规定专项资金的安排采取省级统筹与切块地方相结合、以块为主的方式。太湖治理省级治太资金项目安排方式做了重大调整，这是大势所趋。一是生态文明建设的需求。作为生态文明建设的样板工程，太湖治理必须重现碧波美景的良好的流域水环境。因此，今后治太工作要更突出水环境质量改善的要求。资金安排有着极其重要的导向作用，水质改善应该作为资金分配的重要因素。二是政府职能转变的需求。政府职能转变的一个重要内容就是简政放权，让地方的事权和财权相匹配。这就要求今后省级部门在项目上要抓大放小。因此，省级治太资金除了保留适当资金，重点支持省级关注的任务和项目，其余应该切块给地方，由地方根据治太需求，自主安排。同时，也要进一步明晰省级部门和地方的治太职责。三是解决地方实际问题的要求。国家总体方案和省实施方案修编规定还要建设大批工程。要研究省级资金支持的合理途径，一方面每年20亿元省级资金规模应足额支持地方，并且能按照治太需求逐步增加；另一方面要做好顶层制度设计，使地方从假配套、争资金、跑项目中解放出来。另外，从全省财政支出预算改革来看，资金切块、增强地方自主权、加强事后考核监督也是今后的方向。今后，省级治太资金项目管理完善应该继续坚持三个原则：一要紧扣治太重点，突出水质改善；二要简政放权，转变职能；三要强化监管，加强考核。进一步体现出"规划、项目、资金、责任"四落实要求。具体对策建议如下：

（一）落实规划，明确年度目标任务

新修编的国家总体方案和省实施方案是下一阶段治太总规划，明确了近远期太湖流域水质改善目标和治太重点。水质改善目标包括太湖湖体、饮用水源、主要入湖河流、河网水功能区、淀山湖等，治太重点更加突出饮用水保护、城乡污水处理修复、畜禽养殖污染治理、资源化利用以及三级考核体系健全等。新规划更加注重水质改善成效，因此，每年的治太目标责任书要把新规划要求的近期水质目标和重点工程项目细化到年度，布置到地方，省级治太专项资金主要支持列入目标责任书且与太湖湖体、饮用水源地和重点水功能区断面,以及主要入湖河流的水质改善密切相关的工程项目。

(二) 简政放权,改革资金拨付方式

解决基层财政困难问题,关键是完善事权与支出责任相适应的财政体制,改变地方事权大、财权小的局面。进一步明确省级部门和地方政府治太事权,除适当留出部分省级统筹资金外,其余资金均切块给地方。从2014年第8期资金安排开始,江苏省已经明确了统分结合、以块为主的省级资金安排原则,开始了改革。今后资金安排需根据国家总体方案和省实施方案安排的各类别、各地区及不同时期所占治太资金总投入的比例,测算近期省级统筹资金和切块资金额度。省级统筹资金主要支持涉及流域性的重大公益性、示范类工程项目以及省里直接实施的工作任务。根据省市事权划分,对于公益性项目,省级治太资金支持比例可以提高到100%。省级资金支持的项目要从省治太目标责任书项目库中选取,使责任书项目和资金支持的项目一致,确保治太重点项目得到支持。切块地方资金可以采取以奖代补、分期拨付的方式,按照不同类别,根据不同进度,予以合理安排。

(三) 分步推进,突击重点支持领域

资金安排方式改革的前两年是过渡期,关键要把握好资金切块安排依据。主要将年度治太目标责任书中规定的工作任务和工程项目所占的投资比例作为切块依据。为了强化水质改善要求,从第三年起,切块到地方的资金安排应主要依据年度治太目标责任书中规定的水质改善目标实现情况、治太重点任务和工程项目及保障措施实施情况,其中水质改善所占权重要逐步提高。完成好的可以足额补助,完成不好的要扣减相应的资金,主要采取以奖代补的方式进行。同时还要认真研究资金切块可能带来的问题:一是如何保障资金切块能落实到治太基层。现在太湖治理重点已经转移到县(区)、乡镇,应该按照省管县的要求,同时为了保障治太工作任务更重的县(区)甚至乡镇能得到更多的支持,除了资金直接切块到县(区),目标责任书也要试点直接和县(区)签订,等积累经验后再推开到太湖流域。目标责任书的项目也要统筹研究,要突出重点地区、重点类别,改变普遍撒网的现象,与水质改善不直接相关的工程今后不再列入责任书。二是如何保障农业面源防治得到充分支持。农业面源防治是治太

的重点,也是难点,投入大、见效慢。资金切块后,地方拥有更多的决定权,可能出现愿意做锦上添花易出成效的项目,反而导致对面源防治投入下降的现象发生。这就对目标责任书提出更高的要求,要明确每年地方应该承担的面源污染治理任务,并提高相应的考核分值。切块地方资金也要明确农业面源污染治理所占的份额。三是如何保障地方顺利度过改革的衔接期。长期以来,资金项目安排重头在省级层面,现在转移到地方,在地方人员、手段、技术、经验都欠缺的切块管期,需要江苏省发展和改革委员会、太湖办、审计厅及其他行业主管部门做好培训服务及行业规范支撑等工作,确保资金能及时地用到项目建设上。四是如何衔接省级治太资金和生态补偿资金。太湖地区也是将来生态补偿制度实施的重点地区,生态补偿也涉及省对地方财政转移的支付问题,未来趋势两者应该合二为一。目前,省级治太资金要和生态补偿资金有明确的支持范围划分,避免重复支持水质改善断面和治太工程。

(四) 完善规章,加强监管

做到事前、事中、事后监管并重,尤其是要加强对事中和事后的管理,减少"重审批、轻管理"的现象。地方各级政府要建立健全地方承诺制,加强各级政府和部门责任;江苏省发展和改革委员会及行业主管部门要明确建设规范、验收标准,加强检查和督办,按规定组织或参加相关项目验收;江苏省审计厅、财政厅、太湖办应进一步加强审计、督察等工作,督促地方提高资金使用效率;江苏省太湖办要会同发展和改革委员会、财政厅、环保厅及有关行业主管部门进一步建立健全目标责任书考核机制,从项目考核过渡到以水质改善为主的目标绩效考核,提高资金安排依据的合理性。早日建立资金项目管理信息系统,实现在线申报审核和信息共享,提高效率,简化程序,减少重复申报、重复检查等现象。

(五) 广开渠道,创新资金投入模式

党的十八大以来,中央明确提出转变政府职能,简政放权,实现市场在资源配置中的决定性作用。国家和江苏省可选择太湖流域这一民间资本雄厚但环境问题突出的地区,由多家民营企业共同投资组建成立绿色发展银行。通过建立绿色银行,可以在发行债券等传统的金融产品基础上,开发一些新产品,打通社会融资渠道,主要支持地方生态建设、环境治理以及环保产业发展等,能大大

缓解治太资金压力。另外,政府也要适当退出竞争性领域。过去几年,太湖流域由国有企业抢购城市污水处理设施的收购潮应该逐渐消退。地方政府应该主动推进新一轮特许经营,通过市场竞争来推进社会资本进入、治太成本降低、治太技术精进。为此,要进一步研究污水处理费调价政策,发挥好政策的经济杠杆作用;要认真总结上一轮特许经营的经验和教训,择优选择投资主体和经营单位,完善PPP等模式,要强化监管,建立准入和退出机制,保障市场合理发展。同时,政府也要积极履职,把"十四五"以来在城镇生活污染治理中的经验移植到农村和农业面源污染治理中。一方面建立省、市、县、乡镇四级固定的政府财政投入渠道;另一方面引入市场手段,破解建设和运营的突出难题。

第三章 我国环境财税体系的设计

第一节 我国环境税收政策的体系设计

一、建立环境税收制度

构建完善的环保税制,是我国环保税制建设的一个长远目标。在税制改革的整体思想下,可以考虑设立以单独的环保税为主,对现行的环保相关的税务制度进行变革,并对与其他税务制度的相互影响进行全面考量,构建完善的环保税收制度。在我国,主导生态补偿的是政府。资金来源以国家财政拨款为主,在财政经费中所占比重较小。由于建设资金的分散化,各地都没有设立与之配套的资金,导致生态补偿效果相对较低。要保证我国的生态安全,最重要的就是要增加对生态补偿的经费投入,扩大经费来源就显得尤其重要。

(一) 构建以生态税为核心的税收体系,充分发挥生态税作用

当前,在国家层面上以生态税为主、以其他相关税种为辅的生态税体系还未形成。只不过一些税收带有环保的色彩,但缺乏系统性。目前,丹麦、德国和荷兰等国家都是通过环境税制,实行"专款专用"的方式来进行生态补偿的。

(二) 建立生态补偿金制度

西方各国在生态补偿的实践中,对可能对生态环境造成污染和破坏的人收取一定数额的保证金,以达到保护生态环境的目的。若有人违反规定,那么政府将按照一定的比例从其保证金中扣除,这就是所谓的"谁污染,谁负责"。建立保证金制度,不仅可以有效地约束企业的行为,而且可以有效地实现生态补偿和社会责任。

(三)创新财政体制,调动社会资金积极性

通过建设—经营—转让(BOT)、移交—经营—移交(TOT)、私人融资活动(PFI)等多种形式,鼓励社会资本对环境的投资,促进公众对环境的保护,从而为环境治理提供更多的资金,减轻环境治理的压力。在此基础上,建立生态补偿基金,加强政府引导,实行"专款专用"。从限制性和激励性政策的视角出发,将资源利用、污染防治和生态保护有机结合起来,目标是要为自然修复留下更多的土地,为农业留下更多的肥沃土地,为子孙后代留下一片蓝天、一片绿地、一汪清水的美丽家园,制定一套环保税收政策,提高生态产品的生产能力。

二、推动制定环境税收政策

在现有的税收制度下,应从资源的开发利用、产品生产到消费的全过程中,将环境税纳入资源保护、污染防治和生态保护等各个领域,并将其涵盖范围扩大到国内和国际。加快排污收费体系的建设,加快排污收费的市场化进程;对可能造成环境损害的商品的制造和消耗课以污染产品税;对碳排放和生态破坏课以碳排放税,为推动中国发展的"低碳"型经济,以更有效地利用能源,降低对生态系统的损害。

三、提高现有税种的绿化程度

在制定资源税、车船税、购置税和消费税时,应充分考虑环境保护因素。对资源消耗大和环境污染大的产品,开征消费税。通过对资源征税,改善资源利用效率,减少对环境的破坏,对稀缺资源、污染大、耗能大的资源征税;将开采后的资源再利用或对环境产生的冲击与资源税税率挂钩;完善水资源价格制度,分阶段实行"费转税";负责林业和草原资源税的调查;将"汽车税"与"汽车污染"有机结合,完善"汽车税费"政策。

四、完善增值税、营业税、关税、出口退税等环保优惠政策

根据企业的实际情况,采用加速折旧、贷款、所得税减免、附加扣除等直接

税费减免。在此基础上，应充分发挥环境税与其他税收政策之间的互动关系，避免两者之间出现冲突，从而削弱政策的效果。建立税费支出统计制度，在国民经济的统计指数中纳入税收优惠，把环保优惠列在一个单独的清单上，以便于完善环保的财税政策，促进生态文明建设。

五、取消不利于生态文明建设的税收优惠

消除现有税收优惠政策中不利于生态文明建设的内容，创新并执行一系列的税收优惠政策，提高环保企业和环保技术、装备和产品的竞争力，推进深度减排。例如，在化肥生产过程中，取消原材料、电力、能源、运输等成本，实行以市场为导向的产品价格；停止对化肥生产和经营企业的增值税优惠政策。

第二节 我国环境财政政策的体系设计

一、政策性财政权力与环境权力的模式相匹配

应建立与财权配套的环境权模式，科学地界定政府、市场和公众之间的职责界限，并对其职责进行明确。将当地政府和企业的职责进行贯彻，坚持"一级财权、一级行政权"的原则，建立与财权相适应的环境行政权的分布格局，将中央和地方的环境行政权进行清晰区分，增加对环保方面的资金的投入，强化县级政府为其提供基础公共服务的保障。

二、提高环保专项资金使用效率

注重提高环保专项资金的使用效率，整合中央环保专项资金、主要污染物减排专项资金、畜禽养殖污染防治专项资金等，建立国家环保基金，并建立资金使用管理办法。在年度预算及新增税收收入中，应按一定比例安排用于环境保护专项经费的项目，并逐年稳步增加项目数量。在资金使用上，对于环境污染项目，可以采取"以奖代补""以奖代投""先建后投"等方式，使中央预算内环保专项资金的引导功能得到最大限度的发挥，使信贷资金、社会资本和其他资本，

都能更好地满足产业政策、技术政策、生态环境保护政策以及社会公益需求的环保工程。加强对资金的监管，建立国家财政资金追踪和效益评价体系，注重提高资金使用效益。

三、建立环境财政转移支付制度

基于我国幅员辽阔、自然环境复杂、地区间发展极不平衡、地区间贫富分化严重等特点，我们需要将生态环境因素纳入转移支付决策之中，并以此为依据，进一步优化转移支付制度。要增加对中央的转移支付，完善"要素法"代替"基数法"，增加对生态补偿、环境基础设施、环境治理等方面的资金投入，加大对贫困地区、生态脆弱地区和生态保护重点地区的支持，建立一种有利于经济发展、提高农牧民生活质量、促进区域社会经济可持续发展的长期投资机制。积极推动流域、自然保护区、重要生态功能区和西部地区的生态补偿及矿产资源开发的生态补偿，推动区域间和流域间的生态保护水平横向转移支付体系的构建。

四、规范和完善政府绿色采购体系

要规范和健全政府的绿色采购体系。政府绿色采购是指为了促进经济的可持续发展而有意购买无污染、有益于健康、发展循环经济的产品或服务。政府绿色采购系统以市场机制为导向，对全社会的生产和消费进行引导，这有助于树立政府致力于环境保护的形象、增强公众对环境保护的认识、推动企业技术进步、引导公众的绿色消费、推动整个社会经济的发展、达到可持续发展的目的。目前，我国的政府绿色采购与发达国家相比仍处于较低水平。为了促进绿色商品的生产与消费，促进其引导功能的发挥，需要对我国的政府购买体系进行进一步的改进，研究制定更加细化、可量化的参考指标，科学制定购买标准，加强采购管理。增加政府的绿色采购，指导生态产品的生产和消费。

第二部分 我国流域横向生态补偿制度框架的构建与实践

流域生态补偿是流域收益主体对生态环境保护主体进行的补偿,是一种对流域生态环境进行保护和建设的经济手段。流域生态补偿主要是要解决流域上下游间水质保护、水资源利用和受益分离的一系列问题,针对生态区域和区域内因为展开生态环境建设活动投入成本或者丧失发展机会的居民、企业和政府进行技术、资金、人才和政策的补偿。在我国,根据补偿者与受偿者之间的行政隶属关系,可以将生态补偿分为纵向生态补偿和横向生态补偿两种形式。补偿者与受偿者之间具有行政隶属关系的为纵向生态补偿,如中央政府对不同层级地方政府开展的生态补偿;补偿者与受偿者之间不具有行政隶属关系的为横向生态补偿,如省际或市际的生态补偿等。从本质上看,纵向生态补偿属于经济学中解决公共产品外部性问题的"庇古范式"。该范式通过对负外部性问题制造者征收税费,用于补贴正外部性问题制造者,使外部性内部化。庇古范式倾向于通过政府干预而不是市场交易来解决生态服务的外部性问题。与之相对应的是"科斯范式"。科斯范式的核心观点是外部性源于生态服务的产权不清,通过法律界定产权并开展市场交易,即可将其外部性内部化。横向生态补偿建立在补偿者和受偿者自愿参与平等协商的基础上,双方在补偿标准、补偿方式、监管方式等方面通过谈判达成协议并自主执行协议,不存在命令—控制型的关系,因此,横向生态补偿可以归类于科斯范式,属于半市场化的补偿方式。本部分在概述我国流域横向生态补偿的重要性和分析存在问题的基础上,就补偿标准、补偿方式、监管方式和治理走向等方面的我国横向生态补偿范式、保障体系与政策框架进行了构建与设计。

第一章 我国流域横向生态补偿的设计

第一节 流域生态补偿问题的提出

随着城镇化、工业化进程的加快,流域内的生态环境问题日趋严峻。由于流域上、下游在功能分区、环境承载力、环境功能需求等方面的差异,其享有的生存权和发展权也不尽相同,导致流域各地区经济发展与环境保护之间的矛盾日趋尖锐,这不仅关系到流域水环境质量的恢复和提高,还关乎流域经济发展、社会进步和生态环境保护协调发展的重要问题。在我国工业化、城镇化过程中,流域生态补偿是一种具有"激励"与"约束"双重功能的制度,其实质是一种"激励"与"约束"并存的制度安排。其核心理念就是要将流域水资源的"外在化"与水环境的"内在化"相结合,以"外在化"的方式来解决"搭便车"的问题。在此基础上,通过建立流域生态补偿机制,明确上、下游地区的水功能分区与环境承载力,并在此基础上,制定流域内、下游地区生态环境保护的激励机制,实现上下游"双赢"的目标。跨省流域污染治理及岸坡生态修复后的九洲江如图5-4所示。

图5-4 污染治理及岸坡生态修复后的九洲江

流域生态补偿是指流域经济收入主体向生态环境保护主体提供的一种经济补偿,是流域生态环境保护与建设的一种经济手段。流域生态补偿主要是将流域上下游水质保护、水资源利用和利益分割等一系列问题都加以处理,补偿生态环境建设活动造成的投资成本或发展机会的损失。流域的划分基于不同的行政区划。出于地理位置、自然条件、经济技术、历史文化等因素的限制,流域经济、社会、生产等各方面都呈现出显著的空间异质性。流域的上游、中游、下游三个区域是一个共同的利益体。流域内的过度开垦、植被的破坏,以及过量的取水、排污等行为,不但对流域内的生态环境产生严重的影响,而且使流域内的河流泥沙上升,水质恶化,从而引发了流域内的水危机。若上游采取较为严厉的环保措施,虽然能保障下游水资源,却也会丧失本地发展机遇,进而影响到当地的经济收入与人民生活品质。对流域生态补偿的研究,是对各行政区域之间产生的生态建设和经济发展利益冲突的调和,既可以对流域生态治理的投入进行公平的分担,也可以对流域区域内的发展不平衡和利益不均衡进行公正的弥补,从而实现流域的科学发展。跨省流域污染治理及岸坡生态修复后的汀江如图5-5所示。

图5-5　污染治理及岸坡生态修复后的汀江

第二节　流域横向生态补偿的重要性

　　在很大程度上,我国的环境问题表现为跨区域和跨境污染,很难明确界定一个地方的环境保护责任。资源可以跨区流动,但由于资源开采和利用带来的环境问题不能跨区流动。在传统的以政府为主导的纵向流域生态补偿中,虽然可以通过中央政府的行政手段和财政措施解决部分流域治理的利益问题,但无法长远地解决省际水资源利益冲突。

生态补偿是一种"绿色""协同""共享"的长效发展机制,是我国实施主体功能区战略、保护生态环境的一种重要制度安排。《生态文明体制改革总体方案》明确指出,要探索一种新的生态补偿机制,即实行横向生态补偿和水权交易。在《关于深化生态保护补偿制度改革的意见》中,明确提出要推进跨地区的生态补偿体系建设,并在典型小流域开展试点工作。这反映出中国在当前流域生态补偿管理中需要引入更多的市场机制,建立基于市场的横向生态补偿体系,并以此为补充,形成一种多元化的生态补偿机制。

简而言之,流域横向生态补偿坚持"成本共担、效益共享、合作共治"的原则,达成上下游区域同级政府间的通力合作。生态补偿的双方依靠同一流域发展,利益攸关,因此在协同治理流域生态问题时要加大合作、加深信赖,这样能有效降低道德风险和交易成本,达到更高的边际效益。

相对于纵向生态补偿,横向生态补偿虽然起步比较晚,但由于其更多地将市场机制引入了补偿方式中,所以更加灵活高效。从全球来看,大部分的生态补偿措施都是在水源良好的地区,由当地的政府或者社会组织来进行。以纽约市卡兹奇流域为例,由于纽约市90%的用水都是从这个盆地来的,纽约政府意识到,有必要对上游区域进行更严格的环境治理,同时要加大对上下游的生态补偿力度。要解决这一问题,就必须引进以政府为主导的市场化协商机制,推动水源地和受水区形成生态保护的利益共同体,从而达到流域整体和谐发展。同时,流域内的横向生态补偿也是一项有利于经济和环保的制度创新。流域生态补偿在我国已被提出多年,但实际应用的成效并不明显,很难达到公平与效率的双重目的。其主要原因在于,在各个河流所经过的区域内,中央财政的支出能力是有限的,不能完全满足其对河流的保护与管理需求。所以,在很长一段时间内,我们的一些流域的水质和水量都无法达到标准,甚至长期处于"劣Ⅴ类"状态,反映出我国生态补偿机制存在较大问题。当前,亟须从流域"输血型"向"造血型"转型,创新生态补偿机制,完善不同政策工具间的机制设计,加快流域横向生态补偿制度的构建。

第三节 流域横向生态补偿的分析

我国流域的横向生态补偿是中央政府基于行政区划理念主导的流域内省份之间的单方面合作。但是即使有中央政府的财政和政策支撑，在流域内上下游地区仍会以本区域内的利益最大化为目标，这就会导致跨省流域的利益冲突，在建立健全的流域横向生态补偿体系时会面临很多实践困难。

以东江流域为例，广东和江西两省就赣南东江源地区的水资源环境问题探讨了十多年，始终难以达成共识。首先是产权的问题。在我国，水资源是一项全民所有的公共资源，流域地区的人民都有使用权，因此水资源的所有权主体无法在流域的上下游之间有所区分。这就导致流域上下游产生水资源的环境纠纷时，上游强调自己的发展权，下游强调自己的环境权的问题。在赣南东江源地区，广东省和江西省就面临着这样的纠纷。广东省认为，水资源全民所有，上游地区的江西省不能大肆污染水源，且作为向中央缴纳财政税金最多的省份，中央通过纵向生态补偿，将财政资金转移支付到流域环境保护的源头地区，广东省无须再向上游地区重复支付生态补偿资金。在这种情况下，流域水资源的初始产权的判定十分模糊，如果初始产权判定给江西省，那么流域内有可能出现突破生态红线的情况，使得流域生态环境进一步恶化；如果初始产权判定给广东省，那么作为上游地区的发展水平较低的江西省，可能会为保护流域环境、保护下游地区广东省的水资源环境权而牺牲自身的发展权，这样的判定又有违公平发展的原则。因此，建立东江流域的跨省横向生态补偿机制尚未完全落实。

以千岛湖为例。千岛湖作为中国长三角地区重要的战略水资源，有着"世界上最美的水"的美誉，对长三角地区经济社会发展具有重要的战略地位。进入千岛湖的一半以上的水和58％的雨水收集面积都处于安徽省，因此千岛湖水质在很大程度上取决于上游新安江的水质，千岛湖水资源质量决定了浙江省的水质。因此，新安江的水质和水量尤为重要。对于横跨安徽和浙江两省的新安江来说，如何保护和管理上下游的水资源是两个地方政府面临的难题。早在2005年，安徽省就以黄山市为保护新安江流域水质而牺牲经济发展为由，提出浙江省应赔偿黄山上游城市，但浙江省认为不应赔偿不合格水质。浙江省认为,新安江水库发电主要是国家收入,因此应由国家补偿,且其上缴国家的财政资金已包括生态保护和环境治理资金。直到 2011 年,财政部和原国家环境保护部协调流域上游的安徽省和流域下游的浙江省制定并颁布了《新安江流域水环境试点方案》。但由于浙江省和安徽省政府在补偿计量标准细节上存在意见分歧,具体的补偿协议并未立刻签署。

在跨省流域生态补偿中,上游地区作为水资源源头的保护者和开发者,需要投入大量的人力、物力和财力,甚至要牺牲自身的发展资源和机会来保护水资源。因此,下游地区的政府通常会被要求对其进行生态补偿,但下游地区往往出于财政和税收原因以及流域水资源的公共性质,不愿意承担上游地区的生态补偿责任,从而导致流域生态环境陷入水质下降的困境,对整个流域产生负面影响。流域之间的省际政府合作也陷入了"囚徒困境",这给更深层次的合作和谈判带来了巨大压力。跨省横向生态补偿问题实际上是个人理性与集体理性的矛盾。同一流域内的不同省级单位,基于传统的行政区划,通常倾向于追求省与省之间的利益最大化,缺乏对流域整体利益的考虑和控制,流域公共利益将陷入僵局。在这种层级划分的行政理念下,当补偿方与跨省生态被补偿方难以达成共识时,就把希望寄托在中央政府的协调上。流域横向政府之间的对话、协商和合作往往效率低下。中央政府应从国家整体发展战略、生态环境保护与资源可持续开发等方面出发,对流域生态补偿制度提出明确的要求。然而,在跨省治理和补偿过程中,存在财政支付有限、信息不对称等现实问题,给中央政府带来了巨大障碍。因此,解决问题的关键是创新思维方式和体制机制,推动跨省区域公共治理。

要解决流域横向生态补偿中上、下游地区政府之间的利益矛盾,关键是要实现跨区域公共治理观念的转变。中央政府要统筹各地区各部门的经济发展,就必须强化上下游两级政府关于流域共同利益的认知,其中,横向的政府对话机制就显得尤为重要。跨省协商和合作有别于传统的依赖于科层体制下的"命令—控制"手段,而要转向依赖中央政府、地方政府、区域组织、企业以及社会多元组织,多方力量共同参与对跨省流域生态补偿的设计,将传统的单一化的垂直政府治理体系转变为多样化的网络体系。

第四节 流域横向生态补偿的设计

从理论上讲,在流域内实行横向生态补偿的一个重要先决条件是,上游地区对流域水环境质量保有较大压力;下游对上游水源的质与量都有较高的需求,但没有承担起与之相适应的义务。通过构建流域横向生态补偿机制,可以有效地解决流域生态服务供需矛盾,实现上下游协同、可持续发展。为此,需要进行以下设计:

一、流域内主要生态环境补偿产品的识别

流域生态环境产品可以划分为两个层面。一是指流域在较大范围内所起到的综合生态作用,如调节气候和维护生物多样性。这些综合生态作用是流域生态系统的重要组成部分,对于维持地球生态平衡和人类生存发展具有重要意义。首先,流域调节气候的作用主要体现在水循环过程中。流域内的降水、蒸发和径流等过程形成了复杂的水循环系统,通过这个系统,流域能够调节气温、湿度和风速等气象要素,从而对周边地区的气候产生影响。例如,流域内的森林植被能够吸收大量的二氧化碳,减少温室气体的排放,有助于减缓气候变化的速度。其次,流域的维护生物多样性作用主要体现在保护和恢复生物栖息地。流域内拥有丰富的水资源和多样的地形地貌,为各种生物提供了适宜的生存条件。流域内的湿地、河流和湖泊等生态系统是许多物种的重要栖息地,对于维持生物多样性具有重要作用。同时,流域内的湿地还能够过滤水质,净化水源,为人类提供清洁的饮用水。二是从生态、社会、经济三个方面来看,流域对上下游的生态效益、社会效益和经济效益都是基于对水资源的依赖性而产生的效益。首先,从生态角度来看,流域的水资源是维持生态系统正常运行的基础。上游地区的水资源供应直接影响到下游地区的生态环境和生物多样性。因此,保护流域的水资源对于维护整个生态系统的健康至关重要。其次,从社会角度来看,流域的水资源对于人类社会的发展和居民的生活起着重要作用。流域内的水资源不仅用于农业灌溉、工业生产和城市供水等方面,还为人们提供了休闲娱乐和旅游观光的机会。因此,保护流域内的水资源对于提高人们的

生活质量和幸福感具有重要意义。最后,从经济角度来看,流域内的水资源对于经济发展具有重要推动作用。流域内的水资源可以用于农业、工业和能源等领域的生产活动,为经济增长提供动力。同时,流域内的水资源还可以作为旅游资源进行开发利用,促进旅游业的发展,带动相关产业的繁荣。

综上所述,流域生态环境产品在综合生态作用、生态效益、社会效益和经济效益等方面都具有重要意义。保护和合理利用流域的水资源是实现可持续发展的关键所在,需要政府、企业和公众共同努力,加强流域生态环境保护和管理,确保流域生态环境产品的可持续供给。

二、流域生态补偿责任的主体和客体界定

在一般情况下,流域生态环境补偿的主体包括破坏者和受益者。这意味着,当某个人或组织对流域生态环境造成破坏时,他们就需要承担相应的责任和义务,以弥补这种破坏所带来的损失。同时,那些从流域生态环境中获益的人或组织也需要参与补偿过程,以确保公平性和可持续性。

然而,流域生态环境补偿的客体则更加复杂多样。除了保护者和受害者,还涉及其他相关利益方。保护者是指那些致力于保护和维护流域生态环境的个人、组织或机构。其通过采取各种措施,如植树造林、水资源管理、生态修复等来减少人类活动对流域生态环境的负面影响。这些保护者的努力对于维护流域生态环境的稳定和健康至关重要。

而受害者则是指那些因流域生态环境破坏而受到直接或间接影响的个人、群体或生态系统。其可能面临着生计丧失、资源匮乏、生物多样性减少等问题。因此,流域生态环境补偿应该考虑到这些受害者的需求和权益,以帮助他们恢复和重建受损的生活和生态系统。

除了保护者和受害者,还有其他一些相关利益方也需要考虑。例如,政府机构在制定和执行流域生态环境补偿政策时扮演着重要角色。他们需要平衡各方的利益,以确保补偿机制的公正性和可行性。此外,公众也应该参与到流域生态环境补偿的过程中,通过提供意见和建议,推动政策的改进和完善。

总之,流域生态环境补偿是一个复杂的问题,涉及多个主体和客体。只有综合考虑各方的利益和需求,才能实现流域生态环境的可持续发展和保护。

三、流域生态补偿标准的选择

根据我国对流域生态补偿的理论和实际情况,可以将我国流域生态补偿划分为水资源保护补偿和断面补偿两种方式。在水资源保护补偿中,我们主要运用了成本分析法、机会成本法、支付意愿法、水资源价值法和生态效益法等方法。这些方法通过评估水资源的保护成本、机会成本,以及人们对水资源的支付意愿,来确定合理的补偿标准。同时,考虑到水资源的价值和生态效益,可以将这些因素纳入补偿计算中,以实现对水资源的有效保护。

目前,跨界断面补偿的确定方法有水污染经济损失函数法、跨界断面水质指数法、超量污染物流量法等。水污染经济损失函数法通过对水污染造成的经济损失进行评估,来确定补偿金额。跨界断面水质指数法则通过监测跨界断面的水质指标,来评估水质的变化情况,并据此确定补偿金额。超量污染物流量法则通过监测跨界断面的污染物流量,来评估污染物的排放情况,并据此确定补偿金额。

这些方法在实际应用中具有一定的可行性和有效性。然而,随着环境问题的日益复杂化和社会经济的快速发展,流域生态补偿仍然面临一些挑战。例如,如何准确评估水资源的保护成本和机会成本,如何综合考虑水资源的价值和生态效益,如何确保补偿机制的公平性和可持续性等。因此,需要进一步完善流域生态补偿的理论和方法,加强政策制定和实施的科学性和可操作性,以促进流域生态环境的可持续发展。

四、流域生态补偿资金来源选择

根据目前国内的实际情况,经费的来源主要有以下四种途径:

一是,市场筹资:通过向企业、个人或其他机构募集资金来支持项目或活动。这可以通过发行股票、债券、基金等形式进行,吸引投资者参与并提供资金支持。

二是,财政转移支付:政府通过财政转移支付的方式,将一部分财政收入从中央或地方政府转移到地方或其他部门,用于支持特定项目或领域的发展。这种资金来源通常由中央政府或上级政府决定,并按照一定的分配比例进行拨付。

三是,联合投资设立专项基金:多个机构或个人共同出资设立专项基金,用于支持特定的项目或领域。这些基金通常由专门的管理机构负责管理和运作,以确保资金的有效使用和项目的顺利推进。

四是,地方财政代扣设立专项基金:地方政府通过代扣个人所得税、企业所得税等税收收入的一部分,设立专项基金用于支持地方经济发展和社会事业建设。这种资金来源通常由地方政府决定,并按照一定的规定进行管理和使用。

以上是目前国内经费来源的主要方式,不同的资金来源适用于不同的项目和领域。在实际操作中,需要根据具体情况选择合适的资金来源,并进行合理的管理和使用,以确保资金的有效利用和项目的可持续发展。

五、流域生态补偿资金的使用与管理

在实施生态补偿机制的过程中,为了确保资金的有效利用和生态环境的持续改善,有必要设立一个专门的流域基金管理领导小组。这个领导小组的主要职责是对整个流域的现状进行全面、深入的考量,以便更好地确定生态补偿资金的优先应用范围。

首先,流域基金管理领导小组需要对流域内的生态环境状况进行详细的调查和评估。这包括对流域内的水资源、土壤、植被、野生动植物等各个方面进行全面的分析,以了解流域生态系统的健康状况和存在的问题。同时,还需要关注流域内人类活动对生态环境的影响,如工业污染、农业开发、城市建设等,以便为生态补偿资金的分配提供科学依据。

其次,根据对流域现状的全面考量,流域基金管理领导小组需要确定生态补偿资金的优先应用范围。这意味着要明确哪些领域和项目是当前最需要生态补偿资金支持的,以确保资金能够发挥最大的效益。这些领域可能包括水土保持、水源地保护、湿地恢复、森林植被建设等。

再次,流域基金管理领导小组需要与同级的地方政府之间建立紧密的合作关系,通过财政资金的互相转移,实现生态补偿资金的快速、高效转移和支付。这不仅可以确保资金及时到位,还可以促进地方政府之间的协同治理,共同推进流域生态环境保护工作。

最后,流域基金管理领导小组还需要对生态补偿资金的使用效果进行定期评价。这包括对资金使用情况的监督、对项目实施效果的评估,以及对生态环境改善程度的监测等。通过对资金使用效果的评价,可以及时发现问题并采取相应措施,确保生态补偿机制的有效运行。

总之,在实施生态补偿机制时,设立专门的流域基金管理领导小组是非常必要的。通过这个领导小组的工作,可以确保生态补偿资金的合理分配和有效利用,从而为流域生态环境的保护和改善提供有力支持。

六、流域生态补偿机制的实施保障

在构建流域生态补偿执行的保证机制时,我们可以从多个方面入手。

首先,公众参与是一个重要的环节。通过广泛征求公众意见,了解他们对流域生态补偿的看法和建议,可以更好地制定相关政策和措施,确保其符合公众利益。

其次,生态补偿资金的使用与管理也是关键。我们需要建立严格的资金管理制度,确保资金使用的透明度和公正性。同时,要加强对资金使用情况的监督和评估,及时发现问题并采取措施加以解决。

再次,跨境水质监测与数据管理也是必不可少的。通过建立跨境水质监测网络,及时掌握流域内水质状况,为生态补偿提供科学依据。同时,要加强对水质数据的管理和分析,为决策提供有力支持。

最后,流域协调与纠纷解决也是保障流域生态补偿执行的重要环节。在流域内各利益相关方之间建立有效的沟通机制,加强协调合作,共同推动流域生态补偿工作的顺利进行。同时,要建立健全纠纷解决机制,及时化解矛盾纠纷,维护流域生态补偿的稳定运行。

这些基本环节紧密相连、互相促进,形成一个有机的整体。只有当各要素间存在协同作用时,流域水平生态补偿才能发挥出最大的效果。因此,在构建流域生态补偿执行的保证机制时,我们要注重各个环节之间的协调配合,确保整个机制能够高效运转。

第二章 我国横向生态补偿保障体系与政策框架构建

第一节 我国流域水资源产权的确权

我国要实现流域内生态补偿体系的构建,首先要运用产权理论来明确我国的水资源的产权。

一、我国水资源使用权和收益权的确定

我国对水资源的使用与收益权的界定,集中反映在对水资源的认识上。水资源的财产权是由水资源的所有权和使用权、收益权和转让权构成的使用权的共有权。用水与收益是权利主体的权利。所以,在我国,只有对水资源进行界定,才能对水资源的使用、收益和转让进行界定。依据《水法》《取水许可和水资源费征收管理条例》,取水单位、个人应当依法取得取水权,并依法行使取水权。这与沿岸权理论和先占原则有很大区别。

二、我国水资源转让权的确定

水资源转让权的本质是水权流转。因此,正确理解取水权的流转问题是十分必要的。通过市场主体之间的谈判,而不是通过行政手段来实现水权的转移,是解决市场主体用水难问题的一条有效途径。在不同的市场主体间进行取水权的转让即为水资源所有权的转让。《取水许可和水资源费征收管理条例》第 27 条规定,取得取水权的单位和个人,在取得取水权后,可以在取得取水权的期限和额度之内,向有关部门申请,将其节省的水资源,按照有关规定,向有关部门申请,予以划拨。所以,在我国,水资源使用权的流转必须通过行政审批

部门的批准。

第二节 我国流域生态补偿资金筹集和管理

一、我国流域生态补偿资金的筹集

在一些重大的生态项目或生态问题的治理中,可以仰赖中央财政的转移支付或地方政府的财政支出,通过单一的融资渠道获得项目资金,但这无法体现"受益者付费"的原则。参考流域生态补偿的国外成功案例,流域生态补偿资金的筹集主要有三种渠道:

(一) 中央和地方政府的投入

中央和地方政府在生态保护、生态补偿和环境治理方面的投入主要包括以下几个方面:

1. 财政转移支付和补贴

各级政府通过财政转移支付和补贴的方式,将资金从财政收入中划拨给相关部门,用于支持生态保护、生态补偿和环境治理工作。这些资金可以用于生态修复、自然保护区建设、生态补偿基金设立等方面。

2. 国债基金

政府通过发行国债筹集资金,将其中一部分用于生态保护、生态补偿和环境治理。国债基金的运用可以提供长期稳定的资金来源,支持相关项目的开展和实施。

3. 行政事业收费提取

政府从水资源费、排污费、森林资源补偿费等行政事业收费中提取一定比例的资金,用于生态保护、生态补偿和环境治理。这些费用的提取可以增加资金来源,确保相关项目的正常运作。

4. 生态保护项目安排

国家将上述资金来源应用于相关部门安排的生态保护、生态补偿和环境治理项目。这些项目可以包括湿地保护、森林防火、水土保持、生态修复等方面的工作。通过资金的投入,可以推动生态保护工作的开展,提高生态环境质量。

总之，中央和地方政府通过财政转移支付和补贴、国债基金以及行政事业收费提取等方式，为生态保护、生态补偿和环境治理提供了重要的资金支持。这些投入有助于保护生态环境，促进可持续发展，提高人民群众的生活质量。

（二）受益者支付

受益者支付是指生态保护和建设成本的分担方式，主要包括水生态效益收益地区、收益部门、收益单位和个人。这种支付方式的核心思想是让那些从生态保护和建设中获益的各方共同承担相应的费用。

首先，水生态效益收益地区是指那些因为生态保护和建设而获得直接经济和社会效益的地区。这些地区通常是水源地、湿地保护区等具有重要生态功能的地区。由于这些地区的生态环境得到了改善，水资源的供应更加稳定，水质也得到了提升，从而为当地的农业、工业和居民生活带来了实实在在的经济效益。因此，这些地区应该承担一部分生态保护和建设的成本。

其次，收益部门是指那些从生态保护和建设中直接受益的行业和部门。例如，旅游业是一个典型的受益行业，因为生态环境的改善可以吸引更多的游客前来观光和消费。同样，农业、渔业等与水资源密切相关的行业也会因为水质的提升而获得更好的生产条件和更高的产出。这些行业和部门应该根据其从生态保护和建设中获得的收益比例来承担相应的成本。

此外，收益单位是指那些从生态保护和建设中直接受益的个人或组织。例如，一些农民可能会因为水源地的保护而获得更好的灌溉条件，从而提高农作物的产量和质量。同样，一些环保组织或个人可能会因为生态环境的改善而获得更多的社会认可和支持。这些个人或组织应该根据自身从生态保护和建设中获得的实际收益来承担相应的成本。

总之，受益者支付是一种公平合理的生态保护和建设成本分担方式。通过让那些从生态保护和建设中获益的各方共同承担费用，可以更好地调动各方的积极性，促进生态环境的持续改善和可持续发展。

（三）国际组织或环境保护非政府组织机构的贷款或捐助

国际组织或环境保护非政府组织机构的贷款或捐助主要包括国际上的经济技术援助，国际性金融机构优惠贷款和民间社团组织及个人捐款、社会捐款等。

因此，要拓展投融资渠道。在政府领域，可以形成固定的生态补偿资金来源，比如，开征资源税、资源和环境有偿使用形成的非税收入、生态惩罚性收入、政府生态补偿基金等；在政府领域，也可以形成多渠道的补偿资金来源，比如，整合现在的市级财政转移支付和补助资金，将多项专项资金聚合起来，专门用于生态补偿。从市场领域来看，要充分调动市场资源参与到生态补偿之中，借助政府引导的力量，可以进一步挖掘生态资本市场的价值，培育生态市场的融资环境。比如，利用股票市场支持具有优势的生态环保企业，将效益好的企业推荐上市；发行生态环保债券；发展生态环境保护基金，采取有偿使用或贴息贷款等形式滚动发展，用于生态环境保护补偿、生态环保效益补偿和生态修复项目资金；鼓励企业参与生态补偿计划，从市场上获取补偿资金。

二、我国流域生态补偿资金的配置

在现有资金补偿的基础上，受影响地区应进一步加大对水源地和重要受影响地区的产业和政策支持或补偿力度。为了实现这一目标，可以采取多种方式来逐步建立"造血型"横向生态补偿模式。

首先，项目补偿是一种重要的方式。通过投资建设水源地保护和恢复项目，为受影响地区提供经济支持和技术指导。这些项目可以包括水源地的水质监测和治理、水土保持工程、水资源调配设施等。通过这些项目的建设和运营，可以提高水源地的保护能力，减少污染和破坏，从而为受影响地区提供可持续的水资源供应。

其次，智力补偿也是一种有效的手段。通过组织专家团队对受影响地区的产业进行技术培训和咨询服务，可以帮助当地企业提升技术水平和创新能力。同时，可以鼓励高校和科研机构与当地企业合作，共同开展科研项目，推动科技成果的转化和应用。通过智力补偿，可以提高受影响地区的产业竞争力，促进经济的可持续发展。

最后，政策补偿也是建立"造血型"横向生态补偿模式的重要途径。政府可以出台一系列激励政策，鼓励企业和居民参与水源地保护和恢复工作。例如，可以给予符合条件的企业税收减免、贷款优惠等支持措施；对于积极参与水源地保护的个人和组织，可以给予奖励和荣誉表彰。通过政策补偿，可以形成全社会共同参与的生态保护氛围，推动水源地保护工作的深入开展。

综上所述,通过项目补偿、智力补偿和政策补偿等多种方式,受影响地区可以逐步建立起"造血型"横向生态补偿模式。这种模式不仅可以提供经济支持和技术指导,还可以提高产业的竞争力和创新能力,促进经济的可持续发展。同时,通过政策激励和社会参与,可以形成全社会共同参与的生态保护氛围,实现水源地保护和恢复工作的长期稳定发展。

第三节 建立完善我国流域生态补偿的组织管理体系

目前,我国部分流域的地区在逐步开展流域生态补偿机制的建设,由于处于试点阶段,很多体制机制还不成熟完善,存在许多值得修正和改进的地方。要追求流域生态补偿的稳定性和长效性,就要从体制管理和财税管理同时出发,形成一套完整的补偿体系。大部分只是针对某一特定区域的生态问题而进行的简单生态补偿,并不能从根本上保证区域生态环境的改善和长期生态建设。因此,以各主体功能区的不同利益群体的根本利益和根本需求为出发点,结合区域生产方式和地方经济发展情况,建立有效的生态效益长效机制迫在眉睫。

一、我国区域之间流域分工的制度设计

(一)建立跨区域的协调管理机制

1. 河长制——"共饮一江水,共护一江清"

从表面上看,流域生态补偿是利用经济杠杆进行环境治理和生态保护。其更深层次的含义是"联防共治",即构建整个流域的生态保护与管理的长期制度。目前,跨行政区域的流域生态补偿仅仅依靠水利部门或环境保护部门来组织和协调实施是远远不够的。流域管理委员会应协调沟通上下游间各行政区利益相关者的关系,促进协商双方达成"成本共担、效益共享、合作共治"的共识,建立起关系协调、互惠互利的共赢机制。建立河长制,遵循"属地管理"和"因地制宜"的原则,将流域流经区域的保护权和治污权归属到相应的地方各级

党委和政府,严格落实执行"谁分管、谁负责"的管理工作责任制,整合各级党委政府的执行力,弥补"九龙治水"的尴尬局面,形成全社会共同治水的良好氛围。对于跨省、跨市的流域,各相关部门和单位按照职责分工,明晰管理责任,协调并实行上下游、左右岸的联防联控,共同推动各项工作的协调有序进行;县级以上河长负责定期组织对有关部门和下一级河长的具体表现和任务完成情况展开监督评估,强化激励问责,并将考核结果作为地方党政领导综合评价的重要依据。完善"河长制"的对策主要有以下几点:

(1) 精选"河长"队伍。当前,环境保护和生态建设已上升到国家战略高度,各级政府均高度重视,水质改善均作为各地"十四五"期间列入生态环保规划的重要任务,明确了各级政府的责任,并配备必要的治理资金,客观上为河流水环境综合整治提供了良好的工作基础。因此,不必像"十三五"期间那样,"地方河长"遍地开花,只需要安排常委领导、政府分管发改、环保、工业、水利等领域的领导,担任多条甚至一个区域河流的"河长",履行"一岗双责",即除了做好业务职责,也要结合业务工作履行好相关的"河长"环保管理职责,充分发挥出"河长"的协调推进作用。

(2) 赋予"河长"一定职权。省、市"河长"要拥有规划编制权,可以根据国家总体方案和省实施方案修编的新要求,对 15 条主要入湖河流综合整治规划进行修编和完善;"省级河长"要赋予一定的资金调配权,每年可以在省级太湖治理专项资金中切块一部分,作为激励资金,"省级河长"有权决定将资金用于具体的难点重点治理工程。同时,赋予省市级"河长"考核建议权,"省级河长"可以根据地方"河长"的工作情况,每年对相应地区的太湖治理考核结果提出建议,"地方河长"可以对下级政府的太湖治理年终考核结果拥有建议权。

(3) 探索借助公众力量,创新设立"名誉河长"。即在离任的省委、省政府老领导和现任的省人大、省政协领导中,为各地主要入湖河流各安一位"名誉河长",充分调动他们的力量来推动入湖河流的治理。探索建立"民间河长",即在河流所在地民间环保人士,以及对该条河流进行长期跟踪研究的省内高校科研院所的专家中,选出"民间河长",赋予其相应的权利和责任,参与到河流治理和社会监督中。

(4) 健全管理考核体系,建立"河长"联席会议制度。既解决上下游协同治污问题,又能及时推广有效的治理理念和技术。研究出台"河长"工作考核细则,既要与河流水质挂钩,又要与地方切块资金安排挂钩。完善"河长"工作通报机制,借助主流媒体宣传"河长"工作,努力营造社会监督氛围。

2. 跨区域民主协商机制

民主磋商是政府间的一种重要的横向协作机制,是一种不同于官僚体制下的"命令—管制机制"与"市场交易"的"利益机制",强调以柔性的行政合同、行政协议等方式来构建协作关系,并寻求信息共享与关系交换。这样,谈判机制不仅可以弥补"命令—管制机制"的僵硬和"利益机制"的不足,而且可以在一定程度上解决这一问题。其实,加强流域政府之间的民主磋商,已经是当今世界各国共同努力的方向。例如,在澳大利亚墨累—达令河以及美国的田纳西河上,便建立了"高于"地方政府地位的流域管理机构,以及相应的民主咨询机制。协商机制的执行要有与之对应的组织保证,而这一组织保证不能只停留在"超级政府"的概念上,而要注重政府之间的契约性协作。尽管这样的组织架构并非强制执行,但也要求"耦合力量"之间进行交流,明确职责,建立协作机制和工作汇报机制。

从理论上讲,作为区域间政府组织,我国流域管理部门能够对流域生态补偿起到统筹和协调的作用。但其在我国的法律地位、作用等方面还不够清晰,使得部分流域的综合整治工作很难顺利进行。针对这一问题,国家可建立以流域为基础的流域发展管理委员会(含流域组织),通过俱乐部投票、环境保护(生态补偿)等契约,以及违约处罚等手段,构建以流域为主体的流域发展管理委员会(含流域组织)。在流域生态补偿中,主要包括明确生态补偿标准、补偿方式、补偿资金的监督与运用。在实际操作中,有必要进行多次谈判,直至双方就赔偿问题达成一致,并签订赔偿协议。协议要明确各地的职责、移交断面的水质指标、生态补偿的条件、生态补偿的决策程序、补偿基金的运行方式,等等。此外,还应对出现纠纷时可采取的处理方式做出明确的规定。

(二) 建立多主体的供应机制

在此基础上,我们提出了一种以区域为单位的生态补偿机制。迫切需要调动各方力量,各种力量的结合也可以是灵活多变的。比如,当地政府可以与其他地方政府,特别是流域上游的政府签署合同,为当地居民提供水生态服务;当地政府还可以与企业和民间组织签订生态服务合约,承担生态补偿责任。此外,还可以通过企业、环境非政府组织等多个主体,通过市场与社会自治相结合的方式,实现流域生态服务的多层管理体系。多元主体共同提供的关键是,如何选择一种能充分发挥其特点和优点,同时避免其缺点的制度安排。需要突出的是,近年来我国环境非政府组织逐步壮大,环境非政府组织与企业对环保的重视日益增强,两者在环保领域扮演的角色日益突出。环境非政府组织和企业参与生态补偿的例子屡见不鲜,比如,"农夫山泉"自然保育中心正是通过"一分钱"的环保行动,为当地的贫穷孩子提供了援助。省际横向生态补偿要充分吸纳企业、非政府组织、个体等主体,形成合作伙伴关系。特别是,当面对公众的多样化需要或政府不能解决的问题时,非政府组织可以利用自身的群众基础,获得公众的信赖,降低运营成本,采取政府购买或与非政府组织合作的形式来解决问题。

(三)建立生态保护的经济激励机制

电力短缺也是影响长江中下游地区生态补偿开发的一个主要因素。在现行环保政策中,对流域生态补偿的强制性约束和对下游区域生态补偿机制的缺失,导致了下游地方政府"搭便车"的现象日趋严重。基于此,笔者提出了一种有针对性的激励机制,以促进和健全流域政府间的生态补偿机制。例如,在退税政策上,中央政府将根据上一年度下游政府对流域上游地区的生态补偿支出和补偿效果,对其实施"先退",并将该年征收的部分税款返还给下游,以鼓励其继续为上游政府提供生态补偿。再如,绿色 GDP 评估政策。在此阶段,可以考虑将水质达标率、水量、生态补偿资金数额及补偿效应等量化的评价指标纳入政府 GDP 考核绩效中,从而协调流域上游与下游政府的合作。

1. 强化地方政府和企业的环境保护意识

在经济激励型环境政策工具实施的过程中,地方政府和排污企业之所以会出现一些政府失范行为,其重要的原因就是地方政府和排污企业都是理性经济人。理性经济人最核心的特征就是与生俱来的自利性。基于自利性的动机,地方政府往往过多介入市场过程中,从而影响诸如排污权交易制度等在内的环境经济激励型政策工具的实施效果。尽管存在经济激励,但在企业利润最大化的基础上,排污企业也会选择拖延缴纳排污费、承担排污处罚、向地方政府寻租获取排污许可证等方式来规避企业的环保责任,继而影响经济激励工具实施的环境绩效。对此,我们不仅要通过完善制度、强化法治等外在的措施来规范地方政府和排污企业的环保行为,还要通过强化环保意识来规范他们在环境经济激励型政策工具实施过程中的环保行为。

强化地方政府和排污企业的环保意识的途径很多,包括环境宣传和教育的途径,也包括法律约束的途径,但从思想意识内容本身的角度来看,地方政府和排污企业只有树立以下几个方面的主要意识,才能为经济激励型环境政策工具的有效实施提供精神动力:

(1)生态文明理念。党的十八大提出包括生态文明建设在内的"五位一体"的中国特色社会主义建设的总布局,要求地方政府重视人与自然的和谐关系,以习近平生态文明思想为指导,主动承担起生态文明建设的责任,将生态文明建设与经济建设相结合,从而最大限度地发挥经济激励型环境政策工具在治理环境中的市场诱导机能。

(2)新发展理念。党的十八届五中全会明确了创新、协调、绿色、开放、共享的新发展理念。创新是引领发展的第一动力,协调是持续健康发展的内在要求,绿色是永续发展的必要条件和人民对美好生活追求的重要体现,开放是国家繁荣发展的必由之路,共享是中国特色社会主义的本质要求。坚持创新发展、协调发展、绿色发展、开放发展、共享发展是关系我国发展全局的一场深刻变革。面向未来,我们要完整、准确、全面把握新发展理念的科学内涵,坚持系统思维,把新发展理念全面贯彻到经济社会发展全过程和各领域中,通过发展绿色低碳产业和供应链、构建绿色低碳循环发展经济体系等,推动新质生产力加快发展,坚定不移扩大高水平对外开放,努力实现高质量发展。

(3)"两型"政府建设意识。构建资源节约型、环境友好型社会,是国家经济与社会发展的一个重要方面。与之相适应,"两型"政府的构建也应该成为我们今后一段时期内的一项重要战略目标。在"两型"政府建设意识的指导下,经济激励型环境政策工具就能成为地方政府环境治理时积极创建和实施的重要工具类型。

(4)环保责任及其追究意识。地方政府的环保责任及其追究意识可以促使地方政府在一定程度上收敛地方保护主义,地方政府对污染企业的排污收费"放水"和对排污企业的污染进行包庇的情况就能有所减少。排污企业的环保责任及其追究意识也可以促使其减少对地方政府的权力寻租及环保违法的情况。

2. 优化经济激励型工具自身的制度设计

"工欲善其事,必先利其器"。经济激励型环境政策工具要想通过经济刺激这一间接方式获得环境治理良好绩效的重要前置性条件,工具本身就必须有科学合理的制度设计。然而当前我国地方政府实施的经济激励型环境政策工具自身制度设计具有缺陷,从而导致该工具实施后的失灵现象。正因如此,我国必须从优化经济激励型环境政策工具自身的制度设计入手,才能有效地提升该工具实施的政策效果。

(1) 完善经济激励型环境政策工具的体系结构。相对于诸如排污权、环境税、排污权交易制度等具体类型的环境经济手段而言,作为整体概念的经济激励型环境政策工具则是一种体系结构,因此体系结构的完善对于经济激励型环境政策工具,针对环境污染问题的治理效果具有重要的整体效应。从体系结构完善的角度来说,当前我们主要可以从两个方面入手:一是进一步创新和丰富当前我国地方政府经济激励型环境政策工具。除排污收费制度、排污权交易制度外,当前我国地方政府可以进一步创新和丰富税收、补贴、押金—退还制度、生态补偿等具体手段的内容。二是重视经济激励型环境政策工具体系内各具体手段之间的协调性。对于诸如环境税、排污收费制度、排污权交易制度、补贴、押金—退还、生态补偿等具体政策安排之间的关系需要进行协调,各政策安排实施边界要清晰、相互配合,而不能出现"政策打架"的情形,如此才能有效提升地方政府经济激励型环境政策工具治理环境的体系功能。

(2) 优化经济激励型环境政策工具体系中各具体手段的制度设计。当前,我国地方政府所实施的经济激励型环境政策基本上处于试点和试行阶段,并没有得到广泛推广和普及。如前文所述,目前我国试点和试行经济激励型环境政策工具的区域存在一个比较普遍的问题就是各类具体环境经济手段的制度设计存在一定缺陷。因此,提高经济激励环境政策工具整体效率的重要途径是进一步优化特定环境和经济工具的制度设计,使这些制度设计能够充分利用市场机制在资源和环境配置中的优化作用,实行"受益者付费"和"污染者付费"的原则。

3. 建立相对完整有效的市场机制

一般而言,在采用激励性的环保政策手段进行环境治理时,首先要考虑的是市场机制的完善程度,如果不完善,所选取的激励性政策手段就不能达到预期的效果。然而,由于我国各地区市场机制的发展不一致,一些学者基于2002年至2013年中国30个省份的省级面板数据,测试了三种环境经济手段(即排污费、环境税和环境投资)在不同地区的减污效果和差异。研究发现,各区域对减少温室气体排放的影响程度有明显差异,即东部主要以环保投入为主,中部以排污为主,西部以环保税收为主。不可否定的是,在现阶段,东部及沿海地区的市场化程度要高于西部及内地。但是,目前在全国范围内,市场机制尚不完善,导致了地方政府通过环保激励手段应对环境问题的效果不容乐观。因此,对于我国各级地方政府来说,提高经济激励环境政策工具有效性的重要措施是建立一个更完整有效的市场机制。根据不同地区的经济发展和流域治理情况,确定具体的激励工具,最大限度地发挥跨省水污染治理的效用。

4. 健全环境管理体制

当前,我国环境管理体制在政策执行性上体现出政府高度集中的特征,在环境治理的权力配置上则体现出地方(分权)为主和碎片化分割的体制特征,尽管经济激励型环境政策工具是以市场调节机制为核心的,但上述的环境管理体制特征又在很大程度上影响到经济激励型环境政策工具的实施效果。针对上述情况,结合经济激励型环境政策工具实施的基本要求,当前我国地方政府可以在以下几个方面来健全我国的环境管理体制。

(1)在政策实施过程中,地方政府应充分放权给市场。党的十八大指出,市场要在资源配置中发挥决定性作用,政府也要充分发挥作用。因此,当前政策执行体制改革的重要内容是正确界定政府与市场的边界。

(2)进一步完善环境监管体系。当前,国家应该建立垂直管理体制,加大对环境监测技术、设备和专业人才的前期投资,环保部门要保证监测设备的正常运转,实现对各类污染物的监控,为制定以排污权交易为主要手段的环境激励性政策手段提供保证。

(3)建立环境相关职能部门的协调机制。针对经济激励型环境政策工具在实施过程中出现的部分分割和条块分割的情形,当前我们可以通过建立相关协调机构,比如,使用部门联席会议机制等来促成环保相关职能部门的协调性。

5. 完善相关的法律制度体系

从根本上讲,市场经济就是法律的经济。环境经济政策必须有相应的法律保障,方能使其具有正当性、权威性。在缺乏法律保障的环境—经济刺激机制下,其效果与经济效益是不可能实现的。所以,必须有适当的法律保障,方能使其具备正当性与权威性。在现有的法律制度下,一种政策如果得不到法律的支持,就很难实现。在选择一种经济刺激手段进行环境治理时,要考虑与之配套的法律保障。

二、我国区域之间的流域分工的财政体制设计

(一) 落实地方政府 GDP 和 GEP 双轨考核机制

目前,生态功能区因缺少有效的生态溢出机制,存在生态环境恶化和生态产品供给不足的问题,制约了区域间经济利益和发展模式的真正转变(黄欢,2013)。党的十八大报告提出,要把资源消耗、环境破坏和生态效益等作为经济和社会发展的主要标准。生态系统总输出(GEP)的引进,弥补了国内外在这方面的研究不足。从生态供给价值、生态调控价值、生态文化价值、生态支撑价值四个方面,量化生态价值与绿色发展程度,是提高我国生态环境质量,推进生态文明建设的重要途径。从以往纯粹的以 GDP 为主导的评估机制,向 GDP 与 GEP 的双轨评估机制转变,并将 GEP 融入绩效评估和生态文明评估中,转变只注重 GDP 的绩效观。在这种情况下,地区之间可以通过签订合作协议来实现区域之间的经济利益协调,从而使区域之间的经济利益趋于一致。

(二) 建立流域综合补偿基金

当前,以"上下游"为代表的"一对一"的补偿模式,只适合中小型流域。对于流经多个省份的大型流域,需要几个一对一的合同,才能形成完整的横向生态补偿体系。到那时,由于交易费用过高,现有的模式就会失效。目前,我国在实施流域横向生态补偿的政策措施中,仍存在着较强的政治性,且缺少一套科学的成本—收益计算方法。在今后的生态补偿机制构建过程中,应从中央与地方两个层面构建一套完整的生态服务功能评估指标,并对其进行科学的评估。针对大尺度流域,应由中央与省级人民政府联合成立生态补偿基金,并委托第三方进行管理,依据不同区域的水质、水量等资料,参考全国水功能区河流水质指标,测算出补偿基准。若排污超限,且水质及水的合成系数均小于该标准,则按差额赔偿基金;反之,若因排污量小而产水量大,水质与水量的综合系数超过标准,则可按此系数之差进行补偿。通过建立"统一基准""奖惩"相结合的生态补偿机制,既能规避高额的交易费用,又能化解上游与下游生态权利的矛盾,形成既能兼顾正负外部性,又能兼顾内生性的激励相容机制。

(三) 财税优惠政策

对生态保护区提供税收减免、财政补贴、贷款等财政支持,积极鼓励当地居民在资源环境承载能力范围之内发展特色产业,调整产业结构和经济增长方式,并对其进行技术指导和培训,提升谋生技能。同时,为保障生态服务的良久持续,还需要支付限制和禁止开发区进行生态系统维护和管理的各项费用,促进全流域的社会经济、生态逐步进入良性循环。

第四节　建立完善我国流域生态补偿保障体系

一、建立健全监督机制

以"确权"和合同为手段,健全流域内的横向生态补偿监管体系。国家应当对河流、湖泊等自然生态环境资源进行"确权"和登记,形成一套权责清晰、责任清晰、监督有力的自然资源产权体系,并在此基础上进一步完善相关法律体系。在此基础上,将环境执法与环境绩效评价有机地结合起来,为流域层面的生态补偿机制的执行提供外在的压力与内在的推动力。监督流域企业、中介组织和管理机构履行合同,根据其职责范围,对违反合同的行为进行处罚。为保证项目协调机制、公开申报与公正评估及绩效评估机制的高效运作,每年应定期报送生态补偿基金运作情况报告。在这一基础上,建立流域生态补偿基金监管委员会,构建多个利益主体和社会各界的民主监督平台,对基金的运行实施联合监管,确保基金的安全有效运行,防止"寻租"和"虐待"。生态补偿基金的使用监管是整个横向支付体系顺利运行和取得预期效果的关键。根据国内外横向转移支付制度建设的经验,宽松的监管制度可能会造成补偿基金的使用风险,包括被转移和挪用。

二、建立健全处罚立法机制

目前,我国的生态补偿立法仍需进一步完善,在补偿的内容、方法、标准等方面仍有提升空间。在此基础上,结合我国不同地区的具体国情,制定相应的法律法规，对不同地区进行相应的法律规制，从而更好地促进我国的生态文明建设。各地政府要积极探索流域生态补偿立法，加强流域生态补偿的立法研究，研究制定涵盖补偿范围、基本原则、补偿标准、补偿方式、资金来源等内容的流域生态补偿办法。

第三部分　基于市场的我国环境治理交易政策研究

从市场角度来挖掘环境污染的成因,是为了更好基于市场对环境进行治理。在大量利用环境资源来发展经济时,由于环境资源属于公共物品,必然会发生环境资源的使用和治理之间的矛盾。基于市场来进行环境治理,需要采用一系列市场经济手段。本部分通过实证研究考察分析了我国环境治理现状及其政策需求,在此基础上,设计了我国环境治理交易的市场化体系以及政策框架与实施策略。

第一章　我国环境治理现状及其政策需求

第一节　我国面临的环境压力

我国仍是发展中国家，经过 40 多年的改革开放，我国经济和社会发展成绩斐然。但是，我国资源仍不够丰富，生态环境相对脆弱，再加上早期相对粗放的发展方式，经济结构和产业结构不尽合理，因此，我国在发展过程中也付出了极大的资源成本。与发达国家的发展进程相比，我国同一发展阶段的环境问题比以往任何时候都更加复杂和困难。经过分析得出，目前我国城市化、工业化、人口增长以及经济发展四大驱动力带来的规模效应仍然可观，使得近年来我国总体的产业结构并未发生根本性变化，污染物减排的任务基本上依靠末端治理和技术进步来完成。过去几年虽然末端治理（包括部分技术与管理减排）的贡献巨大，但是很快便出现天花板效应，不能根本解决环境污染问题。即使效率提升后的污染控制效应，也很容易被规模增长带来的更多污染所抵消，加上环境法规的落实和监管实施不理想，未来中国环境治理的任务依然非常艰巨。特别是福建漳州古雷石化项目爆炸、天津港 "8·12" 特别重大火灾爆炸事故等一系列重特大安全生产事故相继发生，表明长期粗放发展的负面影响已开始集中显现，国家已进入高环境风险时期。

由于全球环境条件的变化，外国环境治理有一些可借鉴之处，但不能照搬。在 20 世纪的最后 40 年里，日本已经将 60% 以上的高污染产业转移到了其他国家，而美国则向国外转移了约 40% 的高污染工业。发达国家当年可以用这样的方式向世界转嫁危机，今天的中国却不能使用类似的解决方式。我国想要有效应对当下的突出环境问题、尽快推动解决长期存在的污染问题，需要更高的远见和更大的智慧。

第二节 智慧城市试点政策的工业污染减排效应分析

一、政策背景与机制分析

(一) 智慧城市建设的政策背景

智慧城市最早由 IBM 公司于 2008 年提出,主张城市建设要以充分使用大数据、物联网、云计算等新技术为基础,促进建设技术化和服务智慧化的新型城市发展模式。这对于提升城市的可持续发展具有非凡的意义。目前,中国智慧城市建设经历了四个发展阶段:

第一个阶段为 2008—2014 年的探索实践阶段。2008 年智慧城市概念提出,引发全球热潮。这个时期智慧城市建设"各自为战、分散无序"。第二个阶段为 2014—2015 年的规范调整阶段,呈现"国家统筹、协同指导"的特点,主要由国家发展改革委以及中央网信办牵头主导推进智慧城市的相关建设工作。第三个阶段为 2015—2017 年的战略攻坚阶段,呈现"战略上升、系统整合"的特点。第四个阶段为 2017 年至今的全面发展阶段。这个时期智慧城市建设呈"发展下沉、特点突出"的发展趋势,智慧城市建设对中国经济、环境等多方面发展产生重大影响。智慧城市建设的具体政策举措见表 5-4。

表 5-4 智慧城市建设的政策举措

时间	政 策 举 措
探索实践阶段	2011 年,住建部出台《关于开展国家智慧城市试点工作的通知》,开展智慧城市试点工作
	2012 年,住建部相继印发相关政策文件,明确指出智慧城市建设具有集约、绿色、低碳等内涵要求
	2013 年,科技部公布了大连、青岛等 20 个城市作为智慧城市试点
规范调整阶段	2014 年,国家将智慧城市列为城市发展三大目标之一,将智慧城市作为城市发展的新模式
	2014 年,《关于促进智慧城市健康发展的指导意见》进一步指出,未来智慧城市建设的主要目标要涵盖生活环境宜居化

(续表)

时间	政策举措
战略攻坚阶段	2015年,智慧城市建设首次被写入政府工作报告中 2017年,智慧城市建设被写入党的十九大报告中
全面发展阶段	2019年,《智慧城市时空大数据平台建设技术大纲(2019版)》指出建设智慧城市时空大数据平台试点,鼓励其在生态文明建设中的智能化应用 2022年,《2022年新型城镇化和城乡融合发展重点任务》强调建设宜居、韧性、创新、智慧、绿色、人文城市

(二) 机制分析

具体来看,智慧城市建设通过产业结构升级效应、技术创新效应、财政支出效应等方式减少城市工业污染排放。

一是产业结构升级效应。首先,智慧城市建设驱动了以大数据、新能源材料、移动互联网等为核心的新兴产业发展,与传统产业相比,具有高附加值、高技术含量、低能耗以及低污染的产业优势。其次,新兴产业的发展进一步倒逼传统产业改造,以替代高能耗、低效率的传统能源,促进上下游产业转型升级,进而降低城市污染排放。最后,智慧城市建设在智能信息技术的支持下,开拓多元新型绿色应用场景,降低对粗放式发展模式的路径依赖,促使城市减少对能源的刚性需求,降低单位产出的污染排放量。最后,智慧城市建设强化了多产业协同效应,科学监控并精准测度污染物排放量,充分提升环保部门监管市场主体污染物排放的治理能力,进而有效提升城市环境质量,降低城市工业污染排放。基于此,提出如下研究假设:

假设1:智慧城市建设通过产业结构升级效应降低城市污染。

二是技术创新效应。智慧城市建设运用现代信息技术推动了城市的技术创新,进而降低城市工业污染。由于企业和政府之间信息不对称,企业是选择污染排放还是绿色发展的行为,实质上是一场政企博弈。由于政府精准监测企业污染排放量的技术存在缺陷,所以企业污染环境的行为具有隐蔽性、投机性的特点,这使得城市的环境治理陷入"污染—查处—惩罚—再污染"的循环怪圈。智慧城市建设可以通过借助物联网技术将感应器和装备嵌入环境监控对象中去,对企业进行实时监控和数据收集,并通过云计算等完成环保数据的收集与分析,缓解环境监管信息不对称的情况,即政府部门通过数字环境治理完善污染排放的监督技术降低了城市污染水平。智慧城市建设还可以通过政策激励企业加大投资力度,引导其污染治理模式和技术手段创新,倒逼企业拓展绿色技术创新深度,驱动企业形成绿色创新的内生发展模式,有效降低城市工业污染水平。因此提出如下假设:

假设2:智慧城市建设通过技术创新效应降低城市工业污染水平。

三是财政支出效应。从财政支出角度来看,中国智慧城市政策主要以政府主导,推动"唯GDP"论的政绩考核方式向经济与环境相协调的考核机制转变,引导各级政府部门加大采购具有生态效应的项目产品或应用场景的比例,促进政府部分财政资金向"绿色""创新"倾斜,推进财政绿色转型,实施绿色财政,有效降低城市污染。因此提出如下假设:

假设3:智慧城市建设可以通过财政支出效应降低城市污染水平。

二、实证研究设计

(一)模型设定

2009年我国首次提出智慧城市建设,2012年正式设立智慧城市试点,2013年和2014年分别出现第二批和第三批智慧城市试点城市。由于我国智慧城市试点是分批逐年批复,政策时点并不一致,传统双重差分模型无法对其真实的政策效果进行全面有效评估,因此将智慧城市试点政策视为准自然实验,构建多期DID模型,检验智慧城市试点政策的工业污染减排效应,建立模型如下:

$$\text{pollution}_{it} = \alpha + \beta \text{smart\_policy}_{it} + \gamma X_{it} + \mu_i + \delta_t + \varepsilon_{it} \qquad (1)$$

其中,i表示城市,t表示年份;pollution_{it}表示i城市t年的城市工业污染排放水平;smart_policy_{it}表示智慧城市建设试点的虚拟变量。回归系数β度量了智慧城市试点建设对城市工业污染减排绩效的影响,当其显著为负时,表明智慧城市建设显著降低城市工业污染排放;当其显著为正时,表明智慧城市建设显著加大城市工业污染排放。X_{it}为一系列控制变量;μ_i为城市固定效应;δ_t为时间固定效应;ε_{it}为随机扰动项。

(二)数据来源及处理

基于2005—2019年的279个地级及以上城市的面板数据,选取中华人民共和国住房和城乡建设部官网发布的三个国家智慧城市试点名单作为研究对象,对其进行实证研究。由于智慧城市试点主要集中于地级市层面,因此在处理组和对照组的选择上进行相应的数据处理:

第一,由于部分城市仅有市域内的区、县获批智慧城市,并没有涵盖全市范围,因此不能将这些城市划分为处理组,否则会使政策效果估计出现偏差,故将这类城市从样本中剔除,只选取试点城市为地级市所有地区的样本;第二,本研究剔除 2005—2019 年进行过行政区划调整的地级市(比如,莱芜市、巢湖市等);第三,剔除统计数据缺失比较严重的城市(比如,三沙市等)。

经过数据筛选后,共有 100 个地级市构成"实验组","对照组"则由其余未被列入试点名单的城市组成,涉及的数据主要来源于 2006—2020 年《中国城市统计年鉴》,部分缺失的地区生产总值数据来源于各省市统计年鉴及各城市的国民经济和社会发展统计公报,其余部分缺失的数据,通过线性插值法进行填补。此外,为剔除价格因素的影响,凡涉及价格度量的变量,均以 2005 年为基期的各城市所在省份 GDP 平减指数做平减处理。由于实际使用外资额的单位是美元,所以先用人民币的年平均汇率进行单位换算后再进行平减处理。在某些年份部分地区的在校大学生人数为零,故先对原有数据统一加 1 之后再取对数。

变量说明:

1. 被解释变量

城市工业污染排放水平。笔者运用主成分分析法测算出工业二氧化硫排放量、工业废水排放量和工业烟(粉)尘排放量三者的综合指标,用测算出的综合指标除以人口数得到的人均工业污染排放量,将其作为被解释变量衡量城市的工业污染排放水平。

2. 解释变量

智慧城市试点政策。该变量为核心解释变量,由城市虚拟变量和政策时间虚拟变量的交互项(Treat×Post)组成,其中城市虚拟变量 Treat 为处理组时,赋值为 1,否则赋值为 0;政策时间虚拟变量 Post 表示政策实施当年及以后的年份时取值为 1,否则取值为 0。

3. 控制变量

为了更加准确地评估智慧城市建设试点政策的真实政策效应,参考石大千等(2018)、王颖等(2021)的研究,控制了其他影响因素:(1)经济发展水平

(lngdp):以各城市的人均生产总值表示;(2)人均 GDP 的平方项(lngdp²):由库兹涅茨理论可知,经济发展与环境污染呈倒 U 形;(3)对外开放水平(open):以当年实际使用外资占地区生产总值的比重衡量;(4)政府规模(gov):用地方政府财政预算内支出占 GDP 的比重测度;(5)人力资本(lnhum):每万人在校大学生数表示;(6)人口密度(lndensity):用年末总人口除以行政区土地面积得到的比值测度;(7)产业结构(indus):用第二产业占地区 GDP 比重与第三产业占地区 GDP 比重之比来表示。

4. 中介变量

(1)产业结构升级效应(TRS)主要从产业结构合理化和产业结构升级化两个维度考察衡量。笔者借鉴干春晖等(2011)、李滟等(2023),采用泰尔指数衡量产业结构合理化(TL):

$$\mathrm{TL} = \sum_{i=1}^{3} \left(\frac{Y_i}{Y}\right) \ln\left(\frac{\frac{Y_i}{L_i}}{\frac{Y}{L}}\right) \tag{2}$$

其中 Y 为地区生产总值,L 为就业人数,i 分别为第一产业、第二产业、第三产业,该指标为负向指标,TL 值越小,表示产业结构越合理。

产业结构高级化(IND):本研究借鉴李滟等(2023)衡量产业结构高级化:

$$\mathrm{IND} = \sum_{i=1}^{3} \left[(Z_i/Z) \cdot i\right] \quad i = 1, 2, 3 \tag{3}$$

其中 Z_i/Z 表示第 i 产业占地区生产总值的比重。

(2)技术创新效应(inpatent):用发明专利申请授权数的对数来表示。
(3)财政支出效应(infiscal):用一般预算支出中科学技术支出表示——财政效应。

本研究主要变量的描述性统计见表 5-5。

表 5-5 主要变量的描述性统计

变量类别	变量	样本量	均值	标准差	最小值	最大值
被解释变量	pollution	4 185	0.786 7	1.192 6	−1.131 3	21.712 8
解释变量	smart_policy	4 185	0.167 7	0.373 7	0	1

(续表)

变量类别	变量	样本量	均值	标准差	最小值	最大值
控制变量	lngdp	4 185	9.999 9	0.801 4	7.102 7	14.041 8
	$lngdp^2$	4 185	100.640 2	16.256 5	50.448 8	197.173 0
	open	4 185	2.034 0	2.606 9	−16.882 9	77.481 8
	gov	4 185	0.193 1	0.212 5	0.003 0	6.008 1
	lnhum	4 185	4.536 7	1.248 2	0	8.950 4
	lndensity	4 185	3.282 0	3.329 9	−9.891 4	26.615 4
中介变量	indus	4 185	1.364 1	0.751 1	0.105 5	10.602 6
	IND	4 137	2.267 8	0.190 7	1.810 2	9.684 3
	TL	4 099	1.589 7	4.292 4	−4.581 7	87.737 2
	inpatent	4 180	4.181 8	1.947 2	0	10.880 5
	infiscal	4 184	9.568 5	1.751 9	−2.040 2	15.520 3

三、实证结果与稳健性检验

（一）基准回归

为了检验智慧城市试点对工业污染排放的影响,采用多期 DID 模型进行回归。根据表 5-6 可知,第(1)列是未控制时间固定效应和城市固定效应,且没有加入控制变量情况下的基准回归结果;第(2)列相比第(1)列,加入了控制变量;第(3)列相比第(1)列,控制了城市和时间固定效应,第(4)列控制了时间固定效应和城市固定效应,且加入了所有的控制变量。第(1)—(4)列的估计结果都表明,不论是否控制固定效应和控制变量,核心解释变量前面的系数均显著为负。根据第(4)列,回归结果可知,核心解释变量前面的系数为−0.197 5,且在 1% 的显著性水平上拒绝原假设,这表明智慧城市试点政策平均降低了约 19.75% 的工业污染排放,更进一步验证了智慧城市试点政策的工业污染减排效应不仅具有统计显著性,而且具有经济意义。基准回归结果表明,智慧城市试点政策的实施能够有效降低城市工业污染水平,产生工业污染减排效应,实现环境红利。

表 5-6 基准回归结果

VARIABLES	(1) pollution	(2) pollution	(3) pollution	(4) pollution
smart_policy	−0.4610***	−0.3026***	−0.1807**	−0.1975***
	(0.0654)	(0.0785)	(0.0747)	(0.0743)
lnpgdp		−1.8568		−0.1690
		(1.3472)		(1.2703)
lnpgdp^2		0.0967		0.0338
		(0.0698)		(0.0670)
open		0.0072		0.0024
		(0.0057)		(0.0049)
gov		−0.2355***		0.3753***
		(0.0862)		(0.1230)
lnhum		−0.0382		−0.0517
		(0.0497)		(0.0571)
lndensity		0.0386***		−0.0250*
		(0.0098)		(0.0143)
indus		0.2084**		−0.0399
		(0.0841)		(0.0881)
_cons	0.8640***	9.4652	0.8187***	−0.6004
	(0.0110)	(6.3849)	(0.0125)	(5.8724)
N	4185	4185	4172	4172
adj. R^2	0.035	0.077	0.651	0.660
Number of id	279	279	279	279
city FE	NO	NO	YES	YES
year FE	NO	NO	YES	YES
city cluster	YES	YES	YES	YES

注：*、**、***对应统计上的显著性水平,分别为 10%、5%和 1%。括号内为标准差,以下同。

(二) 平行趋势检验

满足平行趋势假设是使用双重差分模型的首要前提,也就是说,要保证试点城市和非试点城市的环境污染情况在政策冲击前具有平行的变化趋势。参考 Jacobson et al. (1993)和王锋(2022)的做法,使用事件分析法进行平行趋势检验,具体模型如下:

$$\text{pollution}_{it} = \alpha + \sum_{t=-4, t\neq -1}^{5} \beta_t D_{it} + \gamma X_{it} + \mu_i + \delta_t + \varepsilon_{it} \tag{4}$$

其中,D_{it} 表示城市 i 在第 t 年是否实施了智慧城市试点政策,若实施了取值为 1,否则取值为 0;系数 β_t 反映了试点城市与非试点城市的城市污染差异;模型(2)中其他的变量含义与模型(1)保持一致。满足平行趋势检验的条件为:当 $t<0$ 时,系数 β_t 不显著异于 0,即在政策冲击发生前,试点城市与非试点城市之间的环境污染水平没有显著差异。考虑到政策发生前后有的时期数据量过少的情况,本研究做了如下处理:将第 -4 期之前的数据汇总到第 -4 期,将第 5 期之后的数据均汇总到第 5 期,将政策实施前一期视为基期。根据图 5-6 可知,在智慧城市试点政策实施前各期的系数估计值均落在置信区间内,即均不显著,说明满足平行趋势假设。

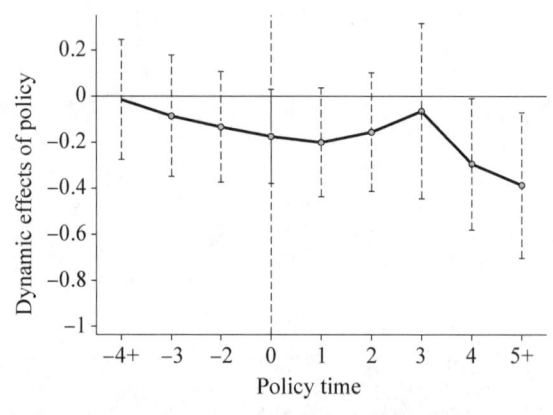

图 5-6 平行趋势检验图

(三) 安慰剂检验

借鉴 Li et al. (2016)的做法,采用随机虚构处理组,即随机选取个体作为处理组,重复 1000 次,看"伪政策虚拟变量"的系数是否显著,以判断智慧城市建设对城市空气质量的显著影响是否由某些随机性因素引起。图 5-7 中展示了 1000 个"伪政策虚拟变量"估计系数的核密度分布以及 p 值等。从图中可以看出,估计系数大都集中在 -0.1—0.1 这个区间,然而根据基准回归结果得到的多期 DID 模型真实估计值为 -0.1975,是一个明显异常值。此外,大部分系数估计值的 p 值都大于 0.1(在 10% 的水平上不显著),回归系数大致服从均值近似为 0 的正态分布。根据以上分析可知,基准回归估计结果是相对稳健的,不太可能是偶然得到的,或者说不太可能受到其他政策或者随机性因素的影响,因此无论是在经济意义,还是从统计意义上均符合安慰剂检验预期。

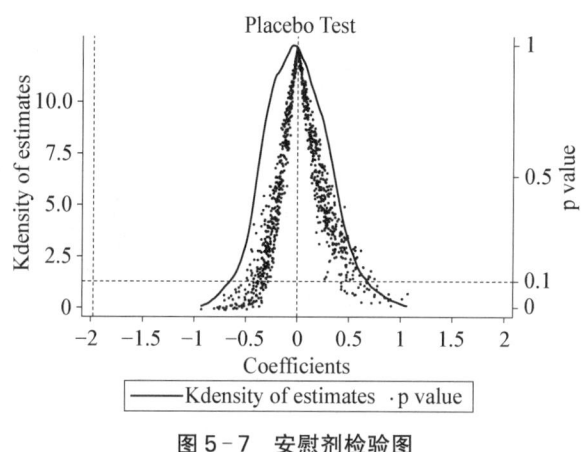

图 5-7 安慰剂检验图

(四) 稳健性分析

在此基础上,笔者拟从样本数据筛选、解释变量替换、政策扰动排除等多个层面,对基准模型的稳健性进行检验,以验证基准模型的可靠性:

1. 样本数据筛选

为了避免极端值或异常值的影响,对被解释变量和连续变量都分别进行 1% 和 5% 的缩尾处理,得到的回归结果见表 5-7。根据第(1)列和第(2)列回归结果可知,缩尾处理后核心解释变量前面的系数仍显著为负,与基准回归结论保持一致。

2. 替换被解释变量

前文基准回归中使用人均工业污染量作为城市工业污染排放的测度指标,现为了进一步排除经济发展和经济规模对二氧化硫排放量的影响,用每亿元 GDP 的工业污染排放量(工业污染综合指标/gdp)作为新的被解释变量进行回归分析,第(3)列回归结果表明前文基准估计结果仍是稳健的。

表 5-7 稳健性检验

VARIABLES	(1) 缩尾 1% pollution	(2) 缩尾 5% pollution	(3) 替换被解释变量 pollution_gdp	(4) 标准 DID pollution	(5) 删除中心城市 pollution	(6) 排除其他政策干扰 pollution
smart_policy	-0.1515*** (0.0556)	-0.0776** (0.0365)	-0.0930** (0.0429)		-0.1871** (0.0793)	-0.1850** (0.0715)
smart_policy_s				-0.2387** (0.1151)		
broadband_did						-0.1682** (0.0771)
lnpgdp	0.5636 (0.5841)	0.1240 (0.4209)	-0.8660** (0.3914)	-0.2646 (1.2929)	1.4743** (0.7444)	-0.3821 (1.2505)
lnpgdp²	-0.0022 (0.0305)	0.0101 (0.0217)	0.0410** (0.0190)	0.0377 (0.0682)	-0.0542 (0.0374)	0.0448 (0.0660)
open	-0.0024 (0.0074)	0.0004 (0.0077)	-0.0080* (0.0048)	0.0021 (0.0050)	-0.0004 (0.0053)	0.0016 (0.0048)
gov	0.7872*** (0.1584)	0.5513*** (0.1722)	0.2556* (0.1461)	0.3608*** (0.1238)	0.4532*** (0.1284)	0.3408*** (0.1170)
lnhum	-0.0622* (0.0324)	0.0062 (0.0166)	-0.0610*** (0.0201)	-0.0541 (0.0576)	-0.0760 (0.0659)	-0.0528 (0.0569)

(续表)

VARIABLES	(1) 缩尾1% pollution	(2) 缩尾5% pollution	(3) 替换被解释变量 pollution_gdp	(4) 标准DID pollution	(5) 删除中心城市 pollution	(6) 排除其他政策干扰 pollution
lndensity	-0.0262* (0.0140)	-0.0046 (0.0063)	-0.0191*** (0.0044)	-0.0268* (0.0146)	-0.0395*** (0.0150)	-0.0267* (0.0144)
indus	0.0047 (0.0657)	0.0461 (0.0311)	-0.0489** (0.0235)	-0.0347 (0.0892)	-0.0485 (0.0888)	-0.0432 (0.0878)
_cons	-4.4101 (2.7453)	-1.7366 (2.0319)	5.2906*** (2.0261)	-0.0354 (5.9767)	-7.9812** (3.5801)	0.4667 (5.7807)
city FE	YES	YES	YES	YES	YES	YES
year FE	YES	YES	YES	YES	YES	YES
city cluster	YES	YES	YES	YES	YES	YES
N	4172	4172	4161	4172	3722	4172
adj. R^2	0.805	0.816	0.517	0.660	0.664	0.661

3. 标准 DID 模型

参考石大千等（2018），只研究 2012 年的政策净效应，不考虑 2013 和 2014 年的政策效果，生成政策虚拟变量 smart_policy_s，即 2012 年及之后实施智慧城市试点政策的城市取值为 1，否则取值为 0。最后采用标准 DID 模型估计智慧城市试点政策效果，由表 5-7 第（4）列可知，基准回归结果仍是稳健的。

4. 删除中心城市

不同层级的城市自身资源禀赋并不相同，比如，省会城市、直辖市相对于普通城市资源禀赋及资金都更为富集，若将所有城市一起回归，将会造成回归结果有偏差。因此，笔者通过删除省会城市以及直辖市的样本，以控制样本选择偏误。新估计结果显示，在删除中心城市样本之后，核心解释变量前面的系数仍显著为负，说明智慧城市试点政策仍具有显著的工业污染减排效应，进一步验证了前文基准回归结果具有稳健性。

5. 排除其他政策干扰

在基准回归模型中加入其他相关政策变量——宽带中国政策（broadband_did）。由表 5-7 第（6）列可知，宽带中国政策能够显著地降低城市的工业污染排放，在控制该政策变量之后，虽然系数绝对值大小有所降低，但是核心解释变量前面的系数仍显著为负，说明基准回归结果具有一定的稳健性。

四、进一步分析

（一）异质性检验

为了检验智慧城市试点政策对工业减排的异质性效应，笔者从城市区位异质性、城市规模异质性以及行政级别异质性三个维度进行分析：

1. 城市区位异质性检验

本文根据样本城市所处的区位，将其分为东部、中部、西部三个区域，并采用分样本回归的方法进行了研究，结果见表 5-8。由表 5-8 第（1）列、第（2）列和第（3）列可知，西部地区核心解释变量前面的系数显著为负，而东部、中部地区核心解释变量前面的系数并不显著，说明西部地区相对于东部、中部地区智慧城市试点政策的工业减排效应相对更强一些，能够更有效地降低城市的工业污染。究其原因，可能是东部地区凭借其独特的区位优势以及资源优势等，经济发展处于全国领先水平,基础设施整体较为健全,集聚效应凸显,以大数据、互联网等为核心的信息技术普及度更高,这些新技术在一定程度上能够促进城市产业结构升级,使得城市实现清洁发展、绿色发展、智能发展。所以,对于东部地区来说,"智慧城市"的试点,只能起到"锦上添花"的作用,而对于缓解东部地区的产业污染,其边际效益并不明显。相比之下,"智慧城市"的试点,无疑是"雪中送炭",既可以加速区域经济的发展,又可以为区域内的产业减少排放提供更高的边际贡献。

除了传统的东部和中西部地区的区位划分,还引入"胡焕庸线"来研究智慧城市试点政策对城市空气污染的影响。"胡焕庸线"[①]不仅是人口界线、人口密度分布线,而且还是一条中国生态环境界线。根据已有研究可知,城市人口集聚会影响环境污染,基于此,研究智慧城市试点政策对城市工业污染的影响在"胡焕庸线"以东和以西是否有所差异。根据表5-8第(4)列和第(5)列可知,智慧城市试点政策能够显著地降低"胡焕庸线"以西的城市工业污染排放量,对于"胡焕庸线"以东的城市的工业减排效应不显著。

表5-8 城市区位异质性检验结果

VARIABLES	(1) 东部 pollution	(2) 中部 pollution	(3) 西部 pollution	(4) 胡焕庸线以东 pollution	(5) 胡焕庸线以西 pollution
smart_policy	−0.0220 (0.0859)	−0.0763 (0.0646)	−0.4162* (0.2217)	−0.0633 (0.0504)	−0.9899* (0.5516)
lnpgdp	1.4665** (0.6368)	1.6124*** (0.5650)	2.3876 (1.8319)	−0.9377 (1.1530)	3.2000 (2.4281)
lnpgdp^2	−0.0505 (0.0332)	−0.0577** (0.0269)	−0.1047 (0.0889)	0.0731 (0.0606)	−0.1767 (0.1083)
open	0.0050 (0.0079)	0.0053 (0.0044)	−0.0591 (0.0542)	0.0033 (0.0040)	−0.0820 (0.0711)
gov	0.7706** (0.3043)	0.4767*** (0.1626)	0.3744 (0.2484)	0.3043** (0.1183)	0.1672 (0.4472)

[①] "胡焕庸线"以西包括内蒙古、西藏、甘肃、青海、宁夏、新疆等6个省、自治区;"胡焕庸线"以东包括黑龙江、吉林、辽宁、北京、天津、河北、山西、上海、江苏、浙江、福建、安徽、江西、山东、河南、湖北、湖南、广东、广西、海南、重庆、四川、云南、贵州、陕西等25个省、自治区和直辖市。

(续表)

VARIABLES	(1) 东部 pollution	(2) 中部 pollution	(3) 西部 pollution	(4) 胡焕庸线以东 pollution	(5) 胡焕庸线以西 pollution
lnhum	0.0212 (0.0246)	−0.1507* (0.0853)	−0.0561 (0.0966)	−0.0393 (0.0368)	−0.1164 (0.1662)
lndensity	−0.0060 (0.0075)	−0.0213* (0.0121)	−0.0747 (0.0451)	−0.0019 (0.0097)	−0.0547 (0.0876)
indus	0.0463 (0.0990)	0.0610 (0.0478)	−0.1789 (0.1687)	0.0369 (0.0378)	−0.2061 (0.1963)
_cons	−9.3564*** (3.1915)	−9.0053*** (2.8807)	−11.5274 (9.1759)	2.7577 (5.3645)	−10.9937 (14.0007)
N	1500	1455	1127	3752	420
adj. R^2	0.631	0.364	0.751	0.456	0.776
city FE	YES	YES	YES	YES	YES
year FE	YES	YES	YES	YES	YES
city cluster	YES	YES	YES	YES	YES

2. 城市规模异质性检验

城市规模差异也可能会造成智慧城市试点政策效果不同。规模较大的城市其环境污染水平实际上受到正负效应两股博弈力量的影响。从正效应来看，规模较大的城市具有较强的经济集聚效应，能够有效地配置资源，减少资源浪费，进而能够较好地解决环境污染问题。从负效应来看，规模较大的城市会产生拥挤效应。具体来讲，相比小规模城市，规模较大的城市对能源消费需求较大，拥挤效应凸显，导致城市生态环境污染加剧。已有文献指出，城市规模与能源消费之间呈倒U形关系，即城市规模较小的城市，能源消费较少，拥挤效应较低，环境负效应较小；城市规模较大的城市，能源消费较大，拥挤效应较强，环境负效应很大；且城市规模超大的城市，由于其具备成熟的城市体系，拥挤效应反而降低，环境负效应降低。因此智慧城市试点政策能否降低城市规模较大城市的环境污染，主要是关注该政策能否促使经济集聚效应大于拥挤效应。考虑到前文基准回归分析可能会掩盖城市规模差异，现基于2011年（政策发生前一年)各地区的城区常住人口①,根据 2014 年国务院发布的《关于调整城市规模划分标准的通知》,根据城区常住人口进行区间划分。②

结果见表 5-9 的第(1)—(2)列,中小城市政策虚拟变量前面的系数为 -0.3460,且在 5% 的显著性水平上,说明智慧城市试点政策能够显著地降低中小城市的工业污染排放,由第(2)列可知,大城市政策虚拟变量前面的系数为 -0.0468,说明智慧城市试点政策能够降低大城市的空气污染,但是政策效果不显著,究其原因可能是智慧城市试点政策对其经济集聚效应与拥挤效应的促进作用势均力敌。由此可见,不同规模的城市智慧城市试点政策对工业减排的政策效果不同。

表 5-9 城市规模和行政级别异质性检验

VARIABLES	(1) 中小城市 pollution	(2) 大城市 pollution	(3) 省会城市 pollution	(4) 非省会城市 pollution
smart_policy	-0.3460** (0.1501)	-0.0468 (0.0508)	-0.1584* (0.0848)	-0.1986** (0.0825)
lnpgdp	1.5284 (1.1070)	-1.2747 (1.3595)	2.1185 (1.4886)	-0.3640 (1.3848)
lnpgdp^2	-0.0663 (0.0555)	0.0916 (0.0695)	-0.0946 (0.0675)	0.0453 (0.0727)
open	-0.0052 (0.0074)	0.0115 (0.0083)	-0.0091 (0.0101)	0.0033 (0.0051)
gov	0.3264** (0.1533)	0.5670** (0.2281)	0.0561 (0.0993)	0.3756*** (0.1379)
lnhum	-0.1235 (0.0913)	0.0253 (0.0277)	0.0461 (0.0335)	-0.0625 (0.0644)
lndensity	-0.0504* (0.0267)	-0.0005 (0.0126)	-0.0254* (0.0128)	-0.0250* (0.0150)

---

① 城区常住人口的数据无法直接获得,但国家统计局要求自 2004 年 1 月 1 日起,各地区的人均地区生产总值需以常住人口计算,因此采用市辖区地区生产总值除以市辖区人均地区生产总值计算得到城区常住人口数据。
② 将城区常住人口 100 万以下的看作中小城市,城区常住人口 100 万以上的城市看作大城市。

(续表)

VARIABLES	(1) 中小城市 pollution	(2) 大城市 pollution	(3) 省会城市 pollution	(4) 非省会城市 pollution
indus	−0.0880 (0.1236)	0.0494 (0.0465)	0.2288 (0.1801)	−0.0443 (0.0895)
_cons	−6.9217 (5.4197)	3.7348 (6.4541)	−11.5291 (8.2173)	0.2889 (6.4474)
Observations	2100	2072	390	3782
adj. R^2	0.666	0.642	0.755	0.659
city FE	YES	YES	YES	YES
year FE	YES	YES	YES	YES
city cluster	YES	YES	YES	YES

3. 行政级别异质性检验

考虑到不同城市具有不同的行政等级,而行政等级不同,其城市污染状况也有所不同,为此将研究样本划分为省会城市和非省会城市继续进行检验,结果见表5-9中第(3)—(4)列。虽然省会城市和非省会城市智慧城市试点建设都能够显著降低城市工业污染排放,但是仍存在一定的异质性。

(二) 影响机制检验

前文结果表明,智慧城市试点政策能够有效降低城市工业污染排放。现通过构建中介效应模型,实证检验智慧城市试点政策对工业减排的作用路径,具体模型如下:

$$M_{it} = \alpha + \beta \text{smart\_policy}_{it} + \gamma X_{it} + \mu_i + \delta_t + \varepsilon_{it} \tag{5}$$

其中,M为机制变量,主要由产业结构升级效应、技术创新效应、财政支出效应组成;式(5)检验智慧城市试点政策对于上述三个机制变量的政策影响,其他变量的含义同式(1)。

根据表5-10机制分析结果可知,第(1)列政策变量前面的系数显著为负,第(2)列政策变量前面的系数并不显著为负,说明智慧城市试点政策是通过促进产业合理化,而并非产业结构高级化,来促进产业结构转型升级。此外,李建明和罗能生等(2020)研究发现,产业结构升级与城市空气污染之间存在显著的负相关关系。另外,黄和平等(2022)还指出,智慧城市试点政策的中心目的是淘汰落后产能,加速高科技同传统工业的结合,推动工业结构的转型升级,并积极发展"绿色"的新型工业及智能工业,从而有效地减轻了对环境的污染。综上所述,智慧城市试点政策能够通过产业结构升级效应降低城市环境污染水平。从第(3)列结果来看,智慧城市试点政策前面的系数为0.1326,且显著为正,说明该政策能够有效地促进技术创新。根据"波特假说"、Ehrlich and Holdren (1971)、何小钢(2012)以及陈阳(2019)等研究证实科技创新能够有效促进减污减排,因此智慧城市试点政策能够通过技术效应降低城市工业污染排放。从第(4)列结果来看,智慧城市建设具有财政支出效应,即智慧城市建设可以通过吸引财政资金倾斜等路径有效地降低城市污染。如前所述,前文的三个研究假设均得以验证,进一步说明智慧城市试点政策工业污染减排效应的产生主要是基于产业结构升级效应、技术创新效应、财政支出效应等路径。

表 5-10 机制分析

VARIABLES	(1) TL	(2) IND	(3) lnpatent	(4) lnfiscal
smart_policy	-0.3578*	-0.0263	0.1326*	0.1730***
	(0.2080)	(0.0164)	(0.0715)	(0.0639)
lnpgdp	-15.6307	-1.3941	-1.1507**	-0.9062
	(14.8496)	(1.1512)	(0.5213)	(0.6841)
lnpgdp^2	0.8762	0.0777	0.0593**	0.0663*
	(0.8102)	(0.0628)	(0.0251)	(0.0349)
open	0.0382	0.0046*	0.0023	0.0086
	(0.0313)	(0.0025)	(0.0062)	(0.0083)
gov	-0.4191	0.0569	-0.2071**	0.3153**
	(0.5836)	(0.0449)	(0.0838)	(0.1340)
lnhum	0.0705	0.0050	-0.0055	-0.0183
	(0.0754)	(0.0065)	(0.0214)	(0.0250)
lndensity	0.1633*	0.0088	-0.0235**	-0.0649***
	(0.0936)	(0.0072)	(0.0097)	(0.0122)

(续表)

VARIABLES	(1) TL	(2) IND	(3) lnpatent	(4) lnfiscal
indus	0.055 1 (0.056 8)	−0.054 1*** (0.011 8)	0.049 1 (0.038 3)	0.110 1*** (0.031 3)
_cons	68.866 8 (66.485 3)	8.391 3 (5.150 1)	9.774 4*** (2.719 6)	12.003 6*** (3.397 0)
city FE	YES	YES	YES	YES
year FE	YES	YES	YES	YES
city cluster	YES	YES	YES	YES
N	4 099	4 137	4 171	4 167
adj. R^2	0.908	0.671	0.942	0.912

(三) 空间溢出效应

前面结果表明,智慧城市试点政策能够显著地降低城市工业污染排放,但是并未考虑空间相关性。空间相关性通常采用莫兰指数进行检验,由表 5-11 可知,2005—2019 年工业污染排放的莫兰指数 I 处于 0.05—0.4,在 5% 的显著性水平下拒绝原假设,说明我国城市工业污染在空间上存在显著的正相关。

表 5-11 2005—2019 年 Moran's I 指数

年份	I	$E(I)$	$Sd(I)$	Z	P
2005	0.309 1	−0.003 6	0.038 9	8.040 9	0.000 0
2006	0.347 2	−0.003 6	0.039 2	8.946 4	0.000 0
2007	0.316 6	−0.003 6	0.039 5	8.107 8	0.000 0
2008	0.378 7	−0.003 6	0.039 6	9.652 4	0.000 0
2009	0.306 1	−0.003 6	0.039 5	7.837 1	0.000 0
2010	0.329 9	−0.003 6	0.039 5	8.442 8	0.000 0
2011	0.183 3	−0.003 6	0.038 9	4.807 8	0.000 0

(续表)

年份	I	$E(I)$	$Sd(I)$	Z	P
2012	0.1839	−0.0036	0.0345	5.4424	0.0000
2013	0.2137	−0.0036	0.0361	6.0248	0.0000
2014	0.2606	−0.0036	0.0378	6.9959	0.0000
2015	0.1771	−0.0036	0.0375	4.8134	0.0000
2016	0.0576	−0.0036	0.0311	1.9684	0.0490
2017	0.1608	−0.0036	0.0351	4.6874	0.0000
2018	0.1585	−0.0036	0.0357	4.5427	0.0000
2019	0.0902	−0.0036	0.0359	2.6124	0.0090

根据莫兰指数检验结果可知，城市工业污染存在空间相关性，因此可以构建空间面板模型，经过 LR 检验和 Wald 检验[①]，最终选择双重差分空间杜宾模型（SDM - DID 模型），参考张跃胜等（2022）建立如下模型：

$$\text{pollution}_{it} = \rho W_{ij} \times \text{pollution}_{it} + \varphi_1 \text{smart\_policy}_{it} + \varphi_c X_{it} + \pi_1 W_{ij} \times \text{smartpolicy}_{it} + \pi_c W_{ij} \times X_{it} + \mu_i + \delta_t + \varepsilon_{it} \quad (6)$$

其中，W_{ij} 为空间权重矩阵，笔者采用 0—1 地理邻接矩阵；$W_{ij} \times \text{pollution}_{it}$ 表示城市工业污染的空间滞后项，$W_{ij} \times \text{smartpolicy}_{it}$ 表示智慧城市建设的空间滞后性，$W_{ij} \times X_{it}$ 表示控制变量的空间滞后项。ρ、φ、π 分别为各滞后项的系数向量，其他指标解释同式（1）。

回归结果见表 5-12，由第（1）—（4）列可知，智慧城市试点政策对城市工业污染排放均存在显著的负向影响。第（4）列中 ρ 系数为 0.2103，且在 1% 的显著性水平上拒绝原假设，说明城市工业污染在相邻地区之间存在空间溢出效应；核心解释变量前面的系数为 −0.2088，显著为负，说明智慧城市建设能够显著抑制本城市的工业污染排放水平，与式（3）结论一致。此外，$W \times \text{smart\_policy}$ 前面的系数为 −0.4394，在 1% 的显著性水平上为负，说明智慧城市试点政策还能够显著降低邻近地区的城市工业污染排放。

[①] 限于篇幅限制，LR 检验和 Wald 检验结果并未在文中展示。

表 5-12 SDM-DID 模型基准回归结果

	(1) pollution	(2) pollution	(3) pollution	(4) pollution
smart_policy	−0.2028*** (0.0599)	−0.1918*** (0.0684)	−0.2198*** (0.0623)	−0.2088*** (0.0706)
lnpgdp		−1.4763 (1.1591)		−1.5171 (1.3119)
lnpgdp^2		0.0844 (0.0593)		0.0852 (0.0680)
open		0.0062 (0.0041)		0.0075 (0.0053)
gov		−0.0122 (0.0860)		−0.0377 (0.0884)
lnhum		−0.0477 (0.0451)		−0.0334 (0.0470)
lndensity		0.0213** (0.0084)		0.0273*** (0.0096)
indus		0.1774** (0.0763)		0.1322 (0.0809)
W×smart_policy	−0.4656*** (0.1168)	−0.4065*** (0.1205)	−0.4937*** (0.1235)	−0.4394*** (0.1295)
rho	0.2548*** (0.0419)	0.2335*** (0.0448)	0.2358*** (0.0369)	0.2103*** (0.0406)
N	4170	4170	4170	4170
city FE	NO	NO	YES	YES
year FE	NO	NO	YES	YES
city cluster	YES	YES	YES	YES

为考察智慧城市政策变量的边际效应,笔者进一步对双重差分空间杜宾模型的回归结果进行分解处理,从而得到直接效应、间接效应和总效应,结果见表5-13。

表 5-13 空间效应分解

	（1）直接效应	（2）间接效应	（3）总效应
smart_policy	−0.1930***	−0.3327*	−0.5257**
	(0.0749)	(0.1934)	(0.2252)
lnpgdp	−0.2945	−0.0283	−0.3229
	(1.2067)	(0.1548)	(1.3506)
lnpgdp^2	0.0404	0.0046	0.0450
	(0.0637)	(0.0083)	(0.0712)
open	0.0032	0.0004	0.0036
	(0.0046)	(0.0006)	(0.0052)
gov	0.3728***	0.0466*	0.4194***
	(0.1191)	(0.0257)	(0.1378)
lnhum	−0.0509	−0.0060	−0.0569
	(0.0533)	(0.0073)	(0.0598)
lndensity	−0.0209	−0.0026	−0.0235
	(0.0134)	(0.0021)	(0.0151)
indus	−0.0388	−0.0058	−0.0446
	(0.0829)	(0.0118)	(0.0939)
N	4170	4170	4170
city FE	YES	YES	YES
year FE	YES	YES	YES
city cluster	YES	YES	YES

直接效应表示智慧城市试点政策对该地区的工业污染排放的影响效应，核心解释变量的估计系数为−0.1930，且在1%的显著性水平上显著，说明智慧城市试点政策能够平均显著降低19.3%的工业污染排放。间接效应表示智慧城市建设对于周边城市工业污染排放的影响效应，由表5-13可知，核心解释变量前面的系数为0.3327，在10%的显著性水平上显著，说明智慧城市建设对城市工业污染排放具有明显的空间溢出效应，能够显著降低邻近城市的工业污染排放。究其原因，智慧城市建设产生的外部效应促进知识技术在邻近地区之间充分流动，周边地区通过学习和模仿来提升自身的智慧城市建设水平，促进本地区的传统产业转型升级等，进而有助于降低本地区的城市工业污染排放水

平。总效应核心解释变量前面的系数仍旧是显著为负，即智慧城市建设对于所有地区的工业污染排放均具有显著的负向影响，整体上能够使得所有城市的工业污染排放平均降低约0.53个单位。此外，根据效应分解结果可发现，智慧城市试点政策对于周边地区工业污染排放的作用幅度要大于对于本地区工业污染排放的作用幅度。

五、结论与建议

基于2005—2019年279个城市的面板数据，将智慧城市建设试点作为一次准自然实验，实证研究了智慧城市试点政策的工业污染减排效应，并进行了一系列稳健性检验、异质性检验、机制检验、空间溢出效应检验等加以论证。研究结果表明：(1)智慧城市试点政策显著降低了城市的工业污染排放水平，该结论在经历了缩尾处理、更换被解释变量、删除中心城市、排除其他政策干扰等一系列稳健性检验后仍旧成立。(2)异质性表明，与东部地区相比，智慧城市建设对西部地区空气污染的减排效果更强；与"胡焕庸线"以东的城市相比，"胡焕庸线"以西的城市政策效果更强；与省会城市相比，智慧城市建设对非省会城市工业污染减排强度更大；此外，智慧城市建设对中小城市的政策减排效果更显著，对于大城市政策效果不显著。(3)机制检验表明，智慧城市试点政策通过促进产业结构合理化、城市技术创新以及财政资金倾斜等路径，有效地降低城市的工业污染强度。(4)智慧城市试点政策能够显著降低邻近地区的工业污染排放程度，具有一定的空间溢出效应。

基于以上结论，我们可得到以下政策启示：

一是加强智慧城市建设，发挥城市工业减污减排效应。要对智慧城市的基础设施进行进一步的改进，加大对5G、互联网、云计算等信息技术的研发投入，夯实智慧城市的数字底座，持续扩大和发展以智慧生态、智慧环保、智慧交通等为核心的智慧城市的应用场景，以智慧产业为支撑，推动城市的产业结构转型，形成一个低能耗、低排放、智慧化的绿色产业发展模式，使智慧城市试点政策的环境减污效果得到最大程度的发挥。

二是因地制宜，制定针对性政策规划。研究发现，智慧城市试点政策对于不同区域、不同资源禀赋的城市的工业减排效应强度不同。因此应当避免采用"一刀切"的强制性政策，结合城市规模、资源禀赋、经济特性、区位差异等因素综合考虑,有针对性地制定助力智慧城市建设的发展规划,因地制宜地推动智慧城市试点建设,促进智慧城市建设的环境福利效应最大化。

三是持续释放创新驱动,助力城市减污减排。加强人工智能等新兴技术研发部署,实施智慧生态环境监控,完善生态环境监测网络,高精度智能感知、监管、监控、监测工业污染排放,最大限度地激发智慧城市建设赋能工业减污减排。此外,政府可以合理引导财政资金向智慧城市工业减排项目倾斜,加强高新技术人才储备,形成资源要素集聚优势,助力城市减污减排。打破区域壁垒,充分发挥智慧城市工业减排的空间溢出效应。加强地区之间的智慧城市工业减排技术的经验交流,通过学习效应和模仿效应以点带面地辐射带动周边地区智慧城市建设发展,缩小城市之间的数字鸿沟,提升城市群工业减排的协同效应。

第三节 基于市场视角的我国环境污染成因及治理

基于市场的角度来探讨环境的污染成因,首先要承认市场对于环境具有两面性。一方面市场失灵会产生严重的环境问题;另一方面市场在一定程度上也能减缓环境污染。所谓市场失灵,是指现实中的某些障碍造成市场机制资源配置缺乏效率的状态。环境领域市场失灵主要源于:环境资源相当程度上是公共物品,环境污染和环境治理是典型的外部性问题。环境治理领域的信息不完整将导致更高的交易成本,这将阻碍环境治理的进程。环境污染是一种最具代表性的"负外部性",其主要特征是"私人成本"与"社会成本"、"个人所得"与"社会所得"之间的不匹配。当存在负外部效应时,污染企业生产私人成本低于社会成本,企业生产不必考虑给社会带来的额外成本,从而产量会大于社会最优产量,过度生产就会产生过度的污染排放。相反,一些环境保护的行为,比如,制定环境保护法律法规、环境保护工程的建设与养护等活动,具有社会收益远大于私人收益的特点,表现为正的外部性。这种情况下,私人所得到的收益小于社会收益,因此私人所提供的产量小于社会福利最大的产量。可见,由于外部性的存在,私人成本(收益)与社会成本(收益)出现背离,企业私人产量不是社会最优的产量,市场机制没能实现帕累托最优结果,也就产生了市场失灵。由于"市场失灵"的存在,需要政府干预来解决环境问题。然而,在管理过程中可能会出现政府失灵。政府失灵是指政府的行动造成了环境政策与环境治理的失败,从而使环境污染与生态损害恶化。从市场的角度探讨环境污染的原因,是为了更好地基于市场对环境进行治理。在大量利用环境资源来发展经济时,由于环境资源属于公共物品,必然会发生环境资源的使用和治理之间的矛盾。基于市场来进行环境治理,需要采用一系列市场经济手段。

第二章 我国环境治理交易的市场化体系

第一节 我国环境基础设施运营的市场化

目前,仅靠政府财政已很难适应城市环境保护的需要。目前,绿色金融存在着两大问题:第一,绿色金融的主体结构单一,私人资金的介入程度不高;"污染者自付",尤其是"以家庭为单位"的"污染者自付"政策,由于缺少市场化的资金支持,目前还没有得到有效的解决。第二,治理设施未按照市场化的方式运作,造成了治理设施的低效和治理效能低下。所以,有必要引进私营资本。以市场为导向的环保设施的建立与运作,有助于推动社会资本投入,更好地发挥市场在资源配置方面的作用。事实上,环保基础设施建设与运营的模式大致可分为四种:公有公营模式、公有私营模式、私有私营模式、用户和社区自助模式。其中,公有私营有三种形式:一是建设—经营—转让(BOT)。在该模式下,私营企业根据政府赋予的特许权,建设、经营该环境设施,合同到期无偿移交政府。二是逆向"建设—经营—转让(逆向 BOT)",即首先由政府出资完成项目工程建设,再将公共设施有偿转让给私营企业。三是购买—建设—运营(BBO),私营企业从政府手中购买并拥有运营中的公共设施,并拥有永久性经营权。

第二节 我国环境治理的市场化

当前我国对环境的治理,主要是针对流域水资源的污染排放治理和空气质量的防治。我国在对这些污染物的市场治理手段也有了一定的发展。从某种意义上讲,基于市场机制的环境治理交易起源于科斯理论。将市场机制引入环境资源配置与生态环境保护中,可使减排指标在不同经济主体间实现自主交易与合理配置,更利于污染物的有效分配与资源的优化配置,达到环境与经济的统一。环境治理市场化的核心是"产权"。只要对环境资源的产权进行清晰的界定,并对其进行保护,那么市场将会自动地克服外部不经济、利用生态交易机制找到均衡的市场价格,从而在私人成本和社会成本之间达成一致,实现环境容量的最优配置。

一、水资源产权市场化

(一)我国水权状况

在我国,水资源的所有权、管理权和使用权存在着严重的分离,水资源的所有权归于国家或集体所有,而经营权可以归于个人或机构所有,水资源的使用权则归于水的使用者所有。这取决于我们国家特殊的水资源管理制度。中央把对水资源的管理权力下放至各地方或各部门,再通过各种途径把权力转移到使用者手中。水资源的所有者、经营者和使用者之间的相互隔离,造成了水权的不完备性。随着市场化进程的加快,水权交易在国内也逐步发展起来。21世纪以来,随着我国经济和社会的迅速发展,部分区域出现了严重的水资源短缺问题。因此,亟待通过引进市场机制来实现对水资源的合理分配,从而提升水资源的使用效率与效益。在此背景下,水权交易的研究应运而生,并初步形成水权交易的雏形。浙江省义乌市于 2000 年与浙江省东阳市就横锦水库的部分水权进行有偿转移,开创了我国水权交易的先河。甘肃省张掖市作为全国最早开展节水工程的市,于 2002 年在临泽县梨园河灌区和民乐县洪水河灌区开展了"农水券"交易试点。自 2003 年起,在宁夏和内蒙古地区开展了水权转移试验,取得了显著成效。在灌区节水方面,工业企业投入大量资金,灌溉水资源的节余指标也被转交给企业。黄河水利委员会于 2013 年之前在两个地区共批复 39 个水权转让工程,总投入 25.12 亿元,转移 3.37 亿立方米的水资源。2011 年,新疆吐鲁番市率先开展有偿水权转移工程,企业与政府签订协议,并向其支付相应的水权转让费用。政府组织建设水库、改造灌区,推行节约型灌溉等措施,有效地缓解企业用水的矛盾。内蒙古地区于 2013 年首次在我国设立了水权采集、存储与转让中心,并将其建成了区域水权采集、存储与转让的交易平台,推动水权在各城市之间的转让。新疆玛纳斯县于 2014 年建成了我国首家灌区水权交易平台,并在2个多月试点时间内实现了20万立方米的交易量。但是,从整体上看,目前我国的水权交易还处在萌芽状态。具体体现在以下几个方面:一是,多数交易案例由政府主导,并没有明确的政府与市场的界限;二是市场机制的功能还没有充分体现出来,市场的供需机制、价格调节机制以及市场的竞争机制没有充分地起到应有的效果;三是水权交易平台刚起步,缺乏行之有效的运行机制;四是市场交易制度不健全,在市场准入制度、市场交易制度和市场监管制度等方面存在缺陷;五是缺乏有效的交易风险防范、第三方影响评价等制度,导致了我国证券交易的整体规制缺失,缺乏有效的社会监督和有效的公众参与。

(二) 我国水权的交易

我国目前尚未形成连接各流域间、区域间的水网络,而且,囿于技术方面的限制,水的存贮和运输成本很高,所以目前很难建立公平、自由的交易市场。目前,已有的水权交易还局限于距离较近的特定范围内,并且只有在已经具备基本的蓄水、输水设施的条件下才能进行交换贸易。

1. 浙江省义乌市与东阳市的水权交易

2000年11月,浙江省义乌市与东阳市签订了《水资源有偿转让协议》,义乌市出资2亿元,收购东阳市横锦水库5 000万立方米水源地。水库的土地使用权转让给了义乌市,而东阳市对水库的所有权依然保留,而水库的运行与维护费用则由东阳市来承担。义乌市水资源严重短缺,自由水库蓄水不足。同时,义乌市也面临着水环境污染的问题。水资源短缺已成为经济社会发展的瓶颈。但新建水库投资成本高,建设周期长,水质无法保证。因此,义乌市对水的需求非常旺盛。邻近的东阳市水资源相对丰富。东阳市横锦水库水质良好,库容1.4亿立方米。除了满足该市的城市用水和农业灌溉用水需求,该水库还在汛期每年丢弃3 000万立方米的水,故东阳市有能力向义乌市供水。对义乌市来说,水资源短缺导致的发展限制以相对较小的成本得到缓解;对于东阳市来说,多余的水资源可以转化为经济效益,而这一举措可以为城市的进一步发展带来可观的资金。这一地区之间的水权交易,在很大程度上改变了当前水权配置中完全被行政垄断的局面。

2. 漳河上游跨省水权交易

漳河上游流经山西、河北和河南三省交界地区。自20世纪50年代以来,双方就水源和滩涂的土地问题产生分歧。2001年,漳河上游流域的相关部门在水权理论的指导下,转变工作思路,提出省际有偿调水的方案。经协调,2001年4月至5月,山西漳泽水库向河南省安阳县跃进渠灌区调水1500万立方米,初步尝试跨省调水。同年6月,上游5座大中型水库调水3000万立方米,分配给河南省红旗渠和跃进渠两个灌区以及两个省的沿河村庄。2002年春灌期间,又向河南省的红旗渠和跃进渠灌区输送了3000万立方米的水。漳河上游三条跨省调水工程在解决上游与下游用水冲突、维持社会安定等方面均发挥了重要作用。漳河上游引流是我国首次跨省区间的水权交易,为我国水资源市场化建设提供了一条有益的参考。

通过上述实例,我们可以看到,在区域生态补偿中,最易实现的是流域内的生态补偿。

二、排污权市场化

(一) 排污权交易的一般解释

排污权交易的实施有利于污染物排放的宏观调控。政府机构可以通过减少和增加排放权的发行和购买来控制污染物的排放总量。如果某地修建了新的环保设施使环境容量增大,政府可以增加排污权的发放,鼓励企业的发展,促进当地经济的增长。基于市场机制的排污权交易有利于对资源的优化配置。由于各个企业的技术实力不同,排污治理的能力和成本存在着差异,实行排污权交易,可以将资源配置到能产生更大效益的企业,使排污权向着一个更为合理的分配格局流动。实行排污权交易还会激励技术创新。出于对利益的追求,企业会自愿地加大对污染治理的投入,探索节能减排的生产模式。

(二) 我国在地区内部实行的排污权交易

我国从20世纪80年代开始,就有了排污权交易的试点。

1. 南通天源港二氧化硫排放权交易案

我国首次开展二氧化硫排放交易。2001年末,南通天源港电力有限公司和南通一大化工企业签订了销售二氧化硫排放权的合同,并取得了良好的经济效益。根据该协议,在今后的6年中,卖方将向买方转移1800吨的二氧化硫排放权。该协议以年度方式转移二氧化硫排放权(300吨/年),交易成本按年度计算。在合约到期时,授权仍然属于卖家,买家每年都有权使用。按照双方签订的协议,"二氧化硫排放权"系指经环保行政管理机关批准并核准的,在污染物浓度达到标准的情况下,企业在生产活动中可排出的二氧化硫总量。同时,合同中还规定,如果在合同期间,没有被用掉的排放量,可以转移到下一年,或者有条件地转移给第三方。

2. 江苏太湖流域污水排放权交易案

2008年1月,我国首次在太湖流域开展了重要水体污染物排放权有偿使用的试点工作,江苏省出台了《江苏省太湖流域主要水污染物排放指标有偿使用收费管理办法(试行)》,并对其进行了修订。本次试验覆盖了太湖流域无锡、常州、苏州、丹阳、句容、高淳等市及县、区。本次试点以266个污染物排放为重点监控对象。其基本模式为:按照"十一五"期间全国及江苏省的污染物减排及总量控制目标,各市、县按减排规划确定重点监控企业的排放量及可有偿排放权,再由排污企业"付费"获取排放量指标。江苏省以污染治理的直接成本作为参照,确定了污染物购进化学需氧量(COD)的起步价,其中化学工业企业购进COD的起步价为10.5元,印染企业为5.2元,造纸企业为1.8元,啤酒企业为2.3元,其他企业为1.5元。按照项目实施方案,自2008年开展太湖流域COD排放权有偿使用的试点工作;在太湖流域开展了氨氮、总磷等排放权有偿使用的试点工作,并在太湖流域设立了城市污水排放权交易市场;自2010年起,我国已在太湖流域建立了重要的污水排放权交易制度。

三、森林碳汇

(一) 我国森林碳汇交易

我国发展林业碳汇项目的前景十分广阔,我国森林面积居世界前列,是一个巨大的碳汇库,这是我国吸引国际林业碳汇项目进驻的一大资本。我国森林面积和森林蓄积持续稳定地增长,森林质量得到改善,在林种结构中防护林和特种用途林比例的上升,都为我国发展碳汇项目铺平了道路。此外,我国林业发展后劲较大,未成林造林地呈现逐年增加的趋势,也成为我国发展林业碳汇项目的潜在优势。

我国的主要森林类型有东北林区、西南高山林区、西北山地林区和南方丘陵山地林区。东北林区主要指黑龙江、吉林、内蒙古等省、自治区的大兴安岭、小兴安岭、完达山、张广才岭、长白山等山地，总面积逾60万平方千米，是我国森林资源集中分布区之一，全林区林地面积为33.4平方千米，约占全国林地面积的25%；西南高山林区包括云南、四川、西藏3省（自治区）的部分地区，总面积为94万平方千米，该区林地面积为20.044万平方千米，约占全国林地面积的14.99%；包括湖北、安徽、广东、湖南、江西、浙江、四川等省（自治区）的全部或部分区域的南方低山丘陵区，总面积为113.5万平方千米，全区有林地面积有12.04万平方千米，占全国林地面积的31.1%；西北山地林区主要包括新疆天山、阿尔泰山、甘肃祁连山、白龙江、子午岭、陕西秦岭、巴山等林区，总面积为8.77万平方千米，林地面积为2.31万平方千米，占全国林地面积的1.73%。活立木蓄积量是分析森林资源的一个重要指标，可作为估算森林碳汇量的指标之一（按照蓄积量法，可用活立木蓄积量推算出一地的碳储量）。根据第四次全国森林资源清查统计资料，全国活立木总蓄积量为117.85亿立方米。按全国大区域来看，西南地区活立木蓄积量最大，为50.45亿立方米，占全国42.8%；其次为东北地区，活立木蓄积量为25.05亿立方米，占全国21.26%；华北地区为12.84亿立方米，占全国10.90%；中南地区为9.63亿立方米，占全国8.17%；华东地区为9.41亿立方米，占全国8.0%；西北地区为8.20亿立方米，占全国6.96%，这一分布与主要林区分布状况是一致的。

（二）我国开展碳汇交易的展望

在我国东部，林业资源十分丰富，特别是东北的大兴安岭、小兴安岭和长白山地区，还有东南的丘陵山地，都是发展林业碳汇项目的优势地区，东北部的国有林业企业规模较大，机械化水平较高，林区经营水平高，但是林业用地面积不断缩小，通过碳汇项目获取资金开展造林活动，是恢复东北地区原有林地面积的一个好契机。东南地区人口密度大，经济发达，林业资源的分布比较均匀，人工林占比很高，是我国最大的经济林和竹林的重要基地，发展碳汇项目具有得天独厚的条件，利用外国的资金和技术发展我国的经济林，不仅促进了地区经济的发展，也间接地促进了环保事业的发展。

在我国中部，森林资源相对较少，但也有潜力发展林业碳汇项目。值得注意的是，华北、华中以及长江和黄河下游，包括北京、天津、上海、河北、河南、山东、江苏等省、市,其中部分地区森林覆盖率低,沙尘暴相对严重。与中国六大林业工程中的京津风沙源治理工程合作,开展林业碳汇项目有助于解决中部地区的沙尘暴危害问题。

在西部地区,我国的森林资源相对较少,地区发展相对落后。近几年,随着国家不断加强生态建设,实施了西部大开发战略,实施了六大林业工程,我国西部地区的森林资源越来越丰富,其空间分布的不平衡将逐渐得到改善。中西部地区是我国最大、最严重的水土流失地区。与"三北"防护林项目合作,在西北地区实施林业碳汇项目,并利用外国资金和技术在陡坡农田和沙尘暴严重地区的农田上实施再造林项目,可以帮助西部地区防治水土流失,保持水土,加快西部地区绿化步伐,也为该地区脱贫致富创造了良好条件。在我国的西南地区,四川盆地周边的山地,以及云南的中部、南部、东南部,都有丰富的森林资源。四川和云南可以利用自身优势,大力发展造林和再造林碳汇项目,借助国外先进技术加强林业管理,提高森林形成率,通过合作,可以获得更多的林业经营资金,展开对森林的抚育与低效的森林改良工作,从而改变森林物种结构单一、生态功能低下,森林生产力低下的状况。简言之,开展林业碳汇项目,不仅大大增加了我国森林碳汇的总量,扩大了我国碳排放空间,还有利于我们利用外国的资金和技术,挖掘我国森林资源的潜力,促进我国林业的发展,改善我国的生态环境,实现互惠共赢。

四、生态产品交易

在产品的生产过程中,存在为维护生态环境而付出成本或做出牺牲的行为。在这种情况下,生产的产品可以称为"生态产品"。为了生态环境的维护,必须有一些地区要走"生态经济"的道路。但"生态"和"经济"是矛盾的,因为生态建设的投资只能产生"公共物品","生态经济"只能带来低效率的回报,且"生态服务"是无形的,其价值是虚无缥缈、无法衡量的。这就要求政府来解决"市场失灵"问题。"生态标识"以其公正、公信力和公定力,为"生态产品"赋予了更高的价值内涵,使其能够更好地参与到市场中来,从而有效地解决市场失灵问题。探讨生态标识的建立,为生态产品开拓市场,是实现区域生态补偿的一个途径。

(一)"原生态地区"的生态产品

"原生态地区"的生态产品指保留了原始生态系统地方生产的产品,如美国印第安人的"保留地",为了保留一地古老的宗教、礼仪、建筑等文化,也保留了其传统的生产方式,传统的生产方式一般是效率低下的,为了维持地区的发展,保障地区人民的生活,政府给这种古老生产方式、生产条件下生产出来的产品,打上"生态标识",将其在市场上以相对高价销售,将提高价格所获得的额外收益用于补偿做出牺牲的"保留地"。例如,在我国云南省沧源佤族自治县,存在着我国最后一个原始部落——翁丁寨。作为直接从原始社会迈进社会主义社会的村寨,这里至今生活着上百户佤族原始部落居民,是全国最大的佤族聚居县。作为国家级贫困县,沧源县委、县政府结合当地特色,提出了旅游富县的发展策略,通过保留原有的佤族文化,开展独具特色的民族旅游促进区域的发展。为了保留住原始部落的风俗、文化,可以探讨将翁丁寨生产的某种产品打上"生态标识",通过产品的出售,使翁丁寨得到补偿。其实,生态旅游就相当于给旅游资源和产品打上了"生态标识",借"生态"对公众的吸引力,提高旅游价格,就实现了对旅游区的补偿。

(二)"生态服务地区"的生态产品

"生态服务地区"的生态产品是指为维护生态系统而支付大量成本或放弃了发展机会的地区生产的产品,如那些林区草原和湿地等大面积的生态功能重要或生态脆弱区域,为恢复或维护生态系统的功能投入大量资本,或放弃了潜在的发展机会,像位于我国西北地区的一些矿物资源富集地区(如陕西、宁夏、内蒙古、新疆),青海省的"三江源"地区等。这类地区被迫走上了维护生态放弃发展的道路,政府应该为这种地方生产的产品建立"生态标识"。例如,水源地为了保护水环境,其工业的发展受到了限制,但是它可以发展像生产矿泉水这类的生态产业。例如,农夫山泉公司认为,水源地的人们为了保护水源而牺牲了一些经济发展,公司希望为水源地的环境保护尽自己的一份力量,因此向水源地捐赠每瓶水中的一分钱。公司的这种行为赢得了人们的尊重。虽然我国已出现了一些关于"生态标识"的实践,但仍然没有一个国家颁布统一的认证体系。只有为维护生态系统的区域所产出的农牧林业产品建立统一的认证体系,打上"生态标识",确定附加的生态贡献价值,才能唤起社会对其牺牲和付出的承认，引导公众接受其产品，使生态系统的维护区域得到补偿。

（三）"生态技术替代地区"的生态产品

"生态技术替代地区"的生态产品是指对于那些用"生态友好"的技术或工艺替代传统技术并因此承受了经济效益损失的地区生产的产品，如位于我国西北的一些地区放弃传统能源而开发成本高昂的新能源（风能、太阳能等），其成本的增加，需要通过提高产品价格来平衡。在瑞典，有绿色电能标签的价格略高于电价的5%。当前，我国政府强令开发煤炭发电的企业必须配套开发当地的风力发电，国家针对风电电价偏高的情况，给予接受高价风电的电网企业以"补贴"，即"绿色能源补贴"。

第三章　我国环境治理交易政策框架与实施战略

第一节　基于市场的水权交易政策与实施策略

水权交易机制的构建和完善，对推进生态文明建设具有重要作用，有利于实现水资源的持续利用。基于市场来完善这项政策，就要满足市场交易的一些条件。

一、水权的所有权应明确

通过对水资源权利的确认，水资源的拥有权、使用权和收益权可以落实到特定地区和特定用户，地区和用户之间可以交易剩余水资源。在水权交易中要针对不同的需求，进行不同类型的水权确认。一是确定各地区用水总量以及各地区可享受的部分所有者权益，为进行地区间水量交易奠定基础。二是取水许可规范化，明确取水权，为实现取水权的流转奠定基础。允许通过水权交易获得的取水权在其减少、转换或破产时进行再交易。三是对灌溉用水户的权利进行认定，为用水户进行水权交易奠定基础。

二、扩大可交易水权

水权交易市场属于"准市场"，不是所有的水资源都能在市场上交易。因此，在明确交易主体的同时，必须对合法的可交易水权进行界定。现行的相关法律对水权转让的范围进行较为严格的限定，这就造成了目前可交易的水权与水权交易市场的需求相去甚远。在构建我国的水权交易市场时，应拓宽可买卖水权的种类与范围。在严格的总量调控下，是否能够实现对存量资源的高效活化,将直接影响到我国的水产交易市场建设,进而影响到可交易的水权的拓展。其核心问题在于,如何构建闲置取水指标的辨识与退出机制。对用水单位(特别是工业单位)不按核准的水源、水量和时限办理的取水指标,或不按相关要求使用而不按水权交易使用的取用水,要通过一系列手续确定为空闲用水指标。包括利用取水许可,无偿提供未用水的指标,由政府无偿回收;采用有偿方式取得的空闲水资源指标,既可以进行公开交易,也可以通过政府购买后下放到市场中。

三、有效搭建水权交易平台

水权交易平台在降低交易成本、规范交易行为以及保护各方合法利益方面具有重要的意义。为了建立和完善水权交易体系,我们需要采取一系列措施来搭建一个高效、公正和透明的交易平台。

首先,我们可以通过建设土地、林业和碳排放权等资源产权交易平台来推动水权交易平台的建立。这些平台可以为不同类型的资源提供统一的交易环境和规则,从而为水权交易提供一个可借鉴的模式。通过整合不同资源的交易经验和技术,我们可以更好地满足水权交易的需求,提高交易效率和公平性。

其次,我们还可以利用已有的水权交易平台来开展水权交易。目前,我国已经建立了一些水权交易平台,如中国水利交易所等。这些平台可以作为水权交易的基础,为买卖双方提供一个便捷的交易渠道。通过充分利用已有的平台资源,我们可以减少重复建设和运营成本,提高交易效率。

从全国层面来看,我们需要加快建立全国统一的水权交易平台,以实现全国尺度的水权交易。这将为我国跨区域、跨省区的水权交易打下坚实的基础。同时,根据我国国情,我们还需要加快构建区域、流域和其他层级的水权交易平台。对于水量需求较大且条件成熟的地区,可以设立独立的水权交易平台,以满足其特定的交易需求。然而,就我国当前的情况来看,我们仍需对已有的资源交易平台进行有效的整合,并与已有的平台运作经验相结合,以节约建设成本。

四、建立市场规则体系

市场经济是建立在法律的基础上的。市场的高效运行需要有一定的秩序和规范,而良好的市场监管体系是必不可少的。当前,我国的水权交易体系还比较薄弱,需要进一步完善。建立水资源产权交易机制,一是要建立水权交易的市场准入制度,确定水权交易主体的准入条件、准入审查和备案等;二是明确水权交易制度,主要内容有:水权交易的条件,水权交易的范围与种类,水权交易的价格与程序等;三是明确第三方评估主体、评估方法、影响补偿、防范与控制;四是建立完善的监管制度,明确水权交易的监督主体、监督职责、监督方式和监督程序。

第二节 基于市场的森林碳汇交易机制与实施策略

一、改进碳汇计量和多元化融资机制

作为碳固存交易和融资的基础和先决条件,森林碳固存量的计算十分困难,需要相关从业人员具备高水平技术和专业素质。对碳汇的计量的精确性,会影响到碳汇交易者的热情。为此,政府部门或者是金融中介组织建立专门的碳汇度量部门,制定统一的碳汇度量标准十分必要,这样才能为碳汇市场的发展奠定坚实的基础。提高总碳储量只能通过满足森林经营方的融资需求来实现。因此,将金融创新与森林碳汇相融合,寻找更加灵活、高效的资金来源,必然是森林碳汇的发展方向。森林碳汇自身具备较高的市场价值,为开展资本市场的融资提供了良好的条件。基于森林碳汇抵押贷款、森林碳汇债券、森林碳汇福利彩票等以其自身价值为基础的金融产品,将是林农或林商最主要的资金来源。

(一) 森林碳汇抵押贷款

森林碳汇抵押贷款的经营模式与住房按揭相似,但两者的主要区别是,森林碳汇的资产属性也可应用于股票市场。林农(或林地企业)将其所持有的森林碳汇抵押给银行等金融机构,最终实现碳汇的还本付息。因此,能够顺利地进行森林碳汇抵押贷款业务,离不开对森林碳汇物的准确测算。只有这样,贷款申请所针对的林业碳储量的交易价值才能获得准确的估计。在此基础上,通过对贷款期限、利率设定、风险评估等多个方面的分析,最终达成抵押贷款的协

议。随着中国金融体制改革深度和广度的不断扩大,围绕森林碳汇的金融创新和衍生品将会层出不穷。在今后的发展过程中,以森林碳汇为基础的资产证券化将成为最重要的融资手段。

(二)森林碳汇债券

世界银行以可再生能源项目为基础发行的绿色债券是世界上最早与环保有关的债券。世界银行的资金大部分都投入诸如水力发电和生物质能等能够降低温室效应的洁净能源工程中。通常,这种债券的利息和同一时期的金融债券一样,并且会因工程收入的增加或减少而有所浮动。从那时起,更多的环境保护组织和私营企业开始进行此类项目的筹资,为我国森林碳汇债券的实施奠定良好的基础。对于由政府负责发放的森林碳汇债券,政府可以通过与金融机构签订合同,保证在获得资金后向机构支付已核证的碳交易额度。随后这些机构将向公众出售债券,并使用在碳排放交易中获得的收益来偿还债务。如果是由需要融资的碳汇提供商来发行,那么公众将会与这些公司谈判,包括到期日、利息等。鉴于森林碳汇业是我国重点扶持清洁环保领域,为了保障投资者的基本权益,政府和环保部门将通过发行和担保方式,加大对森林碳汇的投资力度。

(三)森林碳汇福利彩票

考虑到林业碳汇的环境友好性、绿色性和公益性,运用福彩发行和筹集资金也不失为一种有效的方式。其中,福彩资金主要由三部分组成:一是分配费用,二是公益金,三是回报奖金。依据彩票类型,这三部分的占比也会有所不同。发行费用是指博彩公司发行彩票所支付的费用;公益金可以专款使用,它属于必须上交到当地财政的资金,只有按照财政专款文件的规定,才可以将其分配到各个特定的公益项目中去。回报奖金是按照一定的比率,被分配给奖金和尚未兑现的奖金。按照各类彩票的比例,普通奖为50%,福利金为35%—40%,剩下的10%—15%用于发行。在"森林碳汇"福利彩票中,大约40%的募集资金将被直接投入林业碳汇计划的建设中,但是该基金的筹资费用非常低廉。因此,福利彩票不需要偿还本金,筹集资金的风险性较低,且规模较小,传播范围较大,更容易引起大众的注意。

二、建立完整的法律体系

每一种交易体制的正常运作，都需要完善的法律制度来保障。20世纪90年代后期，《中华人民共和国森林法》明确规定，必须以行政等强制方式对某些特殊的森林资源给予一定的经济赔偿。在此之前，人们还没有把森林碳汇当作一种商品来对待，而且《中华人民共和国森林法》也没有对此进行清晰的规定。由此可见，只有在完善的法律作为保证的前提下，森林碳汇交易的市场运行才能平稳地进行。因此，这就要求我们在制定森林碳汇制度时，要考虑到国家的政策环境和生态环境、国际上的森林碳汇制度以及我国林业现代化进程。《联合国气候变化框架公约》于1994年正式生效，标志着全球范围内的全球环境治理进入了一个崭新的阶段。《京都议定书》于1997年获得批准，成为世界上首部对温室气体排放进行强制性削减的立法。2001年，《波恩政治协议》与《马拉喀什建立世界贸易组织协定》为该机制的设立提供了有力的推动力，还详细商定了利用森林碳汇和相关交易条款的相关条款。在"后京都"时代，以"降低因采伐与退化而产生的温室效应"为核心的"REDD+"机制，第一次把"可继续提高森林的碳汇能力"这一模式引入机制框架中。以上为我国相关法律建设提供了借鉴。从1996年至今，我国尚未就森林碳汇问题做出单独的立法安排，我国要健全法律保障机制来保护森林的再造林、砍伐和增强森林的碳汇功能。我国现有的林业碳汇法律制度仍需进一步完善，从而才能有效地保证和支持森林碳汇市场的正常运转，使其发挥其应有的功能。在此基础上，笔者提出了构建和完善森林碳汇制度的设想，并提出了相应的对策建议。

三、降低森林碳汇市场交易成本

一个成熟的林业碳汇交易市场，其交易费用是最低的，也是交易者最大的利益所在。在此基础上，笔者提出了完善我国碳汇市场的对策建议。

（一）标准化合同文本

合同是碳贸易的一种书面形式，它是碳贸易双方履行约定、权利义务、责任分担、风险提示和利益分配的基础。在此基础上基于无文字漏洞合同的方式可以有效地减少合同双方的道德风险,增加合同双方的信息透明度。很明显,要想降低交易费用,就需要对合同文本进行规范。清晰、合理的规则和制度能够最大限度地约束和保护双方的合法利益,确保交易能够顺利进行。

(二) 简化交易程序

碳汇的计量和确认对第三方的严格和准确的操作提出更高的要求,这使得碳交易具有一些特殊的性质。这样漫长的周期和高昂的费用也导致碳汇交易的高成本。森林资源种类繁多,其鉴定费用较高,检验程序较烦琐。与此同时,缺少高标准的碳封存计量机构,也给碳封存的市场交易带来了很大的难度。为此,我国亟须建立一套科学的碳市场交易流程,简化碳市场的认定流程,并在此基础上吸收国外碳市场的经验,从而达到降低碳市场交易费用的目的。

(三) 扩大碳汇市场交易规模,形成规模经济

在经济学中存在着一种"固定成本效应",指的是随着产品产量的提高,该产品的固定成本也随之下降。这一效果还可以降低碳交易市场的交易费用。由于其在中间商、谈判费、认证费等方面的高稳定性,因此,其庞大的交易量将有助于实现碳交易的规模经济,降低交易成本。

(四) 汇聚碳封存合作组织力量,争取更多话语权

森林碳汇的供给者多为边远地区。碳汇交易谈判中,其自身的弱势和法治观念的缺失,使得其在交易过程中常常处于不利地位。因此,建立碳封存联盟和协作组织是非常必要的。由于大量中小林业企业和农民的加入,他们的实力越来越强,他们的话语权也就越大,在贸易谈判中也就越有优势。通过碳封存联盟和协作组织,我们可以增强政府之间的沟通,从而确保碳封存项目的成功实施,减少中间费用。

四、加强森林碳汇信息平台建设

与股票市场类似,构建一个信息对称的分享平台,也是构建林业碳交易市场的关键。随着我国林业碳汇研究的不断深化,我国林业碳汇的构建正向着智能化和网络化的方向发展。在此基础上,建立了"环境咨询""法律援助""疑难

解答""碳项目可行性分析"四个模块。以此为基础,对已有碳汇信息进行集成,建立一个有效的碳交易沟通平台。

五、建立森林碳汇交易中介服务机制

我国森林碳汇交易需要建立统一规范的操作程序和完善的管理制度。目前,我国多数地方尚未形成适合自己的林地流转管理制度,也未形成森林资源资产评估和林业经营经济仲裁组织。因此,如何有效地促进林权流转的顺利进行是一个亟待解决的问题。我国要不断创新森林经营的融资模式,使其能够接受林权抵押、森林碳汇收益权抵押等多种贷款,以获取资本支撑,才能健全森林碳汇交易机制。因此,随着我国森林碳汇交易体系的构建和健全,必将催生出更多的林业管理中介机构,进一步推动我国碳汇交易市场的健康发展。

主要参考文献

[1] 蔡守秋.环境政策学[M].北京:科学出版社,2009.
[2] 国家计划委员会、国家科学技术委员会、国家经济贸易委员会与国家环保局.中国21世纪议程——21世纪人口、环境与发展白皮书[M].北京:中国环境科学出版社,1994.
[3] 李肖云.环境治理多元主体协作研究[M].南京:南京工业大学出版社,2017.
[4] 李晓龙.多中心治理视角下中国环境治理体系的变迁与重构[M].重庆:重庆大学出版社,2016.
[5] 厉以宁,章铮.环境经济学[M].北京:中国计划出版社,1995.
[6] 刘晓玉.海外中国环境治理研究探析[M].武汉:武汉大学出版社,2017.
[7] 潘迪特,吴宪民.时间序列及系统分析与应用[M].李昌琪,荣国俊,译.北京:机械工业出版社,1988.
[8] 张舒维.生态文明建设视域下政府生态环境治理研究[M].秦皇岛:燕山大学出版社,2016.
[9] 张树京,齐立心.时间序列分析简明教程[M].北京:清华大学出版社,2003.
[10] 艾浏洋.现代环境治理体系中环境保护公众参与的立法完善[D].西北民族大学,2021.
[11] 白鹤松,张雨竹,周妹,王玉芳.主体功能区间生态补偿协调的构想[J].林业调查规划,2017,42(3):73-77.
[12] 白蕾.淮南市采煤沉陷区综合治理的财政支持研究[D].安徽大学,2016.
[13] 白茹.环评公众参与在环境治理体系中的作用[J].山西化工,2022,42(5):171-172,180.
[14] 包晓斌.我国流域生态补偿机制研究[J].求索,2017(4):132-136.
[15] 边归国.突发环境事件应急监测管理体系的研究[J].中国环境监测,2011,27(6):46-52.
[16] 蔡君贤.环境污染第三方治理的发展及建议[J].法制博览,2017(15):108-109.
[17] 操小娟,王一.北爱尔兰政府环境机构的绩效管理研究[J].环境保护,2014,42(18):67-70.
[18] 曹树青.论区域环境治理及其体制机制构建[J].西部论坛,2014,24(6):90-95.
[19] 曾维华,解钰茜,陈岩.整合水权和排污权 促进黄河流域横向生态补偿机制建设[J].环境保护,2022,50(14):29-31.
[20] 常籍匀.中国环境法法典化初探[D].四川省社会科学院,2016.
[21] 陈关聚.中国制造业全要素能源效率及影响因素研究——基于面板数据的随机前沿分析[J].中国软科学,2014(1):180-192.
[22] 陈海嵩.环保督察制度法治化:定位、困境及其出路[J].法学评论,2017,35(3):176-187.

[23] 陈吉宁.以改善环境质量为核心　全力打好补齐环保短板攻坚战[J].中国应急管理,2016(4):70-74.

[24] 陈佳玲,杨高升,张晓丽.水环境治理PPP项目合同柔性对项目融资风险的影响[J].水利经济,2022,40(6):55-61,104.

[25] 陈健鹏,高世楫,李佐军."十三五"时期中国环境监管体制改革的形势、目标与若干建议[J].中国人口·资源与环境,2016,11:1-9.

[26] 陈骏.我国进一步加强环境应急管理对策探讨[J].资源节约与环保,2019(4):182.

[27] 陈磊,姜海.从土地资源优势区配置到主体功能区管理:一个国土空间治理的逻辑框架[J].中国土地科学,2019,33(6):10-17.

[28] 陈鹏,徐顺青,逯元堂,等.美国联邦财政环保支出经验借鉴[J].中国环境管理,2018,10(3):84-88.

[29] 陈啟信.佛山市南海区推进环境污染第三方治理实践研究[J].环境与发展,2018,30(5):46-47.

[30] 陈瑞莲,胡熠.我国流域区际生态补偿:依据、模式与机制[J].学术研究,2005(9):71-74.

[31] 陈润羊.我国环境治理的基本关系与完善建议[J].环境保护,2022,50(15):35-38.

[32] 陈润羊.中国环境治理的演进:历程、特征与逻辑[J/OL].重庆工商大学学报(社会科学版):1-21[2023-01-31].

[33] 陈诗华,王玥,王洪良,香宝.欧盟和美国的农业生态补偿政策及启示[J/OL].中国农业资源与区划:1-9[2021-12-13].

[34] 陈伟,余兴厚,熊兴.政府主导型流域生态补偿效率测度研究——以长江经济带主要沿岸城市为例[J].江淮论坛,2018(3):43-50.

[35] 陈艳萍,程亚雄.黄河流域上游企业参与生态补偿行为研究——以甘肃段为例[J].软科学,2018,32(5):45-48.

[36] 陈艳萍,罗冬梅,程亚雄.考虑生态补偿的完全成本法区域水权交易基础价格研究[J].水利经济,2021,39(5):72-78,82.

[37] 陈阳,逯进,于平.技术创新减少环境污染了吗？——来自中国285个城市的经验证据[J].西安交通大学学报(社会科学版),2019,39(1):73-84.

[38] 陈志龙.关于环境监测市场化若干问题的思考[J].企业技术开发,2015,34(24):73-81.

[39] 陈宗攀.我国的环保税收政策探析[J].当代经济,2006(10):94-95.

[40] 谌杨.论中国环境多元共治体系中的制衡逻辑[J].中国人口·资源与环境,2020,30(6):116-125.

[41] 程进,周冯琦.生态文明建设的法治进程——基于环境治理转型的环境公益诉讼发展[J].毛泽东邓小平理论研究,2016(10):29-34,91.

[42] 崔先维.中国环境政策中的市场化工具问题研究[D].吉林大学,2010.

[43] 邓皓月.当前排污权交易市场化机制的问题及对策研究[J].中国管理信息化,2018,21(8):189-190.

[44] 邓晓兰,武永义,车明好.环境财政体制模式的国际比较及对中国的启示——基于能源资源地环境保育视角[J].财政研究,2013(1):26-30.

[45] 丁四保. 中国主体功能区划面临的基础理论问题[J]. 地理科学,2009,29(4):587-592.

[46] 丁永兰,肖灵敏. 中国环境治理中的公众参与机制研究[J]. 经济研究导刊,2016(16):166-167.

[47] 丁志和. 公共产品市场化运作问题再探——以南京秦淮河环境治理项目为例[J]. 经济师,2014(6):30-32.

[48] 董聪超. 财税政策对西北五省环境治理效应的研究[D]. 新疆财经大学,2015.

[49] 董亮,张海滨. 2030年可持续发展议程对全球及中国环境治理的影响[J]. 中国人口·资源与环境,2016(1):8-15.

[50] 杜林远,高红贵. 我国流域水资源生态补偿标准量化研究——以湖南湘江流域为例[J]. 中南财经政法大学学报,2018(2):43-50.

[51] 杜群飞. 当前排污权交易市场化机制的问题及对策研究[J]. 生态经济,2015,31(1):103-108.

[52] 杜亚灵,柯丹,赵欣. PPP项目中初始信任对合同条款控制影响的多案例研究[J]. 管理学报,2018,15(3):335-344.

[53] 杜昀轩,姚瑞华,赵越. 国外环境保护基金的经验分析及启示[J]. 环境保护,2014,42(16):72-73.

[54] 段秀蓉. 环境监测存在的问题分析与完善环境监测机制的思考[J]. 环境与发展,2017,29(5):176-177.

[55] 樊杰,赵艳楠. 面向现代化的中国区域发展格局:科学内涵与战略重点[J]. 经济地理,2021,41(1):19.

[56] 樊杰. 地域功能-结构的空间组织途径——对国土空间规划实施主体功能区战略的讨论[J]. 地理研究,2019,38(10):2373-2387.

[57] 樊胜岳,兰健,徐均,陈玉玲. 生态建设政策交易成本及其结构的比较[J]. 冰川冻土,2013,35(5):1283-1291.

[58] 封凯栋,吴淑,张国林. 我国流域排污权交易制度的理论与实践——基于国际比较的视角[J]. 经济社会体制比较,2013(2):205-215.

[59] 付朝阳,金勤献. 环境应急管理信息系统的总体框架与构成研究[J]. 中国环境监测,2007(5):82-86.

[60] 傅晶晶,周阳. 农村环境综合治理PPP模式创新研究——以四川省简阳市为例[J]. 法制与社会,2017(23):74-78.

[61] 干春晖,郑若谷,余典范. 中国产业结构变迁对经济增长和波动的影响[J]. 经济研究,2011,46(5):4-16,31.

[62] 高璐,孙红梅. 影响我国节能环保投入的要素分析[J]. 中国环保产业,2018(4):17-22.

[63] 葛察忠,程翠云,董战峰. 环境污染第三方治理问题及发展思路探析[J]. 环境保护,2014,20:28-30.

[64] 葛察忠,高树婷,龙凤,董战峰. 生态文明建设的环境财税架构[J]. 环境保护,2012(23):26-28.

[65] 葛春,张馨月,邱强. 中国环境法律体系构架简述[J]. 资源节约与环保,2018(5):126-

127.

[66] 耿露.生态文明建设的协同治理研究[D].兰州大学,2016.

[67] 耿翔燕,葛颜祥.基于水量分配的流域生态补偿研究——以小清河流域为例[J].中国农业资源与区划,2018,39(4):36-44.

[68] 宫笠俐.多中心视角下的日本环境治理模式探析[J].经济社会体制比较,2017(5):116-125.

[69] 龚得君.流域生态补偿财政工具法制化探析[J].经济研究导刊,2017(1):59-62,69.

[70] 龚宏龄,张成博.中国环境治理模式的演进逻辑分析[J].国家现代化建设研究,2022,1(1):158-174.

[71] 谷树忠,李维明,等.中国水治理运用PPP模式的现状、问题与对策[J].发展研究,2018(5):8-11.

[72] 顾华详.我国现代环境治理体系的法治路径探讨[J].江汉大学学报(社会科学版),2022,39(4):5-15,125.

[73] 郭朝先,刘艳红,杨晓琰,王宏霞.中国环保产业投融资问题与机制创新[J].中国人口·资源与环境,2015,25(8):92-99.

[74] 郭进,徐盈之.公众参与环境治理的逻辑、路径与效应[J].资源科学,2020,42(7):1372-1383.

[75] 郭梅,许振成,夏斌,张美英.跨省流域生态补偿机制的创新——基于区域治理的视角[J].生态与农村环境学报,2013,29(4):541-544.

[76] 郭炜煜.京津冀一体化发展环境协同治理模型与机制研究[D].华北电力大学(北京),2016.

[77] 国玉.区域生态环境协同治理问题研究[D].长春工业大学,2018.

[78] 韩秀华,陈雪松.环境保护的公益性与市场性取向[J].陕西师范大学学报(哲学社会科学版),2015(5):155-160.

[79] 韩雅倩.农村环境治理的PPP模式优化研究[D].苏州大学,2020.

[80] 韩兆坤.协作性环境治理研究[D].吉林大学,2016.

[81] 何东.论区域循环经济[D].四川大学,2007.

[82] 何光汉.区域空间管治下的四川省主体功能区建设研究[D].西南财经大学,2010.

[83] 何劲玼.党的十八大以来中国环境政策新发展探析[J].思想战线,2017(1):93-100.

[84] 何文举,张华峰,陈雄超,颜建军.中国省域人口密度、产业集聚与碳排放的实证研究——基于集聚经济、拥挤效应及空间效应的视角[J].南开经济研究,2019(2):207-225.

[85] 何小钢,张耀辉.技术进步、节能减排与发展方式转型——基于中国工业36个行业的实证考察[J].数量经济技术经济研究,2012,29(3):19-33.

[86] 和夏冰,殷培红,王卓玥,杨生光,张蒙.关于地方推进现代环境治理体系实践进展的述评[J].中国环境管理,2022,14(4):69-73.

[87] 洪源,袁碧健,陈丽.财政分权、环境财政政策与地方环境污染——基于收支双重维度的门槛效应及空间外溢效应分析[J].山西财经大学学报,2018,40(7):1-15.

[88] 侯佳儒.论我国环境行政管理体制存在的问题及其完善[J].行政法学研究,2013(2):29-34,41.

[89] 侯嘉欣.市场化程度对我国区域水污染治理效率影响的实证研究[D].湖南大学,2016.

[90] 候晓云.PPP模式在环境治理领域之法律问题探析[J].法制与社会,2017(7):190-191.

[91] 胡王云.日本现代环境治理体系分析[J].日本研究,2015(4):66-78.

[92] 胡晓明.生态文明建设视域下我国环境治理体系建设研究[J].生态经济,2017,33(2):180-183.

[93] 华娟.关于环境应急管理责任的探讨[J].环境保护,2015,43(12):59-60.

[94] 黄成,吴传清.主体功能区制度与西部地区生态文明建设研究[J].中国软科学,2019(11):166-175.

[95] 黄和平,谢云飞,黎宁.智慧城市建设是否促进了低碳发展?——基于国家智慧城市试点的"准自然实验"[J].城市发展研究,2022,29(5):105-112.

[96] 黄钾涵.关于搭建环境污染第三方治理市场化平台的建议[C].中国环境科学学会学术年会,2015.

[97] 黄锡生,史玉成.中国环境法律体系的架构与完善[J].当代法学,2014,28(1):120-128.

[98] 黄锡生,张真源.论环境监测预警制度体系的内在逻辑与结构优化——以"结构-功能"分析方法为进路[J].中国特色社会主义研究,2018(6):50-58.

[99] 黄潇.助力我国实现"碳达峰、碳中和"的财税政策建议[J].中国经贸导刊(中),2021(9):68-70.

[100] 黄晓军,骆建华,范培培.环境治理市场化问题研究[J].环境保护,2017,45(11):48-52.

[101] 贾蕾,郑国峰.中美环保投资的对比研究及经验借鉴[J].环境与可持续发展,2014,39(6):84-86.

[102] 贾圣真.政府机构改革与法律环境的互动与协调[J].行政法学研究,2021(5):67-78.

[103] 姜贵梅,楚春礼,徐盛国,邵超峰.国际环境风险管理经验及启示[J].环境保护,2014,42(8):61-63.

[104] 姜良贞.大气污染物健康效应的证据评价和时间序列分析[D].兰州大学,2022.

[105] 姜仁良,李晋威,王瀛.美国、德国、日本加强生态环境治理的主要做法及启示[J].城市,2012(3):71-74.

[106] 姜仁良.低碳经济视阈下天津城市生态环境治理路径研究[D].中国地质大学(北京),2012.

[107] 蒋选,王林杉.智慧城市政策的产业结构升级效应研究——基于多期DID的经验考察[J].中国科技论坛,2021(12):31-40.

[108] 解振华.环境保护治理体制改革建议[J].中国机构改革与管理,2016(10):12-16.

[109] 金波.区域生态补偿机制研究[D].北京林业大学,2010.

[110] 李春晖,孙炼,张楠,王烜,蔡宴胡,徐萌.水权交易对生态环境影响研究进展[J].水科学进展,2016,27(2):307-316.

[111] 李韩非,刘思潮.多元主体共治模式探究——基于东京大气污染治理的分析[J].河北

企业,2020(5):140-142.

[112] 李建建,黎元生,胡熠.论流域生态区际补偿的主导模式与运行机制[J].生态经济(学术版),2006(2):319-321,326.

[113] 李建明,罗能生.高铁开通改善了城市空气污染水平吗?[J].经济学(季刊),2020(4):1335-1354.

[114] 李敬锁,辛德树.水环境治理PPP项目的困境及其对策[J].中国水利,2018(1):15-17.

[115] 李梅.网络化治理视域下的中国区域环境治理研究进展[J].中国环境管理,2022,14(4):102-108.

[116] 李宁,丁四保,王荣成,赵伟.我国实践区际生态补偿机制的困境与措施研究[J].人文地理,2010,25(1):77-80.

[117] 李全,张凯.新常态下环境治理模式创新——中央环保督察的政策效力如何?[J].南开学报(哲学社会科学版),2022(5):50-62.

[118] 李伟伟.中国环境治理政策效率、评价与工业污染治理政策建议[J].科技管理研究,2014(17):20-26.

[119] 李文华.构建基于环保PPP模式的雾霾治理投融资管理模式[J].现代商业,2018(16):181-182.

[120] 李文杰.兰州市大气污染治理成本效益研究[J].低碳世界,2017(34):302-304.

[121] 李文炜,李强.以农业环境技术产业化促进农业环境治理[J].生态经济,2012(6):125-129.

[122] 李晓亮,葛察忠.中国水环境污染治理社会化资金投入现状、问题与对策[J].地方财政研究,2011(3):18-23.

[123] 李晓云.多元化环保投融资运行机制研究——以广东茂名为例[J].中国集体经济,2017(20):64-66.

[124] 李艳波.关于公共服务市场化的思考[J].中国行政管理,2004(7):4-6.

[125] 李滟,周韩梅.绿色金融发展对产业结构转型升级的空间效应及异质性研究——基于空间杜宾模型的解释[J].西南大学学报(自然科学版),2023,45(3):164-174.

[126] 李雨停.区域生态补偿的农村人口城市化理论问题与机制研究[D].东北师范大学,2011.

[127] 李挚萍,陈曦珩.论现代环境治理体系中的排污许可制度[J].环境保护,2022,50(13):16-19.

[128] 练星硕.地方政府环境治理协同机制研究——以贵阳市为例[D].贵州财经大学,2017.

[129] 梁丹丹.多中心治理理论视阈下的环境治理资金机制研究[J].科技视界,2017(22):19-20.

[130] 林爱文,周亚娟,钱婧.区域协调发展背景下自然资源开发补偿机制研究[J].区域经济评论,2021(6):59-65.

[131] 刘畅.沈阳经济区区域生态治理问题研究[D].东北大学,2014.

[132] 刘军,卓玉国.PPP模式在环境污染治理中的运用研究[J].经济研究参考,2016(33):40-42.

[133] 刘珉,胡鞍钢.中国打造世界最大林业碳汇市场(2020—2050年)[J/OL].新疆师范大学学报(哲学社会科学版):1-15[2021-12-13].

[134] 刘奇,张金池.基于比较分析的中央环保督察制度研究[J].环境保护,2018,46(11):51-54.

[135] 刘栓振,王利.我国主体功能区划的研究现状与问题[J].资源开发与市场,2011,27(12):1114-1117,1138.

[136] 刘伟丽,刘宏楠.智慧城市建设推进企业高质量发展的机制与路径[J].深圳大学学报(人文社会科学版),2022,39(1):95-106.

[137] 刘洋,毕军.流域生态补偿理论及其标准研究综述[J].水利经济,2018,36(3):10-15,77.

[138] 刘亦文,王宇,胡宗义.中央环保督察对中国城市空气质量影响的实证研究——基于"环保督察"到"环保督察"制度变迁视角[J].中国软科学,2021,370(10):21-31.

[139] 刘咏梅.德阳市基于PPP模式治理水污染的案例研究[D].电子科技大学,2018.

[140] 刘长军,邵卫伟.环境监测体制改革的若干思考[J].环境监控与预警,2015,7(1):45-48.

[141] 刘长兴.现代环境治理体系的法律责任基础及构造[J].暨南学报(哲学社会科学版),2022,44(11):34-45.

[142] 卢洪友,祁毓.日本的环境治理与政府责任问题研究[J].现代日本经济,2013(3):68-79.

[143] 鲁焕生,高红贵.中国环保投资的现状及分析[J].中南财经政法大学学报,2004(6):87-90.

[144] 陆波,方世南.中国共产党百年生态文明建设的发展历程和宝贵经验[J].学习论坛,2021(5):5-14.

[145] 逯元堂,吴舜泽,陈鹏,等.环境保护事权与支出责任划分研究[J].中国人口·资源与环境,2014,v.24;No.171(s3):91-96.

[146] 逯元堂,吴舜泽,苏明,刘军民,赵央.中国环境保护财税政策分析[J].环境保护,2008(15):41-46.

[147] 逯元堂,吴舜泽,朱建华.中央财政环境保护专项资金优化设计探讨[J].中国人口·资源与环境,2010,20(S1):424-427.

[148] 逯元堂,徐顺青,陈鹏,朱建华,高军.我国环保投资分析及对策建议[J].环境保护,2017,45(17):7-10.

[149] 逯元堂.中央财政环境保护预算支出政策优化研究[D].财政部财政科学研究所,2011.

[150] 路凤,李亚伟,李成橙,等.时间序列分析在空气污染与健康领域的应用及其R软件实现[J].中国卫生统计,2018,35(4):622-625.

[151] 罗奇.矿山环境恢复治理基金制度研究[D].江西理工大学,2018.

[152] 罗娅妮,耿云芬,裴艳辉.加拿大林业发展对我国西南生态安全屏障建设的启示[J].西部林业科学,2015,44(1):157-160.

[153] 骆建华.环境污染第三方治理的发展及完善建议[J].环境保护,2014(20):16-19.

[154] 吕忠梅,吴一冉.中国环境法治七十年:从历史走向未来[J].中国法律评论,2019(5):

102-123.

[155] 马欢欢,程亮,陈瑾. 污染源环境监管体系建设现状及对策研究[J]. 中国环境管理,2022,14(1):61-67.

[156] 马妍,董战峰,李红祥. 我国环境管理体制改革的思路和重点[J]. 世界环境,2016(2):16-18.

[157] 孟庆瑜. 论京津冀环境治理的协同立法保障机制[J]. 政法论丛,2016(1):121-128.

[158] 米楠,杨美玲,樊新刚,米文宝,李同昇,王婷玉. 主体功能区划中限制开发生态区的细分方法——以宁夏回族自治区为例[J]. 生态学报,2016,36(16):5058-5066.

[159] 穆琳. 我国主体功能区生态补偿机制创新研究[J]. 财经问题研究,2013(7):103-108.

[160] 穆沙江·努热吉. 我国突发性环境污染事故应急机制研究[D]. 新疆大学,2012.

[161] 聂倩,匡小平. 完善我国流域生态补偿模式的政策思考[J]. 价格理论与实践,2014(10):51-53.

[162] 欧阳洁,张静堃,张克中. 促进生态创新的财税政策体系探究[J]. 税务研究,2020(9):105-110.

[163] 欧阳源斌. 水资源污染治理与水环境保护的市场化运营研究[J]. 乡村科技,2018(11):117-118.

[164] 潘国荣. 基于时间序列分析的动态变形预测模型研究[J]. 武汉大学学报(信息科学版),2005,30(6):483-487.

[165] 潘华,刘江娥. 我国湿地生态补偿引入PPP模式探讨[J]. 科技与经济,2019,32(3):6-10.

[166] 潘徐静. 我国财税政策对环境治理的效应研究[D]. 苏州大学,2016.

[167] 潘永明,喻琦然,朱茂东. 我国环保产业融资效率评价及影响因素研究[J]. 华东经济管理,2016,30(2):77-83.

[168] 庞洪涛,薛晓飞,翟丹丹,等. 流域水环境综合治理PPP模式探究[J]. 环境与可持续发展,2017,42(1):77-80.

[169] 彭丽潞. 新时代我国生态文明建设中协同治理研究[D]. 西华大学,2021.

[170] 彭向刚,向俊杰. 中国三种生态文明建设模式的反思与超越[J]. 中国人口·资源与环境,2015,25(3):12-18.

[171] 彭岳津,林锦,卞荣伟,邢玉玲,柳鹏,闫星,韩江波. 我国水流产权确权路径探索[J]. 中国水利,2017(23):12-15.

[172] 蒲丹. 农村产权抵押融资成都模式研究——基于四川省崇州市的实证分析[J]. 西南金融,2014(7):52-57.

[173] 戚建刚. 我国环境治理工具选择的困境及其克服——以协同治理为视角[J]. 理论探讨,2021(6):154-160.

[174] 漆雁斌,张艳,贾阳. 我国试点森林碳汇交易运行机制研究[J]. 农业经济问题,2014,35(4):73-79.

[175] 齐杨,于洋,刘海江,董贵华,何立环,翟超英. 中国生态监测存在问题及发展趋势[J]. 中国环境监测,2015,31(6):9-14.

[176] 钱巨炎. 浙江省生态文明建设的财税实践与探索[J]. 财政研究,2014(3):55-60.

［177］钱鑫.大气污染治理的政府协同机制研究[D].黑龙江大学,2017.
［178］巧丰云.自然垄断理论与我国公用事业市场化改革的边界[J].财经论坛,2007(10):23-24.
［179］秦天宝,段帷帷.多元共治助推环境治理体系现代化[J].世界环境,2016(3):20-21.
［180］秦挺鑫.国外应急管理标准化及对我国的启示[J].安全,2020,41(8):1-6,89.
［181］青海省国家税务局课题组,贺满国,陈波.促进三江源生态保护和建设的财税政策研究[J].经济研究参考,2018(5):59-66.
［182］曲富国,孙宇飞.基于政府间博弈的流域生态补偿机制研究[J].中国人口·资源与环境,2014,24(11):83-88.
［183］任志涛,李海平,武继科.外部性视域下环境治理PPP项目中多元协同治理机制构建[J].环境保护,2018,46(12):43-46.
［184］任志涛.外部性视域下环境治理PPP项目中多元协同治理机制构建[J].环境保护,2018,46(12):43-46.
［185］申洋,郭俊华,朱彦.智慧城市建设对地区绿色全要素生产率影响研究[J].中南大学学报(社会科学版),2021,27(2):140-152.
［186］沈贵银,孟祥海.多元共治的农村生态环境治理体系探索[J].环境保护,2021,49(20):34-37.
［187］沈磊.关于我国环境监测制度问题与对策的思考[J].环境与可持续发展,2015,40(1):96-98.
［188］施从美.政府购买、PPP模式与环境治理创新[J].中国社会组织,2017(8):26-28.
［189］石大千,丁海,卫平,刘建江.智慧城市建设能否降低环境污染[J].中国工业经济,2018(6):117-135.
［190］石莹.我国生态文明建设的经济机理与绩效评价研究[D].西北大学,2016.
［191］史磊,郑珊.日本农村环境治理中的农户参与机制及启示[J].世界农业,2017(10):48-53.
［192］舒凯彤,张伟伟.完善我国森林碳汇交易的机制设计与措施[J].经济纵横,2017(3):96-100.
［193］苏明,刘军民.科学合理划分政府间环境事权与财权[J].环境经济,2010(7):16-25.
［194］苏明.我国生态文明建设与财政政策选择[J].经济研究参考,2014(61):3-22.
［195］孙海燕,王泽华,罗靖.国内外生态安全屏障建设的经验与启示[J].昆明理工大学学报(社会科学版),2016,16(5):19-25.
［196］孙晓娟,韩艳利,毛子捷.黄河流域生态保护补偿机制建设的立法建议[J].人民黄河,2021,43(11):13-16,39.
［197］孙智帅,孙献贞.环境治理的国际经验与中国借鉴[J].青海社会科学,2017(3):35-43.
［198］孙忠英.基于协同治理理论的区域环境治理探析[J].环境保护与循环经济,2015,35(9):18-21.
［199］谭斌,王丛霞.多元共治的环境治理体系探析[J].宁夏社会科学,2017(6):101-103.
［200］谭志东.环保政策演进对企业环保投资的影响:从"督企"到"督政"[D].中南财经政法大学,2019.

[201] 唐建兵.美好乡村环境治理中的投融资渠道探析——以安徽为例[J].荆楚学刊,2014(4):43-47.

[202] 陶国根.多元主体协同治理框架下的生态文明建设[J].中南林业科技大学学报,2021,15(5):7-16.

[203] 陶国根.生态文明建设多元主体协同治理机制之梳理[J].行政与法,2021(10):1-7.

[204] 陶国根.推进国家生态环境治理现代化的法治化路径探析[J].党政干部学刊,2015(10):26-30.

[205] 田日昌,杨青青.我国突发环境事故的现状与防控对策及建议[J].广东化工,2013,40(16):90-91.

[206] 田为勇,闫景军,李丹.借鉴英国经验强化我国部门间环境应急联动机制建设的思考[J].中国应急管理,2014(10):18-21.

[207] 田秀林,赵华平,张所地.智慧城市建设对城市创新产出的作用机理与实证检验[J].统计与决策,2022,38(17):184-188.

[208] 铁燕.中国环境管理体制改革研究[D].武汉大学,2010.

[209] 童健,武康平,薛景.我国环境财税体系的优化配置研究——兼论经济增长和环境治理协调发展的实现途径[J].南开经济研究,2017(6):40-58.

[210] 万臣.水环境治理PPP项目建设期绩效评价研究[J].武汉理工大学学报(信息与管理工程版),2022,44(4):687-692.

[211] 汪伦焰,郭银菊,李慧敏,董光华,杨晓强.城市水环境治理PPP项目社会价值评估[J].人民黄河,2023,45(1):93-98.

[212] 汪希.中国特色社会主义生态文明建设的实践研究[D].电子科技大学,2016.

[213] 王锋,葛星.低碳转型冲击就业吗——来自低碳城市试点的经验证据[J].中国工业经济,2022(5):81-99.

[214] 王佳星.新时代下我国环保产业发展现状及对策研究[J].决策咨询,2018(1):75-77.

[215] 王健伟,温亚红.京津冀环境协同治理中的财税政策研究[J].河北企业,2018(5):54-55.

[216] 王军锋,侯超波.中国流域生态补偿机制实施框架与补偿模式研究——基于补偿资金来源的视角[J].中国人口·资源与环境,2023(2):23-29.

[217] 王俊敏,沈菊琴.跨域水环境流域政府协同治理:理论框架与实现机制[J].江海学刊,2016(5):214-219.

[218] 王鲲鹏,曹国志,贾倩,朱文英,周游.我国政府突发环境事件应急预案管理现状及问题[J].环境保护科学,2015,41(4):6-9.

[219] 王兰梅,张晏.流域横向生态补偿的"新安江模式":经验、问题与优化[J].环境保护,2022,50(8):58-63.

[220] 王丽,刘长松,王新玉.我国环境保护领域投融资研究[J].金融发展研究,2015(7):61-66.

[221] 王伦强.四川省城市化与产业协调发展研究[D].西南财经大学,2008.

[222] 王名,邢宇宙.多元共治视角下我国环境治理体制重构探析[J].思想战线,2016,42(4):158-162.

[223] 王琪,王倩.省级生态环保督察:运行逻辑、实践问题及优化路径[J].山东行政学院学报,2021(2):24-33.

[224] 王清军.生态补偿支付条件:类型确定及激励、效益判断[J].中国地质大学学报(社会科学版),2018,18(3):56-69.

[225] 王若谷.生态文明建设与《环境保护法》的立法目的完善[J].法制与经济,2018(2):65-66.

[226] 王蔚.改革开放以来中国环境治理的理念、体制和政策[J].当代世界与社会主义,2011(4):178-180.

[227] 王晓娟,陈金木,郑国楠.关于培育水权交易市场的思考和建议[J].中国水利,2016(1):8-11.

[228] 王旭,张晓宁,朱然.企业绿色创新视角下"环保督政"的价值创造效应——基于环保约谈的准实验研究[J].科研管理,2021,42(6):102-111.

[229] 王亚华,舒全峰,吴佳喆.水权市场研究述评与中国特色水权市场研究展望[J].中国人口·资源与环境,2017,27(6):87-100.

[230] 王亦宁.基于民生和环境保护"双重目标设定"的农村水环境保护治理资金投入机制研究[J].水利经济,2020,38(2):36-42,82-83.

[231] 王颖,周健军.智慧城市试点能否促进经济增长?——基于双重差分模型的实证检验[J].华东经济管理,2021,35(12):80-91.

[232] 王元聪,陈辉.从绿色发展到绿色治理:观念嬗变、转型理据与策略甄选[J].四川大学学报(哲学社会科学版),2019(3):45-52.

[233] 王喆,周凌一.京津冀生态环境协同治理研究——基于体制机制视角探讨[J].经济与管理研究,2015(7):68-75.

[234] 王振波,徐建刚.主体功能区划问题及解决思路探讨[J].中国人口·资源与环境,2010,20(8):126-131.

[235] 韦琳,马梦茹.数字经济发展与企业绿色创新——基于"智慧城市"试点建设的准自然实验研究[J].现代财经(天津财经大学学报),2022,42(8):24-40.

[236] 魏巍贤,高中元,彭翔宇.能源冲击与中国经济波动——基于动态随机一般均衡模型的分析[J].金融研究,2012(1):51-64.

[237] 魏雪娇.地方政府区域合作治理中的政治协调机制研究[D].电子科技大学,2013.

[238] 文传浩,滕祥河.中国生态文明建设的重大理论问题探析[J].改革,2019(11):147-156.

[239] 文轩.风险社会视角下美国环境应急管理及其借鉴[J].治理研究,2018,34(4):67-73.

[240] 翁智雄,葛察忠,王金南.环境保护督察:推动建立环保长效机制[J].环境保护,2016,44(Z1):90-93.

[241] 邬晓燕.德国生态环境治理的经验与启示[J].当代世界与社会主义,2014(4):92-96.

[242] 吴迪,张薇薇,王亦宁,等.典型地区农村水环境治理投融资模式及经验启示[J].中国水利,2018(12):61-64.

[243] 吴凤平,邵志颖,季英雯.新安江流域横向生态补偿政策的减排和绿色发展效应研究

[J].软科学,2022,36(9):65-71.
[244] 吴凯杰.生态区域保护法的法典化[J].东方法学,2021(6):99-110.
[245] 吴鸣然,赵敏.能源消费、环境污染与经济增长的动态关系——基于中国1990—2014年时间序列数据[J].技术经济与管理研究,2016(12):25-29.
[246] 吴庆标,王效科,段晓男,邓立斌,逯非,欧阳志云,冯宗炜.中国森林生态系统植被固碳现状和潜力[J].生态学报,2008(2):517-524.
[247] 吴玮.浅谈环境管理的基本手段及其创新[J].低碳世界,2017(18):15-16.
[248] 吴钇臻,李杰辉,洪华聪,等.PPP模式下绿色金融问题研究——以闽侯县为例[J].农家参谋,2018(4):232-234.
[249] 吴玉光.环境监测预警体系建设研究[D].青岛大学,2011.
[250] 伍绍政.我国环境管理体制存在的问题及完善途径分析[J].低碳世界,2016(26):5-6.
[251] 武广斌.包头市环境卫生治理市场化研究[D].内蒙古大学,2016.
[252] 武力超,李惟简,陈丽玲,李嘉欣.智慧城市建设对绿色技术创新的影响——基于地级市面板数据的实证研究[J].技术经济,2022,41(4):1-16.
[253] 夏舒燕.论太湖流域水污染的综合治理[D].苏州大学,2012.
[254] 向俊杰.我国生态文明建设的协同治理体系研究[D].吉林大学,2015.
[255] 肖加元,潘安.基于水排污权交易的流域生态补偿研究[J].中国人口·资源与环境,2016,26(7):18-26.
[256] 肖建华.水资源污染治理及环境保护的市场化运营[J].住宅与房地产,2016(33):67.
[257] 谢优康.关于水资源污染治理及环境保护的市场化运营研究[J].低碳世界,2017(15):1-2.
[258] 邢丽.关于建立中国生态补偿机制的财政对策研究[J].财政研究,2005(1):20-22.
[259] 邢丽.谈我国生态税费框架的构建[J].税务研究,2005(6):42-44.
[260] 徐春.环境治理体系的主体间性问题[J].理论视野,2018(2):9-15.
[261] 徐明,郭磊.中国公共安全与应急管理的学术版图及研究进路[J].管理学刊,2020,33(4):1-16.
[262] 徐顺青,逯元堂,陈鹏,等.环境保护财政支出现状及发展趋势研究[J].生态经济,2018(2):71-76.
[263] 徐顺青,程亮,陈鹏,刘双柳,高军.我国生态环境财税政策历史变迁及优化建议[J].中国环境管理,2020,12(3):32-39.
[264] 许丽君.环境治理法治化的现实困境及其消解[D].南京工业大学,2015.
[265] 薛世妹.多中心治理:环境治理的模式选择[D].福建师范大学,2010.
[266] 薛栗尹.新形势下如何推进环境应急管理[J].资源节约与环保,2018(3):118.
[267] 闫慧珍.对建设项目环保投入经济效益研究的探讨[J].现代商贸工业,2017(16):4-5.
[268] 杨朝霞.论我国环境行政管理体制的弊端与改革[J].昆明理工大学学报(社会科学版),2007(5):1-8.
[269] 杨洪刚.中国环境政策工具的实施效果及其选择研究[D].复旦大学,2009.
[270] 杨启乐.当代中国生态文明建设中政府生态环境治理研究[D].华东师范大学,2014.

[271] 杨志云.新时代环境治理体制改革的面向:实践逻辑与理论争论[J].行政管理改革,2022(4):95-104.

[272] 杨子晖.经济增长、能源消费与二氧化碳排放的动态关系研究[J].世界经济,2011(6):100-125.

[273] 叶玉瑶,张虹鸥,李斌.生态导向下的主体功能区划方法初探[J].地理科学进展,2008(1):39-45.

[274] 尹忠海,谢岚.环境财税政策对区域碳排放影响的差异化机制[J].江西社会科学,2021,41(7):46-57,254-255.

[275] 于冰.多视角下的生态补偿效果研究评述及发展趋势分析[J].环境保护,2018,46(1):78-81.

[276] 于雪峰.我国环境监测现状分析及发展对策[J].资源节约与环保,2018(11):49.

[277] 余若祯,齐文启,孟伟,王海燕,刘征涛,武雪芳.关于我国现行环境监测分析方法标准体系的思考与建议[J].现代科学仪器,2012(6):62-69.

[278] 俞海,张永亮,任勇,周国梅,陈刚,王勇."十三五"时期中国的环境保护形势与政策方向[J].城市与环境研究,2015(4):75-86.

[279] 俞可平.治理和善治:一种新的政治分析框架[J].南京社会科学,2001(9):40-44.

[280] 喻颖.PPP融资模式在水污染治理行业的应用——以湖南省益阳水污染治理项目为例[J].财会通讯,2018(2):19-22.

[281] 岳世平.新加坡环境保护的主要经验及其对中国的启示[J].环境科学与管理,2009,34(2):41-45.

[282] 翟姝影,裴兆斌.环渤海经济区海洋生态环境协同治理的法治化[J].海洋经济,2021,11(4):89-96.

[283] 詹国彬,陈健鹏.走向环境治理的多元共治模式:现实挑战与路径选择[J].政治学研究,2020(2):65-75.

[284] 张兵兵,田曦,朱晶.环境污染治理、市场化与能源效率:理论与实证分析[J].南京社会科学,2017(2):39-46.

[285] 张彩云.中国式财政分权下绿色财政对地方环境污染的影响研究[D].湖南大学,2017.

[286] 张广裕.西部重点生态区环境保护与生态屏障建设实现路径[J].甘肃社会科学,2016(1):89-93.

[287] 张化楠,葛颜祥,接玉梅.主体功能区的流域生态补偿机制研究[J].现代经济探讨,2017(4):83-87.

[288] 张建兵.中国污水治理PPP模式的研究[D].浙江工业大学,2016.

[289] 张捷,傅京燕.我国流域省际横向生态补偿机制初探——以九洲江和汀江—韩江流域为例[J].中国环境管理,2016,8(6):19-24.

[290] 张捷.我国流域横向生态补偿机制的制度经济学分析[J].中国环境管理,2017,9(3):27-29,36.

[291] 张静.财税视角下我国生态补偿机制探讨[J].河南科技大学学报(社会科学版),2016,34(1):79-82.

[292] 张凯,刘金鑫.景德镇矿山地质环境治理投融资模式的分析[J].科技展望,2014(16):

228-230.
[293] 张可云,易毅,张文彬.生态文明取向的区域经济协调发展新内涵[J].广东行政学院学报,2012,24(2):77-81.
[294] 张龙鹏,钟易霖,汤志伟.智慧城市建设对城市创新能力的影响研究——基于中国智慧城市试点的准自然试验[J].软科学,2020,34(1):83-89.
[295] 张璐晶.中国PPP改革进入深水区[J].中国经济周刊,2017(1):46-47.
[296] 张锐,肖彬,曹芳萍.中国环保彩票发行的可行性探究[J].环境科学与管理,2015,40(4):190-194.
[297] 张胜武,石培基.主体功能区研究进展与述评[J].开发研究,2012(3):6-9.
[298] 张文翠.地方水环境治理PPP创新可持续性的生成机制——基于20个案例的定性比较分析[J].干旱区资源与环境,2022,36(10):1-7.
[299] 张宪伟.浅谈我国环境法律法规体系在执法应用中的问题[J].天津科技,2015,42(7):91-93.
[300] 张玉.财税政策的环境治理效应研究[D].山东大学,2014.
[301] 张郁,丁四保.基于主体功能区划的流域生态补偿机制[J].经济地理,2008(5):849-852,861.
[302] 张跃胜,张少鹏,王晓红."双碳"目标下低碳城市建设对城市高质量发展的影响——基于低碳城市试点政策的准自然实验[J].西安交通大学学报(社会科学版),2022,42(5):39-48.
[303] 张则行."体制有效":环境治理体制研究的组织学范式论述[J].云南行政学院学报,2022,24(2):121-129.
[304] 张智楠.广东省环保财政支出的投入产出效率——基于地级市面板数据的DEA-Tobit模型检验[J].地方财政研究,2018(2):74-80.
[305] 章玲仙.对于生态文明建设中完善财税支持政策的几点研究[J].财经界(学术版),2016(6):9.
[306] 赵华平,田秀林,张所地.智慧城市建设对经济高质量发展影响的作用机理与实证检验[J].统计与决策,2022,38(12):102-105.
[307] 赵洁敏.新加坡特色的环境治理模式研究[D].湖南大学,2011.
[308] 赵晶.生态文明视角下环境治理特征的研究综述[J].经济研究参考,2017(16):62-68.
[309] 赵琳,唐珏,陈诗一.环保管理体制垂直化改革的环境治理效应[J].世界经济文汇,2019(2):100-120.
[310] 赵鹏高.加快污染治理市场化与环境保护机制创新[J].中国经贸导刊,2007(11):12-15.
[311] 赵勇宾.发达国家发展低碳经济过程中的环境保护法律体系分析[J].经济研究导刊,2017(28):195-196.
[312] 赵子健,顾缵琪,顾海英.中国排放权交易的机制选择与制约因素[J].上海交通大学学报(哲学社会科学版),2016,24(1):50-59.
[313] 郑晓芳,毛晖.PPP模式在环境治理中的应用探讨[J].财政监督,2017(3):100-103.
[314] 中国科学院可持续发展战略研究组.2015中国可持续发展报告——重塑生态环境治

理体系[M].北京:科学出版社,2015.

[315] 周定财.基层社会管理创新中的协同治理研究[D].苏州大学,2017.

[316] 周海滨.基于计划行为理论的环境治理研究[D].中国科学技术大学,2018.

[317] 周珂,罗晨煜.论环境督察制度创新与建设[J].环境保护,2016,44(7):29-32.

[318] 周倩倩.雾霾跨域治理的行为博弈与多元协同机制研究[D].南京信息工程大学,2016.

[319] 周小敏,李连友.智慧城市建设能否成为经济增长新动能?[J]经济经纬,2020,37(6):10-17.

[320] 周颖,蔡博峰,曹丽斌,王保登,赵兴雷,王永胜,李琦,马劲风,胡丽莎.中国碳封存项目的环境应急管理研究[J].环境工程,2018,36(2):1-5.

[321] 朱海伦.环境治理中有效对话协商机制建设——基于嘉兴公众参与环境共治的经验[J].环境保护,2014(11):57-59.

[322] 朱小会,陆远权.环境财税政策的治污效应研究——基于区域和门槛效应视角[J].中国人口·资源与环境,2017,27(1):83-90.

[323] 庄超,尹正杰.长江流域跨省横向生态补偿机制实践反思与完善[J/OL].长江科学院院报:1-8[2023-01-31].

[324] An Ran, Sang Tian. The Guarantee Mechanism of China's Environmental Protection Strategy from the Perspective of Global Environmental Governance—Focusing on the Punishment of Environmental Pollution Crime in China [J]. International Journal of Environmental Research and Public Health, 2022, 19(22).

[325] Anu Ramaswami et al. Meta-principles for developing smart, sustainable, and healthy cities [J]. Science, 2016, 352(6288):940-943.

[326] BERETTA I, 2018. The social effects of eco-innovations in Italian smart cities [J]. Cities, 72:115-121.

[327] Ehrlich P R, Holdren J P. Impact of population growth [J]. Science, 1971, 171(3977):1212-1217.

[328] FAN S, PENG S, LIU X. Can Smart City Policy Facilitate the Low-Carbon Economy in China? A Quasi-Natural Experiment Based on Pilot City [J]. Complexity, 2021, 2021(4496):1-15.

[329] Felix Rauschmayer, Jouni Paavola, Heidi Wittmer. European Governance of Natural Resources and Participation in a Multi—Level Context: An Editorial [J]. Environmental Policy and Governance, 2009, 19(3):141-147.

[330] Glaros Alesandros, Luehr Geoff, Si Zhenzhong, Scott Steffanie. Ecological Civilization in Practice: An Exploratory Study of Urban Agriculture in Four Chinese Cities [J]. Land, 2022, 11(10).

[331] Louis S. Jacobson and Robert J. LaLonde and Daniel G. Sullivan. Earnings Losses of Displaced Workers [J]. The American Economic Review, 1993, 83(4):685-709.

[332] Margerum R D. A typology of collaboration efforts in environmental management [J]. Environmental management, 2008, 41(4):487-500.

[333] Nan Mingyang, Chen Jun. Research Progress, Hotspots and Trends of Land Use

under the Background of Ecological Civilization in China: Visual Analysis Based on the CNKI Database [J]. Sustainability, 2022, 15(1).

[334] Pei Li and Yi Lu and Jin Wang. Does flattening government improve economic performance? Evidence from China [J]. Journal of Development Economics, 2016, 123:18-37.

[335] Schaltegger S, Synnestvedt T. The link between "green" and economic success: environmental management as the crucial trigger between environmental and economic performance [J]. Journal of environmental management, 2002, 65(4):339-346.

[336] Shangze Chen. China's Ecological Civilization and Economic Development Model under Globalization [J]. Financial Engineering and Risk Management, 2022, 5(6).

[337] Tang Yisheng, Tang Jinghao, Yu Xianghong, Qiu Lefeng, Wang Jingyi, Hou Xianrui, Chen Dongxiang. Land ecological protection polices improve ecosystem services: A case study of Lishui, China [J]. Frontiers in Environmental Science, 2022.

[338] Wang Ning, Guo Jinling, Zhang Jian, Fan Yu. Comparing eco-civilization theory and practice: Big-data evidence from China [J]. Journal of Cleaner Production, 2022, 380 (P1).

[339] Weins Niklas Werner, Zhu Annah Lake, Qian Jin, Barbi Seleguim Fabiana, da Costa Ferreira Leila. Ecological Civilization in the making: the "construction" of China's climate-forestry nexus [J]. Environmental Sociology, 2023, 9(1).

[340] Xingfen Wang, Xindi Zhang. Marxist View of Nature and Its Contemporary Value [J]. International Journal of Frontiers in Sociology, 2022, 4(12).

[341] Young Oran R, Guttman Dan, Qi Ye. Institutionalized governance processes: Comparing environmental problem solving in China and the United States [J]. Global Environmental Change Part A: Human & Policy Dimension, 2015, 31(3):163-173.

[342] Yuan Dan, Jang Guanwei. Coupling Coordination Relationship between Tourism Industry and Ecological Civilization: A Case Study of Guangdong Province in China [J]. Sustainability, 2022, 15(1).

[343] Zhang Fangzhu, Wu Fulong, Lin Yishan. The socio-ecological fix by multi-scalar states: The development of "Greenways of Paradise" in Chengdu [J]. Political Geography, 2022, 98.

[344] Zhang Yixiang, Fu Bowen. Impact of China's establishment of ecological civilization pilot zones on carbon dioxide emissions. [J]. Journal of environmental management, 2022, 325(Pt B).

后　记

本书是在国家社会科学基金委员会的资助下完成的。本书也是笔者自2009年以来主持国家科技重大专项"水污染控制与治理专项"之"洱海项目"取得的新成果、新理念在新时期深化生态文明体制改革的具体思考。

书稿付梓之际，恰逢中共第二十届中央委员会第三次全体会议通过《中共中央关于进一步全面深化改革、推进中国式现代化的决定》。其中指出：中国式现代化是人与自然和谐共生的现代化。必须完善生态文明制度体系，协同推进降碳、减污、扩绿、增长，积极应对气候变化，加快完善落实绿水青山就是金山银山理念的体制机制。要完善生态文明基础体制，健全生态环境治理体系，健全绿色低碳发展机制。本书正是基于我国面临的多种环境污染和生态破坏问题并存的复杂局面，尤其是资源、环境问题之间，以及同社会经济发展之间相互影响，已经危及国家可持续发展基础的事实，阐述了环境治理与生态文明建设的依存关系，将生态文明纳入环境治理的视野。本书创新提出了环境和资源保护调控体制及其相关完善机制，初步构建了生态文明建设背景下政府、企业、公众共治的环境治理体系。

由于我国生态文明体制改革仍在不断探索、充实、提高，因此，本书中不成熟和值得商榷之处在所难免，恳请读者批评指正。此外，在书稿撰写过程中，笔者阅读、参考了许多国内外文献，在此对文献的作者表示感谢。武汉大学经济与管理学院董平博士作为项目研究成员之一，完成了大量的调研资料整理和图表制作，并撰写了"我国环境污染事故发生的博弈分析""构建三方协同的环境治理演化博弈模型"等16万余字的成果，特致谢忱！另外，本书在组织出版过程中，得到了华中师范大学经济与工商管理学院和上海社会科学院出版社的大力支持，在此一并表示感谢！

董利民

2024年7月28日

图书在版编目（CIP）数据

建立健全政府、企业、公众共治的环境治理体系研究 / 董利民著. -- 上海 ：上海社会科学院出版社，2025.
ISBN 978 - 7 - 5520 - 4656 - 4

Ⅰ．X321.2

中国国家版本馆 CIP 数据核字第 2025846ZG3 号

建立健全政府、企业、公众共治的环境治理体系研究

著　　者：董利民
责任编辑：范冰玥
封面设计：周清华
出版发行：上海社会科学院出版社
　　　　　上海顺昌路 622 号　邮编 200025
　　　　　电话总机 021 - 63315947　销售热线 021 - 53063735
　　　　　https://cbs.sass.org.cn　E-mail: sassp@sassp.cn
照　　排：南京前锦排版服务有限公司
印　　刷：浙江天地海印刷有限公司
开　　本：710 毫米×1000 毫米　1/16
印　　张：31.75
插　　页：2
字　　数：536 千
版　　次：2025 年 4 月第 1 版　2025 年 4 月第 1 次印刷

ISBN 978 - 7 - 5520 - 4656 - 4/X・030　　　定价：118.00 元

版权所有　翻印必究